全国高等职业教育地下与隧道工程技术（含基础工程技术）专业“十三五”规划教材
高等职业教育应用型人才培养规划教材

# 地基处理与加固

## （第2版）

主　编　吕贵梅　陈克森
副主编　杨芙荣　张艳奇　董　伟
　　　　侯洪涛　黄　林
主　审　李宝泉

黄河水利出版社
·郑州·

# 内 容 提 要

本书为全国高等职业教育地下与隧道工程技术(含基础工程技术)专业"十三五"规划教材之一,依据中华人民共和国住房和城乡建设部发布的《建筑地基处理技术规范》(JGJ 79—2012)编写,主要内容包括课程导论、换填垫层法、强夯与强夯置换法、振冲法、砂(碎)石桩、水泥粉煤灰碎石桩、石灰桩法、土挤密桩法和灰土挤密桩法、预压法、高压喷射注浆、水泥土搅拌法、地基土的化学固结、加筋土技术、土钉墙技术、托换与纠偏加固技术、微型桩加固技术等。

本书主要作为高职高专基础工程、道路与桥梁工程、建筑工程、市政工程、给排水工程、水利工程等专业以及土建类监理、检测专业的教材,也可作为有关工程技术人员的参考用书。

**图书在版编目(CIP)数据**

地基处理与加固/吕贵梅,陈克森主编 .—2 版.—郑州:黄河水利出版社,2019. 5

全国高等职业教育地下与隧道工程技术(含基础工程技术)专业"十三五"规划教材

ISBN 978 -7 -5509 -2293 -8

Ⅰ. ①地…　Ⅱ. ①吕… ②陈…　Ⅲ. ①地基处理 - 高等职业教育 - 教材　Ⅳ. ①TU472

中国版本图书馆 CIP 数据核字(2019)第 041128 号

组稿编辑:陶金志　电话:0371 -66025273　E-mail:838739632@ qq. com

---

出 版 社:黄河水利出版社

地址:河南省郑州市顺河路黄委会综合楼 14 层　邮政编码:450003

发行单位:黄河水利出版社

发行部电话:0371 -66026940、66020550、66028024、66022620(传真)

E-mail:hhslcbs@ 126. com

承印单位:河南承创印务有限公司

开本:787 mm×1 092 mm　1/16

印张:17. 5

字数:405 千字　　印数:1—3 000

版次:2010 年 8 月第 1 版　　印次:2019 年 5 月第 1 次印刷

2019 年 5 月第 2 版

---

定价:46. 00 元

# 第2版前言

本书为全国高等职业教育地下与隧道工程技术（含基础工程技术）专业“十三五”规划教材之一，依据中华人民共和国住房和城乡建设部发布的《建筑地基处理技术规范》（JGJ 79—2012）编写。全书共分16个项目，除项目一课程导论外，每个项目介绍一种地基处理与加固技术，内容力求精练，注重理论联系实际。通过工程实例，进一步阐明各技术措施的原理、施工要点及检验、检测方法等，以加深读者的理解，突出了职业教育的教材特点。

本书重点介绍了换填垫层法、强夯与强夯置换法、振冲法、砂（碎）石桩、水泥粉煤灰碎石桩、石灰桩法、土挤密桩法和灰土挤密桩法、预压法、高压喷射注浆、水泥土搅拌法、地基土的化学固结、加筋土技术、土钉墙技术、托换与纠偏加固技术、微型桩加固技术等地基处理与加固技术。

参加本书编写工作的人员如下：山东水利职业学院陈克森（项目一、项目十三），云南国土资源职业学院张艳奇（项目二、项目十、项目十一），济南工程职业技术学院侯洪涛（项目三、项目十四），湖北水利水电职业技术学院董伟（项目四、项目九），湖北国土资源职业学院黄林（项目五、项目六），临沂市滨河景区小埠东橡胶坝管理所杨芙荣（项目七、项目八、项目十六），山东水利职业学院吕贵梅（项目十二、项目十五）。全书由吕贵梅、陈克森任主编，杨芙荣、张艳奇、董伟、侯洪涛、黄林任副主编，潍坊市建筑设计研究院李宝泉高级工程师任主审。

本书在编写过程中，得到了编者所在单位领导、黄河水利出版社领导和编辑的大力支持与帮助，还参阅了许多优秀文献（已在参考文献中列出），在此一并表示衷心的感谢！

由于编者认识和实践水平有限，书中难免有不妥之处，敬请广大读者批评指正。

编　者

2019年1月

# 目 录

GHJC

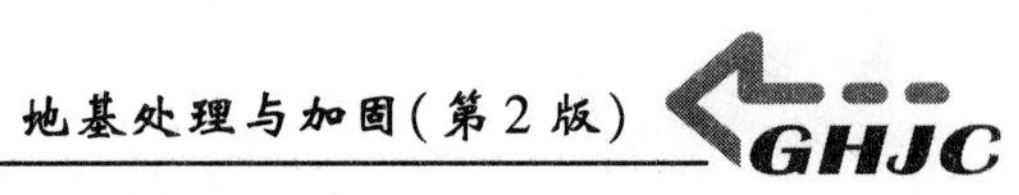
GHJC

# 项目一　课程导论

【知识目标】　掌握地基处理的方法及选用,掌握地基处理的对象及基本原则,了解地基处理与加固技术的国内外发展状况,明确本课程的学习目的与方法。

【技能目标】　能分析实际工程中地基的类型与工程的特点,正确选择地基处理的方法,并拟订最佳的处理方案。

## 任务一　地基处理的目的和意义

任何建筑物都是建造在一定地层上的,承受建筑物荷载的地层称为地基,建筑物向地基传递荷载的下部结构称为基础。凡是基础直接建造在未经过加固处理的天然土层上时,这种地基称为天然地基。如果天然地基很软弱,不能够满足地基强度和变形等要求,则预先要经过人工处理后再建造基础,这种地基加固被称为地基处理。

我国地域辽阔、幅员广大,自然地理环境不同,土质各异,地基条件的区域性较强。因此,需要解决各类工程在设计及施工中出现的各种复杂的岩土工程问题,将是地基处理技术这门学科面临的课题。随着当前我国经济建设的迅猛发展,自20世纪90年代以来,我国土木工程建设发展很快,土木工程功能化、城市建设立体化、交通运输高速化,以及改善综合居住条件已成为我国现代土木工程建设的特征。从事工程建设不仅事先要选择在地质条件良好的场地,而且有时也不得不在地质条件不好的地方修建建(构)筑物,因此必须要对天然的软弱地基进行处理。

建筑物的地基问题,概括地说,可包括以下四个方面:

(1)强度及稳定性问题。

(2)压缩及不均匀沉降问题。

(3)地基的渗漏量或水力比降超过容许值时,会发生水量损失,或因潜蚀和管涌而可能导致失稳。

(4)地震、机器以及车辆的振动、波浪作用和爆破等动力荷载可能引起地基土,特别是饱和无黏性土的液化、失稳和震陷等危害。

当建筑物的天然地基存在上述四类问题之一或其中几类时,即须采取某种地基处理措施,对地基土进行加固,以改善地基土的强度、压缩性、透水性、振动性等,保证建筑物的安全与正常使用。地基问题的处理恰当与否,关系到整个工程的质量、投资量和进度,因此其重要性已越来越多地被人们所认识。

各种各样的结构物对地基的要求是不同的,而各个地区天然地层的情况差别又非常大,即使在同一地区、同一工点,地质情况也可能有很大的差别。所有这些就决定了地基处理问题的复杂性和多变性,是采用天然地基,还是采用人工地基?采用人工地基时采用

什么地基处理方案？这是建造建筑物时首先需要解决的问题。

## 任务二　地基处理的方法及适用条件

地基处理方法的分类多种多样。按时间可分为临时处理和永久处理，按处理深度可分为浅层处理和深层处理，按土性对象可分为砂性土处理和黏性土处理、饱和土处理和非饱和土处理，也可按照地基处理的作用机制进行分类。本书认为，按地基处理的作用机制进行的分类较为妥当，它体现了各种处理方法的主要特点。

地基处理的基本方法无非是置换、挤密、排水、胶结、加筋和热学等。这些方法是自古迄今都有效的方法。值得注意的是，很多地基处理的方法具有多种处理的效果。例如，碎石桩具有置换、挤密、排水和加筋的多重作用；石灰桩又挤密又吸水，吸水后又进一步挤密等。因而，一种方法可能具有多种处理效果。

常用地基处理方法的原理、作用及适用条件如下。

### 一、换土垫层法

#### （一）垫层法

垫层法的基本原理是挖除浅层软弱土或不良土，分层碾压或夯实土，按回填的材料可分为砂（或砂石）垫层、碎石垫层、粉煤灰垫层、干渣垫层、土（灰土、二灰）垫层等。干渣分为分级干渣、混合干渣和原状干渣，粉煤灰分为湿排灰和调湿灰。换土垫层法可提高持力层的承载力，减少沉降量；消除或部分消除土的湿陷性和胀缩性；防止土的冻胀作用及改善土的抗液化性。常用机械碾压、平板振动和重锤夯实进行施工。

该方法常用于基坑面积宽大和开挖土方量较大的回填土方工程，一般适用于处理浅层软弱土层（淤泥质土、松散素填土、杂填土、浜填土以及已完成自重固结的冲填土等）与低洼区域的填筑。一般处理深度为2～3 m。

该方法适用于处理浅层非饱和软弱土层、湿陷性黄土、膨胀土、季节性冻土、素填土和杂填土。

#### （二）强夯挤淤法

强夯挤淤法是采用边强夯、边填碎石、边挤淤的方法，在地基中形成碎石墩体，可提高地基承载力和减少变形。

该方法适用于厚度较小的淤泥和淤泥质土地基，应通过现场试验才能确定其适应性。

### 二、振密、挤密法

振密、挤密法的原理是采用一定的手段，通过振动、挤压使地基土体孔隙比减小，强度提高，达到地基处理的目的。

#### （一）表层压实法

表层压实法采用人工或机械夯实、机械碾压或振动对填土、湿陷性黄土、松散无黏性土等软弱或原来比较疏松的表层土进行夯实，也可采用分层回填压实加固。

表层压实法适用于含水量接近于最优含水量的浅层疏松性黏土、松散砂性土、湿陷性黄土及杂填土等。

**（二）重锤夯实法**

重锤夯实法利用重锤自由下落时的冲击能力来夯击浅层土，使其表面形成一层较为均匀的硬壳层。

重锤夯实法适用于无黏性土、杂填土、非饱和黏性土及湿陷性黄土。

**（三）强夯法**

强夯法利用强大的夯击能，迫使深层土液化和动力固结，使土体密实，用以提高地基土的强度并降低其压缩性，消除土的湿陷性、胀缩性和液化性。

强夯法适用于碎石土、砂土、素填土、低饱和度的粉土与黏性土及湿陷性黄土。

**（四）振冲挤密法**

振冲挤密法一方面依靠振冲器的强力振动使饱和砂层发生液化，颗粒重新排列，孔隙比减小；另一方面依靠振冲器的水平振动力，形成垂直孔洞，在其中加入回填料，使砂层挤压密实。

振冲挤密法适用于砂性土和小于 0.005 mm 的黏粒含量低于 10% 的黏性土。

**（五）土（灰土、粉煤灰加石灰）桩法**

土桩法是利用加入钢套管（振动沉管、炸药爆破）在地基中成孔，通过挤压作用，使地基土得到加密，然后在孔中分层填入素土（灰土、粉煤灰加石灰）后夯实而成土桩（灰土桩、二灰桩）。

土桩法适用于处理地下水位以上湿陷性黄土、新近堆积黄土、素填土和杂填土。

**（六）砂桩**

在松散砂土或人工填土中设置砂桩，能对周围土体产生挤密作用或同时产生振密作用。可以显著提高地基强度，改善地基的整体稳定性，并减少地基沉降量。

砂桩适用于处理松砂地基和杂填土地基。

**（七）夯实水泥土桩**

利用沉管、冲击、人工洛阳铲、螺旋钻等方法成孔，回填水泥和土的拌和料，分层夯实形成坚硬的水泥土桩体，并挤密桩间土，通过褥垫层与原地基土形成复合地基。

夯实水泥土桩适用于处理地下水位以上的粉土、素填土、杂填土、黏性土和淤泥质土等地基。

**（八）爆破法**

利用爆破产生振动使土体产生液化和变形，从而获得较大密实度，用以提高地基承载力和减少沉降量。

爆破法适用于饱和净砂、非饱和但经灌水饱和的砂、粉土和湿陷性黄土。

## 三、预压法

预压法的基本原理是软土地基在附加荷载的作用下，逐渐排出孔隙水，使孔隙比减小，产生固结变形。在这个过程中，随着土体超静孔隙水压力的逐渐消散，土的有效应力增加，地基抗剪强度相应增加，并使沉降提前完成或提高沉降速率。

预压法主要由排水和加压两个系统组成。排水可以利用天然土层本身的透水性，尤

其是上海地区多夹砂薄层的特点,也可设置砂井、袋装砂井和塑料排水带之类的竖向排水体。加压主要采用堆载预压法、真空预压法和降水预压法。为加固软弱的黏土,在一定条件下,采用电渗排水井点也是合理而有效的。

**(一)堆载预压法**

在建造建筑物之前,通过临时堆填土石等方法对地基加载预压,达到预先完成部分或大部分地基沉降,并通过地基土固结提高地基承载力,然后撤除荷载,再建造建筑物。

临时的预压堆载一般等于建筑物的荷载,但为了减少由于次固结而产生的沉降,预压荷载也可大于建筑物荷载,称为超载预压。

为了加速堆载预压地基固结速度,常可与砂井法或塑料排水带法等同时应用。如黏土层较薄,透水性较好,也可单独采用堆载预压法。

堆载预压法适用于软黏土地基。

**(二)砂井法(包括袋装砂井、塑料排水带等)**

在软黏土地基中,设置一系列砂井,在砂井之上铺设砂垫层或砂沟,人为地增加土层固结排水通道,缩短排水距离,从而加速固结,并加速强度增长。砂井法通常辅以堆载预压,称为砂井堆载预压法。

砂井法适用于透水性低的软弱黏性土,但对于泥炭土等有机质沉积物不适用。

**(三)真空预压法**

在黏土层上铺设砂垫层,然后用薄膜密封砂垫层,用真空泵对砂垫层及砂井抽气,使地下水位降低,同时在大气压力作用下加速地基固结。

真空预压法适用于能在加固区形成(包括采取措施后形成)稳定负压边界条件的软土地基。

**(四)真空–堆载联合预压法**

当真空预压达不到要求的预压荷载时,可与堆载预压联合使用,其堆载预压荷载和真空预压荷载可叠加计算。

真空–堆载联合预压法适用于软黏土地基。

**(五)降水预压法**

通过降低地下水位使土体中的孔隙水压力减小,从而增大有效应力,促进地基固结。

降水预压法适用于地下水位接近地面而开挖深度不大的工程,特别适用于饱和粉细砂地基。

**(六)电渗排水法**

在土中插入金属电极并通以直流电,由于直流电场作用,土中的水从阳极流向阴极,然后将水从阳极排除,而不让水在阳极附近补充,借助电渗作用可逐渐排除土中水。在工程上常利用它降低黏性土中的含水量或降低地下水位来提高地基承载力或边坡的稳定性。

电渗排水法适用于饱和软黏土地基。

## 四、置换法

置换法的原理是以砂、碎石等材料置换软土,与未加固部分形成复合地基,达到提高地基强度的目的。

**(一)振冲置换法(或称碎石桩法)**

振冲置换法是利用一种单向或双向振动的振冲头,边喷高压水流边下沉成孔,然后边填入碎石边振实,形成碎石桩。桩体和原来的黏性土构成复合地基,以提高地基承载力和减少沉降。

振冲置换法适用于地基土的不排水抗剪强度大于20 kPa的淤泥、淤泥质土、砂土、粉土、黏性土和人工填土等地基。对不排水抗剪强度小于20 kPa的软土地基,采用碎石桩时须慎重。

**(二)石灰桩法**

在软弱地基中用机械成孔,填入作为固化剂的生石灰并压实形成桩体,利用生石灰的吸水、膨胀、放热作用以及土与石灰的物理化学作用,改善桩体周围土体的物理力学性质,同时桩与土形成复合地基,达到地基加固的目的。

石灰桩法适用于软弱黏性土地基。

**(三)强夯置换法**

对厚度小于6 m的软弱土层,边夯边填碎石,形成深度3~6 m、直径2 m左右的碎石桩体,与周围土体形成复合地基。

强夯置换法适用于软黏土。

**(四)水泥粉煤灰碎石桩(CFG桩)**

水泥粉煤灰碎石桩是在碎石桩基础上加进一些石屑、粉煤灰和少量水泥,加水拌和,用振动沉管打桩机或其他成桩机具制成的一种具有一定黏结强度的桩,桩与桩间土通过褥垫层形成复合地基。

水泥粉煤灰碎石桩适用于填土、饱和及非饱和黏性土、砂土、粉土等地基。

**(五)桩锤冲扩法**

桩锤冲扩法是利用直径为200~600 mm、长度为2~6 m、质量为1~6 t的柱状锤冲扩成孔,填入碎砖三合土等材料,夯实成桩,桩与桩间土通过褥垫层形成复合地基。

桩锤冲扩法适用于处理杂填土、粉土、黏性土、黏性素填土、黄土等地基。

**(六)EPS超轻质料填土法**

发泡聚苯乙烯(EPS)重度只有土的1/100~1/50,并具有较好的强度和压缩性能,用于填土料,可有效减少作用在地基上的荷载,需要时也可置换部分地基土,以达到更好的效果。

EPS超轻质料填土法适用于软弱地基土的填方工程。

## 五、加筋法

通过在土层中埋设强度较大的土工聚合物、拉筋、受力杆件等提高地基承载力、减少沉降量或维持建筑物稳定。

**(一)土工聚合物**

利用土工聚合物的高强度、韧性等力学性能,扩散土中应力,增大土体的抗拉强度,改善土体或构成加筋土以及各种复合土工结构。

土工聚合物适用于砂土、黏性土和软土,或用作反滤、排水和隔离材料。

**(二)加筋土**

把抗拉能力很强的拉筋埋置在土层中,通过土颗粒和拉筋之间的摩擦作用形成一个整体,用以提高土体的稳定性。

加筋土适用于人工填土的路堤和挡墙结构。

**(三)土层锚杆**

土层锚杆是依赖于土层和锚固体之间的黏结强度来提供承载力的,它使用在一切需要将拉应力传递到稳定土体中去的工程结构,如边坡稳定、基坑围护结构的支护、地下结构抗浮、高耸结构抗倾覆等。

土层锚杆适用于一切需要将拉应力传递到稳定土体中去的工程。

**(四)土钉**

土钉技术是在土体内放置一定长度和分布密度的土钉体,与土共同作用,用以弥补土体自身强度的不足。土钉不仅提高了土体整体刚度,还弥补了土体的抗拉和抗剪强度低的缺点,显著提高了整体稳定性。

土钉适用于开挖支护和天然边坡的加固。

**(五)树根桩法**

在地基中沿不同方向设置直径为75~250 mm的细桩,可以是竖直桩,也可以是斜桩,形成如树根状的群桩,以支撑结构物,或用以挡土,稳定边坡。

树根桩法适用于软弱黏性土和杂填土地基。

## 六、胶结法

在软弱地基中部分土体内掺入水泥、水泥砂浆以及石灰等物,形成加固体,与未加固部分形成复合地基,以提高地基承载力,减少沉降量。

**(一)注浆法**

其原理是用压力泵把水泥或其他化学浆液注入土体,以达到提高地基承载力、减少沉降量、防渗、堵漏等目的。

注浆法适用于处理岩基、砂土、粉土、淤泥质黏土、粉质黏土、黏土和一般人工填土,也可加固暗浜和使用在托换工程中。

**(二)高压喷射注浆法**

将带有特殊喷嘴的注浆管,通过钻孔置入要处理土层的预定深度,然后将水泥浆液以高压冲切土体,在喷射浆液的同时,以一定速度旋转、提升,形成水泥土圆柱体;若喷嘴提升而不旋转,则形成墙状固结体。可以提高地基承载力,减少沉降量,防止砂土液化、管涌和基坑隆起。

高压喷射注浆法适用于淤泥、淤泥质土、黏性土、粉土、黄土、砂土、人工填土等地基。对既有建筑物可进行托换加固。

**(三)水泥土加固法**

利用水泥、石灰或其他材料作为固化剂的主剂,通过特别的深层搅拌机械,在地基深处就地将软土和固化剂(水泥或石灰的浆液或粉体)强制搅拌,形成坚硬的拌和柱体,与原地层共同形成复合地基。

水泥土加固法适用于淤泥、淤泥质土、粉土和含水量较高且地基承载力标准值不大于 140 kPa 的黏性土地基。

### 七、冷热处理法

#### (一)冻结法

通过人工冷却,使地基温度低到孔隙水的冰点以下,使之冷却,从而具有理想的截水性能和较高的承载力。

冻结法适用于饱和的砂土或软黏土地层中的临时措施。

#### (二)烧结法

通过渗入压缩的热空气和燃烧物,并依靠热传导,而将细颗粒土加热到 100 ℃以上,从而增加土的强度,减少变形。

烧结法适用于非饱和黏性土、粉土和湿陷性黄土。

### 八、其他

#### (一)锚杆静压桩

锚杆静压桩是结合锚杆和静压桩技术而发展起来的,它是利用建筑物的自重作为反力架的支撑,用千斤顶把小直径的预制桩逐段压入地基,再将桩顶和基础紧固成一体后卸荷,以达到减少建筑物沉降的目的。

锚杆静压桩主要适用于加固处理淤泥质土、黏性土、人工填土和松散粉土。

#### (二)沉降控制复合桩基

沉降控制复合桩基是指桩与承台共同承担外荷载,按沉降要求确定用桩数量的低承台摩擦桩基。目前上海地区沉降控制复合桩基中的桩,宜采用桩身截面边长 250 mm、长细比在 80 左右的预制混凝土小桩,同时工程中实际应用的平均桩距一般在 5 ~6 倍桩径。

沉降控制复合桩基主要适用于较深厚软弱地基上,以沉降控制为主的 8 层以下多层建筑物。

综上所述,地基加固方法种类繁多,而且在不断发展,这里不可能对所有的处理方法都加以介绍。

## 任务三 地基处理的对象及处理方案选定

结构物荷载所引起的地基应力是随着深度增加而减小的,最后减小为零。所以,在一定深度内的土层即为结构物的主要受力层。在通常情况下,地基的稳定性与变形主要取决于该深度内土层的力学性能。若该土层的力学性能指标不能满足结构物对地基承载力的要求,人们就必须对该地基进行处理。需要进行处理的地基一般分为两大类:不良地基和软弱地基。

## 一、不良地基

不良地基主要指性质特殊而又对工程不利的土层所组成的地基,如湿陷性黄土、多年冻土、膨胀土、岩溶等地层。

我国西北和华北地区分布着广泛的黄土。天然黄土的强度较高,一般能陡直成壁,其承载力也较高,压缩性比较低,但在上覆土的自重应力作用下,或在上覆土自重应力和附加应力共同作用下,受水浸湿后土的结构迅速破坏而发生显著的附加下沉,此类土称为湿陷性黄土。由于黄土湿陷而引起结构物不均匀沉降是造成黄土地区事故的主要原因。当黄土作为结构物地基时,首先要判断它是否具有湿陷性,然后才考虑是否需要人工处理,以及如何处理。

膨胀土是一种吸水膨胀、失水收缩、具有较大胀缩变形性能且变形胀缩反复的高塑性黏土。利用膨胀土作为结构物地基时,如果没有采取必要的措施进行人工处理,常会给结构物造成危害。

红黏土是指石灰岩、白云岩等碳酸盐类岩石在亚热带温湿气候条件下经风化作用所形成的褐红色的黏性土。一般来说,红黏土是较好的地基土。但由于下卧岩层面起伏及存在软弱土层,容易引起地基不均匀变形,须引起重视。

温度连续3年或3年以上保持在0 ℃或0 ℃以下,并含有冰的土层,称为多年冻土。多年冻土的强度和变形有许多特殊性,如冻土中因有冰和未冻水存在,故在长期荷载作用下有强烈的流变性。多年冻土作为建筑物地基需慎重考虑。

岩溶又称喀斯特,它是石灰岩、白云岩、泥灰岩、大理石、岩盐、石膏等可溶性岩层受水的化学作用和机械作用而形成的溶洞、溶沟、裂隙,以及由于溶洞的顶板塌落使地表产生陷穴、洼地等现象和作用的总称。土洞是岩溶地区上覆土层被地下水冲蚀或被地下水潜蚀所形成的洞穴。岩溶和土洞对结构物的影响很大,可能造成地面变形,地基陷落,发生水的渗漏和涌水现象,在岩溶地区修建建筑物时要特别重视岩溶和土洞的影响。

山区地基地质条件比较复杂,主要表现在地基的不均匀性和场地稳定性两方面。山区基岩表面起伏大,且可能有大块孤石,这些因素常会导致建筑物基础产生不均匀沉降。另外,在山区常有可能遇到滑坡、崩塌和泥石流等不良地质现象,给结构物造成直接的或潜在的威胁。在山区修建结构物时要重视地基的稳定性和避免过大的不均匀沉降,必要时也需对地基进行人工处理。

## 二、软弱地基

软弱地基是指地基的主要受力层由高压缩性的软弱土所组成,这些软弱土一般是指淤泥、淤泥质土、某些冲填土等。

软黏土是软弱黏性土的简称,它是第四系后期形成的黏性土沉积物或河流冲积物。这类土的特点是天然含水量高、天然孔隙比大、抗剪强度低、压缩系数高、渗透系数小。在荷载作用下,软黏土地基承载力低,地基沉降变形大,不均匀沉降也大,而且沉降稳定历时比较长。在比较深厚的软黏土层上,结构物基础的沉降往往持续数年乃至数十年之久。软黏土地基是在工程实践中遇到最多而需要进行人工处理的地基,它广泛分布在我国东南沿海及内地一些河湖沿岸和山间谷地。

杂填土是人类活动所形成的无规则堆积物，其成分复杂、厚度有厚有薄、性质也不相同，且无规律性。在大多数情况下，杂填土是比较疏松和不均匀的。在同一场地的不同位置，地基承载力和压缩性也有较大的差异。杂填土地基一般需要人工处理才能作为结构物地基。

冲填土是由水力冲填形成的。冲填土的性质与所冲填泥沙的来源及淤填时的水力条件有密切关系。含黏土颗粒较多的冲填土往往是欠固结的，其强度和压缩性指标都比同类天然沉积土差。冲填土地基一般要经过人工处理才能作为建筑物地基。以含粉细砂为主的冲填土，其性质基本上和粉细砂相同或类似。

凡有机质含量超过25%的土，称为泥炭质土。泥炭质土含水量极高，压缩性很大且不均匀，一般不宜作为天然地基，需进行人工处理。

饱和粉细砂及部分轻亚黏土，虽然在静载作用下具有较高的强度，但在机器振动、车辆荷载、波浪或地震力的反复作用下有可能产生液化或大量震陷变形。地基会因液化而丧失承载能力。如需要考虑动力荷载，这种地基也属于不良地基，经常需要进行处理。

另外，除在上述各种软弱和不良地基上建造结构物时需要考虑地基处理外，当旧房改造、加高、工厂设备更新等造成荷载增大，原地基不能满足新的要求时，或者在开挖深基坑、建造地下铁道等工程中有土体稳定、变形或渗流问题时，也需要进行地基处理。

## 三、地基处理方案选定

地基处理的核心是处理方法的正确选择与实施，而对某一具体工程来讲，在选择处理方法时需要综合考虑各种影响因素，如建筑物的体形、刚度、结构受力体系、建筑材料和适用要求，荷载大小、分布和种类，基础类型、布置和埋深，基底压力、天然地基承载力、稳定安全系数、变形容许值，地基土的类别、加固深度、上部结构要求、周围环境条件、材料来源、施工工期、施工队伍技术素质与施工技术条件、设备状况和经济指标等。对地基条件复杂、需要应用多种处理方法的重大项目还要详细调查施工区内地形及地质成因、地质成层状况、软弱土层厚度、不均匀性和分布范围、持力层位置及状况、地下水情况及地基土的物理性质和力学性质；施工中需考虑对场地及邻近建筑物可能产生的影响、占地大小、工期及用料等。只有综合分析上述因素，坚持技术先进、经济合理、安全适用、确保质量的原则拟订处理方案，才能获得最佳的处理效果。

地基处理方案的确定可按下列步骤进行：

(1)收集详细的工程地质、水文地质及地基基础的设计资料。

(2)根据结构类型、荷载大小及使用要求，结合地形地貌、地层结构、土质条件、地下水特征、周围环境和相邻建筑物等因素，初步选定几种可供考虑的地基处理方案。另外，在选择地基处理方案时，应同时考虑上部结构、基础和地基的共同作用，也可选用加强结构措施(如设置圈梁和沉降缝等)和处理地基相结合的方案。

(3)对初步选定的各种地基处理方案，分别从处理效果、材料来源及消耗、机具条件、施工进度、环境影响等方面进行认真的技术经济分析和对比，根据安全可靠、施工方便、经济合理等原则，因地制宜地选择最佳的处理方法。值得注意的是，每一种处理方法都有一

定的适用范围、局限性和优缺点。没有一种处理方法是万能的,必要时也可选择两种或多种地基处理方法组成的综合方案。

(4)对已选定的地基处理方法,应按建筑物的重要性和场地的复杂程度,在有代表性的场地上进行相应的现场试验和试验性施工,并进行必要的测试试验,以演算设计参数和检验处理效果。如达不到设计要求时,则应查找原因采取措施或修改设计。

## 任务四　地基处理与加固技术的发展状况

自20世纪80年代中期以来,在土木工程建设中遇到需要进行加固的不良地基越来越多,对地基也提出了越来越高的要求,地基处理已成为土木工程中最活跃的领域之一,地基处理与加固技术在我国得到了飞速发展。地基处理与加固技术的最新发展反映在地基处理与加固技术的普及与提高、施工队伍的壮大,地基处理机械、材料、设计计算理论、施工工艺、现场监测技术,以及地基处理与加固新方法的不断发展和多种地基处理方法的综合应用等方面。

地基处理在我国有着悠久的历史,早在3 000年前就有采用竹子、木头以及麦秸等材料加固地基的史料记载。中华人民共和国成立后,特别在近30年来得到了迅猛发展。回顾近60年来我国地基处理技术的发展历程大体经历了两个阶段。

第一阶段:20世纪50～60年代为起步应用阶段,这一时期大量地基处理技术从苏联引进国内,最为广泛使用的是垫层等浅层处理法,主要为砂石垫层、砂桩挤密、石灰桩、灰土桩、化学灌浆、重锤夯实、预浸水法及井点降水等地基处理技术应用于工业民用建筑。由于是起步阶段,既有成功之经验,又有盲目照搬之教训。

第二阶段:20世纪70年代至今,为应用、发展、创新阶段。大批国外先进技术被引进、开发,并结合我国自身特点,初步形成了具有中国特色的地基处理技术及其支护体系,许多领域达到了国际领先水平。

(1)大直径灌注桩得到了前所未有的发展。20世纪70年代中后期,大直径灌注桩陆续在广州、深圳、北京、上海、厦门等大城市应用于高层和重型构筑物地基处理,80年代至90年代初已普及到全国数以百计的大中城市及新兴开发区,广泛应用于软土、黄土、膨胀土、特殊土地基。据估计,近年我国应用大直径灌注桩数量之多堪称世界各国之最,可谓起步虽晚而发展迅猛。

(2)石灰桩、碎石桩、高喷注浆、深层搅拌、真空预压、动力固结、塑料排水板法等得到了广泛的研究和应用。同时,水工织物在建筑中得到重视和使用,利用工业废渣、废料及其城市建筑垃圾处理地基的研究取得了可喜的进步,譬如采用粉煤灰、生石灰开发成二灰复合地基,又如利用废钢渣开发成了钢渣桩复合地基,利用城市建筑垃圾开发成了渣土桩复合地基等。这些项目的开发利用,不仅能节约大量资源、降低建设费用,同时为改善环境、减少城市污染开辟了新的途径。

(3)托换技术在手段和工艺上有了显著进展。托换技术分加固和纠偏托换两类。前者常采取的有微型钢筋混凝土灌注桩、锚杆静压桩、一般灌注桩及旋喷等措施;后者是一种将已影响建筑物正常使用的不均匀沉降或倾斜纠正过来的特殊的地基处理手段。近

30年来由于掏土纠偏技术的应用发展,不仅大量条形以及筏板基础的倾斜建筑物得到了纠正,而且使倾斜的桩基础建筑物得到了奇迹般的纠偏,在地基处理中特别是在已建工程中有着广阔的应用前景。

(4)大刚度柔性桩复合地基的出现,极大地拓宽了地基处理的应用领域。其主要途径是通过提高桩体材料的强度或刚度来实现提高复合地基的承载力。在这一领域,1990～1994年先后由中国建筑科学院、浙江建筑科学院、浙江大学研究开发了碎石、水泥、粉煤灰以及水泥、赤泥、碎石和水泥、粉煤灰、生石灰、砂石桩等复合地基,使得工业废料得到综合利用,有效地降低了成本费用。

(5)近年来引人注目的发展还有大桩距的较短钢筋混凝土疏桩复合地基的开发与应用。它是一种介于传统概念上的桩基与复合地基之间的新型地基基础形式。采用桩基疏布,使得桩间土的承载作用得到充分发挥,使桩与土共同承受上部结构荷载,从而有效地将建筑物沉降控制在允许范围内。尽管疏桩基础设计理论有待完善,但它必将会推动这一新型基础形式的广泛应用。

(6)近年来令人关注的还有:我国武汉、成都等地研制开发了将人工挖孔桩设计成空心桩,这在国外是没有的。其特点与实心桩相比,可节省混凝土50%以上,仍可满足强度要求,同时能减少废土外运,施工便捷、工艺安全、结构合理,具有应用前景。

(7)我国有一项发明专利,称为“钻孔压浆成桩法”。基本原理是用螺旋钻杆钻至预定深度后,从钻具内管底部以高压喷射出水泥浆,边喷边提钻杆,直至浆液达到无坍孔预定深度,再提钻具,投置钢筋笼、骨料。然后通过附着于钢筋笼的通水管,由孔底自下而上以高压补浆而成桩。该法适用于杂填土、淤泥、流沙、卵石等各种地基,不受地下水位影响,不需泥浆护壁,具有较好的推广价值和应用前景。

(8)深基坑工程及其支护体系得到迅猛发展,深基坑工程是近30年来我国在城市建设迅猛发展中,伴随着大量高层、超高层建筑、地铁、地下车库、地下商城等大型市政地下设施的兴建而发展起来的地基处理技术。据有关资料,我国大中型城市高度超过200 m的建筑物已达500多座,已跻身于世界百座超级巨厦之列的有上海中心大厦(632 m)、武汉绿地中心(606 m)、天津高银117大厦(597 m)和深圳平安国际金融中心(592.50 m),分别排名第三、第四、第六和第七。真可谓后来者居上,举世瞩目。

目前,我国高层建筑物基础在埋置深度范围以内的地下空间3～4层的较为常见,5～6层也有出现,它们作为地下商场、地下停车场,地下人防工程等,一方面节约了大量的土地资源,另一方面大大增加了深基坑设计与施工的难度。深基坑的发展伴随着支护结构的发展,经过实践筛选,又形成了我国自己的支护体系。基坑深度在6 m以内乃至10 m以内的支护结构类型为水泥搅拌桩和土钉墙。6～10 m的基坑除采用前述方法外,常采用钻孔桩、沉管桩或钢筋混凝土预制桩等,并根据边界条件,如防渗止水,则辅以水泥土搅拌桩、化学灌浆或高压喷射注浆而成水帷幕,有时亦用钢板桩或H型钢桩。当基坑深度大于10 m时,一般考虑采用地下连续墙或SMW工法连续墙等。

当前,国内外对地基处理方法名目繁多,而限于篇幅,本书仅对常用的地基处理方法进行详细介绍,并着重阐明各种地基处理方法的加固机制、适用范围、设计计算、施工方法和质量检验。

## 任务五　本课程学习的目的与方法

### 一、学习目的

通过本课程的学习,让学生初步掌握各种地基处理方法的原理、设计计算方法与步骤、施工中及施工后应注意的问题以及各种地基处理方法的质量控制与检验的方法等。使学生在将来的工作中具有独立分析工程实践问题并解决问题的能力,在工作中成为一名合格的岩土工程师。

### 二、学习方法

由于本课程是一门实践性很强的科学,老师在课堂上讲授的是基本原理与基本方法,而实际工程问题是千变万化的,这就要求学生具有很强的自学能力与动手解决问题的能力,要求学生带着问题去学习、钻研、消化老师在课堂上讲授的内容,并要求学生课外自学时间为课堂学时的1~1.5倍。

## 小　结

地基是承托建筑物基础的这一部分范围很小的场地。由于建筑物的地基面临的问题较多,须采取地基处理措施以保证建筑物的安全与正常使用。地基处理的目的是利用换填、夯实、挤密、排水、胶结、加筋和热学等方法对地基土进行加固,用以改良地基土的工程特性。地基处理的方法多种多样、种类繁多,而且在不断地发展,可以根据不同的地基土选用不同的加固方法。本课程的学习目的是让学生初步掌握各种地基处理方法的原理、设计计算方法与步骤,施工中及施工后应注意的问题,以及各种地基处理方法的质量控制与检验方法等。

## 思考题与习题

1. 地基处理的目的和意义是什么?
2. 试说明软弱土的工程特性。
3. 地基处理有哪些主要方法?各适用于什么地基环境?
4. 地基处理的基本原则是什么?
5. 简述确定地基处理的主要方法步骤。

# 项目二 换填垫层法

【知识目标】 熟悉换填垫层法的概念作用，掌握垫层的适用条件；熟悉垫层设计的要点；掌握垫层的施工及质量控制与质量检验。

【技能目标】 能够完成换填垫层法地基处理方案的设计及施工工作。

【项目背景】 某泵房为砖混结构，承重墙下采用钢筋混凝土条形基础，基础宽 $b=1.2$ m，埋深 $d=1.1$ m，上部结构作用于基础的荷载为116 kN/m。勘测资料显示，有一条深度为2.4 m的废弃河道（已淤积填满）从泵房基础下穿过，地下水埋深为0.9 m。地基第一层土为洪积土，厚度2.4 m，重度18.8 kN/m$^3$；第二层土为淤泥质粉质黏土，厚度6.3 m，重度18.0 kN/m$^3$，地基承载力标准值为68 kPa；第三层土为淤泥质黏土，厚度8.6 m，重度17.3 kN/m$^3$；第四层土为粉质黏土。由于泵房基础将坐落在古河道，有必要对地基进行处理。经多方案技术经济综合比较分析，决定采用砂垫层处理方案。

## 任务一 概 述

当软弱土地基的承载力和变形满足不了建筑物的要求，而软弱土层的厚度又不很大时，将基础底面以下处理范围内的软弱土层的部分或全部挖去，然后分层换填强度较大的砂（碎石、素土、灰土、高炉干渣、粉煤灰）或其他性能稳定、无侵蚀性的材料，并压（夯、振）实至要求的密实度，这种地基处理方法称为换填法。它还包括低洼地域平整场地或堆填筑高（道路路基）。

机械碾压、重锤夯实、平板振动是压（夯、振）实垫层的常用方法。这些施工方法不但可处理分层回填土，还可加固地基表层土。

按回填材料不同，垫层可分为砂垫层、砂石垫层、碎石垫层、素土垫层、灰土垫层、二灰垫层、干渣垫层和粉煤灰垫层等。

《建筑地基处理技术规范》（JGJ 79—2012）中规定：换填法适用于淤泥、淤泥质土、湿陷性黄土、素填土、杂填土地基及暗沟、暗塘等的浅层处理。其适用范围见表2-1。

地表软弱土层为饱和淤泥或淤泥质黏土时，一般要求挖除后换填砂（砾）土、碎石、石渣、矿渣等透水性良好的材料，分层填筑并压实，压实要求同表层压实法，挖除方法主要有挖土机挖掘法、推土机挖除法、人工挖除法等。当软土过于软弱而挖土机和推土机无法作业时，可采用水力挖塘机组挖除，即用高压水流对软黏土进行切割并冲成泥浆，然后用泥浆泵输送到指定地点沉淀后再处理。

表2-1　垫层的适用范围

| 垫层种类 | | 适用范围 |
|---|---|---|
| 砂(砂石、碎石)垫层 | | 多用于中小型工程的浜、塘、沟等的局部处理。适用于一般饱和、非饱和的软弱土和水下黄土地基处理,不宜用于湿陷性黄土地基,也不宜用于大面积堆载、密集基础的软土地基,砂垫层不宜用于有地下水,且流速快、流量大的地基处理,不宜采用粉细砂做垫层 |
| 土垫层 | 素土垫层 | 适用于中小型工程及大面积回填、湿陷性黄土地基的处理 |
| | 灰土或二灰垫层 | 适用于中小型工程,尤其适用于湿陷性黄土地基的处理 |
| 粉煤灰垫层 | | 用于厂房、机场、港区陆域和堆场等大、中、小型工程的大面积填筑,粉煤灰垫层在地下水位以下时,其强度降低幅度在30%左右 |
| 干渣垫层 | | 用于中小型建筑工程,尤其适用于地坪、堆场等工程大面积的地基处理和场地平整、铁路、道路地基等。但对于受酸性或碱性废水影响的地基不得用干渣做垫层 |

虽然不同材料的垫层,其应力分布稍有差异,但从试验结果分析其极限承载力还是比较接近的;通过沉降观测资料发现,不同材料垫层的特点基本相似,故可将各种材料的垫层设计都近似地按砂垫层的计算方法进行计算。但对湿陷性黄土、膨胀土、季节性冻土等某些特殊土采用换土垫层处理时,因其主要处理目的是消除地基土的湿陷性、膨胀性和冻胀性,所以在设计时需考虑的解决问题的关键也应有所不同。

大面积填土产生的大范围地面荷载影响深度较深,地基土的压缩变形量大,沉降延续时间长,与换填法浅层处理地基的特点不同,因而在大面积填土地基的设计和施工时,地面堆载应力求均衡,避免大量、迅速、集中堆载,并根据使用要求、堆载特点、结构类型和地质条件确定允许堆载的大小和范围。堆载不宜压在基础上,应在基础施工前不少于3个月完成大面积填土。

通常基坑开挖后,利用分层回填压实,虽也可处理较深的软弱土层,但经常由于地下水位高而需要采取降水措施;坑壁放坡占地面积大或需要基坑支护;以及施工土方量大,弃土多等因素,从而使处理费用增高、工期拖长,因此换填法的处理深度通常宜控制在3 m以内,但也不宜小于0.5 m,因为垫层太薄,所以换土垫层的作用并不显著。

换填法在国外有的将它归属于“压实”的地基处理范畴,“压实”可认为是由于排除空气而使空隙减小,因此它不同于“固结”(“固结”是由于排除孔隙水而使空隙体积减小)。换填后将土层压实,就增加了土的抗剪强度,减少了渗透性和压缩性,减弱了液化势,并增加了抗冲刷能力。

## 任务二　土的压实原理

当黏性土的土样含水量较小时,其粒间引力较大,在一定的外部压实功能作用下,如还不能有效地克服引力而使土粒相对移动,这时压实效果就比较差。当增大土样含水量时，结合水膜逐渐增厚，减小了引力，土粒在相同压实功能条件下易于移动而挤密，所以压实效果较好。但当土样含水量增大到一定程度后，孔隙中就出现了自由水，结合水膜的扩大作用就不大了，因而引力的减小就显著，此时自由水填充在孔隙中，从而产生了阻止土粒移动的作用，所以压实效果又趋下降，因而设计时要选择一个最优含水量，这就是土的压实机制。

在工程实践中，对垫层碾压质量的检验，要求能获得填土的最大干密度 $\rho_{dmax}$，其最大干密度可用室内击实试验确定。在标准的击实方法条件下，对于不同含水量的土样，可得到不同的干密度 $\rho_d$，从而绘制干密度 $\rho_d$ 和制备含水量 $w$ 的关系曲线，在曲线上 $\rho_d$ 的峰值即为最大干密度 $\rho_{dmax}$，与之相应的制备含水量为最优含水量 $w_{op}$。如图 2-1 所示，图中理论曲线高于实际曲线的原因是理论曲线假定土中空气全部排除，孔隙完全被水所占据导出的，但事实上空气不可能完全排除，因此实际的干密度就比理论值小。

上述分析是对某一特定压实功能而言的，如果改变压实功能，则曲线的基本形态不变，但曲线位置却发生移动，如图 2-2 所示，在加大压实功能时，最大干密度增大，最优含水量却减小，即压实功能越大，越容易克服粒间引力，因此在较低含水量下可达更大的密实程度。

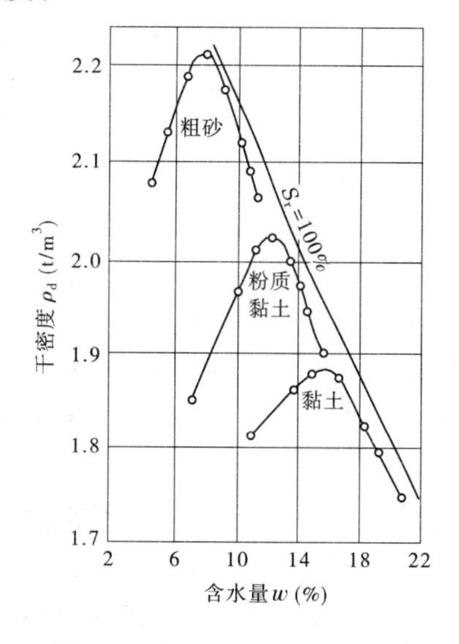


图 2-1 砂土和黏土的压实曲线

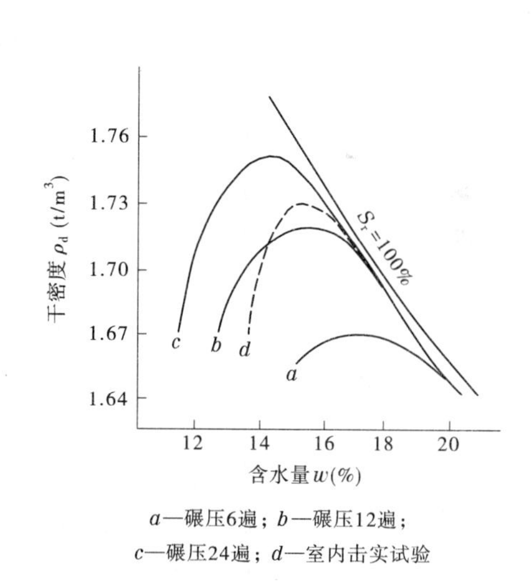


图 2-2 工地试验与室内击实试验的比较

相同的压实功能对不同土料的压实效果并不全相同，黏粒含量较多的土，土粒间的引力就大，只有在比较大的含水量时，才能达到最大干密度的压实状态，如图 2-1 中粉质黏土和黏土所示。

击实试验是用锤击方法使土的密实度增加，以模拟现场压实土的室内试验。实际上击实试验是土样在有侧限的击实筒内，不可能发生侧向位移，力作用在有限体积的整个土体上，且夯实均匀，在最优含水量状态下所获得的最大干密度。而现场施工的土料，土块大小不一，含水量和铺填厚度又很难控制均匀，实际压实土的均质性差。因而对现场土的压实，应以压实系数 $\lambda_c$（土的控制干密度 $\rho_d$ 与最大干密度 $\rho_{dmax}$ 之比）和施工含水量（最优

含水量 $w_{op}$)来进行检验。

垫层的作用主要如下:

(1)提高地基承载力。大家知道,浅基础的地基承载力与持力层的抗剪强度有关。如果以抗剪强度较高的砂或其他填筑材料代替软弱的土,可提高地基的承载力,避免地基破坏。

(2)减少沉降量。一般地基浅层部分沉降量在总沉降量中所占的比例是比较大的。以条形基础为例,在相当于基础宽度的深度范围内的沉降量约占总沉降量的 50% 。如以密实砂或其他填筑材料代替上部软弱土层,就可以减少这部分的沉降量。由于砂垫层或其他垫层对应力的扩散作用,使作用在下卧层土上的压力较小,这样也会相应减少下卧层土的沉降量。

(3)加速软弱土层的排水固结。当建筑物的不透水基础直接与软弱土层相接触时,在荷载的作用下,软弱土层地基中的水被迫绕基础两侧排出,因而使基底下的软弱土不易固结,形成较大的孔隙水压力,还可能导致由于地基强度降低而产生塑性破坏的危险。砂垫层和砂石垫层等垫层材料透水性大,软弱土层受压后,垫层可作为良好的排水面,可以使基础下面的孔隙水压力迅速消散,加速垫层下软弱土层的固结和提高其强度,避免地基土的塑性破坏。

(4)防止冻胀。因为粗颗粒的垫层材料孔隙大,不易产生毛细管现象,因此可以防止寒冷地区土中结冰所造成的冻胀。这时,砂垫层的底面应满足当地冻结深度的要求。

(5)消除膨胀土的胀缩作用。在膨胀土地基上可选用砂、碎石、块石、煤渣、二灰或灰土等材料作为垫层以消除胀缩作用,但垫层厚度应依据变形计算确定,一般不少于 0.3 m,且垫层宽度应大于基础宽度,而基础的两侧宜用与垫层相同的材料回填。

在各类工程中,垫层所起的作用有时也是不同的,如房屋建筑物基础下的砂垫层主要起换土的作用;而在路堤及土坝等工程中,主要是利用砂垫层起排水固结作用。

至于一般在钢筋混凝土基础下采用 0.1 ~ 0.3 cm 厚的混凝土垫层,主要是用作基础的找平和隔离层,并为基础绑扎钢筋和建立木模等工序施工操作提供方便,仅是一种施工措施,不属于地基处理范畴。

对于垫层表面压实法的研究工作目前重视不够,主要局限于土的压实性、应力扩散作用、加速固结作用以及减少地基沉降量作用等。深入研究工作应包括压实土的强度特性和应力—应变关系特性的试验研究、表面硬壳层的各向异性研究、表面软弱土(夹) 层改变成表面硬壳层后路堤与地基联合作用下的稳定性地表研究、考虑表面硬壳层土的特性的路堤与地基联合作用下沉降和水平位移及孔隙水压力变化的有限元分析及简化分析法研究、下卧层土质等条件对表面硬壳层作用的影响研究等。通过进一步研究,全面深入地分析认识垫层法和表面压实法的加固机制,完善设计理论与方法。

# 任务三 垫层设计

## 一、砂(砂石、碎石)垫层设计

对砂垫层的设计,既要求有足够的厚度以置换可能被剪切破坏的软弱土层,又要求有足够大的宽度,以防止砂垫层向两侧挤出。

**(一)垫层厚度的确定**

垫层厚度 $z$(见图 2-3)应根据垫层底部下卧土层的承载力确定,并符合下式要求:

$$p_z + p_{cz} \leqslant f_z \tag{2-1}$$

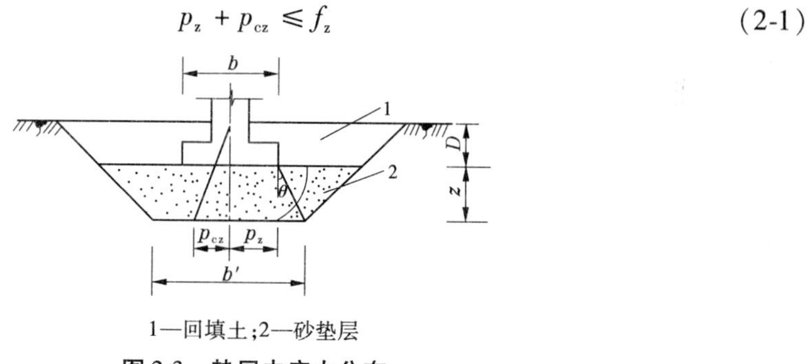


1—回填土;2—砂垫层

**图 2-3 垫层内应力分布**

式中 $p_z$——垫层底面处的附加应力设计值,kPa;

$p_{cz}$——垫层底面处土的自重压力标准值,kPa;

$f_z$——经深度修正后垫层底面处土层的地基承载力设计值,kPa。

垫层底面处的附加应力设计值 $p_z$ 可按压力扩散角进行简化计算:

条形基础

$$p_z = \frac{b(p - p_c)}{b + 2z\tan\theta} \tag{2-2}$$

矩形基础

$$p_z = \frac{bl(p - p_c)}{(b + 2z\tan\theta)(l + 2z\tan\theta)} \tag{2-3}$$

式中 $b$——矩形基础或条形基础底面的宽度,m;

$l$——矩形基础底面的长度,m;

$p$——基础底面压力的设计值,kPa;

$p_c$——基础底面处土的自重应力标准值,kPa;

$z$——基础底面下垫层的厚度,m;

$\theta$——垫层的压力扩散角,(°),可按表 2-2 选用。

具体计算时,一般可根据垫层的承载力确定出基础宽度,再根据下卧土层的承载力确定出垫层的厚度。可先假设一个垫层的厚度,然后按式(2-1)进行验算,直至满足要求,换填垫层的厚度不宜小于 0.5 m,也不宜大于 3 m。

表 2-2　压力扩散角 $\theta$　(°)

| $z/b$ | 中砂、粗砂、砾砂、圆砾、角砾卵石、碎石 | 黏性土和粉土 ($8<I_P<14$) | 灰土 |
|---|---|---|---|
| 0.25 | 20 | 6 | 28 |
| ≥0.50 | 30 | 23 | |

注:当 $z/b<0.25$ 时,除灰土仍取 $\theta=28°$ 外,其余材料均取 $\theta=0°$,必要时,宜由试验确定;
当 $0.25<z/b<0.5$ 时,$\theta$ 值可内插求得。

### (二)垫层宽度的确定

垫层的底面宽度应以满足基础底面应力扩散和防止垫层向两侧挤出为原则进行设计。关于宽度计算,目前还缺乏可靠的方法,一般根据当地经验确定或可按下式计算:

$$b' \geqslant b + 2z\tan\theta \tag{2-4}$$

式中　$b'$——垫层底面宽度,m;

$\theta$——垫层的压力扩散角,(°),可按表 2-2 采用。

垫层顶面每边宜比基础底面大 0.3 m,或从垫层底面两侧向上按当地开挖基坑经验的要求放坡,整片垫层的宽度可根据施工的要求适当加宽。应防止垫层向两侧挤压而破坏侧面土层。如果垫层宽度不足、四周侧面土质又较软弱时,垫层就有可能部分挤入侧面软弱土中,造成基础沉降量增大。

### (三)垫层承载力的确定

垫层的承载力宜通过现场试验确定,当无试验资料时,可按表 2-3 选用,并应验算下卧层的承载力。

表 2-3　各种垫层的承载力

| 施工方法 | 换填材料类别 | 压实系数 $\lambda_c$ | 承载力特征值 $f_{ak}$ (kPa) |
|---|---|---|---|
| 碾压、振密或夯实 | 碎石、卵石 | ≥0.97 | 200~300 |
| | 砂夹石(其中碎石、卵石占全重的 30%~50%) | | 200~250 |
| | 土夹石(其中碎石、卵石占全重的 30%~50%) | | 150~200 |
| | 中砂、粗砂、砾砂、圆砾、角砾 | | 150~200 |
| | 粉质黏土 | | 130~180 |
| | 石屑 | | 120~150 |
| | 灰土 | ≥0.95 | 200~250 |
| | 粉煤灰 | | 120~150 |
| | 矿渣 | — | 200~300 |

注:1. 压实系数小的垫层,承载力特征值取低值,反之取高值;原状矿渣垫层取低值,分级矿渣或混合矿渣垫层取高值。
2. 压实系数 $\lambda_c$ 为土的控制干密度 $\rho_d$ 与最大干密度 $\rho_{dmax}$ 的比值,土的最大干密度宜采用击实试验确定,碎石和卵石的最大干密度可取 2.0~2.2 $t/m^3$。
3. 表中压实系数 $\lambda_c$ 系使用轻型击实试验测定土的最大干密度 $\rho_{dmax}$ 时给出的压实控制标准,采用重型击实试验时,对于粉质黏土、灰土、粉煤灰及其他材料压实标准应为 $\lambda_c \geqslant 0.94$。
4. 矿渣垫层的压实指标在采用 8 t 的平碾或振动碾施工时按最后两遍压实的压陷差小于 2 mm 控制。

**（四）沉降量计算**

对于重要的建筑或垫层下存在软弱下卧层的建筑，还应进行地基变形计算。建筑物基础沉降量等于垫层自身的变形量 $s_1$ 与下卧土层的变形量 $s_2$ 之和。

对超出原地面标高的垫层或换填材料的密实度高于天然土层密实度的垫层，宜早换填并考虑其附加的荷载对建造的建筑物及邻近建筑物的影响。

## 二、素土（灰土、二灰）垫层设计

素土垫层（简称土垫层）或灰土垫层（石灰与土的体积比一般为2∶8或3∶7）在湿陷性黄土地区使用较为广泛，这是一种以土治土的处理湿陷性黄土地基的传统方法，处理厚度一般为1～3 m。通过处理基底下的部分湿陷性土层，可达到减小地基的总湿陷量，并控制未处理土层湿陷量的处理效果。

素土垫层或灰土垫层可分为局部垫层和整片垫层。当仅要求消除基底下处理土层的湿陷性时，亦采用素土垫层；除上述要求外，要求提高土的承载力或水稳性时，宜采用灰土垫层。

局部垫层一般设置在矩形（方形）基础或条形基础的底面下，主要用于消除地基的部分湿陷量，并可提高地基的承载力。根据工程实践经验，局部垫层的平面处理范围，每边超出基础底边的宽度，可按式（2-5）计算确定，并不应小于其厚度的一半。即使地基处理后，地面水仍可从垫层侧向渗入下部未经处理的湿陷性土层而引起湿陷，故对有防水要求的建筑物不得采用。

$$b' = b + 2z\tan\theta + a \tag{2-5}$$

式中 $a$——考虑施工机具影响而增设的附加宽度，一般 $a=0.2$ m；

$\theta$——垫层的压力扩散角，（°），一般为22°～30°，素土取小值，灰土或二灰取大值。

整片垫层一般设置在整个建（构）筑物（跨度大的工业厂房除外）的平面范围内，每边超出建筑物外墙基础外缘的宽度不应小于垫层的厚度，并不得小于2 m。整片垫层的作用是消除被处理土层的湿陷量，以及防止生产用水和生活用水从垫层上部渗入下部未经处理的湿陷性土层。

## 三、粉煤灰垫层设计

粉煤灰是燃煤电厂的工业废弃物，实践证明，粉煤灰是一种良好的地基处理材料资源，具有良好的物理、力学性能，能满足工程设计的技术要求。

粉煤灰类似于砂质粉土，其垫层厚度的计算方法可参照砂垫层厚度计算，粉煤灰垫层的压力扩散角 $\theta=22°$。

粉煤灰的最大干密度 $\rho_{dmax}$ 和最优含水量 $w_{op}$ 在设计、施工前应按《土工试验方法标准》（GB/T 50123—1999）（2007年版）击实试验法确定。

粉煤灰的内摩擦角 $\varphi$、黏聚力 $c$、压缩模量 $E_s$、渗透系数 $k$ 随粉煤灰的材质和压实密度而变化，应通过室内试验确定。当无试验资料时，上海地区提出下列数值可供参考：当 $\lambda_c=0.90\sim0.95$ 时，$\varphi=23°\sim30°$，$c=530$ kPa，$E_s=8\sim20$ MPa，$k=2\times10^{-4}\sim9\times10^{-5}$ cm/s。

粉煤灰压实垫层具有遇水后强度降低的特点,上海地区提出的经验数值是:对压实系数 $\lambda_c$ =0.90~0.95 的浸水垫层,其承载力特征值可采用 120~200 kPa,但仍应满足软弱下卧层的强度与地基变形要求。当 $\lambda_c$ >0.90 时,可抵抗抗震设计烈度为Ⅶ度的地震液化。粉煤灰压实垫层不产生液化的标准贯入击数 $N$ 值(未经钻杆修正)可参考表2-4。

**表2-4　粉煤灰压实垫层不产生液化的标准贯入击数 $N$ 值**

| 垫层厚度 $z$(m) | $N$ 值 |
|---|---|
| ≤5 | ≥8 |
| 5~8 | ≥10 |

注:本表适用于抗震设计烈度Ⅶ度,考虑近震、远震。

## 四、干渣垫层设计

干渣亦称高炉重矿渣,简称矿渣。它是高炉冶炼生铁过程中所产生的固体废渣经自然冷却而成的。干渣具有原料足、造价低、节约天然资源(砂石料)等优点。在冶金系统中,作为回填材料以广泛运用并获得成功,但系统的研究还不够,其特性在混凝土领域中进行过较为深入的分析。原冶金工业部已制定了相应的技术标准,如《高炉重矿渣应用暂行规程》、《混凝土用高炉重矿渣碎石》(YB/T 4178—2008)。武汉冶金建筑研究所提出了"高炉重矿渣地基压实的试验研究"报告,指出矿渣的特性如下:

(1)稳定性。干渣是否能在回填土工程中推广应用的前提之一,在于它是否具有足够的结构稳定性。衡量稳定性主要观察干渣在生产、施工和使用时是否会产生硅酸盐分解、石灰分解和铁、锰分解。重矿渣的化学成分随铁矿石来源的不同而变化,一般重矿渣的主要成分是 CaO、$SiO_2$、$Al_2O_3$、MgO 和 $Fe_2O_3$ 等。国内各电厂重矿渣的化学成分含量大致接近,但宝钢的成分相对稳定,尤其是 CaO 含量少于45%,大大减少了裂胀分解的可能性。

(2)堆积密度。根据 YB/T 4178—2008 规定,重矿渣的强度可用堆积密度指标表示,对分级矿渣堆积密度要求不小于1 150 kg/m$^3$,经结果分析,堆积密度与粒径组合有关,粒径小则轻、粒径大则重,但粒径较小的矿渣砂(粒径范围0~8 mm)的密度可达1 400 kg/m$^3$。

(3)变形模量。一般工程不论是分级矿渣或是不分级矿渣(混合矿渣),压实后的变形模量都大于或等于砂、碎石等垫层的变形模量值。通常采用 10~20 t 平碾,压 10~12 遍和用振动器振实,振动时间45 s,铺渣厚度200 mm,或振动时间60 s,铺渣厚度250 mm,压实后的矿渣垫层(分级或不分级)的变形模量可达35 MPa以上。

高炉矿渣在力学性质上最为重要的特点是:当垫层压实符合标准时,荷载与变形关系具有直线变形体的一系列特点。如压实不佳,强度不足,会引起显著的非线性变形。因此,设计人员应首先了解矿渣的组成成分、级配、软弱颗粒含量和松散密度;其次是根据场地条件与施工机械条件,确定合理的施工方法和选择各种设计计算参数。

干渣垫层的厚度和宽度可按砂垫层的计算方法确定,其承载力 $f$ 和变形模量 $E_0$ 宜通过现场试验确定。当无试验资料时,可按表2-5选用,且应满足软弱下卧层的强度和变形要求。

**表 2-5　干渣垫层的承载力 $f$ 和变形模量 $E_0$ 的参考值**

| 施工方法 | 干渣类别 | 压实指标 | $f$(kPa) | $E_0$ (MPa) |
|---|---|---|---|---|
| 平板振动器 | 分级干渣<br>混合干渣 | 密实(同一点前后两次压陷差小于 2 mm) | 300 | 30 |
| | 原状干渣 | | 250 | 25 |
| 8 ~ 12 t 压路机 | 分级干渣<br>混合干渣 | 密实 | 400 | 40 |
| | 原状干渣 | | 300 | 30 |
| 2 ~ 4 t 振动压路机 | 分级干渣<br>混合干渣 | 密实 | 400 | 40 |
| | 原状干渣 | | 300 | 30 |

# 任务四　垫层施工及质量控制

## 一、按密实方法分类

### (一)机械碾压法

机械碾压法是采用各种压实机械(见表 2-6)来压实地基土的。此法常用于基坑底面积宽大且开挖土方量较大的工程。

**表 2-6　垫层的每层铺填厚度及压实遍数**

| 施工设备 | 每层铺填厚度(mm) | 每层压实遍数 |
|---|---|---|
| 平碾(8 ~ 12 t) | 200 ~ 300 | 6 ~ 8 |
| 羊足碾(5 ~ 16 t) | 200 ~ 350 | 8 ~ 16 |
| 蛙式夯(200 kg) | 200 ~ 250 | 3 ~ 4 |
| 振动碾(8 ~ 15 t) | 600 ~ 1 300 | 6 ~ 8 |
| 振动压实机(2 t,振动力 98 kN) | 1 200 ~ 1 500 | 10 |
| 插入式振动器 | 200 ~ 500 | |
| 平板式振动器 | 150 ~ 250 | |

工程实践中,对垫层碾压质量的检验,要求获得填土的最大干密度。其关键在于施工时控制每层的铺设厚度和最优含水量,其最大干密度和最优含水量宜采用击实试验确定。为了将室内击实试验的结果用于设计和施工,必须研究室内击实试验和现场碾压的关系。

所有施工参数(如施工机械、铺填厚度、碾压遍数、填筑含水量等)都必须由工地试验确定。在施工现场相应的压实功能下,由于现场条件终究与室内试验不同,因而对现场应以压实系数 $\lambda_c$ 与施工含水量进行控制。在不同的场合,也可按表2-6选用。

## (二)重锤夯实法

重锤夯实法是用起重机将夯锤提升到某一高度,然后自由落锤,不断重复夯击以加固地基。重锤夯实法一般适用于地下水位距地表0.8 m以上稍湿的黏性土、砂土、湿陷性黄土、杂填土和分层填土。

重锤夯实法的主要设备为起重机械、夯锤、钢丝绳和吊钩等。

当直接用钢丝绳悬吊夯锤时,吊车的起重能力一般应大于锤重的3倍。当采用脱钩夯锤时,起重能力应大于锤重的1.5倍。

夯锤宜采用圆台形,如图2-4所示,锤重宜大于2 t,锤底面单位静压力宜为15~20 kPa。夯锤落距宜大于4 m。

重锤夯实宜一夯挨一夯地顺序进行。在独立柱基基坑内,宜按先外后里的夯击顺序夯击。当同一基坑的底面标高不同时,应按先深后浅的顺序逐层夯实。累计夯击10~20次,最后两击平均夯沉量,对于砂土不应超过5~10 mm,对于细粒土不应超过10~20 mm。

重锤夯实的现场试验应确定最少夯击遍数、最后平均夯沉量和有效夯实深度等。一般重锤夯实的有效夯实深度可达1 m左右,并可消除1.0~1.5 m厚土层的湿陷性。

## (三)平板振动法

平板振动法是使用振动压实机(见图2-5)来处理无黏性土或黏粒含量少、透水性较好的松散杂填土地基的一种方法。

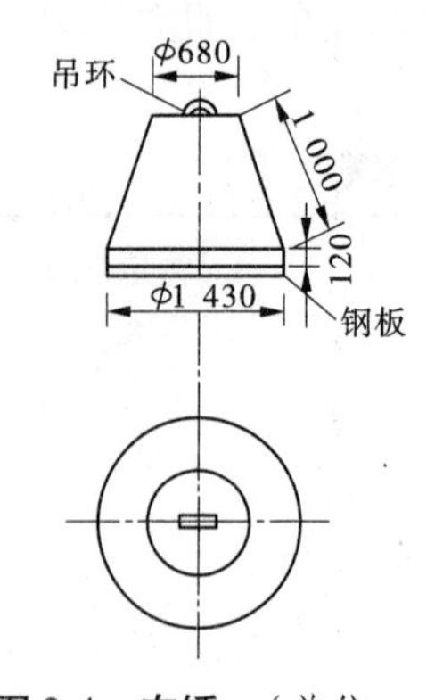


图2-4　夯锤　(单位:mm)

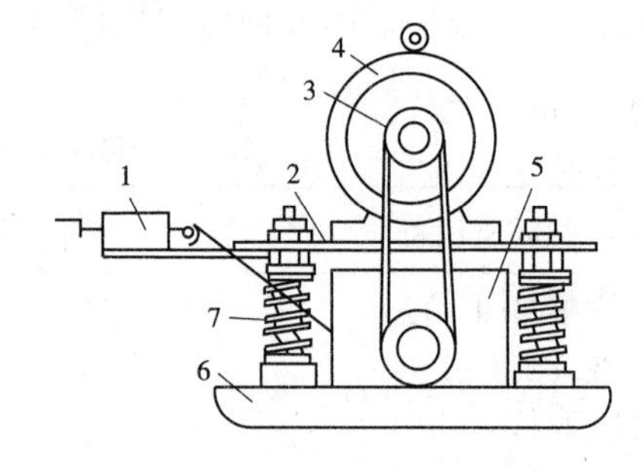


1—操纵机械;2—弹簧减振器;3—电动机;
4—振动器;5—振动机槽轮;6—减振架;7—振动板

图2-5　振动压实机示意图

振动压实机的工作原理是由电动机带动两个偏心块以相同速度反向转动而产生很大的垂直振动力。这种振动机的频率为1 160~1 180 r/min、振幅为3.5 mm、质量为2 t、振动力可达50~100 kN,并能通过操纵机械使它前后移动或转动。

振动压实的效果与填土成分、振动时间等因素有关,一般振动时间越长,效果越好,但振动时间超过某一值后,振动引起的下沉基本稳定,再继续振动就不能起到进一步压实的作用。为此,需要施工前进行试振,得出稳定下沉量和时间的关系。对主要由炉渣、碎砖、瓦块组成的建筑垃圾,振动时间在1 min以上;对含炉灰等细粒填土,振动时间为3~5

min，有效振实深度为1.2～1.5 m。

振实范围应从基础边缘放出0.6 m左右，先振基槽两边、后振中间，其振动的标准是以振动机原地振实不再继续下沉为合格，并辅以轻便触探试验检验其均匀性及影响深度。振实后地基承载力宜通过现场载荷试验确定。一般经振实的杂填土地基承载力可达100～120 kPa。

## 二、按垫层材料分类

### （一）砂（砂石）垫层

砂垫层材料应选用级配良好的中粗砂，含泥量（质量比）不超过3%，并应除去树皮、草皮等杂质。若用细砂，应掺入30%～50%的碎石，碎石最大粒径不宜大于50 mm，并通过试验确定虚铺厚度、振捣遍数、振捣器功率等技术参数。

开挖基坑时应避免坑底土层扰动，可保留200 mm厚土层暂不挖去，待铺砂前再挖至设计标高，如有浮土必须清除。当坑底为饱和软土时，须在与土面接触处铺一层细砂起反滤作用，其厚度不计入砂垫层设计厚度内。

砂垫层施工一般可采用振动碾或振动压实机等压密，其压实效果、分层铺填厚度、压实遍数、最优含水量等应根据具体施工方法及施工机具通过现场试验确定，也可根据施工方法的不同控制最优含水量。用平板振动器，最优含水量（质量百分数）为15%～20%；用平碾及蛙式夯时最优含水量（质量百分数）为8%～12%；用插入式振动器时，宜为饱和的碎石、卵石或矿渣充分洒水湿透后机械压实。

同一建筑物下砂垫层设计厚度不同时，顶面标高应相同，厚度不同的砂垫层搭接处或分段施工的交接处，应做成踏步或斜坡，加强捣实，并酌量增加质量检查点。

为保证分层压实质量应控制机械碾压速度，一般平碾为2 km/h、羊足碾为3 km/h、振动碾为2 km/h、振动压实机为0.5 km/h。

对砂垫层可用环刀法或钢筋贯入法检验垫层质量。使用环刀容积不应小于200 $cm^3$，以减小其偶然误差。砂垫层干密度控制标准：中砂为1.6 $t/m^3$、粗砂为1.7 $t/m^3$。用钢筋检验砂垫层质量时，通常可用Φ20 mm的平头钢筋，钢筋长1.25 m，垂直距离砂面0.7 m，自由下落，测其贯入深度，检验点的间距应小于4 m。对砂石垫层可设置纯砂检验点，再按环刀法取样检验。垫层质量检验点，对于大基坑每50～100 $m^2$不少于一个点；对于基槽每10～20 m应不少于1个点，每个单独柱基础应不少于1个点。

对重锤夯实的质量检验，除按试夯要求检查施工记录外，总夯沉量不应小于试夯总夯沉量的90%。

### （二）素土（灰土、二灰）垫层

素土土料中有机质含量不得超过5%，亦不得含有冻土或膨胀土，不得夹有砖、瓦和石块等渗水材料，碎石粒径不得大于50 mm。

灰土的体积比宜为2∶8或3∶7。土料宜用黏性土及塑性指数大于4的粉土，不得含有松软杂质，并应过筛，其颗粒直径不得大于15 mm。石灰宜用新鲜的消石灰，其颗粒直径不得大于5 mm。

素土（灰土、二灰）材料的施工含水量宜控制在最优含水量$w_{op}$±2%范围内。

素土(灰土等)垫层分段施工时不得在柱基、墙角及承重窗间墙下接缝。上下两层的缝距不得小于500 mm。灰土应拌和均匀,应当日铺填夯压,压实后3 d内不得受水浸泡。

控制垫层质量的压实系数$\lambda_c$应符合:①当垫层厚度不大于3 m时,$\lambda_c \geqslant 0.93$;②当垫层厚度大于3 m时,$\lambda_c \geqslant 0.95$。

素土(灰土)可用环刀法或钢筋贯入法检验垫层质量。垫层的质量检验必须分层进行,每夯压完一层,应检验该层的平均压实系数。在压实系数符合设计要求后,才能铺填上层。当采用环刀法取样时,取样点应位于每层的2/3深度处,取样数量不应小于下列规定:①整个垫层,每100 $m^2$每层3处;②矩形或方形基础底面下的垫层,每层2处;③条形(包括管道)基础底面下的垫层,每30 m长每层2处。

**(三)粉煤灰垫层**

粉煤灰垫层可采用分层压实法,压实可用压路机和振动压路机、平板振动器、蛙式打夯机。机具选用应按工程性质、设计要求和工程地质条件等确定。

对过湿粉煤灰应沥干装运,装运时含水量以15%~25%为宜。底层粉煤灰宜选用较粗的灰,并使其含水量稍低于最佳含水量。

施工压实参数($\rho_{dmax}$、$w_{op}$)可由室内击实试验确定。压实系数一般可取0.9~0.95,根据工程性质、施工机具、地质条件等因素确定。

虚铺厚度、碾压遍数应通过现场小型试验确定。当无试验资料时,可选用铺筑厚度为200~300 mm,碾压后的压实厚度为150~200 mm。施工压实含水量可控制在$w_{op} \pm 4\%$范围内。

粉煤灰的分层施工质量检验标准为压实系数$\lambda_c \geqslant 0.90$,质量检验可用环刀压入法或钢筋贯入法。对大中型工程测点布置要求为:环刀法按100~400 $m^2$布置3个测点,钢筋贯入法按20~50 $m^2$布置1个测点。

**(四)干渣垫层**

干渣垫层材料可根据工程的具体条件选用分级干渣、混合干渣或原状干渣。小面积垫层一般用8~40 mm与40~60 mm的分级干渣,或0~60 mm的混合干渣;大面积铺垫时,可采用混合干渣或原状干渣,原状干渣最大粒径不大于200 mm或不大于碾压分层虚铺厚度的2/3。

用于垫层的干渣技术条件应符合下列规定:稳定性合格;堆积密度不小于1 150 $kg/m^3$;泥土与有机质含量不大于5%。对于一般场地平整,干渣质量可不受上述指标限制。

施工采用分层压实法,压实可用平板振动法或机械碾压法。小面积施工宜采用平板振动器振实,电动机功率大于1.5 kW,每层虚铺厚度200~250 mm,振捣遍数由试验确定,以达到设计密实度为准。大面积施工宜采用8~12 t压路机,每层虚铺厚度不大于300 mm,也可采用振动压路机碾压,碾压遍数均可由现场试验确定。

干渣垫层的分层施工质量检验标准为表面坚实、平整、无明显软陷,压陷差小于2 mm。

**【案例分析】** 根据项目背景中的相关资料进行砂垫层设计。

1. 砂垫层厚度确定

古河道的洪积土厚度2.4 m,基础埋深1.1 m,故砂垫层厚度可先设定为$z=1.3$ m,其干密度要求大于1.6 t/m$^3$。

(1)基础底面的平均压力$p$。

$$p=\frac{F+G}{A}=\frac{F+\gamma_G bd}{b}=\frac{116}{1.2}+20\times0.9+(20-10)\times0.2=116.7(\mathrm{kPa})$$

式中的$\gamma_G$为基础及回填土的平均重度,可取为20 kN/m$^3$,地下水位以下部分应扣除浮力。

(2)基础底面处土的自重压力$p_c$。

$$p_c=18.8\times0.9+(18.8-10)\times0.2=18.7(\mathrm{kPa})$$

(3)垫层底面处土的自重压力$p_{cz}$。

$$p_{cz}=18.8\times0.9+(18.8-10)\times1.5=30.1(\mathrm{kPa})$$

(4)垫层底面处的附加压力$p_z$。由于是条形基础,$p_z$按式(2-2)计算,其中垫层的压力扩散角$\theta$由$z/b=1.3/1.2=1.08>0.5$,查表2-2得$\theta=30°$,于是:

$$p_z=\frac{b(p-p_c)}{b+2z\tan\theta}=\frac{1.2\times(116.7-18.7)}{1.2+2\times1.3\times\tan30°}=43.5(\mathrm{kPa})$$

(5)下卧层地基承载力设计值$f_a$。砂垫层底面处淤泥质粉质黏土的地基承载力特征值以$f_{ak}=68$ kPa,再经深度修正得到下卧层地基承载力设计值(修正系数$\eta_d$取1.0)。

$$\begin{aligned}f_a&=f_{ak}+\eta_d\gamma_m(d+z-0.5)\\&=68+1.0\times\frac{18.8\times0.9+(18.8-10)\times1.5}{2.4}\times(1.1+1.3-0.5)=91.8(\mathrm{kPa})\end{aligned}$$

(6)下卧层承载力验算。砂垫层的厚度应保证垫层底面处的自重压力与附加压力之和不大于下卧层地基承载力设计值,即

$$p_z+p_{cz}=43.5+30.1=73.6(\mathrm{kPa})<f_a=91.8(\mathrm{kPa})$$

满足设计要求,故砂垫层厚度确定为1.3 m。

2. 确定砂垫层宽度

砂垫层的宽度按压力扩散角的方法确定,即

$$b'=b+2z\tan\theta=1.2+2\times1.3\times\tan30°=2.7(\mathrm{m})$$

取砂垫层宽度为2.7 m。

3. 沉降计算

(略)

## 小 结

换填垫层法是将基础底面以下处理范围内的软弱土层的部分或全部挖去,然后分层换填强度较大的砂(碎石、素土、灰土、高炉干渣、粉煤灰)或其他性能稳定、无侵蚀性的材料,并压(夯、振)实至要求的密实度为止的一种地基处理方法。换填后将土层压实,就增加了土的抗剪强度,减少了渗透性和压缩性,减弱了液化势,并增加了抗冲刷能力。此种方法适用于淤泥、淤泥质土、湿陷性黄土、素填土、杂填土地基及暗沟、暗塘等的浅层处理。换填垫层的施工方法按密实方法分为机械碾压法、重锤夯实法、平板振动法;按垫层材料

分为砂(砂石)垫层、素土(灰土、二灰)垫层、粉煤灰垫层和干渣垫层。

## 思考题与习题

1. 简要介绍换填垫层法及其适用范围。

2. 换填垫层法的基本原理与作用是什么?

3. 换填垫层的材料主要有哪些?

4. 垫层的宽度如何确定?

5. 换填垫层法的主要施工方法有哪些? 分别怎样进行质量控制?

6. 某房屋为4层砖混结构,承重墙传至±0.00处的荷载 $F = 200$ kN/m。地基土为淤泥质土,重度 $\gamma = 17$ kN/m$^3$,承载力特征值为60 kPa,地下水位深1 m。试设计墙基及砂垫层。(提示:砂垫层承载力特征值120 kPa,扩散角 $\theta = 23°$)

7. 某一砖混结构的建筑采用条形基础。作用在基础顶面的竖向荷载 $F = 135$ kN/m,基础埋深为0.80 m。地基土的表层为素填土,$\gamma_1 = 17.8$ kN/m$^3$,层厚 $h_1 = 1.30$ m;表层素填土以下是淤泥质土,$\gamma_2 = 18.2$ kN/m$^3$,承载力特征值$f_{ak} = 75$ MPa,层厚 $h_2 = 6.80$ m。地下水位埋深为1.30 m。拟采用砂垫层地基处理方法,试设计此砂垫层的尺寸。(应力扩散角 $\theta = 30°$,淤泥质土 $\eta_d = 1.0$)

8. 某建筑物承重墙下为条形基础,基础宽度1.5 m,埋深1 m,相应于荷载效应标准组合时上部结构传至条形基础顶面的荷载$f_k = 247.5$ kN/m;地面下存在5.0 m厚的淤泥层,$\gamma = 18$ kN/m$^3$,$\gamma_{sat} = 19$ kN/m$^3$,淤泥层地基的承载力特征值$f_{ak} = 80$ kPa;地下水位距地面深1 m。试设计砂垫层。

# 项目三　强夯与强夯置换法

【知识目标】　掌握强夯与强夯置换法处理软弱地基的概念、施工方法和质量检验，了解此种方法的设计计算和加固机制。

【技能目标】　能够完成强夯和强夯置换法地基处理方案的设计与施工工作。

【项目背景】　深圳国际机场跑道及滑行道长约 3 400 m。要求机场建成后地基剩余沉降量不超过 50 mm。跑道和滑行道均位于 5 ~ 9 m 深的含水量高达 84% 的流塑状海相淤泥上，该土的特点是含水量大、强度低、灵敏度高（见表 3-1），不同深度工程性质基本一致，表层基本无硬壳层，有利于形成整体式强夯挤淤置换。

表 3-1　深圳机场跑道及滑行道地基处淤泥的物理力学指标

| 项目 | 含水量（%） | 重度（$kN/m^3$） | 孔隙比 | 液限（%） | 塑限（%） | 塑性指数 |
|---|---|---|---|---|---|---|
| 范围 | 74.6 ~ 92.6 | 14.8 ~ 15.7 | 2.08 ~ 2.54 | 53.1 ~ 59.5 | 26.7 ~ 33.1 | 23.4 ~ 29.1 |
| 平均 | 85.8 | 15.1 | 2.34 | 57.1 | 30.9 | 26.3 |

| 项目 | 十字板抗剪强度（kPa） | 灵敏度 | 压缩系数（$MPa^{-1}$） | 颗粒组成（%） | | | |
|---|---|---|---|---|---|---|---|
| | | | | >0.1 mm | 0.1 ~ 0.05 mm | 0.05 ~ 0.005 mm | <0.005 mm |
| 范围 | 3 ~ 7 | 4 ~ 7 | 1.27 ~ 2.59 | 0 | 2 ~ 5 | 23 ~ 29 | 66 ~ 75 |
| 平均 | 5.4 | | 2.24 | | | | |

## 任务一　概　述

强夯是法国 Menard 技术公司于 1969 年首创的一种地基加固方法，它通过一般 8 ~ 30 t的重锤（最重可达 200 t）和 8 ~ 20 m 的落距（最高可达 40 m），对地基土施加很大的冲击能，一般能量为 500 ~ 8 000 kN · m。在地基土中所出现的冲击波和动应力，可提高地基土的强度、降低土的压缩性、改善砂土的抗液化条件、消除湿陷性黄土的湿陷性等。同时，夯击能还可提高土层的均匀程度，减少将来可能出现的差异沉降。

强夯法开始问世时，仅用于加固砂土和碎石土地基，经过 20 多年的发展和应用，它已适用于碎石土、砂土、低饱和度的粉土和黏性土、湿陷性黄土、杂填土和素填土等地基的处理。对饱和度较高的黏性土，如用一般方法强夯处理效果不太显著，其中尤其是用以加固淤泥和淤泥质土地基，处理效果更差，使用时应慎重对待。但近年来，对高饱和度的粉土和黏性土地基也有强夯成功的工程实例，此外，有人采用在夯坑内回填块石、碎石或其他粗颗粒材料，强行夯入并排开软土，最终形成砂石桩与软土的复合地基，并称之为强夯置

换或动力置换、强夯挤淤。

我国于1978年11月至1979年初首次由交通部一航局科研所及其协作单位在天津新港三号公路进行了强夯法试验研究。在初步掌握了这种方法的基础上,于1979年8月至9月又在河北秦皇岛码头堆煤场细砂地基进行了试验,其效果显著。因此,该码头堆煤场的地基就正式进行了强夯法的加固,共节省了150余万元。中国建筑科学研究院及其协作单位于1979年4月在河北廊坊该院机械化研究所宿舍工程中进行强夯法处理可液化砂土和粉质黏土地基的野外试验研究,取得了较好的加固效果。于同年6月正式用于工程施工。通过上述试验研究及实际工程的应用,总结出一套适合我国情况的强夯工艺,在我国地基加固领域里填补了一项空白。此后,在全国各地对各类土强夯处理都取得了十分良好的技术经济效果。

当前,应用强夯法处理的工程范围极为广泛,有工业与民用建筑、仓库、油罐、储仓、公路和铁路地基、飞机场跑道及码头等。总之,强夯法在某种程度上比机械的、化学的和其他力学的加固方法更为广泛和有效。

工程实践表明,强夯法具有施工简单、加固效果好、工效高、施工速度快、节约原材料、使用经济等优点,因而被世界各国工程界所重视。对各类土强夯处理都取得了十分良好的技术经济效果。但对软土的加固效果必须给予排水的出路。为此,强夯法加袋装砂井或塑料排水管是一个在软黏土地基上进行综合处理的加固途径。

## 任务二　加固地基机制

强夯法虽然在实践中已被证实是一种较好的地基处理方法,但截至目前,还没有一套成熟、完善的理论和设计计算方法。在第十届国际土力学和基础工程会议上,美国教授Mitchell在地基处理的科技发展水平报告中提出,强夯法目前已发展到地基上的大面积加固,深度可达30 m。当应用于非饱和土时,压密过程基本上同试验中的击实试验相同。在饱和无黏性土的情况下,可能会产生液化,其压密过程同爆破和振动密实的过程相同。这种加固方法对饱和细颗粒土的效果,成功和失败的工程实例均有报道。对于这类土,需要破坏土的结构,产生超孔隙水压力,以及通过裂隙形成排水通道进行加固。而强夯法对加固杂填土特别有效。

强夯法是利用强大的夯击能给地基一冲击力,并在地基中产生冲击波,在冲击力的作用下,夯锤对上部土体进行冲切,土体结构破坏,形成夯坑,并对周围土体进行动力挤压。图3-1为某工程测得的单点夯夯坑夯沉量及周围地表隆起情况。

目前,强夯法加固地基有三种不同的加固机制:动力密实、动力固结和动力置换,它取决于地基土的类别和强夯施工工艺。

### 一、动力密实

采用强夯加固多孔隙、粗颗粒、非饱和土是基于动力密实的机制,即用冲击型动力荷载,使土体中的孔隙减小,土体变得密实,从而提高地基土强度。非饱和土的夯实过程,就是土中的气相(空气)被挤出的过程,其夯实变形主要是由于土颗粒的相对位移引起的。

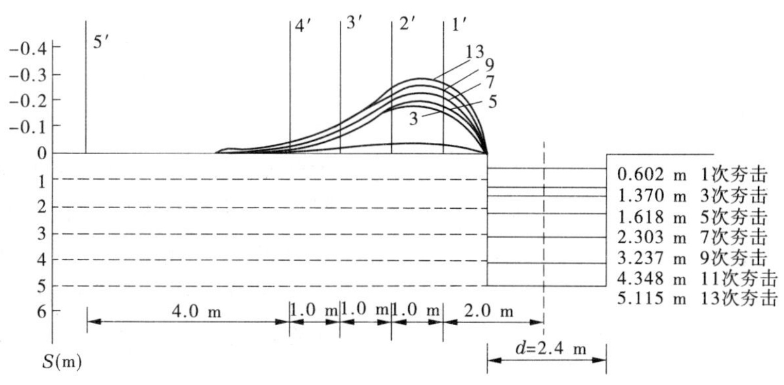


图 3-1 单点夯夯坑夯沉量及周围地表隆起情况

实际工程表明，在冲击动能作用下，地面会立即产生沉降，一般夯击一遍后，其夯坑深度可达0.6～1.0 m，夯坑底部形成一层超压密硬壳层，承载力可比夯前提高 2～3 倍。非饱和土在中等夯击能量 1 000～2 000 kN·m 的作用下，主要是产生冲切变形，在加固深度范围内气相体积大大减小，最大可减小 60%。

## 二、动力固结

用强夯法处理细颗粒饱和土时，是借助于动力固结的理论，即巨大的冲击能量在土中产生很大的应力波，破坏了土体原有的结构，使土体局部发生液化并产生许多裂隙，增加了排水通道，致使孔隙水顺利逸出，待超孔隙水压力消散后，土体固结。由于软土的触变性，强度得到提高。法国 Menard 技术公司根据强夯法的实践，首次对传统的固结理论提出了不同的看法，认为饱和土是可压缩的新机制，归纳成以下几点。

### （一）饱和土的压缩性

Menard 教授认为，由于土中有机物的分解，第四系土中大多数都含有以微气泡形式出现的气体，其含气量一般在 1%～4% 范围内，进行强夯时，气体体积压缩，孔隙水压力增大，随后气体有所膨胀，孔隙水排出的同时，孔隙水压力减小。这样每夯击一遍，液相气体体积和气相气体体积都有所减小。根据试验，每夯击一遍，气体体积可减小 40%。

### （二）产生液化

在重复夯击作用下，施加在土体的夯击能量，使气体逐渐受到压缩。因此，土体的沉降量与夯击能成正比。当气体按体积百分比接近零时，土体便变成不可压缩的。相应孔隙水压力上升到覆盖压力相等的能量级，土体即产生液化。图 3-2 所示的液化度为孔隙水压力与液化压力之比，而液化压力即为覆盖压力。当液化度为 100% 时，亦即土体产生液化的临界状态，而该能量级称为“饱和能”。此时，吸附水变成自由水，土的强度下降到最

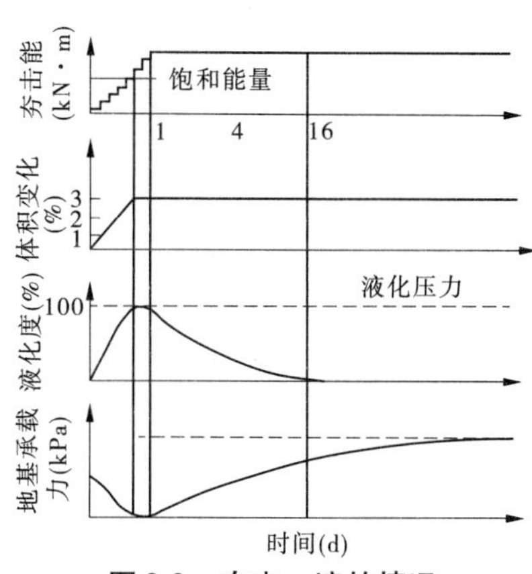


图 3-2 夯击一遍的情况

小值。一旦达到“饱和能”而继续施加能量时,除使土体重塑的破坏作用外,能量纯属是浪费。

**(三)渗透性变化**

在很大夯击能作用下,地基土体中出现冲击波和动应力。当所出现的超孔隙水压力大于颗粒间的侧向压力时,致使颗粒间出现裂隙,形成排水通道。此时,土的渗透系数骤增,孔隙水得以顺利排出。在有规则网格布置夯点的现场,通过积聚的夯击能量,在夯坑四周会形成有规则的垂直裂缝,夯坑附近出现涌水现象。

当孔隙水压力消散到小于颗粒间的侧向压力时,裂隙即自行闭合,土中水的运动又重新恢复常态。国外资料报道,夯击时出现的冲击波,将土颗粒间吸附水转化成为自由水,因而促进了毛细管通道横截面积的增大。

**(四)触变恢复**

在重复夯击作用下,土体的强度逐渐降低,当土体出现液化或接近液化时,土的强度达到最低值。此时土体产生裂隙,而土中吸附水部分变成自由水,随着孔隙水压力的消散,土的抗剪强度和变形模量都有了大幅度的增长。这时自由水重新被土颗粒所吸附而变成了吸附水,这也是具有触变性土的特性。

图3-3为夯击3遍的情况。从图中可见,每夯击一遍时,体积变化有所减少,而地基承载力有所增长,但体积变化和承载力的提高,并不是遵照夯击能的算术级数规律增加的。

鉴于以上强夯法加固的机制,Menard教授对强夯中出现的现象又提出了一个新的弹簧活塞模型,对动力固结的机制做了解释。

图3-4表示静力固结理论与动力固结理论的模型间区别,主要表现为以下四个主要特性,见表3-2。

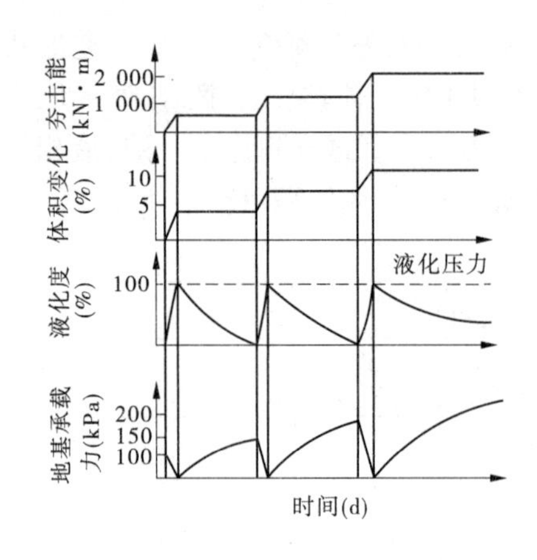


图3-3　夯击3遍的情况

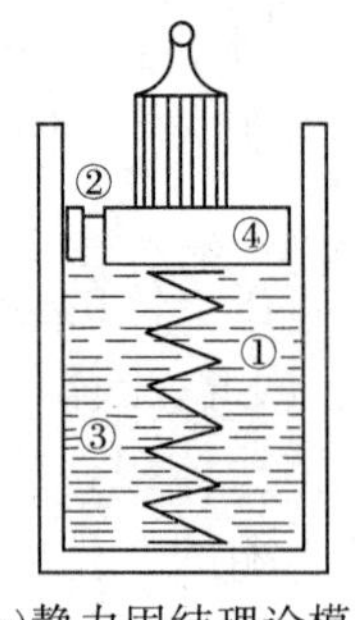


(a)静力固结理论模型

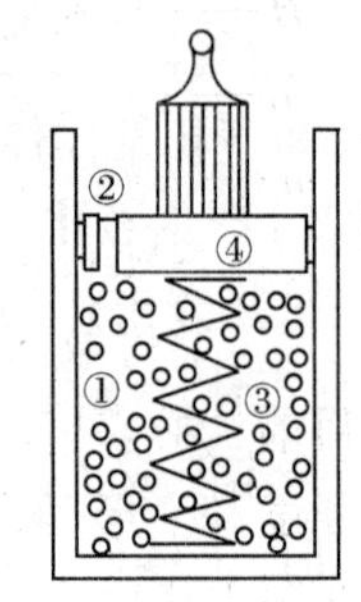


(b)动力固结理论模型

图3-4　静力固结理论与动力固结理论的模型间区别

## 三、动力置换

动力置换可分为整体置换和桩式置换,如图3-5所示。整体置换是采用强夯将碎石整体挤入淤泥中,其作用机制类似于换土垫层。桩式置换是通过强夯将碎石填筑于土体中,部分碎石桩(墩)间隔地夯入软土中,形成桩式(墩式)的碎石墩(桩)。其作用机制类似于振冲法等形成的碎石桩,它主要是靠碎石内摩擦角和墩间土的侧限来维持桩体的平衡,并与墩间土起复合地基的作用。

表 3-2　静力固结理论与动力固结理论对比

| 静力固结理论(见图 3-4(a)) | 动力固结理论(见图 3-4(b)) |
| --- | --- |
| ①不可压缩的液体<br>②固结时液体排出所通过的小孔,其孔径是不变的<br>③弹簧刚度是常数<br>④活塞无摩阻力 | ①含有少量气泡的可压缩液体<br>②固结时液体排出所通过的小孔,其孔径是变化的<br>③弹簧刚度是常数<br>④活塞有摩阻力 |

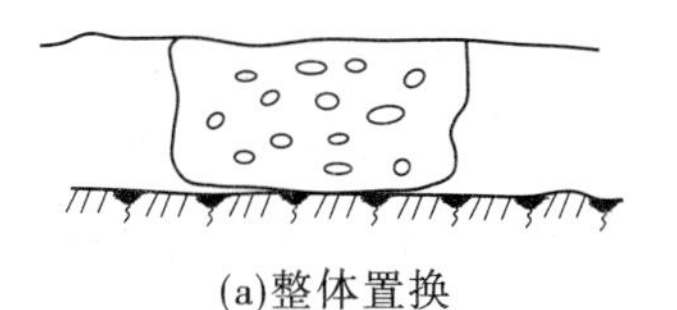
(a)整体置换

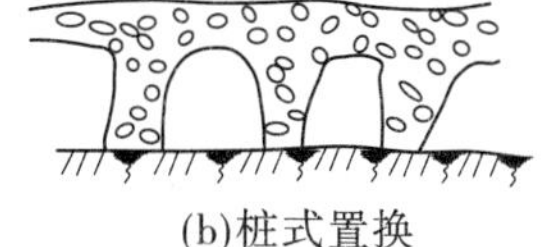
(b)桩式置换

图 3-5　动力置换类型

# 任务三　设计计算

## 一、有效加固深度

有效加固深度既是选择地基处理方法的重要依据,又是反映处理效果的重要参数。一般可按下列公式估算有效加固深度:

$$H \approx \alpha \sqrt{M \cdot h} \tag{3-1}$$

式中　$H$——有效加固深度,m;

$M$——夯锤重,t;

$h$——落距,m;

$\alpha$——Menard 修正系数,须根据所处理地基土的性质而定,对软土可取 0.5,对黄土可取 0.34～0.5。

目前,国内外尚无关于有效加固深度的确切定义,但一般可理解为:经强夯加固后,该土层强度和变形等指标能满足设计要求的土层范围。

实际上影响有效加固深度的因素很多,除锤重和落距外,还有地基土的性质、不同土层的厚度和埋藏顺序、地下水位以及其他强夯的设计参数等都与有效加固深度有着密切的关系。因此,强夯的有效加固深度应根据现场试夯或当地经验确定。在缺少经验或试验资料时,可按表 3-3 预估。

表3-3 强夯的有效加固深度 (单位:m)

| 单击夯击能(kN·m) | 碎石土、砂土等 | 粉土、黏性土、湿陷性黄土等 |
|---|---|---|
| 1 000 | 5.0~6.0 | 4.0~5.0 |
| 2 000 | 6.0~7.0 | 5.0~6.0 |
| 3 000 | 7.0~8.0 | 6.0~7.0 |
| 4 000 | 8.0~9.0 | 7.0~8.0 |
| 5 000 | 9.0~9.5 | 8.0~8.5 |
| 6 000 | 9.5~10.0 | 8.5~9.0 |
| 8 000 | 10.0~10.5 | 9.0~9.5 |

**注:**强夯的有效加固深度应从起夯面算起。

## 二、夯锤和落距

单击夯击能为夯锤重 $M$ 与落距 $h$ 的乘积。一般来说,夯击时最好锤重和落距大,则单击能量大,夯击击数少,夯击遍数也相应减少,加固效果和技术经济较好。整个加固场地的总夯击能量(即锤重×落距×总夯击数)除以加固面积称为单位夯击能。强夯的单位夯击能应根据地基土类别、结构类型、荷载大小和要求处理的深度等综合考虑,并可通过试验确定。在一般情况下,对粗颗粒土可取1 000~3 000 kN·m/m$^2$,对细颗粒土可取1 500~4 000 kN·m/m$^2$。

但对饱和黏性土所需的能量不能一次施加,否则土体会产生侧向挤出,强度反而有所降低,且难以恢复。根据需要可分几遍施加,两遍间可间歇一段时间,这样可逐步增加土的强度、改善土的压缩性。

在设计中,根据需要加固的深度初步确定采用的单击夯击能,然后根据机具条件因地制宜地确定锤重和落距。

一般夯锤可取10~25 t。夯锤材质最好用铸钢,也可用钢板为外壳内灌混凝土的锤。夯锤的平面一般为圆形,夯锤中设置若干个上下贯通的气孔,孔径可取250~300 mm,它可减小起吊夯锤时的吸力(在上海金山石油化工厂的试验工程中测出,夯锤的吸力达3倍锤重);又可减小夯锤着地前的瞬时气垫的上托力。锤底面积宜按土的性质确定,锤底静压力值可取25~40 kPa,对于砂性土和碎石填土,一般锤底面积为2~4 m$^2$;对于一般第四系黏土建议采用3~4 m$^2$;对于淤泥质土建议采用4~6 m$^2$;对于黄土建议采用4.5~5.5 m$^2$。同时应控制夯锤的高宽比,以防止产生偏锤现象,如黄土,高宽比可采用1:2.5~1:2.8。

夯锤确定后,根据要求的单点夯击能量,就能确定夯锤的落距。国内通常采用的落距是8~25 m。对相同的夯击能量,常选用大落距的施工方案,这是因为增大落距可获得较大的接地速度,能将大部分能量有效地传到地下深处,增加深层夯实效果,减少消耗在地表土层塑性变形的能量。

## 三、夯击点布置及间距

### （一）夯击点布置

夯击点布置一般为三角形、等腰三角形或正方形布置。强夯处理范围应大于建筑物基础范围，具体的放大范围可根据建筑物类型和重要性等因素考虑确定。对于一般建筑物，每边超出基础外缘的宽度宜为设计处理深度的1/2～2/3，并不宜小于3 m。

### （二）夯击点间距

夯击点间距（夯距）的确定，一般根据地基土的性质和要求处理的深度而定。第一遍夯击点间距可取夯锤直径的2.5～3.5倍，通常为5～15 m，以保证使夯击能量传递到深处和保护夯坑周围所产生的辐射向裂隙为基本原则。第二遍夯击点位于第一遍夯击点之间，以后各遍夯击点间距可适当减小。对处理深度较深或单夯夯击能较大的工程，第一遍夯击点间距宜适当增大。

## 四、夯击击数与遍数

### （一）夯击击数

每遍每夯点的夯击击数可通过试验确定，且应同时满足下列条件：

（1）最后两击的夯沉量不大于50 mm，当单击夯击能量较大时不大于100 mm。

（2）夯坑周围地面不应发生过大隆起。

（3）不因夯坑过深而发生起锤困难。

总之，各夯击点的夯击数，应以土体竖向压缩最大而侧向位移最小为原则，一般为4～10击。

### （二）夯击遍数

夯击遍数应根据地基土的性质和平均夯击能确定。一般情况下可采用1～8遍，对于粗颗粒土夯击遍数可少些，而对于细颗粒土夯击遍数则要求多些。

最后以低能量满夯2遍，满夯可采用轻锤或低落距锤多次夯击，锤印搭接。

## 五、垫层铺设

强夯前要求拟加固的场地必须具有一层稍硬的表层，使其能支承起重设备，并便于对所施工的“夯击能”得到扩散；同时可加大地下水位与地表面的距离，因此有时必须铺设垫层。对场地地下水位在2 m深度以下的砂砾石土层，可直接施行强夯，无须铺设垫层；对地下水位较高的饱和黏性土与易液化流动的饱和砂土，都需要铺设砂、砂砾或碎石垫层才能进行强夯，否则土体会发生流动。垫层厚度随场地的土质条件、夯锤重量及其形状等条件而定。当场地土质条件好，夯锤小或形状构造合理，起吊时吸力小者，也可减小垫层厚度。垫层厚度一般为0.5～2.0 m。铺设的垫层不能含有黏土。

## 六、间歇时间

各遍间的间歇时间取决于加固土层中孔隙水压力消散所需要的时间。对于砂性土，孔隙水压力的峰值出现在夯完后的瞬间，消散时间只有2～4 min，故对渗透性较大的砂性

土,两遍夯间的间歇时间很短,亦可连续夯击。对于黏性土,由于孔隙水压力消散较慢,故当夯击能逐渐增加时,孔隙水压力亦相应地叠加,其间歇时间取决于孔隙水压力的消散情况,一般不应少于3~4周。目前,国内有的工程对黏性土地基的现场埋设了袋装砂井或塑料排水带,以便加速孔隙水压力的消散,缩短间歇时间。有时根据施工流水顺序,两遍间也能达到连续夯击的目的。

## 七、现场测试设计

现场的测试工作是强夯施工中的一个重要组成部分。为此,在大面积施工之前应选择面积不小于400 $m^2$ 的场地进行现场试验,以便取得设计数据。测试工作一般有以下几个方面的内容。

### (一)地面及深层变形

地面变形研究的目的是:

(1)了解地表隆起的影响范围及垫层的密实度变化。

(2)研究夯击能与夯沉量的关系,用以确定单点最佳夯击能量。

(3)确定场地平均沉降和搭夯的沉降量,用以研究强夯的加固效果。

变形研究的手段是:地面沉降观测、深层沉降观测和水平位移观测。

地面变形的测试是对夯击后土体变形的研究。每当夯击一次应及时测量夯击坑及其周围的沉降量、隆起量和挤出量。图3-6为夯击次数(夯击能)与夯坑体积和隆起体积关系曲线,图中的阴影部分为有效压实体积。这部分的面积越大,说明夯实效果越好。

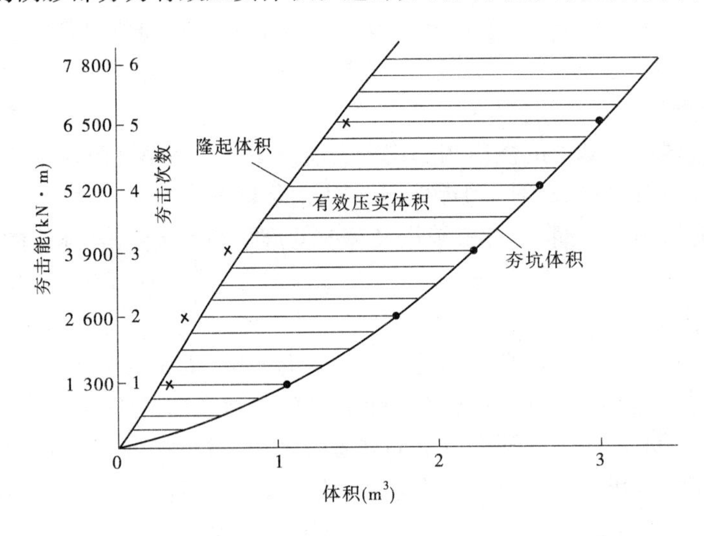


图3-6 夯击次数(夯击能)与夯坑体积和隆起体积关系曲线

### (二)孔隙水压力

一般可在试验现场沿夯击点等距离的不同深度以及等深度的不同距离埋设双管封闭式孔隙水压力仪或钢弦式孔隙水压力仪,在夯击作用下,进行对孔隙水压力沿深度和水平距离的增长及消散的分布规律研究。从而确定两个夯击点间的夯距、夯击的影响范围、间歇时间以及饱和夯击能等参数。

**(三)侧向挤压力**

将带有钢弦式土压力盒的钢板桩埋入土中后,在强夯加固前,各土压力盒沿深度分布的土压力的规律,应与静止土压力相近似。在夯击作用下,可测试每夯击一次的压力增量沿深度的分布规律。

**(四)振动加速度**

通过测试地面振动加速度可以了解强夯振动的影响范围。通常将地表的最大振动加速度为0.98 $m/s^2$ 处(认为相当于Ⅶ度地震设计烈度)作为设计时振动影响安全距离。但由于强夯振动的周期比地震短得多,强夯产生振动作用的范围也远小于地震的作用范围,所以强夯施工时,对附近已有建筑物和施工的建筑物的影响肯定要比地震的影响小。为了减少强夯振动的影响,常在夯区周围设置隔振沟。

## 任务四　施工技术与质量检验

### 一、施工机械

西欧国家所用的起重设备大多为大吨位的履带式起重机,稳定性好,行走方便;日本采用轮胎式起重机进行强夯作业,亦取得了满意结果。国外除使用现成的履带吊外,还制造了常用的三足架和轮胎式强夯机,用于起吊40 t夯锤,落距可达40 m。国外所用履带吊都是大吨位的吊机,通常在100 t以上。由于100 t吊机,其卷扬机能力只有20 t左右,如果夯击工艺采用单缆锤击法,则100 t的吊机最大只能起吊20 t的夯锤。我国绝大多数强夯工程只具备小吨位起重机的施工条件,所以只能使用滑轮组起吊夯锤,利用自动脱钩的装置,如图3-7所示,使锤形成自由落体。拉动脱钩器的钢丝绳,其一端拴在桩架的盘上,以钢丝绳的长短控制夯锤的落距,夯锤挂在脱钩器的钩上,当吊钩提升到要求的高度时,张紧的钢丝绳将脱钩器的伸臂拉转一个角度,致使夯锤突然下落。有时为防止起重臂在较大的仰角下突然释重而有可能发生后倾,可在履带起重机的臂杆端部设置辅助门架,或采取其他安全措施,防止落锤时机架倾覆。自动脱钩装置应具有足够的强度,且施工时要求灵活。

### 二、施工步骤

**(一)强夯施工步骤**

(1)清理并平整施工场地。

(2)铺设垫层,在地表形成硬层,用以支承起重设备,确保机械通行和施工。同时可加大地下水和表层面的距离,防止夯击的效率降低。

(3)标出第一遍夯击点的位置,并测量场地高程。

(4)起重机就位,使夯锤对准夯点位置。

(5)测量夯前锤顶标高。

(6)将夯锤起吊到预定高度,待夯锤脱钩自由下落后放下吊钩,测量锤顶高程;若发

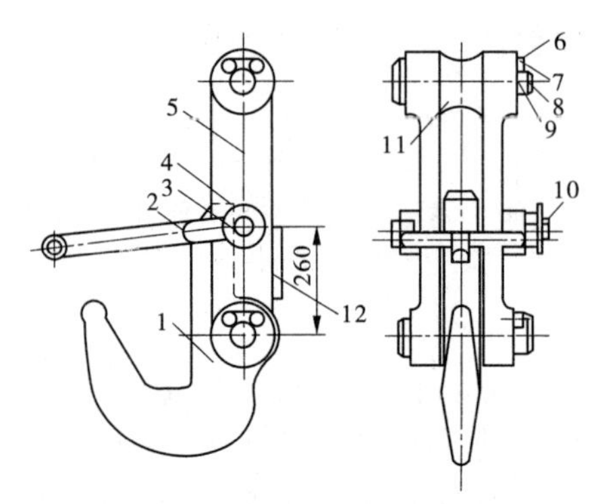


1—吊钩;2—锁卡焊合件;3、6—螺栓;4—开口销;5—架板;7—垫圈;

8—止动板;9—销轴;10—螺母;11—鼓形轮;12—护板

**图 3-7　强夯自动脱钩装置工作原理**　(单位:mm)

现因坑底倾斜而造成夯锤歪斜时,应及时将坑底整平。

(7)重复步骤(6),按设计规定的夯击次数及控制标准,完成一个夯点的夯击。

(8)重复步骤(4)~(7),完成第一遍全部夯点的夯击。

(9)用推土机将夯坑填平,并测量场地高程。

(10)在规定的间隔时间后,按上述步骤逐次完成全部夯击遍数,最后用低能量满夯,将场地表层土夯实,并测量夯后场地高程。

当地下水位较高,夯坑底积水影响施工时,宜采用人工降低地下水位或铺设一定厚度的松散材料。夯坑内或场地的积水应及时排除。

当强夯施工时所产生的振动对邻近建筑物或设备产生有害影响时,应采取防振或隔振措施。

**(二)强夯置换法施工步骤**

(1)清理并平整施工场地,当表土松软时可铺设一层厚度为 1.0 ~ 2.0 m 的砂石施工垫层。

(2)标出夯点位置,并测量场地高程。

(3)起重机就位,夯锤置于夯点位置。

(4)测量夯前锤点位置。

(5)夯击并逐击记录夯坑深度。当夯坑过深而发生起锤困难时停夯,向坑内填料直至与坑顶平,记录填料数量。如此重复,直至满足规定的夯击次数及控制标准,完成一个墩体的夯击。当夯点周围软土挤出影响施工时,可随时清理并在夯点周围铺垫碎石,继续施工。

(6)按由内而外,隔行跳打原则完成全部夯点的施工。

(7)推平场地,用低能量满夯,将场地表层松土夯实,并测量夯后场地高程。

(8)铺设垫层,并分层碾压密实。

## 三、质量检验

强夯施工结束后应间隔一定时间方能对地基加固质量进行检验。对于碎石土和砂土地基,其间隔时间可取 1 ~2 周;对于粉土和黏性土地基,其间隔时间可取 3 ~4 周。强夯置换地基间隔时间可取 28 d。

质量检验可采用以下方法:

(1)室内试验。主要通过夯击前后土的物理力学性质指标的变化来判断其加固效果。其项目包括抗剪强度指标($c$、$\varphi$ 值)、压缩模量(或压缩系数)、孔隙比、重度、含水量等。

(2)十字板试验。

(3)动力触探试验(包括标准贯入试验)。

(4)静力触探试验。

(5)旁压仪试验。

(6)载荷试验。

(7)波速试验。

检测点位置可分别布置在夯坑内、夯坑外和夯击区边缘。其数量应根据场地复杂程度和建筑物的重要性确定。对于简单场地上的一般建筑物,每个建筑物地基的检验点不应少于 3 处;对于复杂场地或重要建筑物地基应增加检验点数。检验深度应不小于设计处理的深度。强夯置换地基载荷试验检验和置换墩着底情况检验数量均不应少于墩点数的 1%,且不应少于 3 点。

此外,质量检验还包括检查强夯施工过程中的各项测试数据和施工记录,凡不符合设计要求的应补夯或采取其他有效措施。强夯置换施工中可采用超重型或重型圆锥动力触探检查置换墩着底情况。

**【案例分析】** 根据项目背景中的相关资料进行方案设计。

1. 设计与施工

实现该方案的最关键技术,就是要使长达 16 576 m、顶宽不小于 13 m、高 7 ~11 m 的堆石拦淤堤整体穿过 5 ~9 m 深海相淤泥沉至持力层——粉质黏土层上,起到挖淤后的挡淤作用。在端部进行抛石压载挤淤施工中,拦淤堤可沉入淤泥中 2.5 ~3.0 m,再采用两侧挖淤和卸荷挤淤,又可下沉 1.0 ~1.5 m。此时拦淤堤底部距持力层仍有 1.5 ~3.0 m 厚淤泥,采用强夯挤淤方法沉到持力硬土层上。实际采用的强夯挤淤参数(自动脱钩)见表 3-4。

**表 3-4　实际采用的强夯挤淤参数(自动脱钩)**

| 项目 | 施工试验 | | 实际施工 | |
|---|---|---|---|---|
| 锤重(t) | 18.5 | 18 | 18 | 21 |
| 锤直径(m) | 2.5 | 1.5 | 1.4 | 1.6 |
| 夯锤底面积($m^2$) | 3.64 | 1.766 | 1.54 | 2.00 |
| 落距(m) | 14 | 14 | 14 | 24 |
| 点距(m) | 3.30 | 2.75 | 2.75 | 2.75 |

续表 3-4

| 项目 | 施工试验 | | 实际施工 | |
|---|---|---|---|---|
| 排距(m) | 3.8 | 3.3 | 3.3 | 3.3 |
| 单击夯击能(kN · m) | 2 590 | 2 520 | 2 520 | 5 040 |
| 单击锤底单位面积能量(kN · m/$m^2$) | 711.5 | 1 427 | 1 636 | 520 |
| 平均每点夯数 | 13 | 13 | 1.3 | 10 |
| 单点累计夯击能(kN · m) | 33 670 | 32 760 | 32 760 | 50 400 |
| 每排点数 | 4 | 5 | 5 | 3 |
| 每百米排数 | 26.3 | 30.3 | 30.3 | 30.3 |
| 每百米点数 | 105.2 | 151.5 | 151.5 | 151.5 |
| 每百米夯击数 | 1 367.6 | 1 969.5 | 1 969.5 | 151 |
| 每百米夯击能(kN · m) | 3 512 080 | 4 963 140 | 4 963 140 | 7 635 600 |
| 单点夯沉量(m) | 2.1 | 2.7 | 2.8 | 3.1 |
| 控制最后两击夯沉量(cm) | 5.0 | 5.0 | 5.0 | 5.0 |
| 单点夯坑上口直径(m) | 3.8 | 3.3 | 3.4 | 3.7 |
| 堤身单击单位面积夯击能(kN · m/$m^2$) | 206.5 | 277.6 | 277.6 | 555.4 |
| 堤身累计单位面积夯击能(kN · m) | 2 685 | 3 609.9 | 3 609.9 | 5 554 |

2. 加固效果及经济效益

全部拦淤堤填筑量达 18.9 万 $m^3$,在不到 9 个月内全部完成,达到了安全拦淤和形成换填地基施工基坑的目的。与常规爆破挤淤相比,工期只有爆破挤淤的 1/8、造价只有爆破挤淤的 1/2。经强夯挤淤后实测堆石体干密度为 2.05 ~ 2.15 t/$m^3$。

## 小 结

强夯法是通过一般 8 ~ 30 t 的重锤(最重可达 200 t)和 8 ~ 20 m 的落距(最高可达 40 m),对地基土施加很大的冲击能,在地基土中所出现的冲击波和动应力,可提高地基土的强度、降低土的压缩性、改善砂土的抗液化条件、消除湿陷性黄土的湿陷性等。同时,夯击能还可提高土层的均匀程度,减少将来可能出现的差异沉降。强夯法适用于碎石土、砂土、低饱和度的粉土和黏性土、湿陷性黄土、杂填土和素填土等地基的处理。强夯法具有施工简单、加固效果好、使用经济等优点,因而被世界各国工程界所重视,对各类土强夯处理都取得了十分良好的技术经济效果。但对软土的加固效果,必须给予排水的出路。为此,强夯法加袋装砂井或塑料排水管是一个在软黏土地基上进行综合处理的加固途径。

## 思考题与习题

1. 什么是强夯法？适用于哪些范围？具有什么优点？

2. 强夯法加固地基的机制是什么？它与重锤夯实法有何不同？

3. 强夯法的设计主要包括哪些内容及如何确定？

4. 强夯法的施工包括哪些步骤？要注意什么问题？

5. 强夯法有哪些质量检验方法？

6. 某湿陷性黄土地基厚度6 m，采用强夯法处理，拟采用圆底夯锤，质量为10 t，$\alpha=0.5$，采用多大落距才能满足加固要求？

# 项目四　振冲法

【知识目标】　掌握振冲挤密法和振冲置换法处理软弱地基的概念、适用范围、施工工艺和效果检验,了解振冲挤密法和振冲置换法的加固机制及设计计算。

【技能目标】　能够完成振冲挤密法与振冲置换法地基处理方案的设计与施工工作。

【项目背景】　京珠高速公路广珠东段灵山试验路,试验段番中公路跨线桥头过渡段采用碎石桩处理软基。

灵山试验路地基自上而下土层如下:

(1)耕植土。土层厚0~1.2 m,$C_u$=20 kPa。

(2)淤泥层。土层厚1.2~14.0 m,含水量高达70%,压缩模量$E_s$=1.2 MPa,$C_u$=6~8 MPa。

(3)粗砂夹淤泥层。土层厚14.0~19.0 m,$C_u$=40 kPa,压缩模量$E_s$=3.3 MPa。

(4)淤泥质亚黏土层。土层厚19.0~28.0 m,含水量52%,压缩模量$E_s$=1.5 MPa,$C_u$=17 kPa。

(5)28.0 m以下,弱风化黏土层。

振冲法也称为振动水冲法,就是利用振动器水冲成孔,填以砂石骨料,借振冲器的水平及垂直振动振密填料,形成碎石桩体与原地基构成复合地基以提高地基承载力的方法。振冲法可分振冲置换法和振冲挤密法两类。振冲置换法利用振动和水冲成孔,制造一群以石块、砂砾等散粒材料组成的桩体,这些桩与原地基土一起构成所谓复合地基,使承载力提高,沉降量减少。在成孔过程中有大量的泥浆排出,适用于处理不排水且抗剪强度不小于200 kPa的黏性土、粉土、饱和黄土和人工填土等地基。

振冲挤密法利用振动和水冲使地基振密实,在振动密实过程中形成的孔洞,用砂砾粗粒土回填再振密实,地基承载力可提高1倍以上,适用于处理砂土和粉土等地基。

## 任务一　振冲挤密法

### 一、概述

为捣实大坝混凝土,人们发明了振捣器。后来在振捣器的基础上,Steuerman构思了利用振动和压力水冲切原理的振冲器。1937年,一家名叫Johann Keller的德国施工公司首先制成了一台具有现代振冲器雏形的振冲器,用于处理柏林一幢建筑物的7.5 m深的松砂地基,结果将砂基的承载力提高了1倍,相对密实度由原来的45%提高到80%,取得了显著的加固效果(Gree Fiwood,1976)。嗣后,Keller公司大力推广这一方法,在国内外进行了一大批砂基挤密工程，取得了丰硕的实践经验。

振冲法在美国得到普遍推广，在 Pormann 桥基工程中，加固深度达到 25 m。1957 年，振冲法被引入英国。英国的工程师把电动振冲器改为水力驱动，并用它加固垃圾、碎砖瓦和粉煤灰。日本在 20 世纪 50 年代引进振冲法后用它加固油罐的松砂地基，目的在于提高砂基的抗液化能力。

我国应用振冲法始于 1977 年。由于大量工业民用建筑和水利、交通工程地基抗震加固的需要，这一方法得到迅速推广。虽然振冲挤密法在应用方面积累了丰富的实践经验，但是在加密机制的认识和设计理论的开发方面还处在初级阶段，设计工作基本上是根据已有工程的成功经验或者正式施工前的现场试验进行的。

## 二、原理

振冲挤密法加固砂层的原理，简单说来是一方面依靠振冲器的强力振动使饱和砂层发生液化，砂颗粒重新排列，孔隙减少；另一方面依靠振冲器的水平振动力，在加回填料的情况下还通过填料使砂层挤压加密，所以这一方法称为振冲挤密法。在振冲器的重复水平振动和侧向挤压作用下，砂土的结构逐渐破坏，孔隙水压力迅速增大。由于结构破坏，土粒有可能向低势能位置转移，这样，土体由松变密。可是，当孔隙水压力达到大主应力数值时，土体开始变为流体。土在流体状态时，土颗粒不时连接，这种连接又不时被破坏，因此土体变密的可能性将大大减小。实测资料表明，振动加速度随离振冲器距离的增大呈指数函数型衰减。从振冲器侧壁向外根据加速度大小可以顺次划分为紧靠侧壁的流态区、过渡区和挤密区，挤密区外是无挤密效果的弹性区。只有过渡区和挤密区才有显著的挤密效果。过渡区和挤密区的大小不仅取决于砂土的性质（诸如起始相对密实度，颗粒大小、形状和级配，土粒相对体积质量，地应力，渗透系数等），还取决于振冲器的性能（诸如振动力、振动频率、振幅、振动历时等）。例如，砂土的起始相对密实度越低，抗剪强度必然越小，从而使砂土结构破坏所需的振动加速度越小，这样挤密区的范围就越大。由于饱和能降低砂土的抗剪强度，可见水冲不仅有助于振冲器在砂层中贯入，还能扩大挤密区。在实践中会遇到这样的情况，如果水冲的水量不足，振冲器难以进入砂层，其道理就在这里。

一般来说，振动力越大，影响距离就越大。但是过大的振动力，扩大的多半是流态区而不是挤密区，因此挤密效果不一定成比例地增加。在振冲器一般常用的频率范围内，频率越高，产生的流态区越大。所以，高频振冲器虽然容易在砂层中贯入，但挤密效果并不理想。砂体颗粒越细，越容易产生宽广的流态区。由此可见，对粉土或含粉粒较多的粉质砂，振冲挤密的效果很差。缩小流态区的有效措施是向流态区灌入粗砂、砾或碎石等粗粒料。因此，对粉土或粉质砂地基不能用振冲挤密法处理，但可用砂桩或碎石桩法处理。若在砂层中用碎石、卵石等透水性较强的填料制成一系列桩体，这种粗大的桩体具有排水功能，能有效地消散地震等震动引起的超静孔隙水压力，从而使液化现象大为减轻。砂体的渗透系数对挤密效果和贯入速率有影响。若渗透系数小于 $10^{-3}$ cm/s，不宜用振冲挤密法；若渗透系数大于 1 cm/s，施工时由于大量跑水，贯入速率十分缓慢。

群孔振冲比单孔振冲的挤密效果好。

## 三、设计计算

### (一)一般原则

砂层经用填料造桩挤密后,桩的承载能力自然比桩间砂土大,但因桩间砂土经振冲挤密后承载能力也有很大提高,常常桩间砂土本身已能满足设计要求的容许承载力,这样似无必要将桩和桩间土分别取值,再按复合地基理论计算地基的容许承载力和最终沉降量。只有在覆盖面积广、荷重大的建筑物下的砂基(如坝基等),由于其影响深度较大需要进行这方面的验算外,对一般建筑物因为荷载在地基中引起的附加应力不大并且这一附加应力随深度衰减很快,承载力和沉降一般不是设计的控制条件。对于砂基,主要的设计项目是验算它的抗液化能力。所以,对于有抗震要求的松砂地基,要根据砂的颗粒组成、起始密实度、地下水位、建筑物的设防地震烈度,计算振冲处理深度,确定布孔形式、间距和挤密标准,其中处理深度往往是决定处理工作量、进度和费用的关键因素,需要根据有关抗震规范进行综合论证。

### (二)适用土质

适用本法的土质主要是砂性土,从粉细砂到含砾粗砂,只要小于0.005 mm的黏粒含量不超过10%,都可得到显著的挤密效果;若黏粒含量大于30%,则挤密效果明显降低(Mitchell,1970)。适用于振冲挤密的颗粒级配曲线范围见图4-1。图中将范围划为A、B、C三个区。被加固砂土的级配曲线全部位于B区,挤密效果最好;当然在砂层中夹有黏土薄层、含有机质或细粒较多,挤密效果将降低。级配曲线全都位于C区,用振冲挤密法加固有困难;若曲线部分位于C区,主要部分位于B区,用振冲挤密法加固是可以的。级配曲线位于A区的砾、紧砂、胶结砂或者地下水位过深,将大大降低振冲器的贯入速率,以致用振冲挤密法加固在经济上是不合算的。

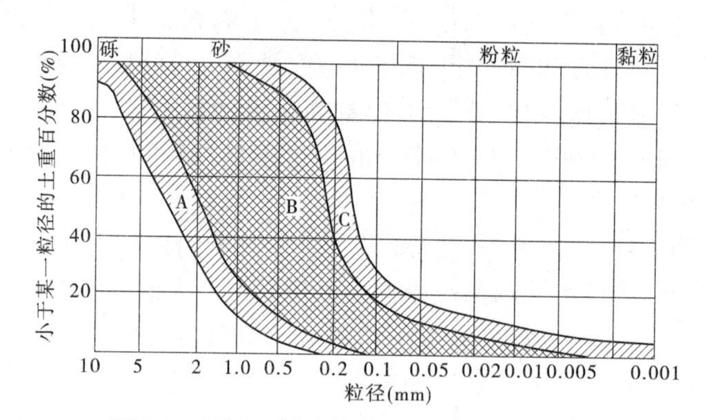


图4-1　适用于振冲挤密的颗粒级配曲线范围

### (三)处理范围

砂基振冲挤密的范围应大于建筑物基础范围,在建筑物基础外缘每边放宽不得小于5 m,应在基底轮廓线外加2~3排保护桩。

### (四)振冲深度

当可液化土层不厚时,振冲深度应穿透整个可液化土层;当可液化土层较厚时,振冲深度应按要求的抗震处理深度确定。

### （五）孔位布置和间距

振冲孔位布置常用等边三角形和正方形两种。在单独基础和条形基础下常用等腰三角形或矩形布置。大面积挤密处理时，用等边三角形布置比正方形布置可以得到更好的挤密效果。振冲孔位的间距视砂土的颗粒组成、密实要求、振冲器功率而定。砂的粒径越细，密实要求越高，则间距应越小。使用 30 kW 的振冲器，间距一般为 1.8～2.5 m；使用 75 kW 的大型振冲器，间距可以为 2.5～3.5 m。大面积处理时，75 kW 振冲器的挤密影响范围大，单孔控制面积较大，因而具有更高的经济效益。

设计大面积砂层挤密处理时，振冲孔间距也可用下式估算：

$$d = a\sqrt{V_p/V} \tag{4-1}$$

式中 $d$——振冲孔间距，m；

$a$——系数，正方形布置为 1，等边三角形布置为 1.075；

$V_p$——单位桩长的平均填料量，一般为 0.3～0.5 $m^3$；

$V$——原地基为达到规定密实度单位体积所需的填料量，可按式(4-2)计算：

$$V = \frac{(1+e_p)(e_0-e_1)}{(1+e_0)(1+e_1)} \tag{4-2}$$

式中 $e_0$——振冲前砂层的原始孔隙比；

$e_p$——桩体的孔隙比；

$e_1$——振冲后要求达到的孔隙比。

### （六）填料选择

填料的作用一方面是填充在振冲器上提后在砂层中可能留下的孔洞，另一方面是利用填料作为传力介质。在振冲器的水平振动下通过连续加填料，将砂层进一步挤压加密。

对于中粗砂，振冲器上提后由于孔壁极易坍落能自行填满下方的孔洞，从而可以不加填料，就地振密，但对于粉细砂，必须加填料后才能获得较好的振密效果。

填料可用粗砂、砾石、碎石、矿渣等材料，粒径为 0.5～5 cm。从理论上讲，填料粒径越粗，挤密效果越好。使用 30 kW 振冲器时，填料的最大粒径宜在 5 cm 以内，因为如果填料的多数颗粒粒径大于 5 cm，容易在孔内发生卡料现象，影响施工进度。使用 75 kW 大功率振冲器时，最大粒径可放宽到 10 cm。

Brown(1977)从实践中提出一个指标——“适宜数”$S_n$(Suitability number)，据以判别填料级配的合适程度。适宜数按下式计算：

$$S_n = 1.7\sqrt{\frac{3}{(D_{50})^2} + \frac{1}{(D_{20})^2} + \frac{1}{(D_{10})^2}} \tag{4-3}$$

式中 $D_{50}$、$D_{20}$、$D_{10}$——颗粒大小分配曲线上对应于 50%、20%、10% 的颗粒直径，mm。

适宜数对填料级配的评价准则见表 4-1。若填料的适宜数小，则桩体的密实性高，振密速度快。

**表 4-1 适宜数对填料级配的评价准则**

| $S_n$ | 0～10 | 10～20 | 20～30 | 30～50 | >50 |
|---|---|---|---|---|---|
| 评价 | 很好 | 好 | 一般 | 不好 | 不适用 |

若用碎石做填料,宜选用质地坚硬的石料,不能用风化或半风化的石料,因为后者经振挤后容易破碎,影响桩体的强度和透水性能。

## 四、施工工艺

### (一)施工机具

施工机具主要是振冲器、操作振冲器的吊机和水泵。振冲器的原理是利用电机旋转一组偏心块产生一定频率和振幅的水平向振力,压力水通过空心竖轴从振冲器下端喷口喷出。常用的四种型号振冲器技术参数见表 4-2。振冲施工通常可用功率为 30 kW 的振冲器,有条件时也可用较大功率的振冲器。

表 4-2　振冲器的技术参数

| 型号 | ZCQ－13 | ZCQ－30 | ZCQ－55 | BL－75 |
| --- | --- | --- | --- | --- |
| 电机功率(kW) | 13 | 30 | 55 | 75 |
| 转速(r/min) | 1 450 | 1 450 | 1 450 | 1 450 |
| 额定电流(A) | 25.5 | 60 | 100 | 150 |
| 不平衡重量(N) | 290 | 660 | 1 040 | |
| 振动力(kN) | 35 | 90 | 200 | 160 |
| 振幅(mm) | 4.2 | 4.2 | 5.0 | 7.0 |
| 振冲器外径(mm) | 274 | 351 | 450 | 426 |
| 长度(mm) | 2 000 | 2 150 | 2 500 | 3 000 |
| 重量(kN) | 7.8 | 9.4 | 16.0 | 20.5 |

操作振冲器的起吊设备有履带吊、汽车吊、自行井架式专用平车等。水泵规格是出口水压 400 ~ 600 kPa,流量 20 ~ 30 $m^3/h$。每台振冲器各配一台水泵。如果有数台振冲器同时施工,也可用集中供水的办法。

### (二)正式施工前现场试验

现场试验的目的一方面是确定正式施工时采用的施工参数,如振冲孔间距、造孔制桩时间、控制电流、填料量等;另一方面是摸清处理效果,为加固设计提供可靠依据。土层常常不是均一的,砂层中时常分布有范围不同、厚度不等的黏性土或淤泥质土夹层,在这些软土夹层处极易发生缩孔卡料现象。在粉细砂层中有时夹有厚层粗砂,经常引起造孔困难。以上这些问题只有通过现场试验才能找到对策。

在试验中很重要的两个问题是选择控制电流值和确定振冲孔间距。对大面积振冲施工的情况,应尽可能采用较高的控制电流值和较大的间距,以减少孔数,加速施工进度。规定了控制电流值后,进行不同间距的振冲挤密试验,测定各方案的加密效果,再从加密效果均满足设计要求中选择施工参数。

### (三)振冲施工步骤

加填料的振冲密实施工可按下列步骤进行:

(1)清理平整施工现场,布置振冲点。

(2)施工机具就位,在振冲点上安放钢护筒,使振冲器对准护筒轴心。

(3)启动水泵和振冲器,使振冲器徐徐沉入砂层,水压可用400~600 kPa,水量可用200~400 L/min,下沉速度宜控制在1~2 m/min范围内。

(4)振冲器达到设计处理深度后,将水压和水量降至孔口有一定量回水,但无大量细颗粒带出的程度,将填料堆于护筒周围。

(5)填料在振冲器振动下依靠自重沿护筒壁下沉至孔底,在电流升高到规定的控制值后,将振冲器上提0.3~0.5 m。

(6)重复上一步骤,直至完成全孔处理,详细记录各深度的最终电流值、填料量等。

(7)关闭振冲器和水泵等。

不加填料的振冲密实施工方法与加填料的大体相同。使振冲器达到设计处理深度,留振至电流稳定地大于规定值后,将振冲器上提0.3~0.5 m。如此重复进行,直至完成全孔处理。在中粗砂层中施工时,如遇振冲器不能贯入,可增设辅助水管,加快下沉速度。

振冲密实的施工顺序宜沿平行直线逐点进行。

### 五、效果检验

关于挤密效果的检验,通常采用现场开挖取样,直接测定和计算挤密后砂层的容重、孔隙比、相对密实度等指标;也可用标准贯入试验、动力触探试验或旁(横)压试验间接推求砂层的密实程度。对比振前振后的资料,明确处理效果。必要时也可用载荷试验检验砂基在挤密后的容许承载力。

大面积砂基经振冲挤密后的平均孔隙比可按下式估算:

$$e' = \frac{\zeta d^2 (H \pm h)}{\dfrac{\zeta d^2 H}{1 + e_0} + \dfrac{V_p}{1 + e_p}} - 1 \tag{4-4}$$

式中 $e'$——砂层在挤密后的平均孔隙比;

$\zeta$——面积系数,正方形布置时为1,等边三角形布置时为0.866;

$d$——振冲孔间距;

$H$——砂层厚度;

$h$——振密后地面隆起量(取"+"号)或下沉量(取"-"号);

$V_p$——每根振冲桩的填料量;

$e_0$——砂层的原有孔隙比;

$e_p$——桩体的孔隙比。

## 任务二 振冲置换法

### 一、概述

利用一个产生水平向振动的管状设备在高压水流下边振边冲在软弱黏性土地基中成

孔,再在孔内分批填入碎石等坚硬材料制成一根根桩体,桩体和原来的黏性土构成所谓复合地基。比起原地基来,复合地基的承载力高、压缩性小。这种加固技术叫作振冲置换法或碎石桩法。在20世纪50年代末60年代初,德国和英国相继把原先只适用于挤密砂体的振冲技术用来处理黏性土地基。我国应用振冲置换法始于1977年。首先应用的工程是南京船舶修造厂船体车间软土地基加固(盛崇文,1977)。振冲置换法的适用土质主要是黏性土。有时还可用来处理粉煤灰。当然在砂土中也能制造碎石桩,但此时挤密作用的重要性远大于置换作用。碎石桩复合地基的主要用途是提高地基的承载力,减少地基的沉降量和差异沉降量。碎石桩还可用来提高土坡的抗滑稳定性,或者提高土体的抗剪强度。

## 二、原理

按照一定间距和分布打设了许多桩体的土层叫作复合土层,由复合土层组成的地基叫作复合地基。如果软弱层不太厚,桩体可以贯穿整个软弱土层,直达相对硬层。如果软弱土层比较厚,桩体也可以不贯穿整个软弱土层,这样,软弱土层只有部分厚度转变为复合土层,其余部分仍处于天然状态。对桩体打到相对硬层,即复合土层与相对硬层接触的情况,复合土层中的桩体在荷载作用下主要起应力集中的作用。由于桩体的压缩模量远比软弱土层大,故而通过基础传给复合地基的外加压力随着桩、土的等量变形会逐渐集中到桩上去,从而使软土负担的压力相应减小。与原地基相比,复合地基的承载力有所增高,压缩性也有所降低,就是应力集中作用。就这点来说,复合地基犹如钢筋混凝土,地基中的桩体犹如钢筋。对桩体不打到相对硬层时,即复合层与相对硬层不接触的情况,复合土层主要起垫层的作用。垫层能将荷载引起的应力向周围横向扩散。使应力分布趋于均匀,从而可提高地基整体的承载力,减少沉降量。这就是垫层的应力扩散和均布的作用。

复合土层之所以能改善原地基土的力学性质,主要是因为在地基土中打设了众多的密实桩体。那么桩与桩之间的土的性质在制桩前后有无变化呢?过去有人担心在软黏土中用振冲法制造桩体能使原土的强度降低。诚然,在制桩过程中由于振动、挤压、扰动等原因,地基土中会出现较大的附加孔隙水压力,从而使原土的强度降低。但在复合地基完成之后,一方面随时间的推移原地基土的结构强度有一定程度的恢复,另一方面孔隙水压力向桩体转移消散,结果是有效应力增大、强度提高。表4-3所示有三项工程地基土的十字板抗剪强度在制桩前后变化的实测数据。由该表可见,在制桩后一个短时间内原土的天然强度的确有所减弱,一般降低10%~30%,但经过一段时间的休置,不仅强度会恢复至原来值,而且略有增加。

**表4-3　制桩前后的十字板抗剪强度变化**

| 工程名称 | 十字板抗剪强度(kPa) | | | | 文献 |
|---|---|---|---|---|---|
| | 制桩前 | 制桩后 | | | |
| 浙江炼油厂G233罐 | 18.2 | 16.3(15) | 20.6(21) | 18.9(52) | 盛崇文,1980 |
| 天津大港电厂大水箱 | 25.5~36.3 | 20.6~32.4(25) | 23.5~39.2 | | 张志良,1983 |
| 塘沽长芦盐场第二化工厂 | 20.0 | 18.7(0) | 23.3(80) | | 方永凯,1983 |

注:括号内的数字表示制桩后经过的天数。

由此可见，桩体在一定程度上也有像砂井那样的排水作用。总之，复合地基中的桩体有应力集中和砂井排水两重作用；复合土层还起垫层的作用。

振冲置换桩有时也用来提高土坡的抗滑能力。这时桩体的作用像一般阻滑桩那样能提高土体的抗剪强度，迫使滑动面远离坡面、向深入转移。

作用于桩顶的荷载如果足够大，桩体发生破坏。可能出现的桩体破坏形式有三种：鼓出破坏、刺入破坏和剪切破坏（见图4-2）。只要桩长大于临界长度（约为桩直径的4倍），就不会发生刺入破坏。除那些不打到相对硬层而长度又很短的桩体外，一般可不考虑刺入破坏形式。关于剪切破坏形式，只要基础底面不太小或者桩周围的土面上有足够大的边载，便不会发生这种形式的破坏。因此，桩体绝大多数发生鼓出破坏。一方面，由于组成桩体的材料是无黏性的，桩体本身强度随深度而增大，故而随深度增大产生塑性鼓出的可能性变小；另一方面，由于桩间土抵抗桩体鼓出的阻力亦随深度而增大。可见最易产生鼓出破坏的部位在桩的上端。所以，现有的设计理论都以鼓出破坏形式为基础。

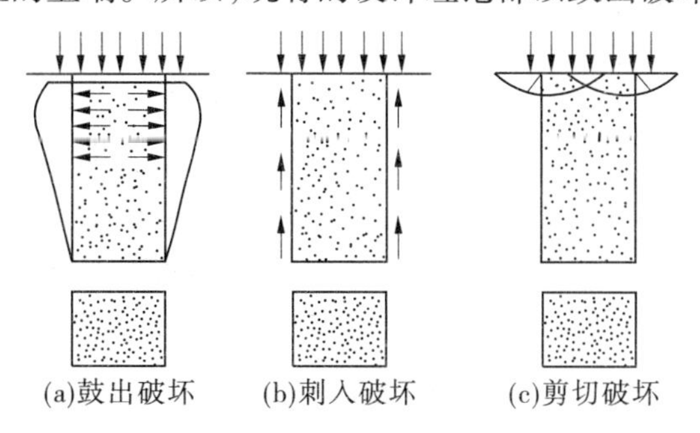


图4-2 桩体破坏形式

## 三、设计计算

### （一）一般原则

振冲置换加固设计目前还处在半理论半经验状态，这是因为一些计算方法，如复合地基容许承载力计算方法、最终沉降量计算方法等都还不够成熟，某些设计参数也只能凭经验选定，因此对重要工程或复杂的土质情况，必须在现场进行制桩试验。根据现场试验取得的资料修改设计，制定施工要求。

1. 加固范围

加固范围依基础形式而定，一般可参见表4-4。对一般地基，在基础外缘宜扩大1～2排桩；对可液化地基，在基底轮廓线外加2～4排保护桩。

表4-4 加固范围

| 基础形式 | 加固范围 |
|---|---|
| 单独 | 不超出基底面积 |
| 条形 | 不超出或适当超出基底面积 |
| 板式、十字交叉、浮筏、柔性基础 | 建筑物平面外轮廓线范围内满堂加固，轮廓线外加2～3排保护桩 |

2. 桩位布置和间距

桩位布置有两种,即等边三角形布置和正方形或矩形布置。前者主要用于大面积满堂加固,后者主要用于单独基础、条形基础等小面积加固。

桩中心间距的确定应考虑荷载大小、原土的抗剪强度。荷载大,间距应小;原土强度低,间距亦应小。特别在深厚软基中打不到相对硬层的短桩,桩的间距应更小。一般间距为1.5~2.5 m。

3. 桩长

通常的做法是在桩体全部制成后,将桩体顶部1 m左右一段挖去,铺30~50 cm厚的碎石垫层,然后在上面做基础。挖除桩顶部分长度的理由是该处上覆压力小,很难做出符合密实要求的桩体。在设计基础底部高程时应考虑这一情况。桩长指桩在垫层底面以下的实有长度。如果相对硬层的埋藏深度不大,比如小于10 m,宜将桩伸至相对硬层。如果软弱土层厚度很大,只能做贯穿部分软弱土层的桩。在此情况下,桩长的确定取决于设计建筑物所容许的沉降量;桩愈短,留下未加固软弱土层的厚度愈大,自然,地基因加固而减少的沉降量就愈小。一般桩长不宜短于4 m,但当桩长大于7 m时,制桩工效将显著降低。

4. 桩体材料

桩体材料可以就地取材,可用含泥量不大于5%的碎石、卵石、矿渣或其他性能稳定的硬质材料。桩体材料的容许最大粒径与振冲器的外径和功率有关,一般不大于8 cm。对碎石,常用的粒径为2~5 cm。关于级配,没有特别要求;但含泥量不宜太大。桩的直径与地基土的强度有关,强度愈低,桩的直径愈大。对一般软黏土地基,采用ZCQ-30型振冲器制桩,每米桩长一般需0.6~0.8 $m^3$碎石。

5. 振动影响

用振冲法加固地基时,由振冲器在土中振动产生的振动波向四周传布,对周围的建筑物,特别是不太牢固的陈旧建筑物可能造成某些振害。为此,在设计中应该考虑施工的安全距离,或者事先采取适当的防振措施。

6. 现场制桩试验

成功的设计有赖于事先详尽的勘探。不仅如此,由于土层的变异性很大,加上施工质量方面不可避免的差异,要在设计中预估这些因素的各个方面目前还有困难。因此,对重要的大型工程宜在现场进行制桩试验和必要的测试工作,如载荷试验、桩顶与土面的应力测定等,收集设计施工所需的各项参数值,以便改进设计,制订出比较符合实际的加固施工方案。

**(二)计算用的基本参数**

1. 不排水抗剪强度

不排水抗剪强度$C_u$指标不仅可用来判断本加固方法能否适用,还可用来初步选定桩的间距,预估施工的难易程度以及加固后可能达到的承载力。有条件时,宜用十字板剪切试验测定不排水抗剪强度。

2. 原土的沉降模量

对于重要工程,有可能通过载荷试验确定地基的变形模量。根据弹性理论,位于各向

同性半无限均质弹性体面上的刚性圆板在荷重作用下的沉降量为

$$S = \frac{P(1-\mu^2)}{d \cdot E} \tag{4-5}$$

式中　$S$——圆板的沉降量，m；

$P$——作用于圆板上的总荷重，kN；

$d$——圆板直径，m；

$E$——弹性模量，kPa；

$\mu$——泊松比。

一般载荷试验常用方形承压板。对于方板，还需引入一个形状系数 $\lambda_B$，于是式(4-5)变为

$$S = \frac{P(1-\mu^2)}{\lambda_B \cdot b \cdot E} \tag{4-6}$$

式中　$b$——方板宽度，m。

用 $P = p \cdot b^2$($p$ 为单位面积荷重)代入式(4-6)，经整理后得

$$\frac{\lambda_B \cdot E}{1-\mu^2} = \frac{p \cdot b}{S} \tag{4-7}$$

将等号左侧的比值定义为沉降量，用 $E'$ 表示，桩或原土的沉降模量分别用 $E'_p$、$E'_s$ 表示；比值 $S/b$ 为沉降比，用 $\rho_R$ 表示。于是

$$E' = p/\rho_R \tag{4-8}$$

将载荷试验资料整理成 $p$—$\rho_R$ 曲线，从中确定 $E'$ 值。由于地基土不是真正的弹性材料，因此沉降模量不是一个常量，它与应力或应变水平有关。若没有地基土的载荷试验资料，对大面积加固情况，也可用室内常规压缩试验测定。

3. 桩的直径

桩的直径与土类及其强度、桩材粒径、振冲器类型、施工质量关系密切。如果是不均质地基土层，在强度较弱的土层中桩体直径较大；反之，在强度较高的土层中桩体直径必然较小。不言而喻，振冲器的振动力愈大，桩体直径愈粗。如果施工质量控制不好，很容易制成上粗下细的"胡萝卜"形。因此，桩体远不是想象中那样的圆柱体。所谓桩的直径是指按每根桩的用料量估算的平均理论直径，用 $D$ 表示，常取 0.8～1.2 m。

4. 桩材内摩擦角

用碎石做桩体，碎石的内摩擦角 $\varphi_p$ 一般采用 35°～45°，多数采用 38°。对粒径较小(≤50 mm)的碎石并且原土为黏性土时，$\varphi_p$ 可采用 38°；对粒径较大(最大为 100 mm)的碎石并且原土为粉质土时，$\varphi_p$ 可采用 42°；对卵石或砂卵石 $\varphi_p$ 可采用 38°。

5. 面积置换率

面积置换率是桩的截面面积 $A_p$ 与其影响面积 $A$ 之比，用 $m$ 表示。$m$ 是表征桩间距的一个指标，$m$ 越大，桩的间距越小。习惯上把桩的影响面积化为与桩同轴的等效影响圆，其直径为 $d_e$，$d_e$ 的计算如下：

等边三角形布置　　$d_e = 1.05L$

正方形布置　　$d_e = 1.13L$

矩形布置　　$d_e = 1.13\sqrt{L_1 L_2}$

式中　$L$、$L_1$、$L_2$——桩的间距、纵向间距、横向间距。

已知 $d_e$ 后,面积置换率为

$$m = \frac{d^2}{d_e^2} \tag{4-9}$$

一般采用 $m = 0.25 \sim 0.4$,假定 $d = 1.0$ m,对等边三角形布置,上述 $m$ 值相当于桩的间距为 1.5 ~ 1.9 m。

6. 桩土应力比

由于应力集中作用,在基础荷载作用下,桩土承受的应力 $\sigma_p$ 大于桩周围土上承受的应力 $\sigma_s$,比值 $\sigma_p/\sigma_s$ 称为桩土应力比,用 $n$ 表示。$n$ 值与桩体材料、地基土性、桩位布置和间距、施工质量等因素有关。

**(三)承载力计算**

1. 单桩

1) Hughes – Wilhers 计算式

Hughes 和 Wilhers (1974)建议按下式计算单桩的承载力特征值 $f_{p,k}$:

$$f_{p,k} = (p_0' + \mu_0 + 4C_u)\tan^2\left(45° + \frac{\varphi_p}{2}\right) \tag{4-10}$$

式中　$p_0'$、$\mu_0$——原土的起始有效压力、孔隙水压力。

他们从原型观测资料中得到信息认为 $p_0' + \mu_0 = 2C_u$,于是

$$f_{p,k} = 6C_u\tan^2\left(45° + \frac{\varphi_p}{2}\right) \tag{4-11}$$

令 $\varphi_p = 38°$,则式(4-11)可简化为

$$f_{p,k} = 25.2C_u \tag{4-12}$$

式(4-12)就是 Thorbum(1976)建议的经验式。求桩的容许承载力时,安全系数取3。

2) Wong 计算式

Wong(1975)提出单桩承载力特征值点 $f_{p,k}$,可按下式计算:

要求较小沉降的情况:

$$f_{p,k} = \frac{1}{K_p}(K_s f_{s,k} + 2C_u\sqrt{K_s}) \tag{4-13}$$

容许中等沉降的情况:

$$f_{p,k} = \frac{1}{\left(1 - \frac{3d}{4l}\right)K_p}\left(K_s f_{s,k} + 2C_u\sqrt{K_s} + \frac{3}{4}d \cdot K_s \cdot \gamma_s\right) \tag{4-14}$$

容许较大沉降的情况:

$$f_{p,k} = \frac{2}{K_p}\left[K_s \cdot f_{s,k} + 2C_u\sqrt{K_s} + \frac{3}{2}d \cdot K_s \cdot \gamma_s\left(1 - \frac{3d}{4l}\right)\right] \tag{4-15}$$

式中　$K_p$——桩体的侧压力系数;

$K_s$——原土的被动土压力系数;

$\gamma_s$——原土的容重；

$f_{s,k}$——原土的容许承载力；

$l$——桩长。

2. 复合地基

复合地基的承载力特征值应按现场复合地基载荷试验确定，也可用单桩和桩间土的载荷试验按下列方法确定：

$$f_{sp,k} = f_{p,k} \cdot m + (1 - m)f_{s,k} \tag{4-16}$$

式中　$m$——面积置换率。

对于小型工程的黏性土地基，如无现场载荷试验资料，复合地基的承载力特征值可按下式计算：

$$f_{sp,k} = [1 + m(n - 1)]f_{s,k} \tag{4-17}$$

$$f_{sp,k} = [1 - m(n - 1)]3S_v \tag{4-18}$$

式中　$f_{s,k}$——原地基土的承载力特征值；

$S_v$——原地基土的十字板抗剪强度特征值。

$f_{s,k}$或 $S_v$ 指主要加固土层的平均值。桩土应力比 $n$，无实测资料时可取 2 ~4，原土强度高取大值，原土强度低取小值。

**（四）沉降计算**

1. Priebe 方法

Priebe（1976）提出一个计算复合地基在垂直荷载作用下产生的最终沉降量的方法。他假设：地基土为各向同性、刚性基础、桩体长度已达有支承能力的硬土层。在这些假设下，Priebe 根据半无限弹性体中圆柱孔横向变形理论推导得一个沉降折减系数 $\beta$ 的表达式如下：

$$\frac{1}{\beta} = 1 + m\left[\frac{\frac{1}{2} + f(\mu,m)}{\tan^2\left(45° - \frac{\varphi_p}{2}\right)f(\mu,m)} - 1\right] \tag{4-19}$$

$$f(\mu,m) = \frac{1 - \mu^2}{1 - \mu - 2\mu^2} \frac{(1 - 2\mu)(1 - m)}{1 - 2\mu + m} \tag{4-20}$$

式中　$\mu$——地基土的泊松比；

其余符号意义同前。

所谓沉降折减系数，是指地基用振冲置换桩加固情况下的最终沉降量与不加固情况下的最终沉降量之比。于是，复合地基的最终沉降量 $S_{sp}$ 为

$$S_{sp} = \beta \cdot S_s \tag{4-21}$$

式中　$S_s$——不加固情况下的地基最终沉降量。

Priebe 还推导得桩土应力比 $n$ 为

$$n = \frac{\frac{1}{2} + f(\mu,m)}{\tan^2\left(45° - \frac{\varphi_p}{2}\right)f(\mu,m)} \tag{4-22}$$

将式(4-22)代入式(4-19)得

$$\beta = \frac{1}{1 + m(n - 1)} \tag{4-23}$$

式(4-23)与日本工程师在计算挤实砂桩复合地基的沉降折减系数的表达式完全相同(松尾新一郎,1972;Fudo Construction Coo,1974)。

2. 沉降模量法

根据已有大型载荷试验资料的分析,用碎石桩加固的复合地基的沉降模量 $E'_s$ 可按下式计算:

$$E'_{sp} = E'_p m + (1 - m)E'_s \tag{4-24}$$

式中,$E'_p$、$E'_s$ 可分别按在现场进行的单桩和桩间土的作用压力和沉降比的关系确定。对于刚性基础,由于桩顶和桩间土顶面的沉降相等,故有 $E'_p = nE'_s$,将此式代入式(4-24)得

$$E'_{sp} = [1 + m(n - 1)]E'_s \tag{4-25}$$

因此,只要有地基土的沉降模量 $E'_s$,根据初步选定的面积置换率 $m$ 和估计的桩土应力比 $n$,代入式(4-25)就可计算出复合地基的沉降模量。已知复合地基的沉降模量后,可按常用的分层总和法计算地基的最终沉降量 $[S_{sp}]_\infty$。对没有打到相对硬层的情况:

$$[S_{sp}]_\infty = \sum_{i=1}^{n_L} \frac{P_0}{[E'_{sp}]_i}(Z_i \cdot C_i - Z_{i-1} \cdot C_{i-1}) + \sum_{i=n_L+1}^{n} \frac{P_0}{[E'_s]_i}(Z_i \cdot C_i - Z_{i-1} \cdot C_{i-1}) \tag{4-26}$$

式中　$P_0$——基础底面处的附加压力;

$[E'_{sp}]_i$——基础底面下第 $i$ 层复合土的沉降模量;

$[E'_s]_i$——基础底面下第 $i$ 层地基土的沉降模量;

$Z_i$、$Z_{i-1}$——基础底面至第 $i$ 层和第 $i-1$ 层底面的距离;

$C_i$、$C_{i-1}$——基础底面计算点至第 $i$ 层和第 $i-1$ 层底面范围内的平均附加压力系数,可参考《建筑地基基础设计规范》(GB 50007—2011)。

$n$、$n_L$ 地基压缩层范围内所划分的土层数,其中 $1 \sim n_L$ 位于复合土层内,$(n_L + 1) \sim n$ 位于没有桩体的天然地基内。

式(4-26)等号右侧由两部分组成:第一部分代表设有桩体的复合土层的最终沉降量,第二部分代表没有桩体的天然土层的最终沉降量。对于桩体打到硬层、原土为均质土层的复合地基,最终沉降量为

$$[S_{sp}]_\infty = \frac{P_0}{[E'_{sp}]_i}\sum_{i=1}^{n_L}(Z_i \cdot C_i - Z_{i-1} \cdot C_{i-1}) \tag{4-27}$$

地基在加固前的最终沉降量 $[S_s]_\infty$ 为

$$[S_s]_\infty = \frac{P_0}{[E'_s]_i}\sum_{i=1}^{n_L}(Z_i \cdot C_i - Z_{i-1} \cdot C_{i-1}) \tag{4-28}$$

于是沉降折减系数为

$$\beta = \frac{[S_{sp}]_\infty}{[S_s]_\infty} = \frac{[E'_s]_i}{[E'_{sp}]_i} \tag{4-29}$$

将式(4-25)代入式(4-29)得 $\beta = \frac{[S_{sp}]_\infty}{[S_s]_\infty} = \frac{1}{1 + m(n-1)}$,这就是式(4-23)。可见

Priebe 建议的方法只不过是本法的一种特殊情况（盛崇文,1986）。在初步设计时,如果缺少天然地基的载荷试验资料,对大面积加固情况,也可用从压缩试验测得的压缩模量 $E_s$ 按下式估算 $E_s'$：

$$E=\frac{(1-2\mu)(1+\mu)}{1-\mu}E_s \tag{4-30}$$

$$E_s'=\frac{E}{1-\mu^2}=\frac{1-2\mu}{(1-\mu)^2}E_s \tag{4-31}$$

式(4-31)中的泊松比 $\mu$,对于可塑、软塑黏性土,$\mu=0.30\sim0.35$;对于流塑黏性土,$\mu=0.40\sim0.45$。关于桩土应力比 $n$ 可取 3～5,原土强度低取低值,否则取高值（盛崇文,1986）。

**（五）抗滑稳定计算**

1. Aboshi 等方法

振冲置换桩也可用来提高黏性土坡的抗滑稳定性。在这种情况下进行稳定分析需采用复合土层的抗剪强度 $S_{sp}$。复合土层抗剪强度分别由桩体和原土产生的两部分强度组成。Aboshi 等(1979)提出按平面面积加权计算的方法,其计算式为

$$S_{sp}=(1-m)C_u+m\cdot S_p\cdot\cos\alpha \tag{4-32}$$

式中 $S_p$——桩体的抗剪强度;

$\alpha$——滑弧切线与水平线的夹角(见图 4-3)。

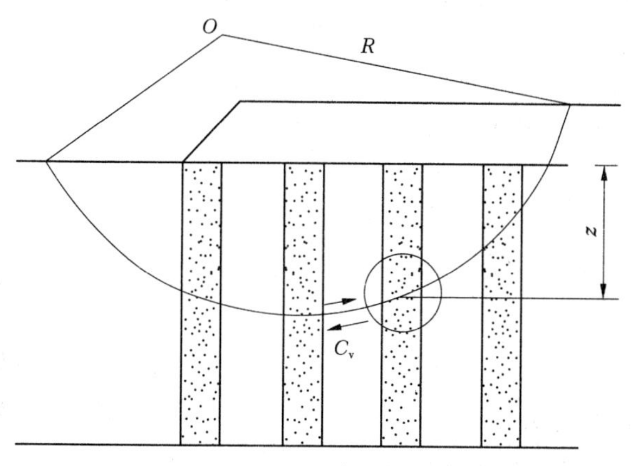

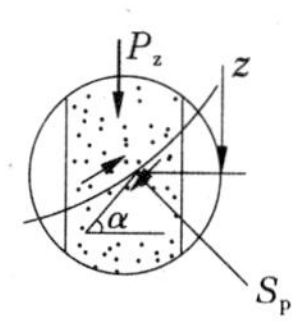


图 4-3 用于提高土坡稳定的桩体

桩体抗剪强度 $S_p$ 为

$$S_p=P_z\cdot\tan\varphi_p\cdot\cos\alpha \tag{4-33}$$

式中 $P_z$——作用于滑面的垂直应力,可按下式计算:

$$P_z=\gamma_p'\cdot z+\mu_p\cdot\sigma_z \tag{4-34}$$

其中

$$\mu_p=\frac{n}{1+(n-1)m} \tag{4-35}$$

式中 $\gamma_p'$——桩体重度,水位以下用浮重度;

$z$——桩顶至滑弧上计算点的垂直距离;

$\sigma_z$——桩顶平面上作用荷载引起的附加应力，可按一般弹性理论计算；

$\mu_p$——应力集中系数。

式中 $\gamma'_p \cdot z$ 为桩体自重引起的有效应力，$\mu_p \cdot \sigma_z$ 为作用荷载引起的附加应力。已知 $S_{sp}$ 后，可用常规稳定分析方法计算抗滑安全系数。

2. Priebe 方法

设原土的抗剪强度指标为 $c_s$、$\varphi_s$，Priebe（1978）提出复合土层的抗剪强度指标 $c_{sp}$、$\varphi_{sp}$ 可按下式计算：

$$c_{sp} = (1 - \omega)c_s \tag{4-36}$$

$$\varphi_{sp} = \omega \cdot \tan\varphi_p + (1 - \omega)\tan\varphi_s \tag{4-37}$$

式中 $\omega$ 为参数，与桩土应力比、面积置换率有关，它的定义如下：

$$\omega = m\frac{\sigma_p}{\sigma_s} = m \cdot \mu_p \tag{4-38}$$

一般 $\omega = 0.4 \sim 0.6$。同样，已知 $c_{sp}$、$\varphi_{sp}$ 后，可用常规稳定分析方法计算抗滑安全系数，或者根据要求的安全系数反求需要的 $\omega$ 或 $m$ 值。

## 四、施工工艺

### （一）施工机具

1. 机具

主要机具有振冲器、吊机或施工专用平车和水泵。振冲器是利用一个偏心体的旋转产生一定频率和振幅的水平向振力进行振冲挤密或振冲置换施工的一种专用机械。我国用于振冲置换施工的振冲器主要有 ZCQ－13、ZCQ－30 和 ZCQ－55 三种，其中最常用的为 ZCQ－30。ZCQ－30 的潜水泵电机功率为 30 kW，转速 1 450 r/min，额定电流约 60 A，振幅 4.2 mm，最大水平向振力 60 kN，外壳直径 351 mm，长 2 150 mm，总重 9.4 kN。在既有建筑物邻近施工时，宜用功率较小的振冲器。

起吊机械有履带或轮胎吊机、自行井架式专用平车或抗扭胶管式专用汽车，也有一些施工单位采用扒杆。选用吊机时，吊机的起吊能力需超过 100～200 kN。自行井架式专用平车的特点是位移方便，工效高，施工安全，最大加固深度可达 15 m。抗扭胶管式专用汽车的特点是可在较小净空处进行施工，进出场十分方便，最大加固深度视胶管长度而定，一般不小于 12 m。

水泵的规格是出口水压 400～600 kPa，流量 20～30 $m^3/h$。每台振冲器配一台水泵。如果工地有数台振冲器同时施工，也可用集中供水的办法。

其他设备有运料工具（手推车、装载机或皮带运输机）、泥浆泵、配电板等。

2. 机具数量

施工所需的专用平车台数随桩数、工期而定，有时受到场地大小、交叉施工、电水供应、泥水处理等条件的限制，一般可按下式估算：

$$Y = \frac{\alpha \cdot N \cdot T_p}{T_0 \cdot T_\omega} \tag{4-39}$$

式中 $Y$——施工车台数；

$N$——桩数；

$T_p$——制一根桩所需的平均时间，黏土地基、10 m 桩长，$T_p=1\sim1.8$ h；

$T_0$——工期；

$T_\omega$——每台施工车每天的工作时间；

$\alpha$——考虑移位、施工故障、检修等因素的系数，可取 $\alpha=1.1$。

施工车台数确定后，还得核算施工用电量和用水量有无超过最大供应量。如果超过，要是不能增加供应量，就只有减少施工车台数、延长工作时间或者放宽工期。

**（二）填料**

制作桩体的填料宜就地取材，可用含泥量不大于5%的碎石、卵石、矿渣或其他性能稳定的硬质材料，不宜使用风化易碎的石料。各类填料的含泥量均不得大于10%。对填料的颗粒级配没有特别要求。填料的最大粒径一般不大于5 cm。粒径太大不仅容易卡孔，而且能使振冲器外壳强烈磨损。整个工程需要的总填料量为

$$V=\mu\cdot N\cdot V_p\cdot l \tag{4-40}$$

式中 $l$——桩长；

$V_p$——每米桩体所需的填料量；

$\mu$——富余系数，一般 $\mu=1.1\sim1.2$。

$V_p$ 与地基土的抗剪强度和振冲器的振力大小有关。对软黏土地基，采用 ZCQ－30 型振冲器制桩，$V_p=0.6\sim0.8$ m$^3$，这里指的是虚方。

**（三）施工准备工作**

1. 四通一平

施工现场的四通一平指的是水通、电通、路通、通信通和平整场地，这是施工能否顺利进行的重要保证。

2. 施工场地布置

对场地中的供水管、电路、运输道路、排泥水沟、料场、沉淀池、清水池、照明设施等都要事先妥善布置。对于有多台施工车同时作业的大型加固工程，应划出各台施工车的包干作业区。配电房、机修房、工人休息房等亦应一一做出安排。显然，这些布置随具体工程而定，不可能有一个统一的平面布置方案。

**（四）振冲置换桩的制作**

1. 填料方式

在地基内成孔后，接着要往孔内加填料。过去有三种加料方式。第一种是把振冲器提出孔口，往孔内倒入约1 m堆高的填料，然后下降振冲器使填料振实。每次加料都这样做。第二种是振冲器不提出孔口，只是向上提升1 m左右，然后向孔口倒料，再下降振冲器使填料振实。第三种是边把振冲器缓慢向上提升，边在孔口连续加料。就黏性土地基来说，多数采用第一种加料方式，因为后两种方式，桩体质量不易保证。对较软的土层，宜采用“先护壁，后制桩”的办法施工，即成孔时，不要一下达到设计深度，而是先达到软层上部1～2 m范围内，将振冲器提出孔口加一批填料，下降振冲器使这批填料挤入孔壁，把这段孔壁加强以防塌孔，然后使振冲器下降至下一段软土中，用同样方法加料护壁。如此

重复进行,直至达设计深度。孔壁护好,就可按常规步骤制桩了。

2. 桩的施工顺序

桩的施工顺序一般采用“由里向外”(见图4-4(a))或“一边推向另一边”(见图4-4(b))的方式,因为这种方式有利于挤走部分软土。如果“由外向里”制桩,中心区的桩很难做好。对于抗剪强度很低的软黏土地基,为减少制桩时对原土的扰动,宜用间隔跳打的方式施工(见图4-4(c))。当加固区毗邻其他建筑物时,为减少对建筑物的振动影响,宜按图4-4(d)所示的顺序进行施工。必要时可用振力较小的振冲器(如ZCQ-13)制A排桩。

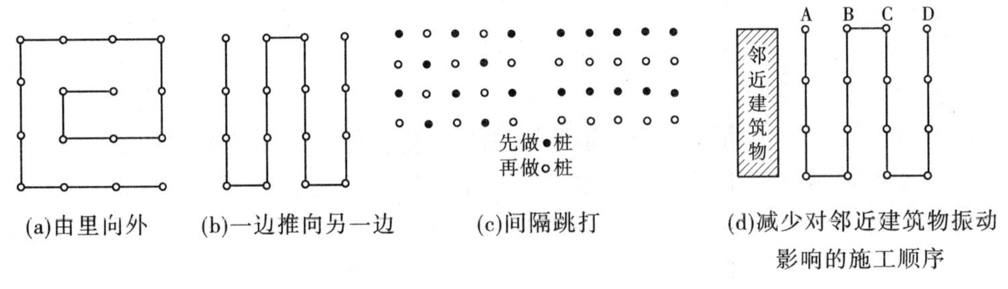


图4-4　桩的施工顺序

3. 制桩操作步骤

(1)将振冲器对准桩位,开水开电。检查水压、电压和振冲器空载电流值是否正常。

(2)启动施工车或吊机的卷扬机,使振冲器以1~2 m/min的速度在土层中徐徐下沉(见图4-5(a))。注意振冲器在下沉过程中的电流值不得超过电机的额定值。万一超过,必须减速下沉,或者暂停下沉,或者向上提升一段距离,借助高压水冲松土层后再继续下沉。在开孔过程中,要记录振冲器经各深度的电流值和时间。电流值的变化定性地反映出土的强度变化。

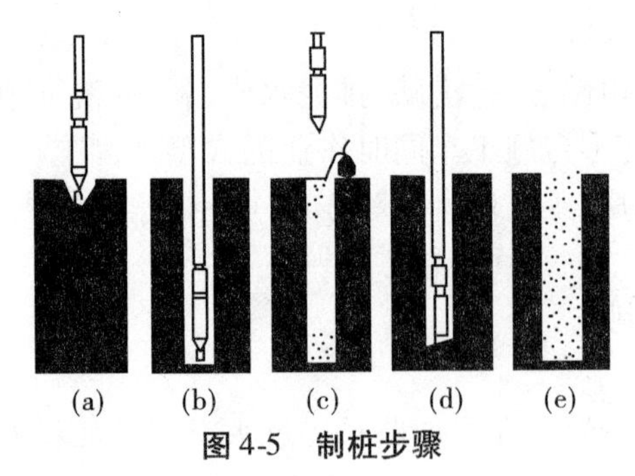


图4-5　制桩步骤

(3)当振冲器达到设计加固深度以上30~50 cm时,开始将振冲器往上提,直至孔口。提升速率可增至5~6 m/min。

(4)重复步骤(2)、(3)一至两次。如果孔口有泥块堵住,应把它挖去。最后,将振冲器停留在设计加固深度以上30~50 cm处,借循环水使孔内泥浆变稀,这一步骤叫清孔(见图4-5(b))。清孔时间1~2 min,然后将振冲器提出孔口,准备加填料。

(5)往孔内倒0.15~0.5 $m^3$填料(见图4-5(c))。将振冲器沉至填料中进行振实(见

图4-5(d))。这时,振冲器不仅使填料振密,并且使填料挤入孔壁的土中,从而使桩径扩大。由于填料的不断挤入,孔壁土的约束力逐渐增大,一旦约束力与振冲器产生的振力相等,桩径不再扩大,这时振冲器电机的电流值迅速增大。当电流达到规定值时,认为该深度的桩体已经振密。如果电流达不到规定值,则需提起振冲器继续往孔内倒一批填料,然后下降振冲器继续进行振密。如此重复操作,直至该深度的电流达到规定值。每倒一批填料进行振密,都必须记录深度、填料量、振密时间和电流量。电流的规定值称为密实电流。密实电流由现场制桩试验确定,或根据经验选定。将振冲器提出孔口,准备做上一深度的桩体。

(6)重复上一步骤,自下而上地制作桩体,直至孔口。这样一根桩就做成了(见图4-5(e))。

(7)关振冲器,关水,移位。

4. 记录

每天施工完毕要及时填写“制桩统计图”(见图4-6)。填写内容有桩号、制桩深度、填料量、时间和完成日期。

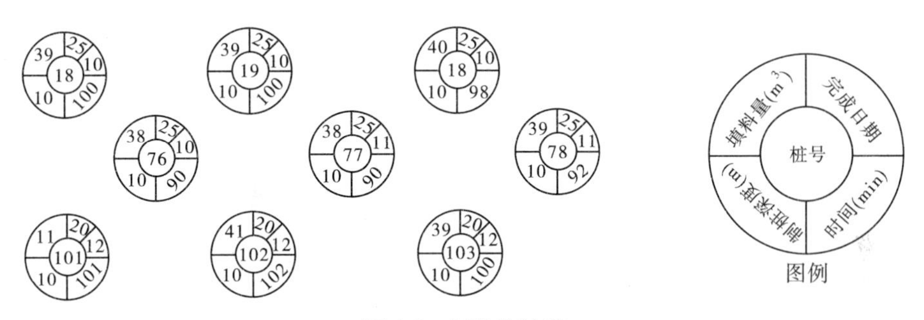


图4-6 制桩统计图

5. 表层处理

桩顶部约1 m范围内,由于该处地基土的上覆压力小,施工时桩体的密实程度很难达到要求,为此必须另行处理。处理的办法是将该段桩体挖去,或者用振动碾压实。如果采用挖除的办法,对施工前的地面高程和桩顶高程要事先计划好。一般,经过表层处理后的复合地基上面要铺一层厚30~50 cm的碎石垫层。垫层本身也要压实。垫层上面再做基础。

**(五)施工质量控制**

振冲置换桩的施工质量控制实质上就是对施工中所用的水、电、料三者的控制。如何控制?控制的标准又是什么?这些都与工程的地基土质的具体条件、建筑物的具体设计要求有关,具体应用时,还得靠实践经验。因此,对于大型重要工程,现场制桩试验几乎是必不可少的。一些重要的设计参数的确定,一些施工控制标准的制定都得靠现场试验。施工质量控制就是要谨慎地掌握好填料量、密实电流和留振时间这三个施工质量要素,使每段桩体在这三方面都达到规定值。可以说某些工程的加固效果不能令人满意,主要原因在于没有全面贯彻质量三要素的各项要求。一般来说,在粉性较重的地基中制桩,密实电流容易达到规定值,这时要注意把好留振时间和填料量两道关。反之,在软黏土地基中

制桩,填料量和留振时间容易达到规定值,这时还要注意把好密实电流这道关。由此可见,施工质量三要素需要同时满足要求,但联系到具体情况,一定要根据地基土质条件,抓住主导要素,只有这样才能造出高质量的桩体来。不仅要求设计人员、质量管理人员对施工质量三要素深刻理解,而且要求施工车的班长以及各个操作工人都得严格执行操作规定。要知道地基加固是一项隐蔽的工程,待建筑物建上去后发现问题,再想采取补救措施,即使不是不可能,至少是既花钱又费时的头痛事。现今国内外都有这方面的沉痛教训。因此,只有真正掌握好填料量、密实电流和留振时间这三个要素,施工质量才有保证,才能得到预期的加固效果。

## 五、效果检验

效果检验的目的有两个:一个是检查桩体质量是否符合规定,如果不符合规定,就得研究采取补救措施,这叫施工质量检验;另一个是桩体质量全部符合规定,而要验证复合地基的力学性能是否全部满足设计方面提出的各项要求,例如容许承载力、沉降量、差异沉降量、抗剪强度指标等是否达到规定值,这叫加固效果检验。对土质条件比较简单的中小型地基工程,不一定需要进行加固效果检验,但施工质量检验总是要进行的。关于施工质量检验,常用的方法有单桩载荷试验和动力触探试验。关于加固效果检验,常用的方法有单桩复合地基载荷试验和多桩复合地基大型载荷试验;对土坡抗滑问题有原位大型剪切试验。无论施工质量检验还是加固效果检验,不可能每根桩都进行,而是要用随机抽样的办法确定哪些桩应该进行检验。例如,宁夏回族自治区石嘴山市大武口电厂主厂房地基采用碎石桩加固,制桩总数8 000根。按每500根桩随机抽1根进行施工质量检验,共检查17根。规定不合格率为5%,即17根桩中至多有1根属不合格。检查结果是,17根单桩载荷试验全部合格。一般要求每300~500根桩随机抽取1根进行检验,抽检数量不应少于1根。

**【案例分析】** 根据项目背景中的相关资料进行方案设计。

1. 碎石桩的设计

(1)设计参数。

加固范围:为自桥头起25 m,宽度与路基底部同宽。

桩长取15 m。

布桩形式按等边三角形布桩。

桩距、桩径:碎石桩的沉降量介入桥台与路基之间,为更好地发挥缓冲区的作用,采取了变间距设计,靠近桥头15 m内桩间距为1.5 m,靠近路基10 m范围内桩间距为1.8 m,实际成桩直径平均达1.1 m。

(2)承载力验算。

当桩间距为1.5 m时,有

$$\frac{d^2}{d_e^2}=\frac{1.1^2}{(1.5\times1.05)^2}=0.49$$

$$f_{sp,k}=[1+0.49\times(5-1)]\times40\approx120(\text{MPa})$$

当桩间距为1.8 m时,有

$$\frac{d^2}{d_e^2} = \frac{1.1^2}{(1.8 \times 1.05)^2} = 0.34$$

$$f_{sp,k} = [1 + 0.34 \times (5 - 1)] \times 40 \approx 94(\text{MPa})$$

(3)压缩模量计算。

当桩间距为1.5 m时,有

$$E'_{sp} = [1 + 0.49 \times (5 - 1)] \times 1.2 \approx 3.6(\text{MPa})$$

当桩间距为1.8 m时,有

$$E'_{sp} = [1 + 0.34 \times (5 - 1)] \times 1.2 \approx 2.8(\text{MPa})$$

砂石桩区的设计标高为5.0 m,荷载为110 kPa。

2. 效果监测

为了检验碎石桩的加固处理效果,进行了天然地基振冲碎石桩复合地基现场载荷试验。用振冲碎石桩加固软土地基,其复合地基的承载力提高了3.8倍,加固效果显著。

3. 沉降分析

碎石桩沉降量计算结果和实测值如表4-5所示。

**表4-5 碎石桩沉降量计算结果和实测值**

| 区域 | 桩间距(m) | 碎石桩层沉降量(mm)(计算值) | 砂层沉降量(mm)(计算值) | 下卧层沉降(mm)(计算值) | 总沉降量 | |
|---|---|---|---|---|---|---|
| | | | | | 计算值 | 实测值 |
| Ⅰ区 | 1.5 | 458 | 133 | 660 | 1 251 | 1 571 |
| Ⅱ区 | 1.8 | 589 | 133 | 660 | 1 382 | 1 443 |

由于碎石桩未打穿软土层,桩端下还遗留有13 m厚的高压缩性的淤泥和淤泥质亚黏土,下卧层沉降量较大,计算结果与实测数据相接近。为减少过大的沉降量,可以适当增加碎石桩的桩长。

## 小 结

利用振动和水冲加固土体的方法叫作振冲法。振冲法可分振冲置换法和振冲挤密法两类。振冲置换法是利用振动和水冲成孔,制造一群以石块、砂砾等散粒材料组成的桩体,这些桩与原地基土一起构成所谓的复合地基,使承载力提高,沉降量减少。在成孔过程中有大量的泥浆排出,适用于处理不排水抗剪强度不小于200 kPa的黏性土、粉土、饱和黄土和人工填土等地基。振冲挤密法利用振动和水冲使地基振密实,在振动密实过程中形成的空洞,用砂砾粗粒土回填再振密实,适用于处理砂土和粉土等地基。

## 思考题与习题

1. 什么是振冲挤密法和振冲置换法?各适用于什么样的地基条件?

2. 振冲挤密法和振冲置换法的加固机制是什么?

3. 振冲挤密法施工主要采用哪些施工机械?

4. 振冲挤密法的施工步骤是什么?如何进行效果检验?

5. 振冲置换法的桩位布置有哪几种形式?桩长如何确定?

6. 振冲置换法施工中的四通一平分别指什么?

7. 试说明振冲置换法制桩的施工顺序及操作步骤。

8. 振冲置换法质量检验和加固效果检验分别有哪些方法?

9. 用直径1 m的振冲置换碎石桩加固软黏土地基,单桩和桩间土载荷试验得到$f_{p,k}=250$ kPa,$f_{s,k}=90$ kPa,要求加固后复合地基承载力特征值$f_{sp,k}=150$ kPa,采用等边三角形布置,确定桩的间距。

# 项目五　砂(碎)石桩

【知识目标】　掌握砂(碎)石桩处理软弱地基的设计计算、施工方法和质量检验,了解砂(碎)石桩地基处理方法的加固机制。

【技能目标】　能够完成砂石桩地基处理方案的设计、施工及质量检验工作。

【项目背景】　拟建成都金牛区某村拆迁安置房由7栋(1~7号楼)11~15层高层建筑(高32.2~43.8 m)和1~2层纯地下室组成,1~7号楼(11~15层)高层建筑均为框架剪力墙结构,拟采用筏板基础,裙楼及地下室拟采用独立基础。地基基础设计等级为乙级,场地5号、6号、7号楼主楼及之间无上部结构,地下室部分地段基底位于细砂或松散卵石层上或存在中砂、松散卵石等软弱下卧层,承载力不能满足要求,因此根据设计要求对其采用振冲碎石桩进行加固处理。要求处理后复合地基承载力标准值:$p$不小于320 kPa,变形模量$E_0$不小于20 MPa。

处理范围内建筑±0.00 m相对应的绝对标高为523.10 m,主楼基础标高相对于±0.00 m为-6.80 m(含垫层、防水层等),纯地下室基础标高相对于±0.00 m为-6.40 m。场地主要地基土物理力学设计指标值见表5-1。

**表5-1　地基土物理力学设计指标值**

| 地基土质 | 承载力特征值$f_{ak}$(kPa) | 压缩模量$E_s$(MPa) | 变形模量$E_0$(MPa) |
|---|---|---|---|
| 细砂 | 100 | 8.0 | |
| 中砂 | 110 | 9.0 | |
| 松散卵石 | 180 | | 15.0 |
| 稍密卵石 | 320 | | 20.0 |
| 中密卵石 | 530 | | 30.0 |
| 密实卵石 | 800 | | 45.0 |

## 任务一　概　述

碎石桩和砂桩总称为砂(碎)石桩,又称粗颗粒土桩,是指用振动、冲击或水冲等方式在软弱地基中成孔后,再将碎石或砂挤压入已成的孔中,形成大直径的砂(碎)石所构成的密实桩体。

碎石桩最早出现在1835年,此后就被人们所遗忘,直至1937年由德国人发明了振动水冲法,即振冲法用来挤密砂土地基,直接形成挤密的砂土地基。20世纪50年代末,振冲法开始用来加固黏性土地基,并形成碎石桩。从此一般认为振冲法在黏性土中形成的

密实碎石柱称为碎石桩。

随着时间的推移，各种不同的施工工艺相应产生，如沉管法、振动气冲法、袋装碎石桩法、强夯置换法等。它们的施工工艺虽不同于振冲法，但同样可形成密实的碎石桩，人们自觉或不自觉地套用了“碎石桩”的名称。

我国应用振冲法始于1977年，江苏省江阴市振冲器厂已正式投产系列振冲器供应市场。当前我国振冲设备也在不断改进，75 kW 大功率振冲器业已问世。为了克服振冲法加固地基时要排出大量泥浆的弊病，河北省建筑科学研究所采用干振冲法加固地基，在石家庄和承德等地区取得了效果。

砂桩在19世纪30年代起源于欧洲。但长期缺少实用的设计计算方法和先进的施工工艺及施工设备，砂桩的应用和发展受到很大的影响。同样，砂桩在其应用初期，主要用于松散砂土地基的处理，最初采用的有冲孔捣实施工法，以后又采用射水振动施工法。20世纪50年代后期，产生了目前日本采用的振动式和冲击式的施工方法，并采用了自动记录装置，提高了施工质量和施工效率，处理深度也有较大幅度的增大。

砂桩技术自20世纪50年代引进我国后，在工业、交通、水利等建设工程中都得到了应用。

### 一、碎石桩

目前国内外碎石桩的施工方法多种多样，按其成桩过程和作用可分为四类，如表5-2所示。

中华人民共和国行业标准《建筑地基处理技术规范》（JGJ 79—2012）中规定，振冲法适用于处理砂土、粉土、粉质黏土、素填土和杂填土等地基。对于处理不排水抗剪强度不小于20 kPa的饱和黏性土和饱和黄土地基，应在施工前通过现场试验确定其适用性。然而，截至目前，国内外都有成功的工程，其地基土的抗剪强度不排水小于20 kPa。上海市标准《地基处理技术规范》（DG/TJ 08 -40—2010）中规定，对不排水抗剪强度小于20 kPa的淤泥、淤泥质土等地基应通过试验确定其适用性。这样既不限制适用范围，也使采用时设计人员能持慎重态度。

### 二、砂桩

目前，国内外砂桩常用的成桩方法有振动成桩法和冲击成桩法。振动成桩法是使用振动打桩机将桩管沉入土层中，并振动挤密砂料。冲击成桩法是使用蒸汽或柴油打桩机将桩管打入土层中，并用内管夯击密实砂填料，实际上这也就是碎石桩的沉管法。因此，砂桩的沉桩方法，对于砂性土相当于挤密法，对于黏性土则相当于排土成桩法。

早期砂桩用于加固松散砂土和人工填土地基，如今在软黏土中，国内外都有使用成功的丰富经验，但国内也有失败的教训。对砂桩用来处理饱和软土地基持有不同观点的学者和工程技术人员认为，黏性土的渗透性较小，灵敏度又大，成桩过程中土内产生的超孔隙水压力不能迅速消散，故挤密效果较差，相反却又破坏了地基土的天然结构，使土的抗剪强度降低；如果不预压，砂桩施工后的地基仍会有较大的沉降，因而对沉降要求严格的建筑物而言，就难以满足沉降的要求。所以，应按工程对象区别对待，最好能进行现场试验研究以后再确定。

**表 5-2　碎石桩施工方法分类**

| 分类 | 施工方法 | 成桩工艺 | 适用土类 |
| --- | --- | --- | --- |
| 挤密法 | 振冲挤密法 | 采用振冲器振动水冲成孔,再振动密实填料成桩,并挤密桩间土 | 砂性土、非饱和黏性土,以炉灰、炉渣、建筑垃圾为主的杂填土,松散的素填土 |
| | 沉管法 | 采用沉管成孔,振动或锤击密实填料成桩,并挤密桩间土 | |
| | 干振法 | 采用振孔器成孔,再用振孔器振动密实填料成桩,并挤密桩间土 | |
| 置换法 | 振冲置换法 | 采用振冲器振动水冲成孔,再振动密实填料成桩 | 饱和黏性土 |
| | 钻孔锤击法 | 采用沉管且钻孔取土方法成孔,锤击填料成桩 | |
| 排土法 | 振动气冲法 | 采用压缩气体成孔,振动密实填料成桩 | |
| | 沉管法 | 采用沉管成孔,振动或锤击填料成桩 | |
| | 强夯置换法 | 采用重锤夯击成孔和重锤夯击填料成桩 | |
| 其他方法 | 水泥碎石桩法 | 在碎石内加水泥和膨润土制成桩体 | |
| | 裙围碎石桩法 | 在群桩周围设置刚性的(混凝土)裙围来约束桩体的侧向膨胀、鼓胀 | |
| | 袋装碎石桩法 | 将碎石装入土工聚合物袋制成桩体,土工聚合物可约束桩体的侧向膨胀、鼓胀 | |

## 任务二　加固机制

### 一、对松散砂土加固机制

碎石桩和砂桩挤密法加固砂性土地基的主要目的是提高地基土承载力,减小变形和增强抗液化性。

碎石桩和砂桩加固砂土地基抗液化的机制主要有下列三方面作用。

**(一)挤密作用**

对于挤密砂桩和碎石桩的沉管法或干振法,由于在成桩过程中桩管对周围砂层产生很大的横向挤压力,桩管中的砂挤向桩管周围的砂层,使桩管周围的砂层孔隙比减小,密实度增大,这就是挤密作用。有效挤密范围可达 3 ~ 4 倍桩直径。

对于振冲挤密法,在施工过程中由于水冲使松散砂土处于饱和状态,砂土在强烈的高频强迫振动下产生液化并重新排列致密,且在桩孔中填入的大量粗骨料,被强大的水平振动力挤入周围土中,这种强制挤密使砂土的密实度增加,孔隙比降低,干密度和内摩擦角

增大,土的物理力学性能改善,使地基承载力大幅度提高,一般可提高2~5倍。由于地基干密度显著增加,密实度也相应提高,因此抗液化的性能得到改善。

**(二)排水减压作用**

对砂土液化机制的研究证明,当饱和松散砂土受到剪切循环荷载作用时,将发生体积的收缩和趋于密实,在砂土无排水条件时体积的快速收缩将导致超静孔隙水压力来不及消散而急剧上升。当砂土中有效应力降低为零时便形成了完全液化。碎石桩加固砂土时,桩孔内充填碎石(卵石、砾石)等反滤性好的粗颗粒料,在地基中形成渗透性能良好的人工竖向排水减压通道,可有效地消散和防止超孔隙水压力的增高和砂土产生液化,并可加快地基的排水固结。

**(三)砂基预振效应**

美国H. B. Seed等(1975)的试验表明,相对密实度$D_r$=54%的受过预振影响的砂样,其抗液化能力相当于相对密实度$D_r$=80%的未受过预振的砂样。在一定应力循环次数下,当两试样的相对密实度相同时,要造成经过预振的试样发生液化,所需施加的应力要比施加未经预振的试样引起液化所需应力值提高46%。从而得出了砂土液化特性除与砂土的相对密实度有关外,还与其振动应变史有关的结论。在振冲法施工时,振冲器以每分钟1 450次振动频率,98 $m/s^2$水平加速度和90 kN激振力喷水沉入土中,施工过程使填土料和地基土在挤密的同时获得强烈的预振,这对砂土增强抗液化能力是极为有利的。

国外报道中指出,只要小于0.074 mm的细颗粒含量不超过10%,都可得到显著的挤密效应。根据经验数据,土中细颗粒含量超过20%时,振动挤密法不再有效。

## 二、对黏性土加固机制

对于黏性土地基(特别是饱和软土),砂(碎)石桩的作用不是使地基挤密,而是置换。碎石桩置换法是一种换土置换,即以性能良好的碎石来替换不良地基土;排土法则是一种强制置换,它是通过成桩机械将不良地基土强制排开并置换,而对桩间土的挤密效果并不明显,在地基中形成具有密实度高和直径大的桩体,它与原黏性土构成复合地基而共同工作。

由于砂(碎)石桩的刚度比桩周黏性土的刚度大,而地基中应力按材料变形模量进行重新分配,因此大部分荷载将由砂(碎)石桩承担,桩体应力和桩间黏性土应力之比值称为桩土应力比,一般为2~4。

如果在选用砂(碎)石桩材料时考虑级配,则所制成的砂(碎)石桩是黏土地基中一个良好的排水通道,它能起到排水砂井的效能,且大大缩短了孔隙水的水平渗透途径,加速软土的排水固结,使沉降稳定加快。

如果软弱土层厚度不大,则桩体可贯穿整个软弱土层,直达相对硬层,此时桩体在荷载作用下主要起应力集中的作用,从而使软土负担的压力相应减小;如果软弱土层较厚,则桩体可不贯穿整个软弱土层,此时加固的复合土层起垫层的作用,垫层将荷载扩散,使应力分布趋于均匀。

总之,砂(碎)石桩作为复合地基的加固作用,除提高地基承载力、减少地基的沉降量外,还可用来提高土体的抗剪强度,增大土坡的抗滑稳定性。

# 任务三　设计计算

## 一、一般设计原则

### (一)加固范围

加固范围应根据建筑物的重要性和场地条件及基础形式而定,通常都大于基底面积。对于一般地基,在基础外缘应扩大 1 ~2 排桩;对于可液化地基,在基础外缘应扩大 2 ~4 排桩,见表 5-3。

表 5-3　加固范围

| 基础形式 | 加固范围 |
|---|---|
| 独立基础 | 不超出基底面积 |
| 条形基础 | 不超出或适当超出基底面积 |
| 筏板、十字交叉条形基础、箱形基础 | 建筑物平面外轮廓线范围内满堂加固,轮廓线外加 2 ~3 排保护桩 |

### (二)桩位布置

对大面积满堂处理,桩位宜用等边三角形布置;对于独立或条形基础,桩位宜用正方形、矩形或等腰三角形布置;对于圆形或环形基础(如油罐基础),宜用放射形布置,如图 5-1 所示。

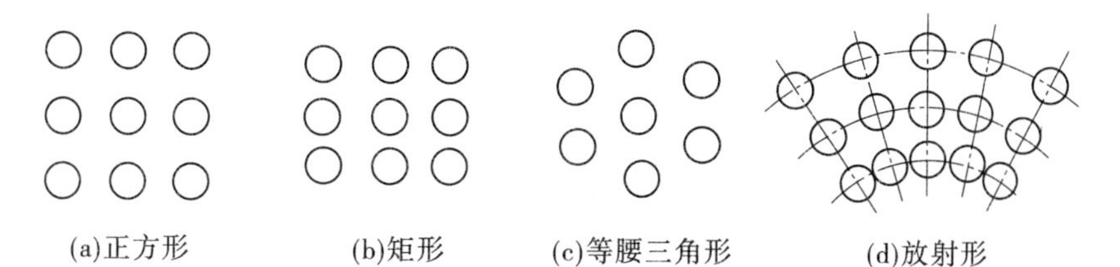


图 5-1　桩位布置

### (三)加固深度

加固深度应根据软弱土层的性能、厚度或工程要求按下列原则确定:

(1)当相对硬层的埋藏深度不大时,应按相对硬层埋藏深度确定。

(2)当相对硬层的埋藏深度较大时,对按变形控制的工程,加固深度应满足碎石桩或砂桩复合地基变形不超过建筑物地基容许变形值的要求。

(3)对按稳定性控制的工程,加固深度应不小于最危险滑动面的深度。

(4)在可液化地基中,加固深度应按要求的抗震处理深度确定。

(5)桩长不宜短于 4 m。

### (四)桩径

砂(碎)石桩的直径应根据地基土质情况和成桩设备等因素确定。采用 30 kW 振冲器成桩时,碎石桩的桩径一般为 0. 80 ~1. 20 m;采用沉管法成桩时,砂(碎)石桩的直径一

般为 0.30 ~ 0.70 m,对于饱和黏性土地基宜选用较大的直径。

**(五)材料**

桩体材料可以就地取材,一般使用中粗混合砂、碎石、卵石、砂砾石等,含泥量不大于 5%。碎石桩桩体材料的容许最大粒径与振冲器的外径和功率有关,一般不大于 8 cm,对于碎石,常用的粒径为 2 ~ 5 cm。

**(六)垫层**

砂(碎)石桩施工完毕后,基础底面应铺设 30 ~ 50 cm 厚的砂(碎)石垫层,垫层应分层铺设,用平板振动器振实。在不能保证施工机械正常行驶和操作的软弱土层上,应铺设施工临时性垫层。

## 二、用于砂性土的设计计算

对于砂性土地基,主要是从挤密的观点出发考虑地基加固中的设计问题,根据工程对地基加固的要求(如提高地基承载力、减小变形或抗地震液化等)确定要求达到的密实度和孔隙比,并考虑桩位布置形式和桩径大小,计算桩的间距。

**(一)桩距确定**

考虑振密和挤密两种作用,平面布置为正三角形和正方形,如图 5-2 所示。

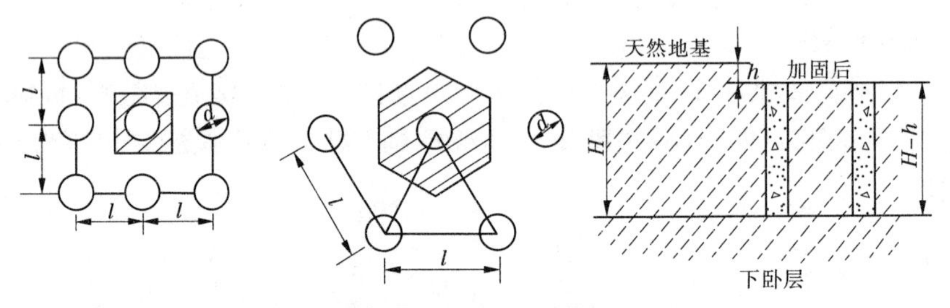


**图 5-2　加密效果计算**

对于正三角形布置,1 根桩所处理的范围为六边形(见图 5-2 中阴影部分),加固处理后的土体体积应变为 $\varepsilon_V = \dfrac{\Delta V}{V_0} = \dfrac{e_0 - e_1}{1 + e_0}$(式中 $e_0$ 为天然孔隙比,$e_1$ 为处理后要求的孔隙比)。

因为 1 根桩的处理范围为 $V_0 = \dfrac{\sqrt{3}}{2}l^2 H$(式中 $l$ 为桩间距,$H$ 为欲处理的天然土层厚度),所以

$$\Delta V = \varepsilon_V V_0 = \frac{e_0 - e_1}{1 + e_0} \times \frac{\sqrt{3}}{2}l^2 H \tag{5-1}$$

而实际上 $\Delta V$ 又等于砂(碎)石桩体向四周挤排土的挤密作用引起的体积减小和土体在振动作用下发生竖向的振密变形引起的体积减小之和,即

$$\Delta V = \frac{\pi}{4}d^2(H - h) + \frac{\sqrt{3}}{2}l^2 h \tag{5-2}$$

式中　$d$ ——桩直径;

$h$——竖向变形,沉陷时取正值,隆起时取负值,不考虑振密作用时 $h=0$。

将式(5-2)代入式(5-1)得

$$\frac{e_0-e_1}{1+e_0}\times\frac{\sqrt{3}}{2}l^2H=\varepsilon_V\cdot V_0=\frac{\pi}{4}d^2(H-h)+\frac{\sqrt{3}}{2}l^2h \tag{5-3}$$

整理后得

$$l=0.95d\sqrt{\frac{H-h}{\frac{e_0-e_1}{1+e_0}H-h}} \tag{5-4}$$

同理,正方形布桩时有

$$l=0.89d\sqrt{\frac{H-h}{\frac{e_0-e_1}{1+e_0}H-h}} \tag{5-5}$$

地基挤密后要求达到的孔隙比 $e_1$ 可按工程对地基承载力要求或按下式求得

$$e_1=e_{max}-D_r(e_{max}-e_{min}) \tag{5-6}$$

式中　$e_{max}$、$e_{min}$——砂土的最大和最小孔隙比,可按国家标准《土工试验方法标准》(GB/T 50123—1999)(2007 年版)的有关规定确定;

$D_r$——地基挤密后要求砂土达到的相对密实度,可取 0.70～0.85。

**(二)液化判别**

根据《建筑抗震设计规范》(2016 年版)(GB 50011—2010)规定,应采用标准贯入试验判别法,在地面下 15 m 深度范围内的液化土应符合式(5-7)的要求,当有成熟经验时,尚可采用其他判别方法。

$$\left.\begin{aligned}&N_{63.5}<N_{cr}\\&N_{cr}=N_0[0.9+0.1(d_s-d_w)]\sqrt{\frac{3}{\rho_c}}\end{aligned}\right\} \tag{5-7}$$

式中　$N_{63.5}$——饱和土标准贯入锤击数实测值(未经杆长修正);

$N_{cr}$——液化判别标准贯入锤击数临界值;

$N_0$——液化判别标准贯入锤击数基准值,应按表 5-4 选用;

$d_s$——饱和土标准贯入点深度,m;

$\rho_c$——黏粒含量百分率,当小于 3 或为砂土时,均应采用 3;

$d_w$——地下水位深度,m,宜按建筑使用期内年平均最高水位选用,也可按近期内年平均最高水位选用。

**表 5-4　标准贯入锤击数基准值**

| 近震、远震 | 烈度 | | |
|---|---|---|---|
| | Ⅶ | Ⅷ | Ⅸ |
| 近震 | 6 | 10 | 16 |
| 远震 | 8 | 12 | — |

这种液化判别法只考虑了桩间土的抗液化能力,而并未考虑碎石桩和砂桩的作用,因而是偏安全的。

**(三)设计时应注意的事项**

(1)由于标准贯入试验技术和设备方面的问题,贯入击数一般比较离散,为消除偶然误差,每个场地钻孔应不少于5个,每层土中应取得15个以上的贯入击数,并根据统计方法进行数据处理,以取得代表性的数值。

(2)黏土颗粒含量大于20%为黏性土,因为会影响挤密效果,所以对包括砂(碎)石桩在内的平均地基强度,必须另行估计。

(3)由于成桩挤密时产生的超孔隙水压力在黏土夹层内不可能很快消散,因此对细砂层内有薄黏土夹层时,在确定标准贯入击数时应考虑"时间效应",一般要求有一个月时间再进行测试。

(4)砂(碎)石桩施工时,在表层1~2 m内,由于周围土所受的约束小,有时不可能做到充分的挤密,而需用其他表层压实的方法进行再处理。

## 三、用于黏性土的设计计算

**(一)计算用的参数**

1. 不排水抗剪强度

不排水抗剪强度 $C_u$ 不仅可判断加固方法的适用性,还可以初步选定桩的间距,预估加固后的承载力和施工的难易程度。宜用现场十字板剪切试验测定。

2. 桩的直径

桩的直径与土类及其强度、桩材粒径、施工机具类型、施工质量等因素有关。一般在强度较弱的土层中桩体直径较大,在强度较高的土层中桩体直径较小;振冲器的振动力愈大,桩体直径愈粗。如果施工质量控制不好,往往形成上粗下细的"胡萝卜"形桩体。因此,桩体远不是想象中的圆柱体。所谓桩的直径,是指按每根桩的用料量估算的平均理论直径,一般为0.8~1.2 m。

3. 桩体内摩擦角

根据统计,对碎石桩,仍可取35°~45°,多数采用38°;对砂桩,可参考以下经验公式:

(1)对于级配良好的棱角砂,$\varphi_p = \sqrt{12N} + 25$;对于级配良好的圆粒砂和均匀棱角砂,$\varphi_p = \sqrt{12N} + 20$;对于均匀圆粒砂,$\varphi_p = \sqrt{12N} + 13$。

(2)$\varphi_p = \frac{5}{6}N + 26.67(4 \leqslant N \leqslant 10)$;$\varphi_p = \frac{1}{4}N + 32.5(10 \leqslant N \leqslant 50)$。

(3) $\varphi_p = 0.3N + 27$。

(4) $\varphi_p = \sqrt{20N} + 5$。

(5) $\varphi_p = \sqrt{15N} + 15$。

上述公式中 $N$ 为标准贯入击数。

4. 面积置换率

面积置换率为桩的截面面积 $A_p$ 与其影响面积 $A$ 之比,用 $m$ 表示。$m$ 是表征桩间距的一个指标，$m$ 越大，桩的间距越小。习惯上把桩的影响面积化为与桩同轴的等效影响圆，其直径为 $d_e$。$d_e$ 的计算如下：

对于等边三角形布置　　$d_e = 1.05l$

对于正方形布置　　$d_e = 1.13l$

对于矩形布置　　$d_e = 1.13\sqrt{l_1 l_2}$

以上 $l$、$l_1$、$l_2$ 分别为桩的间距、纵向间距和横向间距。其面积置换率 $m = d^2/d_e^2$，一般采用 $m = 0.25 \sim 0.40$。

## (二)承载力计算

### 1. 单桩承载力

作用于桩顶的荷载如果足够大，桩体发生破坏。可能出现的桩体破坏形式有三种：鼓出破坏、刺入破坏和剪切破坏。由于砂(碎)石桩桩体均由散体土颗粒组成，其桩体的承载力主要取决于桩间土的侧向约束能力，绝大多数的破坏形式为桩体的鼓出破坏。

目前，国内外估算砂(碎)石桩的单桩极限承载力的方法有若干种，如有侧向极限应力法、整体剪切破坏法、球穴扩张法等，以下只介绍 J. Brauns 单桩极限承载力法和综合单桩极限承载力法。

1) J. Brauns 单桩极限承载力法

根据鼓出破坏形式，J. Brauns(1978)提出单根桩极限承载力计算，如图 5-3 所示。

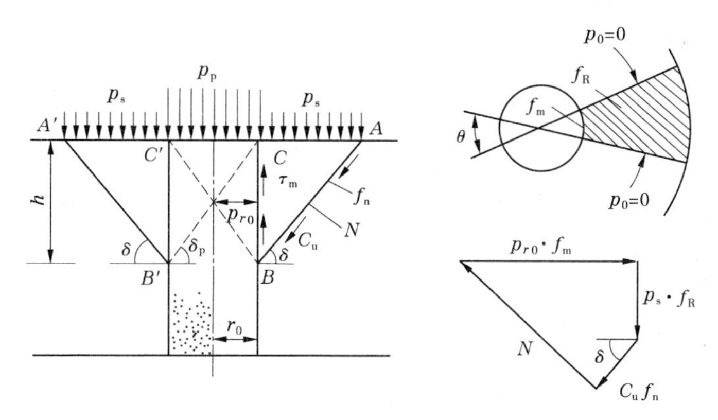


$f_R$ —桩间土面上应力 $p_s$ 的作用面积，$m^2$；$f_n$ — $C_u$ 的作用面积，$m^2$；

$f_m$ — $p_{r0}$ 的作用面积，$m^2$；$p_p$ —桩顶应力，kPa；$p_s$ —桩间土面上的应力，kPa；

δ—$BA$ 面与水平面的夹角，(°)；$C_u$ —地基土不排水抗剪强度，kPa

**图 5-3　J. Brauns 的单桩计算图式**

J. Brauns 假设单桩的破坏是空间轴对称问题，桩周土体是被动破坏。

如砂(碎)石料的内摩擦角为 $\varphi_p$，当桩顶应力 $p_0$ 达到极限时，考虑 $BB'A'A$ 内的土体发生被动破坏，即土块 $ABC$ 在桩的侧向力 $p_{r0}$ 的作用下沿 $BA$ 面滑出，即出现鼓胀破坏的情况。J. Brauns 在推导公式时做了三个假设条件：

(1)桩的破坏段长度 $h = 2r_0\tan\delta_p$（式中 $r_0$ 为桩的半径，$\delta_p = 45° + \varphi_p/2$）。

(2)桩土间摩擦力 $\tau_m = 0$，土体中的环向应力 $p_0 = 0$。

(3)不计地基土和桩的自重。

根据以上前提,J. Brauns 推导出单桩极限承载力为

$$[p_p]_{max} = \tan^2\delta_p \frac{2C_u}{\sin 2\delta}\left(\frac{\tan\delta_p}{\tan\delta} + 1\right) \tag{5-8}$$

式中 $\delta$ 可按下式用试算法求得

$$\tan\delta_p = \frac{1}{2}\tan\delta(\tan^2\delta - 1) \tag{5-9}$$

如碎石桩,求解时可假定碎石桩的内摩擦角 $\varphi_p = 38°$,从而求出 $\delta_p = 45° + \varphi_p/2$ 后用试算法解式(5-9)得 $\delta = 61°$。再将 $\varphi_p = 38°$和 $\delta = 61°$代入式(5-8)得

$$[p_p]_{max} = 20.75C_u \tag{5-10}$$

2)综合单桩极限承载力法

目前计算砂(碎)石桩单桩承载力最常用的方法是侧向极限应力方法,即假设单根砂(碎)石桩的破坏是空间轴对称问题,桩周土体是被动破坏。为此,砂(碎)石桩的单桩极限承载力可按下式计算:

$$[p_p]_{max} = K_p\sigma_{rl} \tag{5-11}$$

式中 $K_p$ ——被动土压力系数,$K_p = \tan^2(45° + \frac{\varphi_p}{2})$,$\varphi_p$ 为砂(碎)石料的内摩擦角,可取 35°~45°;

$\sigma_{rl}$ ——桩体侧向极限压力。

有关侧向极限应力 $\sigma_{rl}$,目前有几种不同的计算方法,但它们可写成一个通式,即

$$\sigma_{rl} = \sigma_{h0} + KC_u \tag{5-12}$$

式中 $C_u$ ——地基土的不排水抗剪强度,kPa;

$K$ ——常量,对于不同的方法有不同的取值;

$\sigma_{h0}$ ——某深度处的初始总侧向应力,kPa。

$\sigma_{h0}$ 的取值也随计算方法的不同而有所不同。为了统一,将 $\sigma_{h0}$ 的影响包含于参数 $K'$,则式(5-11)可改写为

$$[p_p]_{max} = K_pK'C'_u \tag{5-13}$$

如表 5-5 所示,对于不同的方法有其相应的 $K_p \cdot K'$ 值,在表中可看出,它们的值是接近的。

**表 5-5 不排水抗剪强度及单桩极限承载力**

| $C_u$ (kPa) | 土类 | $K'$值 | $K_p \cdot K'$ | 文献 |
|---|---|---|---|---|
| 19.4 | 黏土 | 4.0 | 25.2 | Hughes 和 Withers(1974) |
| 19.0 | 黏土 | 3.0 | 15.8 ~ 18.8 | Mokashi 等(1976) |
| — | 黏土 | 6.4 | 20.8 | BF,aUFIS(1978) |
| 20.0 | 黏土 | 5.0 | 20.0 | Mori(1979) |
| — | 黏土 | 5.0 | 25.0 | Broms(1979) |
| 15.0 ~ 40.0 | 黏土 | — | 14.0 ~ 24.0 | 韩杰(1992) |
| — | 黏土 | — | 12.2 ~ 15.2 | 郭蔚东、钱鸿缙(1990) |

2. 复合地基承载力

如图 5-4 所示,在黏性土和砂(碎)石桩所构成的复合地基上,当作用荷载 $p$ 时,设作用于桩的应力 $p_p$ 和作用于黏性土的应力为 $p_s$,假定在桩和土各自面积 $A_p$ 和 $A-A_p$ 范围内作用的应力不变时,则可求得

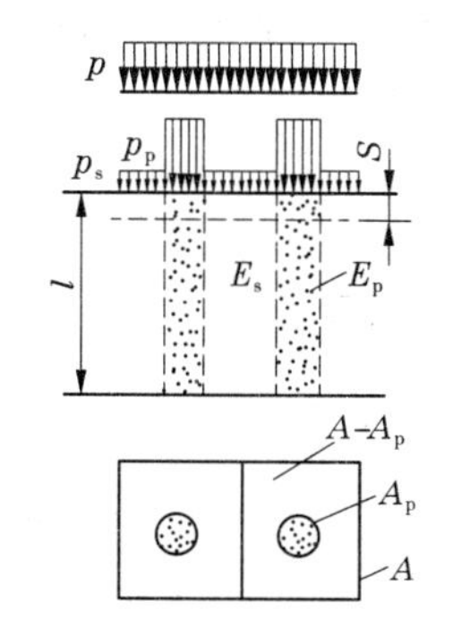

图 5-4　复合地基应力状态

$$pA = p_p A_p + p_s(A - A_p) \tag{5-14}$$

式中　$A$——1 根桩所分担的面积。

若将桩土应力比 $n = \frac{p_p}{p_s}$ 及面积置换率 $m = \frac{A_p}{A}$ 代入式(5-14),则公式可改为

$$\frac{p_p}{p} = \mu_p = \frac{n}{1+(n-1)m} \tag{5-15}$$

$$\frac{p_s}{p} = \mu_s = \frac{n}{1+(n-1)m} \tag{5-16}$$

式中　$\mu_p$——应力集中系数;

$\mu_s$——应力降低系数。

式(5-14)又可改写为

$$p = \frac{p_p A_p + p_s(A - A_p)}{A} = [m(n-1)+1]p_s \tag{5-17}$$

由式(5-17)可知,由实测资料求得 $p_p$ 和 $p_s$ 后,就可求得复合地基极限承载力 $p$ 。一般桩土应力比 $n$ 可取 2~4,原土强度低者取大值。

对小型工程的黏性土地基如无现场载荷试验资料,复合地基的承载力标准值可按下式计算:

$$p = [m(n-1)+1] \cdot 3S_v \tag{5-18}$$

式中　$S_v$——桩间土的十字板抗剪强度,也可用处理前地基土的十字板抗剪强度代替。

式(5-17)中的桩间土承载力标准值 $p_s$ 也可用处理前地基土的十字板抗剪强度代替。

**(三)沉降计算**

1. 分层总合法

砂(碎)石桩的沉降计算主要包括复合地基加固区的沉降和加固区下卧层的沉降。加固区下卧层的沉降可按国家标准《建筑地基基础设计规范》(GB 50007—2011)计算,此处不再赘述。

地基土加固区的沉降计算亦按国家标准《建筑地基基础设计规范》(GB 50007—2011)内有关规定执行,而复合土层的压缩模量可按下式计算:

$$E_{sp} = [1 + m(n-1)]E_s \tag{5-19}$$

式中　$E_{sp}$——复合土层的压缩模量;

$E_s$——桩间土的压缩模量。

式(5-19)中桩土应力比 $n$ 在无实测资料时,对黏性土可取 2~4,对粉土可取 1.5~3.0,原土强度低者取大值,原土强度高者取小值。

目前,尚未形成砂(碎)石桩复合地基的沉降计算经验系数 $\psi_s$ 。韩杰(1992)通过对5栋建筑物的沉降观测资料分析得到, $\psi_s = 0.43 \sim 1.20$,平均值为0.93,在没有统计数据时可假定 $\psi_s = 1.0$。

2. 沉降折减法

一般天然黏性土地基的沉降量可用下式表示:

$$s = m_V \Delta p H \tag{5-20}$$

式中 $H$——固结土层厚度;

$\Delta p$——垂直附加平均应力;

$m_V$——天然地基的体积压缩系数(即单位应力增量作用下的体积应变)。

地基经砂(碎)石桩处理后,垂直附加平均应力减少为 $\mu_s \cdot \Delta p$ ,体积压缩系数变为 $m'_V$,则处理后的沉降量 $s'$ 为

$$s' = m'_V \mu_s \Delta p H \tag{5-21}$$

设原天然地基的沉降量 $s$ 和处理后沉降量 $s'$ 的比值为沉降折减系数 $\beta$ ,则

$$\beta = \frac{s'}{s} = \frac{m'_V \mu_s \Delta p H}{m_V \Delta p H} \tag{5-22}$$

如忽略原地基土的处理效果,则取 $\frac{m'_V}{m_V} = 1$。

因而

$$\beta = \mu_s = \frac{1}{1 + (n - 1)m} \tag{5-23}$$

处理后的沉降量为

$$s' = \beta s \tag{5-24}$$

值得注意的是,尽管规范规定对碎石桩加固不排水抗剪强度小于20 kPa的饱和软黏土要慎重对待,应通过试验确定其适用性,但如施工质量有保证,经加固后可以减少建筑物的沉降量,其效果已为某些工程所证实,如表5-6所示。

**表5-6 碎石桩加固地基的沉降折减系数 $\beta$**

| 沉降折减系数 | 浙江岱山电厂厂房 | | | | 华东石油销售分公司油罐 | | 浙江镇海石化总厂油罐 | 南京上元门水厂滤池 | | 天津长芦碱场烟囱 | 平均值 |
|---|---|---|---|---|---|---|---|---|---|---|---|
| | Ⅰ | Ⅱ | Ⅲ | Ⅳ | 罐中心 | 罐周 | | 甲型 | 乙型 | | |
| $\beta$(%) | 40 | 37 | 32 | 30 | 57 | 73 | 39 | 50 | 64 | 53 | 48 |

**(四)稳定分析**

当砂(碎)石桩用于改善天然地基整体稳定性时,可利用复合地基的抗剪特性,再使用圆弧滑动法来进行计算。

如图5-5所示,假定在复合地基中某深度处剪切面与水平面的交角为 $\theta$ ,如果考虑砂(碎)石桩和桩间土两者都发挥抗剪强度,则可得出复合地基的抗剪强度 $\tau_{sp}$ 。

$$\tau_{sp} = (1 - m)c + m(\mu_p p + \gamma_p z)\tan\varphi_p \cos^2\theta \tag{5-25}$$

式中 $c$ ——桩间土的黏聚力,kPa;

$z$ ——自地表面起算的计算深度,m;

$\gamma_p$ ——砂(碎)石料的重度,kN/m$^3$;

$\varphi_p$ ——砂(碎)石料的内摩擦角,(°);

$\mu_p$ ——应力集中系数,$\mu_p = \dfrac{n}{1+(n-1)m}$;

$m$ —— 面积置换率。

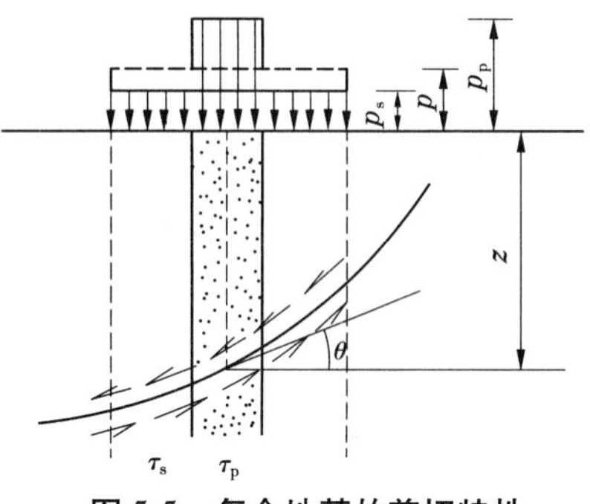

图 5-5 复合地基的剪切特性

如不考虑荷载产生的固结对黏聚力提高的影响,则可用天然地基黏聚力 $c_0$ 。如考虑作用于黏性土上的荷载产生的固结,则可计算出提高后的黏聚力。

$$c = c_0 + \mu_s pU\tan\varphi_{cu} \tag{5-26}$$

式中 $U$ ——固结度;

$\varphi_{cu}$ ——桩间土固结不排水抗剪强度;

$\mu_s$ ——应力降低系数。

若 $\Delta c = \mu_s pU\tan\varphi_{cu}$ ,则强度增长率为

$$\frac{\Delta c}{p} = \mu_s U\tan\varphi_{cu} \tag{5-27}$$

Priebe(1978)所提出的方法,采用了 $\varphi_{sp}$ 和 $c_{sp}$ 的复合值,并由下式求得

$$\tan\varphi_{sp} = \omega\tan\varphi_p + (1-\omega)\tan\varphi_s \tag{5-28}$$

式中 $\omega$ ——与桩土应力比和置换率有关的参数,$\omega = m\mu_p$ ,一般 $\omega = 0.4 \sim 0.6$。

如已知 $c_{sp}$ 和 $\varphi_{sp}$ 后,可用常规稳定分析方法计算抗滑安全系数;或者根据要求的安全系数,反求需要的 $\omega$ 和 $m$ 。

# 任务四 施工方法

目前,施工方法正如上述所提及的有多种多样,本任务主要介绍两种施工方法,即振冲法和沉管法。

## 一、振冲法

振冲法是碎石桩的主要施工方法之一,它是以起重机吊起振冲器(见图 5-6),启动潜水电动机后,带动偏心块,使振冲器产生高频振动,同时开动水泵,使高压水通过喷嘴喷射高压水流,在边振边冲的联合作用下,将振冲器沉到土中的设计深度。经过清孔后,就可从地面向孔中逐段填入碎石,每段填料均在振动作用下被振挤密实,达到所要求的密实度后提升振冲器,如此重复填料和振密,直至地面,从而在地基中形成一根大直径的和很密实的桩体。图 5-7 为振冲法施工程序示意图。

### (一)施工前准备工作

#### 1. 四通一平

四通一平指水通、电通、路通、通信通和平整场地,这是施工能否顺利进行的重要保证。

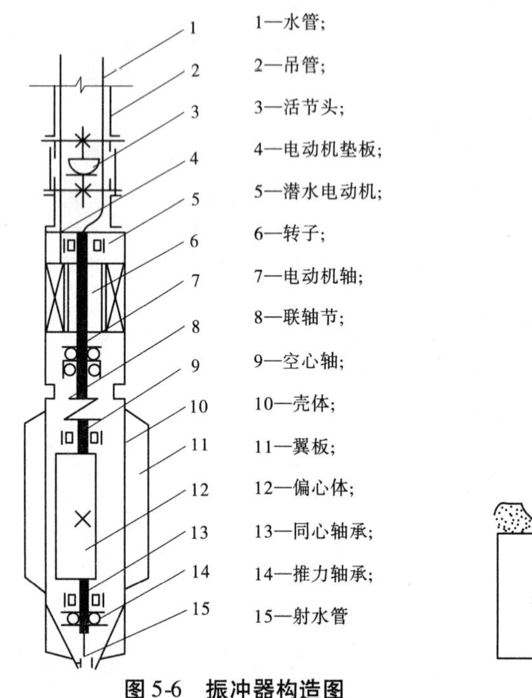


图5-6 振冲器构造图

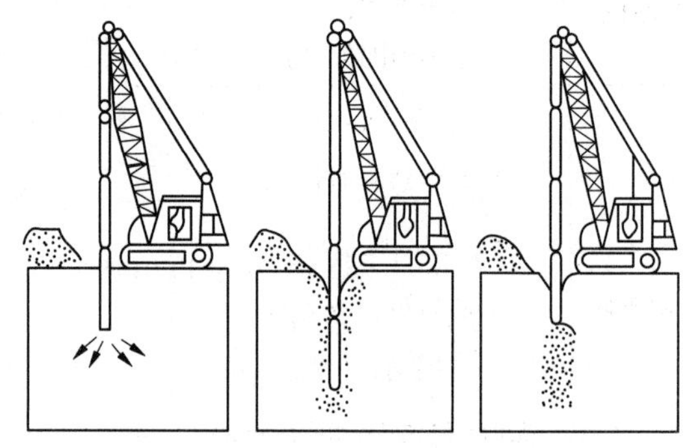

图5-7 振冲法施工程序示意图

(1)水通。一方面要保证供应施工中所需的水量;另一方面要把施工中产生的泥水引走。压力水由水泵送出通过胶管进入各个振冲器的水管,出口水压需400~600 kPa,水量为20~30 $m^3/h$。

(2)电通。施工中需要三相和单相两种电源。三相电源主要是供振冲器使用,其电压需保证在380 V,变化范围在-20~20 V。

(3)路通。在加固区进出施工机具和材料运输,要有通畅的道路,料场上要备有足够数量的填料,对于软黏性土,一般加固深度为10 m左右时,需保证连续输送填料量4~6 $m^3$。

(4)通信通。工地范围内需要覆盖信号网络,如有需要,需建立电信信号网络设施接收信号,并覆盖整个工地范围。

(5)平整场地。平整场地有两方面内容:一方面要清理和尽可能平整场地,如果地表土强度很低,可铺以适当厚度的垫层以利施工机械行走;另一方面要清除地基中的诸如废下水道、大石块、废混凝土块、大木板等障碍物。

2. 施工场地布置

对场地中的供水管、电路、运输道路、排泥水沟、料场、沉淀池、清水池、照明设施等要事先妥善布置。

3. 桩的定位

平整场地后,测量地面高程。加固区的高程宜为设计桩顶高程以上1 m。如果这一高程低于地下水位,需配备降水设施或者适当提高地面高程。最后按桩位设计图在现场用小木桩标出桩位,桩位偏差不得大于3 cm。

**(二)施工组织设计**

为明确施工顺序、施工方法,计算出在允许的施工期内需配备的机具设备,需耗用的水、电、料,而进行施工组织设计。排出施工进度计划表和绘出施工平面布置图。

振冲器是振冲法施工的主要机具。江苏省江阴市江阴振冲器厂的定型产品的各项技术参数见表5-7,可根据地质条件和设计要求选用。

表5-7　振冲器系列参数

| 类别 | | 型号 | | |
|---|---|---|---|---|
| | | ZCQ-13 | ZCQ-30 | ZCQ-55 |
| 潜水电动机 | 功率(kW) | 13 | 30 | 55 |
| | 转速(r/min) | 1 450 | 1 450 | 1 450 |
| | 额定电流(A) | 25.5 | 60 | 100 |
| 振动机体 | 振动频率(次/min) | 1 450 | 1 450 | 1 450 |
| | 不平衡部分质量(kg) | 31 | 66 | 104 |
| | 偏心距(cm) | 5.2 | 5.7 | 8.2 |
| | 动力矩(N·cm) | 1 490 | 3 850 | 8 510 |
| | 振动力(N) | 35 000 | 90 000 | 200 000 |
| | 振幅(自由振动时)(mm) | 4.2 | 4.2 | 5.0 |
| | 加速度(自由振动时)($m/s^2$) | 4.5 | 9.9 | 11 |
| 振动体直径(mm) | | $\phi$274 | $\phi$351 | $\phi$450 |
| 长度(mm) | | 2 000 | 2 150 | 2 500 |
| 总质量(kg) | | 780 | 940 | 1 600 |

起重机械一般采用履带吊、汽车吊、自行井架式专用吊机。起重能力和提升高度均应满足施工要求,并需符合起重规定的安全值,一般起重能力为10~15 t。

水压水量按下列原则选择:①对于强度较低的软土,水压宜小些;对于强度较高的土,水压宜大些。②随深度适当增高,但接近加固深度1 m处应减低,以免底层土扰动。③成孔过程中,水压和水量要尽可能大。④加料振密过程中,水压和水量均宜小。

1. 施工顺序

施工顺序见图4-4。一般可采用"由里向外"或"一边推向另一边"的顺序进行。因为"由外向里"的施工,常常是外围的桩都加固好后,再施工里面的桩时,就很难挤振开。

在地基强度较低的软黏土地基中施工时,要考虑减少对地基土的扰动影响,因而可采用"间隔跳打"的方法。

当加固区附近有其他建筑物时,必须先从邻近建筑物一边的桩开始施工,然后逐步向外推移。

2. 施工方法

填料方式一般有三种:第一种是把振冲器提出孔口,往孔内倒入约1 m堆高的填料,然后放下振冲器进行振密,每次加料都这样做。第二种是振冲器不提出孔口,只是往上提

升1 m左右,然后往下倒料,再放下振冲器进行振密。第三种是边把振冲器缓慢向上提升,边在孔口连续加料。在黏性土地基中,由于孔道常会被坍塌下来的软黏土所堵塞,所以常需进行清孔除泥,故不宜使用连续加料的方法。在砂性土地基中,可采用连续加料的施工方法。

振冲法具体可根据振冲挤密和振冲置换的不同要求,其施工操作要求亦有所不同。

1)振冲挤密法施工操作要求

振冲挤密法一般在中粗砂地基中使用时可不另外加料,而利用振冲器的振动力使原地基的松散砂振挤密实。在粉细砂、黏质粉土中制桩,最好是边振动边填料,以防振冲器提出地面孔内塌方。施工操作时,其关键是水量的大小和留振时间的长短。

留振时间是指振冲器在地基中某一深度处振动的时间。水量的大小是保证地基中的砂土充分饱和。砂土只要在饱和状态下并受到了振动便会产生液化,足够的留振时间是让地基中的砂土完全液化和保证有足够大的液化区。砂土经过液化在振冲停止后,颗粒便会慢慢重新排列,这时的孔隙比将较原来的孔隙比小,密实度相应增加,这样就可达到加固的目的。

整个加固区施工完后,桩体顶部向下1 m左右这一土层,由于上覆压力小,桩的密实度难以保证,应予挖除另作垫层,也可另用振动或碾压等密实方法处理。

振冲挤密法一般施工程序如下:

(1)振冲器对准加固点,打开水源和电源,检查水压、电压和振冲器的空载电流是否正常。

(2)启动吊机,使振冲器以1~2 m/min的速度徐徐沉入砂基,并观察振冲器电流变化,电流最大值不得超过电动机的额定电流。当超过额定电流值时,必须减慢振冲器下沉速度,甚至停止下沉。

(3)当振冲器下沉到在设计加固深度以上0.3~0.5 m时,需减少冲水,其后继续使振冲器下沉至设计加固深度以下0.5 m处,并在这一深度上留振30 s。

当中部遇硬夹层时,应适当扩孔,每深入1 m应停留扩孔5~10 s,达到设计孔深后,振冲器再往返1~2次以便进一步扩孔。

(4)以1~2 m/min的速度提升振冲器。每提升振冲器0.3~0.5 m就留振30 s,并观察振冲器电动机电流变化,其密实电流一般是超过空振电流25~30 A。记录每次提升速度、留振时间和密实电流。

(5)关机、关水和移位,在另一加固点上施工。

(6)施工现场全部振密加固完后,整平场地,进行表层处理。

2)振冲置换法施工操作要求

在黏性土层中制桩,孔中的泥浆水太稠时,碎石料在孔内下降的速度将减慢,且影响施工速度,所以要在成孔后,留有一定时间清孔,使回水把稠泥浆带出地面,降低泥浆的密度。

当土层中夹有硬层时,应适当进行扩孔,振冲器应上下往复多次,使孔径扩大,以便加碎石料。

加料时宜"少吃多餐",每次往孔内倒入的填料数量,约为堆积在孔内1 m高,然后用振冲器振密，再继续加料。施工要求填料量大于造孔体积，孔底部分要比桩体其他部分多些，因为刚开始往孔内加料时，一部分料沿途沾在孔壁上，到达孔底的料就只能是一部分，孔底以下的土受高压水破坏扰动而造成填料的增多。密实电流应超过原空振电流 35 ~ 45 A。

在强度很低的软土地基中施工，则要用“先护壁、后制桩”的方法。在开孔时，不要一次到达加固深度，可先到达第一层软弱层后加些料进行初步挤振，让这些填料挤入孔壁，把此段的孔壁加强以防塌孔。然后使振冲器下降至下一段软土中，用同样方法加料护壁。如此重复进行，直到设计深度。孔壁护好后，就可按常规步骤制桩了。

同理，在地表 1 m 范围内的地层也需另行处理。振冲置换法的一般施工顺序与振冲挤密法基本相似，此处不再赘述。

3. 施工质量控制

施工时检验质量关键是填料量、密实电流和留振时间，这三者实际上是相互联系和相互保证的。只有在一定填料量的情况下，才能把填料挤密振密。一般来说，在粉性较重的地基中制桩，密实电流容易达到规定值，这时要注意掌握好留振时间和填料量。反之，在软黏土地基中制桩，填料量和留振时间容易达到规定值，这时要注意掌握好密实电流。

## 二、沉管法

沉管法过去主要用于制作砂桩，近年来已开始用于制作碎石桩，这是一种干法施工。沉管法包括振动成桩法和冲击成桩法两种。其常用的成孔力学性能如表 5-8 所示。

表 5-8　常用的成孔力学性能

| 分类 | 型号名称 | 技术性能 | | 适用桩孔直径(cm) | 最大桩孔深度(m) | 备注 |
|---|---|---|---|---|---|---|
| | | 锤重(t) | 落距(cm) | | | |
| 柴油锤打桩机 | D1 - 6 | 0 6 | 187 | 30 ~ 35 | 5 ~ 6.5 | 安装在拖拉机或履带式吊车上行走 |
| | D1 - 12 | 1.2 | 170 | 35 ~ 45 | 6 ~ 7 | |
| | D1 - 18 | 1.8 | 210 | 45 ~ 57 | 6 ~ 8 | |
| | D1 - 25 | 2.5 | 250 | 50 ~ 60 | 7 ~ 9 | |
| 电动落锤 | 电动落锤打桩机 | 锤重 0.75 ~ 1.5 t<br>落距 100 ~ 200 mm | | 30 ~ 45 | 6 ~ 7 | |
| 振动沉桩机 | 7 ~ 8 t 振动沉桩机 | 激振力 70 ~ 80 kN | | 30 ~ 45 | 5 ~ 6 | 安装在拖拉机或履带式吊车上行走 |
| | 10 ~ 15 t 振动沉桩机 | 激振力 100 ~ 150 kN | | 35 ~ 40 | 6 ~ 7 | |
| | 15 ~ 20 t 振动沉桩机 | 激振力 150 ~ 200 kN | | 40 ~ 50 | 7 ~ 8 | |
| 冲击成孔机 | YKC - 30 | 卷筒提升力(kN) | 冲击重(kN) | 50 ~ 60 | >10 | 轮胎式行走 |
| | | 30 | 25 | | | |
| | YKC - 20 | 15 | 10 | 40 ~ 50 | >10 | |

(一)振动成桩法

1. 一次拔管法

1)施工机具

施工机具主要有振动打桩机(见图5-8)、下端装有活瓣钢桩靴的桩管、移动式打桩机架、装砂(碎)料石斗等。

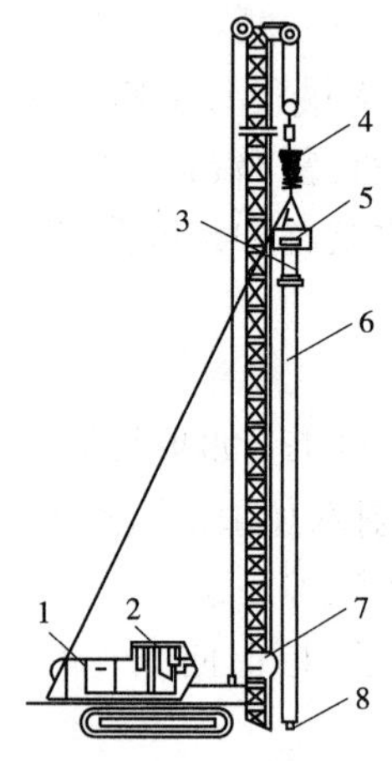


1—起重打桩机(IPD-80-S650);2—SDR-4E记录器;3—进料器;
4—减振器;5—振动机(KM2-1200A);6—桩管;7—提料斗;8—底盖

**图5-8 振动打桩机**

2)施工工艺

(1)桩靴闭合,桩管垂直就位。

(2)将桩管沉入土层中到设计深度。

(3)将料斗插入桩管,向桩管内灌砂(碎)石。

(4)边振动边拔出桩管到地面。

3)质量控制

(1)桩身连续性用拔出桩管速度控制。拔管速度根据试验确定,在一般情况下拔管1 m控制在30 s内。

(2)桩直径用灌砂(碎)石量控制。当实际灌砂(碎)石量未达到设计要求时,可在原位再沉下桩管灌砂(碎)石复打1次或在旁边补加1根桩。

2. 逐步拔管法

1)施工机具

施工机具主要有振动打桩机,下端装有活瓣钢桩靴的桩管、移动式打桩机架、装砂(碎)料石斗等。

2)施工工艺

(1)桩靴闭合,桩管垂直就位。

(2)将桩管沉入土层中到设计深度。

(3)将料斗插入桩管,向桩管内灌砂(碎)石。

(4)边振动边拔起桩管,每拔起一定长度,停拔继振若干秒,如此反复进行,直至桩管拔出地面。

3)质量控制

根据试验,每次拔起桩管 0.5 m,停拔继振 20 s,可使桩身相对密实度达到 0.8 以上,桩间土相对密实度达到 0.7 以上。

3. 重复压拔管法

1)施工机具

施工机具主要有振动打桩机、下端设计成特殊构造的桩管(见图 5-9)、移动式打桩机架、装砂(碎)料斗、辅助设备(空压机和送气管,喷嘴射水装置和送水管)等。

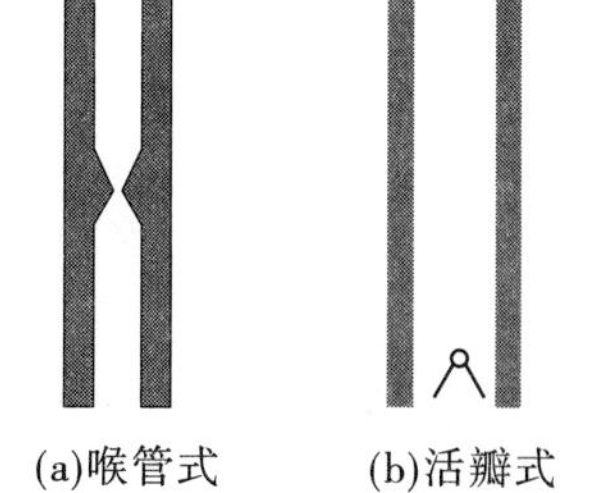


图 5-9　桩管下端特殊构造示意图

2)施工工艺

(1)桩管垂直就位。

(2)将桩管沉入土层中到设计深度,如果桩管下沉速度很慢,可以利用桩管下端喷嘴射水加快下沉速度。

(3)用料斗向桩管内灌砂(碎)石。

(4)按规定的拔起高度拔起桩管,同时向桩管内送入压缩空气使填料容易排出,桩管拔起后核定填料的排出情况。

(5)按规定的压下高度再向下压桩管,将落入桩孔内的填料压实。

重复进行(3)~(5)工序,直至桩管拔出地面。

桩管每次拔起和压下高度,根据桩的直径要求,通过试验确定。

3)质量控制

(1)测定填料的排出率:桩管拔起到规定高度后,用测锤测定桩管内砂面位置,如图 5-10所示。

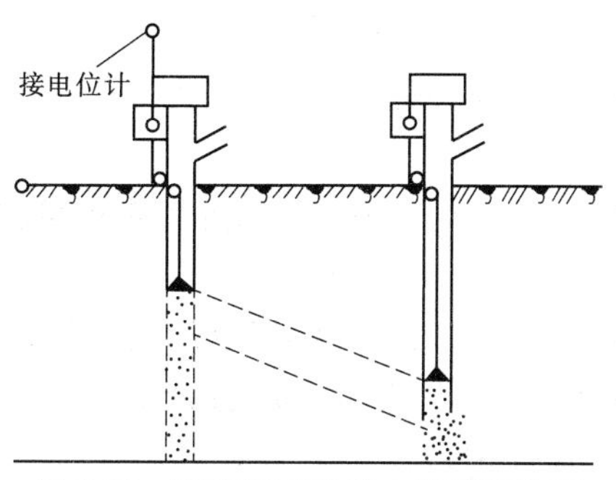


图 5-10　测锤测定桩管内填料面位置

(2)用实际压入比控制施工:桩管拔起 $h_1$ 高度时,桩管内有 $h_0$ 高度的料从桩管下端排出。因为 $h_1$ 与 $h_0$ 不一定相等,如用 $\eta$ 表示料的排出率,则

$$h_0 = \eta h_1 \tag{5-29}$$

桩管再次压下时,桩体被压实后的高度 $h_0$ 与 $h_2$ 的比值称为压入比 $\upsilon$。

$$\upsilon = \frac{h_0}{h_2} = \frac{\eta h_1}{h_2} \tag{5-30}$$

设桩体压实后的体积变化率为 $R_V$

$$R_V = \frac{A'_p \eta h_1}{A_p h_2} = \frac{A'_p}{A_p} v \tag{5-31}$$

式中 $A'_p$——桩管内径截面面积,$m^2$;

$A_p$——桩的截面面积,$m^2$。

由式(5-31)求得

$$v = \frac{A_p}{A'_p} R_V \tag{5-32}$$

按要求的 $v$ 值控制砂(碎)石桩的施工。

4)应注意的问题

在进行成桩施工工艺时,尚需注意以下几个方面:

(1)在套管未入土之前,先在套管内投砂(碎)石2~3斗,打入规定深度时,复打(空)2~3次,使底部的土更密实,成孔更好,加上有少量的砂(碎)石排出,分布在桩周,既挤密桩周的土,又形成较为坚硬的砂(碎)石泥混合的孔壁,对成孔极为有利。在软黏土中,如果不采取这个措施,打出的砂(碎)石桩的底端会出现夹泥断桩现象。

(2)适当加大风压,可避免套管内产生泥沙倒流现象。

(3)注意贯入曲线和电流曲线。如土质较硬或砂(碎)石量排出正常,则贯入曲线平缓,而电流曲线幅度变化大。

(4)套管内的砂(碎)石料应保持一定的高度。

(5)每段成桩不要过大,如排砂(碎)石不畅可适当加大拉拔高度。

(6)拉拔速度不宜过快,使排砂(碎)石要充分。

**(二)冲击成桩法**

1. 单管法

1)施工机具

施工机具主要有蒸汽打桩机或柴油打桩机,下端带有活瓣钢制桩靴的或预制钢筋混凝土锥形桩尖的(留在土中)桩管和装砂料斗等。

2)成桩工艺

成桩工艺如图5-11所示。

(1)桩靴闭合,桩管垂直就位(见图5-11中①)。

(2)将桩管打入土层中到规定深度(见图5-11中②)。

(3)用料斗向桩管内灌砂(碎)石,灌砂(碎)石量较大时,可分成两次灌入。第一次灌入2/3,待桩管从土中拔起一半长度后再灌入剩余的1/3。

(4)按规定的拔出速度从土层中拔出桩管(见图5-11中④)。

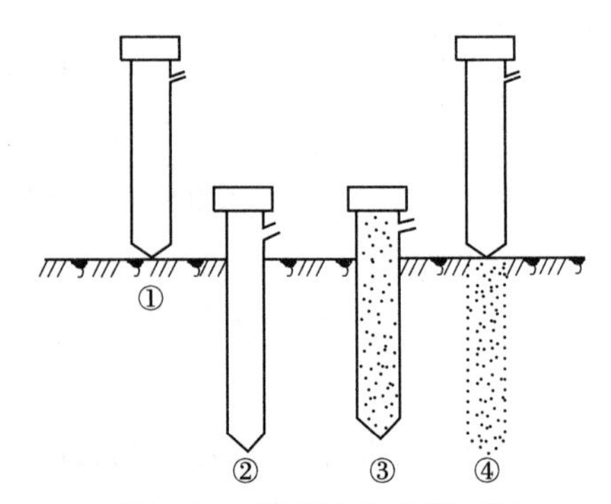


图5-11 单管冲击成桩工艺

3)质量控制

(1)桩身连续性:以拔管速度控制桩身连续性。拔管速度可根据试验确定,在一般土质条件下,每分钟应拔出桩管1.5~3.0 m。

(2)桩直径:以灌砂(碎)石量控制桩直径。当灌砂(碎)石量达不到设计要求时,应在原位再沉下桩管灌砂(碎)石进行复打一次,或在其旁补加一根砂(碎)石桩。

2. 双管法

1)芯管密实法

(1)施工机具:主要有蒸汽打桩机或柴油打桩机、履带式起重机,底端开口的外管(套管)和底端闭口的内管(芯管),以及装砂(碎)石料斗等。

(2)成桩工艺,如图5-12所示:①桩管垂直就位;②锤击内管和外管,下沉到规定的深度;③拔起内管,向外管内灌砂(碎)石;④放下内管到外管内的砂(碎)石面上,拔起外管至与内管底面平齐;⑤锤击内管和外管将砂(碎)石压实;⑥拔起内管,向外管内灌砂(碎)石;⑦重复进行④~⑥的工序,直至桩管拔出地面。

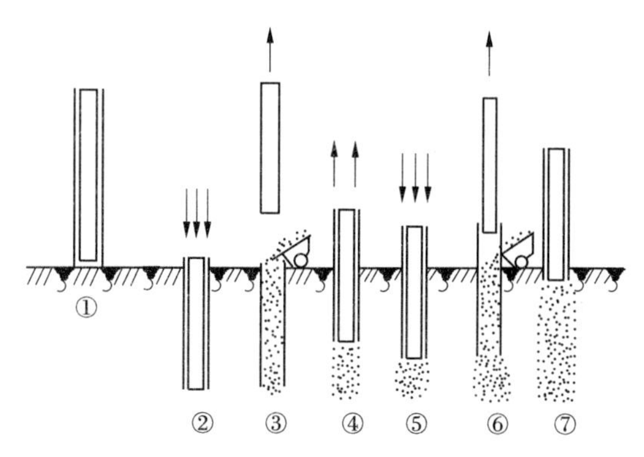


**图5-12　芯管密实法成桩工艺**

(3)质量控制:进行图5-12中工序⑤时按贯入度控制,可保证砂(碎)石桩体的连续性、密实性和其周围土层挤密后的均匀性。该工艺在有淤泥夹层中能保证成桩,不会发生缩颈和塌孔现象,成桩质量较好。

2)内击成管法

内击成管法与"福兰克桩"工艺相似,不同之处在于:该桩用料是混凝土,而内击成管法用料是碎石。

(1)施工机具:主要有两个卷扬机的简易打桩架,一根直径300~400 mm的钢管,管内有一吊锤,重1.0~2.0 t。

(2)成桩工艺,见图5-13:①移机将导管中心对准桩位;②在导管内填入一定数量(一般管内填料高度为0.6~1.2 m)的碎石,形成石塞;③冲锤冲击管内石塞,通过碎石与导管内壁的侧摩擦力带动导管一起沉入土中,直至达预定深度;④导管沉达预定深度后,将导管拔高离孔底数十厘米,然后用冲锤将石塞碎石击出管外,并使其冲入管下土中一定深度(称为冲锤超深);⑤穿塞后,再适当拔起导管,向管内填入适当数量的碎石,用冲锤反复冲夯,然后,再次拔管—填料—冲夯,反复循环至制桩形成。

(3)特点:有明显的挤土效应,桩密实度高,可适用于地下水位以下的软弱地基。该

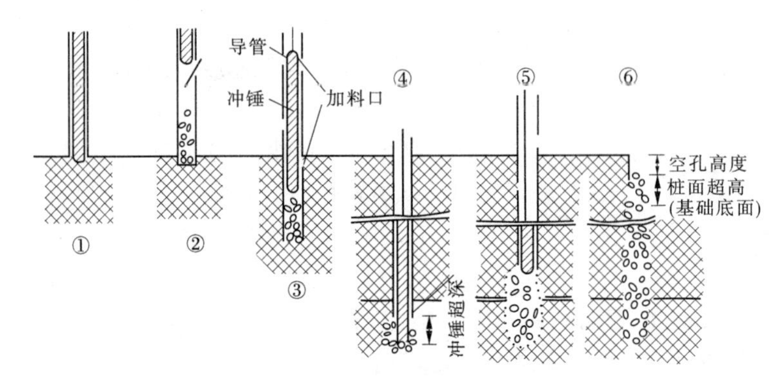


图 5-13 内击沉管法制桩工艺

法优点是干作业、设备简单、耗能低;缺点是工效较低、夯锤的钢丝绳易断。

## 任务五 质量检验

砂(碎)石桩施工结束后,除砂土地基外,应间隔一定时间方可进行质量检验。对于黏性土地基,间隔时间可取3~4周;对于粉土地基,间隔时间可取2~3周。

关于施工质量检验,砂石桩的施工质量检验可采用单桩载荷试验,对桩体可采用动力触探试验检测,对桩间土可采用标准贯入、静力触探、动力触探或其他原位测试等方法进行检测。桩间土质量的检测位置应在等边三角形或正方形的中心。检测数量不应少于桩孔总数的2%。关于加固效果检验,常用的方法有单桩复合地基和多桩复合地基大型载荷试验。

单桩载荷试验可按每200~400根桩随机抽取1根进行检验,但总数不得少于3根。对于砂土或粉土层中的砂(碎)石桩,除用单桩载荷试验检验外,尚可用标准贯入、静力触探等试验对桩间土进行处理前后的对比试验。对砂桩还可采用标准贯入或动力触探等方法检测桩的挤密质量。

对大型的、重要的或场地复杂的砂(碎)石桩工程应进行复合地基的处理效果检验。检验点数量可按处理面积大小取2~4组。

**【案例分析】** 根据项目背景中给出的资料进行振冲碎石桩复合地基方案设计。

1. 方案设计

(1)振冲桩复合地基承载力和变形模量计算。

$$p = [1 + m(n - 1)]p_s$$

式中 $p$——复合地基承载力特征值,kPa;

$p_s$——处理后桩间土承载力特征值,kPa,桩间土主要为细砂、松散卵石、中砂、稍密及以上密实度卵石,可按地区经验取140 kPa;

$n$——复合地基桩土应力比,可按地区经验确定,取4.0;

$m$——面积置换率,$m = d^2/d_e^2$,$d$为桩身平均直径,取1.0 m,$d_e$为一根桩分担的处理地基面积的等效圆直径,m,等边三角形布桩 $d_e = 1.05s$,$s$为桩间距,取1.4 m,$m = 0.462\ 8$。

经公式计算:$p=[1+0.4628\times(4-1)]\times140=334.4$(kPa)时,采用等边三角形布置。

由材料力学建立的压缩模量和变形模量的关系式:$E_0=\beta E_s$($\beta$为经验系数,砂土取0.9),结合《建筑地基处理技术规范》(JGJ 79—2012)有关规定,复合砂层的变形模量$E_0=0.9\times334.0/100\times8.0=24.0$(MPa),复合地基中松散卵石层的压缩模量$E_s=334.4/180\times15.0=27.9$(MPa),能满足设计要求。

(2)桩的布置。根据设计要求,施工勘测范围内软弱土层使用振冲碎石桩进行地基处理,根据规范相关条款,独立基础外缘扩大1~2排保护桩,故独立基础及筏板基础均采用等边三角形满堂布置,桩中心距为1.4 m,桩径1.0 m。

(3)加固深度。振冲桩以稍密卵石层为桩端持力层,穿过卵石层上部的土层,并保证桩端进入下部稳定的稍密卵石层;中孔稳定电流达75 A,水压达0.6 MPa。对于卵石层顶部为松散卵石或上部持力层(稍密卵石层)厚度小于1 m的地段,施工中适当延长留振时间,使砂卵石在振冲器的强力振动和水压下产生振动,颗粒重新排列,孔隙减小,成为较为密实的砂卵石土,达到持力层的要求。

(4)复合地基承载力。桩间土承载力特征值$p_s=140$ kPa,桩身平均直径$d=1.0$ m,桩按等边三角形满堂布置,桩中心距$s=1.4$ m;经验算,桩土面积置换率$m=0.4628$,复合地基承载力特征值为334.4 kPa,满足设计要求。

(5)加固工作量。筏板基础埋深为-6.8 m,基底标高为516.30 m;独立基础埋深为-6.4 m,基底标高为516.70 m。

振冲桩按等边三角形布置,桩中心距1.4 m,桩径1.0 m;共布置振冲碎石桩2 665根,保证振冲桩桩长进入稍密卵石层0.5 m以上;其中A区共布置2 140根,处理深度2~5.5 m,平均处理埋深4.0 m;B区共布置525根,处理深度1~7.5 m,平均处理深度6.5 m。每一加固点的处理深度应在施工中视实际地质情况的变化而确定加深。

加固工作量见表5-9。

**表5-9 加固工作量**

| 处理区域 | 平均桩长(m) | 桩数(根) | 加固体积($m^3$) |
|---|---|---|---|
| A区 | 4.0 | 2 140 | 6 719.6 |
| B区 | 6.5 | 525 | 2 678.8 |

加固处理地基9 398.4 $m^3$。

(6)地基表面(桩顶部位)处理及褥垫层的制作。地基加固施工时,当振冲桩体施工完毕,可一并完成褥垫层制作。桩顶虚铺碎石厚度约35 cm,利用振冲器振密后厚度约30 cm,夯填度不大于0.9。

2.施工方案和保证措施

(1)施工步骤。交接振冲基槽和轴线→按布桩图放线定桩位→清理和开挖排污水沟→检查机具设备→吊放机具到位→打开喷水口、启动振动器→振冲成孔至设计深度→提升振冲器于地面→向孔内填料→下降振冲器并振密→进入下一个循环直到地表→提出振冲器→制桩完毕,在褥垫层施工结束后进入下一根桩施工。

为保证桩体直径,应做试验桩。若最终成型的桩体直径不满足本方案设计要求,可采

用75 kW振冲器或在振冲施工时进行反插施工,以确保桩体直径。

待施工完毕7 d后,进行复合地基检测。检测合格后,方可进行基础施工。

(2)施工机具设备见表5-10。

**表5-10　施工机具设备**

| 机具名称 | 数量 | 机具名称 | 数量 |
|---|---|---|---|
| 吊车 | 1台 | 排污泵 | 1台 |
| 配电装置 | 1套 | 加压泵 | 1台 |
| ZCQ－55A型振冲器 | 1台(套) | 斗车及其他辅助设施 | 若干 |
| 电焊机 | 2台(套) | | |

(3)施工人员组织。项目经理1人、项目技术负责人1人、施工工长1人、质检员2人、安全员2人、材料员1人、电工1人、普工20人。

(4)质量保证。为使该项工程安全、顺利地完成,该项工程所设立的项目经理、项目技术负责人均配备具有二级以上项目经理证的人员进行现场工作。他们不仅有大量同类地质情况施工的经验,而且可以灵活应对场地地层突变的施工情况。完全能够保证该项工程的质量。

严把材料关,该项工程振冲材料一般采用30～100 mm卵石进行施工。

(5)施工保证。

①为了保证成孔质量和处理效果、减少泥浆排泄量,成孔水水压力为0.5～0.7 MPa,成孔贯入速度1～2 m/min。每贯入0.5～1.0 m时,应在该深度留振5～10 s。

②制桩时宜保持小水量补给,使填料处于饱和状态,填料方法可采用边振边填,填料时应保持对称均匀,若将振冲器提出孔口再加填料,每次加料以制作桩高0.5 m为宜。

③振冲制桩的密实度,以振冲器电机工作显示电流为控制标准,必须保持各个深度上桩体达到规定的电流值,并应控制孔内填入的填料数量与成孔的长度,每次的留振时间不低于10 s。

④该项工程施工中,电机空载电流为15 A、终孔电流为75 A、密实电流为75～85 A。

⑤机手、记录人员不得擅自离岗,工作中不得分散注意力,认真负责准确操作和记录好各种原始数据。

⑥项目技术负责人必须每天认真收集整理好原始记录资料,施工中遇特殊地质情况不得自作主张,要及时报告现场技术人员进行研究处理。

⑦在确保施工质量的前提下,加快施工进度,保质保量地按期完成地基处理施工。

(6)安全保证措施。

①各种劳动保护用品应配备齐备。

②开工前、上岗前对现场施工人员进行安全教育。施工人员严格遵守现行规范和施工操作规程,严格执行安全生产有关规章、规程和工地各项安全制度。

③现场设专职安全员。发现事故隐患应及时通知质检员、技术负责人;采取有效措施及时妥善解决。

④电器设备检修、电路搭接必须由专职电工操作,并由专人负责督促电器设备、电缆

的防水、防雨及防破损工作。

⑤非专职机器操作人员不得顶岗或擅自操作,严禁酒后施工。

3. 关键点控制

(1)制桩时保持水量补给,使填料处于饱和状态,以利于振密。

(2)振冲制桩的密实度,以确保电流值为主、地勘资料为辅,必须保持各个深度段桩体的密实电流值不小于75~85 A,并随时对每孔内的填料数量与成桩体积进行核实。

(3)造孔速度控制在1.0~2.0 m/min,每贯入0.5~1.0 m时留振5~10 s。

4. 检测

按《建筑地基处理技术规范》(JGJ 79—2012)的要求,对振冲加固地基的检测应采用静载荷试验进行,以评价加固后所形成复合地基的强度、变形指标。检测宜在试验点振冲施工完成后7 d进行。

## 小 结

砂(碎)石桩是指用振动、冲击或水冲等方式在软弱地基中成孔后,再将砂或碎石挤压入已成的孔中,形成大直径的砂(碎)石所构成的密实桩体。目前国内外碎石桩的施工方法多种多样,本项目主要介绍两种施工方法:振冲法和沉管法。振冲法可分振冲置换法和振冲挤密法两类施工操作方法。砂(碎)石桩施工结束后,除砂土地基外,应间隔一定时间方可进行质量检验。关于施工质量检验,常用的方法有单桩载荷试验和动力触探试验。关于加固效果检验,常用的方法有单桩复合地基和多桩复合地基大型载荷试验。

## 思考题与习题

1. 什么是砂(碎)石桩法? 适用范围是什么?

2. 砂(碎)石桩处理地基的作用机制是什么?

3. 砂(碎)石桩的设计计算包括哪些内容? 如何设计计算?

4. 沉管法制作碎石桩有哪两种制桩方法? 分别如何制桩?

5. 砂(碎)石桩处理地基的质量检验采用什么方法?

6. 建筑物建在饱和软黏土地基上,采用砂桩加固,砂桩直径 $d_c=0.6$ m,正三角形布置,软黏土地基的孔隙比 $e_1=0.85$,$\gamma=16$ kN/m$^3$,$d_s=2.65$,$e_{max}=0.9$,$e_{min}=0.55$。依据抗震要求,加固后地基的相对密实度 $D_r=0.6$,求砂桩的中心距 $L$。

7. 建筑物修建在松散砂土地基上,天然孔隙比 $e_0=0.85$,$e_{max}=0.90$,$e_{min}=0.55$,含水量为18%,相对密度为2.67,天然地基承载力为100 kPa,采用砂石桩处理,桩长8 m,等边三角形布置,砂石桩直径为0.6 m,按抗震要求,加固后地基的相对密度 $D_r=0.7$,确定砂石桩的间距、复合地基承载力。

# 项目六　水泥粉煤灰碎石桩

【知识目标】　掌握水泥粉煤灰碎石桩地基处理的施工方法和质量检验，了解加固原理和设计计算。

【技能目标】　能够完成水泥粉煤灰碎石桩地基处理方案的设计、施工及质量检验工作。

【项目背景】　北京某小区一高层住宅楼，地上 24 层、地下 2 层，结构形式为剪力墙结构，基础形式为箱形结构，基础埋深为 5.0 m。该建筑东西两侧有已建高层住宅两栋，最近距离为 15 m。

基础坐于第(4)层黏质粉土层，(4)层及以下工程的地质条件如下：

第(4)层黏质粉土层：厚度为 1.0 ~ 4.0 m，土层厚度极不均匀，可塑，桩侧阻力特征值 30 kPa，承载力特征值 180 kPa。

第(5)层粉质黏土层：厚度为 2.0 ~ 5.0 m，桩侧阻力特征值 32 kPa，承载力特征值 150 kPa。

第(6)层细砂层：平均厚度为 8 m，土层厚度均匀，标准贯入锤击数为 23 击，桩侧阻力特征值 35 kPa，桩端阻力特征值 700 kPa，承载力特征值 250 kPa。

第(7)层黏质粉土层：平均厚度为 5 m，硬塑，桩侧阻力特征值 32 kPa，桩端阻力特征值 900 kPa，承载力特征值 200 kPa。

第(8)层细砂层：平均厚度为 5 ~ 6 m，密实，标准贯入锤击数为 39 击，桩侧阻力特征值 900 kPa，承载力特征值 280 kPa。

第(9)层圆砾层：未钻透，密实，桩侧阻力特征值 2 100 kPa，承载力特征值 400 kPa。

设计要求经深度修正后的地基承载力特征值 $f_{sp,k} \geq 400$ kPa，沉降量 $\leq 100$ mm。根据设计要求对其采用水泥粉煤灰碎石桩加固处理。

## 任务一　概　述

水泥粉煤灰碎石桩简称 CFG 桩，是在碎石桩基础上加进一些石屑、粉煤灰和少量水泥，加水拌和制成的一种具有一定黏结强度的桩，也是近年来新开发的一种地基处理技术。通过调整水泥掺量及配合比，可使桩体强度等级在 C5 ~ C20 变化。这种地基加固方法吸取了振冲碎石桩和水泥搅拌桩的优点。第一，施工工艺与普通振动沉管灌注桩一样，工艺简单，与振冲碎石桩相比，无场地污染，振动影响也较小。第二，所用材料仅需少量水泥，便于就地取材，基础工程不会与上部结构争“三材”，这也是比水泥搅拌桩优越之处。第三，受力特性与水泥搅拌桩类似。

CFG 桩在受力特性方面介于碎石桩和钢筋混凝土桩之间。与碎石桩相比，CFG 桩桩身具有一定的刚度，不属于散体材料桩，其桩体承载力取决于桩侧摩阻力和桩端端承力之和或桩体材料强度。当桩间土不能提供较大侧限力时,CFG 桩复合地基承载力高于碎石桩复合地基。与钢筋混凝土桩相比,桩体强度和刚度比一般混凝土小得多,这样有利于充分发挥桩体材料的潜力,降低地基处理费用。

## 任务二　加固机制

CFG 桩加固软弱地基,桩和桩间土一起通过褥垫层形成 CFG 桩复合地基,如图 6-1 所示。此处的褥垫层不是基础施工时通常做的 10 cm 厚的素混凝土垫层,而是由粒状材料组成的散体垫层。由于 CFG 桩系高黏结强度桩,褥垫层是桩和桩间土形成复合地基的必要条件,亦即褥垫层是 CFG 桩复合地基不可缺少的一部分。

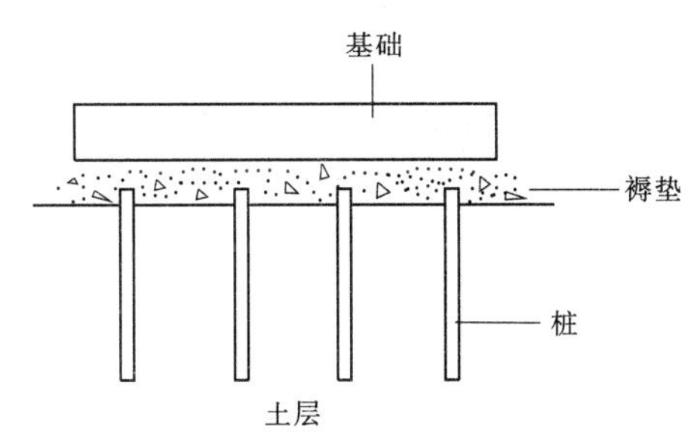


**图 6-1　CFG 桩复合地基示意图**

其加固软弱地基主要有三种作用:桩体作用,挤密与置换作用,褥垫层作用。

### 一、桩体作用

CFG 桩不同于碎石桩,是具有一定黏结强度的混合料,属于刚性桩,能够承担基础传递而来的荷载。在荷载作用下,CFG 桩的压缩性明显比其周围软土小,因此基础传给复合地基的附加应力随地基的变形逐渐集中到桩体上,出现应力集中现象,复合地基的 CFG 桩起到了桩体作用。采用 CFG 拌和碎石桩处理南京造纸厂软土地基,根据载荷试验结果,在无褥垫层情况下,CFG 桩单桩复合地基的桩土应力比 $n=24.3\sim29.4$;四桩复合地基桩土应力比 $n=31.4\sim35.2$;而碎石桩复合地基的桩土应力比 $n=2.2\sim2.4$,可见 CFG 桩复合地基的桩土应力比明显大于碎石桩复合地基的桩土应力比,即其桩体作用显著。

### 二、挤密与置换作用

当 CFG 桩用于挤密效果好的土时,由于 CFG 桩采用振动沉管法施工,其振动和挤压作用使桩间土得到挤密,复合地基承载力的提高既有挤密又有置换;当 CFG 桩用于不可挤密的土时,其承载力的提高只是置换作用。

### 三、褥垫层作用

由级配砂石、粗砂、碎石等散体材料组成的褥垫,在复合地基中有如下几种作用。

**(一)保证桩土共同承担荷载**

褥垫层的设置为 CFG 桩复合地基在受荷后提供了桩上、下刺入的条件,即使桩端落

在好土层上,至少可以提供上刺入条件,以保证桩间土始终参与工作。

### (二)减少基础底面的应力集中

在基础底面处桩顶应力 $\sigma_p$ 与桩间土应力 $\sigma_s$ 之比随褥垫层厚度的变化如图6-2所示。当褥垫层厚度大于10 cm时,桩对基础产生的应力集中已显著降低。当褥垫层的厚度为30 cm时,$\sigma_p/\sigma_s$ 只有1.23。

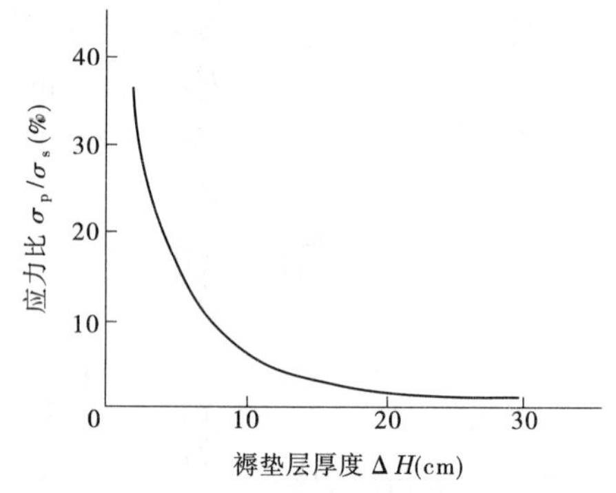


图6-2　$\sigma_p/\sigma_s$ 与褥垫层厚度关系曲线

### (三)褥垫层厚度可以调整桩土荷载分担比

表6-1表示6桩复合地基测得的 $P_p/P_{总}$ 值随荷载水平和褥垫层厚度的变化。由表6-1可见,荷载一定时,褥垫层越厚,土承担的荷载越多。荷载水平越高,桩承担的荷载占总荷载的百分比越大。

表6-1　桩承担荷载占总荷载($P_p/P_{总}$)百分比

| 荷载(kPa) | 褥垫层厚度 | | | 说明 |
|---|---|---|---|---|
| | 2 cm | 10 cm | 30 cm | |
| 20 | 65 | 27 | 14 | 桩长2.25 m |
| 60 | 72 | 32 | 26 | 桩径16 cm |
| 100 | 75 | 39 | 38 | 荷载板:1.05 m×1.6 m |

### (四)褥垫层厚度可以调整桩、土水平荷载分担比

图6-3表示基础承受水平荷载时,不同褥垫层厚度、桩顶水平位移 $U_p$ 和水平荷载 $Q$ 的关系曲线,褥垫层厚度越大,桩顶水平位移越小,即桩顶受的水平荷载越小。

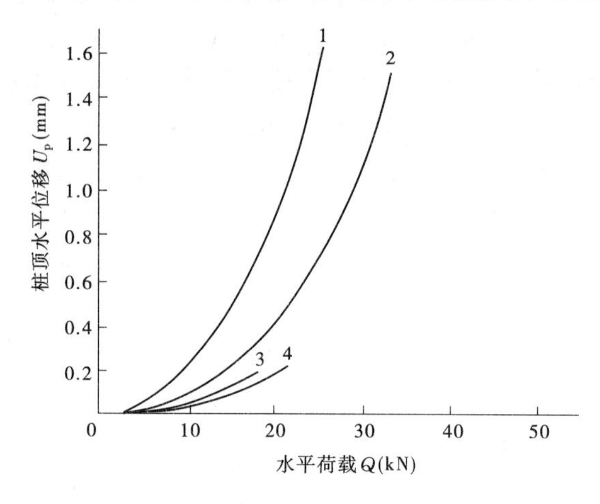


1—垫层厚2 cm;2—垫层厚10 cm;
3—垫层厚20 cm;4—垫层厚30 cm

图6-3　不同褥垫层厚度时的 $Q—U_p$ 曲线

# 任务三 设计计算

## 一、设计思路

当 CFG 桩桩体标号较高时,具有刚性桩的性状,但在承担水平荷载方面与传统的桩基有明显的区别。桩在桩基中可承受垂直荷载也可承受水平荷载,它传递水平荷载的能力远远小于传递垂直荷载的能力。然而 CFG 桩复合地基通过褥垫层把桩和承台(基础)断开,改变了过分依赖桩承担垂直荷载和水平荷载的传统设计思想。

如图 6-4 所示的独立基础,当基础承受水平荷载 $Q$ 时有三部分力与 $Q$ 平衡:其一为基础底面摩阻力 $F_t$ ,其二为基础两侧面摩阻力 $F_1$ ,其三为与水平荷载 $Q$ 方向相反的土的抗力 $R$ 。

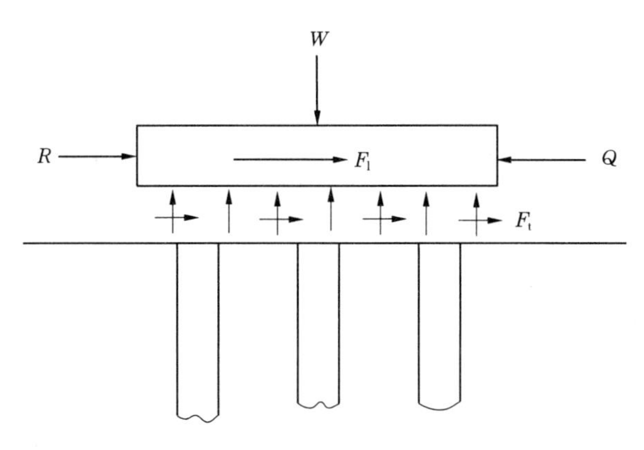


图 6-4 基础的水平受力

$F_t$ 和基底与褥垫层之间的摩擦系数 $\mu$ 以及建筑物重量 $W$ 有关, $W$ 数值越大,则 $F_t$ 越大。

基底摩阻力 $F_t$ 传递到桩和桩间土上,桩顶应力为 $\tau_p$ 、桩间土应力为 $\tau_s$ 。由于 CFG 桩复合地基置换率一般不大于 10% ,所以有不低于 90% 的基底面积的桩间土承担了绝大部分水平荷载,而桩承担的水平荷载则占很小一部分。根据试验结果,桩、土剪应力比随褥垫层厚度的增大而减小。设计时可通过改变褥垫层厚度调整桩、土水平荷载分担比。

对于垂直荷载的传递,如何在桩基中发挥桩间土的承载能力是大家都在探索的课题。大桩距布桩的“疏桩理论”就是为调动桩间土承载能力而形成的新的设计思想。传统桩基中,只提供了桩可能向下刺入变形的条件,而 CFG 桩复合地基通过褥垫与基础连接,并有上下双向刺入变形模式,保证桩间土始终参与工作。因此,垂直承载力设计首先是将土的承载能力充分发挥,不足部分由 CFG 桩来承担。显然,与传统的桩基设计思想相比,桩的数量可以大大减少。

需要指出的是:CFG 桩不只是用于加固软弱的地基,对于较好的地基土,若建筑物荷载较大,天然地基不够,就可以用 CFG 桩来补足。例如,德州医药管理局三栋 17 层住宅楼,天然地基承载力 110 kPa,设计要求 320 kPa,利用 CFG 桩复合地基,其中有 210 kPa 以

上的荷载由桩来承担。

## 二、设计参数

CFG桩复合地基有5个设计参数，分述如下。

### (一)桩径

CFG桩常采用振动沉管法施工，其桩径根据桩管大小而定，一般为350～600 mm。

### (二)桩距

桩距的大小取决于设计要求的复合地基承载力、土性与施工机具，可参考表6-2进行选用。

**表6-2 CFG桩桩距选用参考值**

| 布桩形式 | 挤密性好的土，如砂土、粉土、松散填土等 | 可挤密性土，如粉质黏土、非饱和黏土等 | 不可挤密性土，如饱和黏土、淤泥质土等 |
|---|---|---|---|
| 单、双排布桩的条形基础 | $(3\sim5)d$ | $(3.5\sim5)d$ | $(4\sim5)d$ |
| 含9根以下的独立基础 | $(3\sim6)d$ | $(3.5\sim6)d$ | $(4\sim6)d$ |
| 满堂布桩 | $(4\sim6)d$ | $(4\sim6)d$ | $(4.5\sim7)d$ |

注：$d$为桩径，以成桩后的实际桩径为准。

### (三)桩长

CFG桩复合地基承载力特征值应通过现场复合地基载荷试验来确定，初步设计时也可按下式估算：

$$f_{sp,k}=m\frac{R_k^d}{A_p}+\beta(1-m)f_{sk} \quad (6\text{-}1)$$

式中 $f_{sp,k}$——复合地基承载力特征值，kPa；

$m$——面积置换率；

$A_p$——桩的断面面积，$m^2$；

$f_{sk}$——天然地基承载力特征值，kPa；

$\beta$——桩间土承载力折减系数，宜按地区经验取值，无经验时可取0.75～0.95，天然地基承载力特征值较高时取大值；

$R_k^d$——单桩承载力特征值，kN，宜按当地经验取值，无经验时可取天然地基承载力特征值。

$$R_k^d=(U_p\sum q_{si}L_i+q_pA_p) \quad (6\text{-}2)$$

式中 $U_p$——桩的周长，m；

$q_{si}$、$q_p$——桩周第$i$层土的侧阻力、桩端阻力特征值，kPa，可按现行标准《建筑地基基础设计规范》(GB 50007—2011)的有关规定确定；

$L_i$——第$i$层土的土层厚度，m；

桩体试块抗压强度平均值应满足下列要求：

$$f_{cu}\geqslant3\frac{R_k^d}{A_p} \quad (6\text{-}3)$$

式中　$f_{cu}$——桩体混合料试块(边长为150 mm的立方体)标准养护28 d立方体抗压强度平均值。

**(四)桩体标号**

原则上桩体配合比按标号控制,最低标号按3倍桩顶应力$\sigma_p$确定。

**(五)褥垫层**

褥垫层厚度一般取10~30 cm为宜,当桩距过大并考虑土性时,褥垫层厚度还可适当加大。褥垫层材料可用碎石、级配砂石(限制最大粒径)粗砂、中砂。

## 三、沉降计算

一般情况下,CFG桩复合地基沉降由三部分组成:其一为加固深度范围内土的压缩变形$s_1$,其二为下卧层变形$s_2$,其三为褥垫层变形$s_3$。由于$s_3$数量很小可以忽略不计,则有

$$s = s_1 + s_2 \tag{6-4}$$

假定加固区复合土体为与天然地基分层相同的若干层均质地基,不同的压缩模量都相应扩大$\zeta$倍,然后按分层总和法计算加固区和下卧层变形求和。

$$s = s_1 + s_2 = \psi\left(\sum_{i=1}^{n_1}\frac{\Delta p_i}{\zeta E_{si}}h_i + \sum_{i=n_1+1}^{n_2}\frac{\Delta p_i}{E_{si}}h_i\right) \tag{6-5}$$

式中　$n_1$——加固区分层数;

$n_2$——总的分层数;

$\Delta p_i$——荷载$p_0$在第$i$层产生的平均附加应力,kPa;

$E_{si}$——第$i$层土的压缩模量,MPa;

$h_i$——第$i$层土分层厚度,m;

$\zeta$——模量提高系数,$\zeta = f_{sp,k}/f_{ak}$,$f_{ak}$为基础底面下天然地基承载力特征值,kPa;

$\psi$——沉降计算经验修正系数,见表6-3。

**表6-3　沉降计算经验修正系数$\psi$**

| $\overline{E}_s$(MPa) | 2.5 | 4.0 | 7.0 | 15.0 | 20.0 |
|---|---|---|---|---|---|
| $\psi$ | 1.1 | 1.0 | 0.7 | 0.4 | 0.2 |

注:$\overline{E}_s$为沉降计算深度范围内压缩模量当量值,$\overline{E}_s = \frac{\sum A_i}{\sum \frac{A_i}{E_{si}}}$。式中:$A_i$为第$i$层土附加应力系数沿土层厚度的积分值;$E_{si}$为基础底面下第$i$层土的压缩模量值,MPa,桩长范围内的复合土层按复合土层的压缩模量取值。

# 任务四　施工方法

CFG桩桩径较大时一般用钻孔灌注桩的成桩设备,桩径较小时(350~400 mm)都用振动沉管打桩机或螺旋钻机,有时振动沉管打桩机和螺旋钻机联合使用。由于它是一项新兴发展起来的地基处理技术,设计计算理论和工程施工经验尚不够成熟,施工前一般须进行试成桩确定有关技术参数后,再精心组织正常施工。

由于大多采用振动沉管机施工,以下就振动成桩工艺做一介绍。

## 一、沉管

(1)桩机就位须水平、稳固、调整沉管与地面垂直,确保垂直度偏差不大于1%。

(2)若采用预制钢筋混凝土桩尖,需埋入地表以下300 mm左右。

(3)启动电动机,开始沉管过程中注意调整桩机的稳定,严禁倾斜和错位。

(4)沉管过程中须做好记录。激振电流每沉1 m记录一次,对土层变化处应特别说明,直到沉管至设计标高。

## 二、投料

(1)在沉管过程中可用料斗进行孔中投料,待沉管至设计标高后须尽快投料,直到管内混合料面与钢管料口平齐。

(2)如上料量不多,须在拔管过程中进行孔中投料,以保证成桩桩顶标高满足设计要求。

(3)混合料配合比应严格执行规定,碎石和石屑含杂质不大于5%。

(4)按设计配合比配制混合料,投入搅拌机加水拌和,加水量由混合料坍落度控制,一般坍落度为30~50 mm,成桩后桩顶浮浆厚度一般不超过200 mm。

(5)混合料的搅拌须均匀,搅拌时间不得少于1 min。

## 三、拔管

(1)当混合料加至钢管投料口平齐后,开动电动机,沉管原地留振10 s左右,然后边振动边拔管。

(2)拔管速度按均匀线速控制,一般控制在1.2~1.5 m/min,如遇淤泥或淤泥质土,拔管速度可适当放慢。

(3)当桩管拔出地面,确认成桩符合设计要求后用粒状材料或湿黏土封顶,然后移机继续下一根桩施工。

## 四、施工顺序

连续施打可能造成的缺陷是桩径被挤扁或缩颈,但很少发生桩完全断开;隔桩跳打一般很少发生已打桩桩径被挤小或缩颈现象,但土质较硬,在已打桩中间补打新桩时,已打桩可能被振断或振裂。

在软土中,桩距较大可采用隔桩跳打;在饱和的松散粉土中施打,如桩距较小,不宜采用隔桩跳打方案;满堂布桩,无论桩距大小,均不宜从四周向内推进施工。施打新桩时与已打桩间隔时间不应少于7 d。

## 五、混合料坍落度

为避免桩顶浮浆过多,混合料坍落度一般为3~5 cm。

## 六、保护桩长

所谓保护桩长，是指成桩时预先设定加长的一段桩长，基础施工时将其剔掉。

保护桩长越长，桩的施工质量越容易控制，但浪费的料也越多。

设计桩顶标高离地表距离不大于 1.5 m 时，保护桩长可取 50 ~ 70 cm，上部用土封顶。

桩顶标高离地表距离较大时，保护桩长可设置 70 ~ 100 cm，上部用粒状材料封顶直到地表。

## 七、褥垫层铺设

为了调整 CFG 桩和桩间土的共同作用，宜在基础下铺设一定厚度的褥垫层。褥垫材料多为粗砂、中砂或级配砂石，限制最大粒径不超过 3 cm。

虚铺后多采用静力压实，当桩间土含水量不大时亦可夯实。桩间土含水量较高，特别是高灵敏度土，要注意施工扰动对桩间土的影响，以避免产生橡皮土。

# 任务五　质量检验

## 一、施工质量控制

### （一）施工监测

（1）打桩过程中随时测量地面是否发生隆起，因为断桩常常和地表隆起相联系。

（2）打新桩时对已打但尚未结硬桩的桩顶进行桩顶位移测量，以估算桩径的缩小量。

（3）打新桩时对已打并结硬桩的桩顶进行桩顶位移测量，以判断是否断桩。一般当桩顶位移超过 10 mm，需开挖进行查验。

### （二）逐桩静压

对重要工程或施工监测发现桩顶上升量较大且桩数较多时，可对桩进行快速静压，将可能断裂并脱开的桩连接起来。这一技术在沿海地区称为“跑桩”。这一技术对保证复合地基中桩很好地传递垂直荷载是很有意义的。

需要指出，CFG 桩断桩并不脱开不影响复合地基的正常使用。

### （三）静压振拔技术

所谓静压振拔，是指沉管时不启动电动机，借助桩机自重将沉管沉至预定标高，填料后启动电动机振动拔管。对饱和软土采用这一技术对保证施工质量是有益的。

### （四）大直径预制桩尖的采用

在软土地区，当桩长范围内桩端有可能落在好的土层上时，可采用比通常用的更大的预制桩尖，桩尖的直径增大到沉管外径的 1.5 ~2.0 倍，人们称之为“大头桩尖”，其目的是获得更大的端阻力。

## 二、质量检验

CFG 桩施工结束后，应间隔一定时间方可进行质量检验。一般养护龄期可取 28 d。

**(一)桩间土检验**

桩间土质量检验可用标准贯入、静力触探和钻孔取样等试验对桩间土进行处理前后的对比试验。对砂性土地基可采用标准贯入或动力触探等方法检测挤密程度。

**(二)单桩和多桩复合地基检验**

可采用单桩载荷试验、单桩或多桩复合地基载荷试验进行处理效果检验。检验点数量可按处理面积大小取2~4点。

**【案例分析】** 根据项目背景中给出的资料进行CFG桩复合地基方案设计,设计及施工方案如下。

1. CFG桩布置方案

根据场地特点,初步设计了以下四种方案。

方案1:桩长为6.5 m,桩端土层为(6)细砂。

方案2:桩长为15 m,桩端土层为(7)黏质粉土。

方案3:桩长为20 m,桩端土层为(8)细砂。

方案4:桩长为25 m,桩端土层为(9)圆砾。

上述四种设计方案中,后两种方案持力层承载力高,但埋藏深,桩身较长。方案1桩长较小,适当减小桩间距即可满足复合地基承载力的要求,且已穿越厚度不均的第(4)层黏质粉土层,持力层为第(6)层细砂层,其下土层厚度均匀,不会出现不均匀沉降。方案2桩长较长,设计桩间距较大,虽满足承载力要求,但穿越第(4)层黏质粉土层,难以消除不均匀土层所造成的沉降差。若减小桩间距,则费用增加,不经济。

经上述分析,建议采用方案1。

2. 复合地基承载力与变形计算

基本参数:桩径 $d=400$ mm、桩长 $l=6.5$ m、布桩形式按等边三角形布置,桩间距 $s=1.4$ m,则

$$A_{\mathrm{p}} = \frac{\pi d^2}{4} = \frac{3.14 \times 0.4^2}{4} = 0.125\,6(\mathrm{m}^2)$$

$$U_{\mathrm{p}} = \pi d = 3.14 \times 0.4 = 1.256(\mathrm{m})$$

$$m = \frac{\pi d^2}{2s^2\sqrt{3}} = \frac{3.14 \times 0.4^2}{2 \times 1.4^2 \times \sqrt{3}} = 0.074$$

取第(4)层平均土层厚度2.5 m,第(5)层平均土层厚度3.0 m,桩身进入第(6)层1.0 m。单桩竖向承载力特征值的计算如下:

$$R_{\mathrm{k}}^{d} = U_{\mathrm{p}} \sum q_{si} l_i + A_{\mathrm{p}} q_{\mathrm{p}} = 1.256 \times (30 \times 2.5 + 32 \times 3.0 + 35 \times 1.0) + 0.125\,6 \times 700 = 347(\mathrm{kPa})$$

因天然地基承载力较高,取 $\beta=0.9$,则复合地基承载力特征值为

$$f_{\mathrm{sp,k}} = m\frac{R_{\mathrm{k}}^{d}}{A_{\mathrm{p}}} + \beta(1-m)f_{\mathrm{sk}} = \frac{0.074 \times 347}{0.125\,6} + 0.9 \times (1-0.074) \times 180 = 354(\mathrm{kPa})$$

对复合地基承载力进行深度修正:基础以上土的加权平均重度 $\gamma_{\mathrm{m}}=18$ kN/m², 复合地基深度修正系数 $\eta_{\mathrm{d}}=1.0$,则

$$f_{\mathrm{sp}} = f_{\mathrm{sp,k}} + \eta_{\mathrm{d}}\gamma_{\mathrm{m}}(d-0.5) = 354 + 1.0 \times 18 \times (5.0-0.5) = 435(\mathrm{kPa}) > 400\ \mathrm{kPa}$$

复合地基承载力经修正后,满足设计要求。

加固区计算变形量为15.5 mm,下卧层变形量为61 mm,最大倾斜1.1‰,满足要求。

3. 施工工艺选择

本工程采用长螺旋钻孔、管内泵压混合料施工工艺。在地基处理施工工艺选择时,应综合考虑以下因素:由于场地两侧均有已建高层建筑,为了避免深层降水对已有建筑物产生不良影响,降水至基坑作业面以下1 m,不再进行深层降水;地基处理工艺应避免振动和噪声。

4. 地基加固效果

(1)CFG桩单桩静载荷试验。3根CFG桩的破坏荷载均为960 kN,极限荷载为880 kN,均大于理论设计值。说明短桩施工容易保证质量,设计值偏于安全。

(2)单桩复合地基静载荷试验。从$q$—$s$曲线可以看出,复合地基载荷试验曲线是渐近形的光滑曲线,不存在极限荷载。取$s/b=0.01$所对应的荷载作为复合地基承载力特征值,两次试验的平均值为386 kPa,经深度修正后,承载力特征值为467 kPa,复合地基承载力超过设计要求。

5. 评价

当桩端下卧层土质均匀,且变形能够满足设计要求时,应优先设计短桩复合地基。在设计时,桩间距减小,复合地基模量就越大,变形量也越小,能很好地解决加固区土质不均匀的问题,且短桩施工质量易于保证。

## 小　结

水泥粉煤灰碎石桩简称CFG桩,是在碎石桩基础上加进一些石屑、粉煤灰和少量水泥,加水拌和制成的一种具有一定黏结强度的桩,也是近年来新开发的一种地基处理技术。这种地基加固方法吸取了振冲碎石桩和水泥搅拌桩的优点。CFG桩在受力特性方面介于碎石桩和钢筋混凝土桩之间。与碎石桩相比,CFG桩桩身具有一定的刚度,不属于散体材料桩,其桩体承载力取决于桩侧摩阻力和桩端端承力之和或桩体材料强度。当桩间土不能提供较大侧限力时,CFG桩复合地基承载力高于碎石桩复合地基。与钢筋混凝土桩相比,桩体强度和刚度比一般混凝土小得多,这样有利于充分发挥桩体材料的潜力,降低地基处理费用。

## 思考题与习题

1. 什么是水泥粉煤灰碎石桩?适用范围是什么?
2. 水泥粉煤灰碎石桩处理地基有何优点?
3. 水泥粉煤灰碎石桩处理地基的加固机制是什么?
4. CFG桩设计计算包括哪些设计参数?分别如何确定?
5. 水泥粉煤灰碎石桩一般采用什么施工方法?工艺流程如何?
6. 质量检验包含哪些内容?有何要求?
7. 某住宅地面以上28层、地下2层,采用筏板基础,基础埋深7.0 m,基础板厚0.7

m,基础面积30 m×35 m,混凝土强度等级C25,采用CFG桩复合地基,桩径0.4 m,桩长21 m,桩间距$s=1.8$ m,正方形布桩,桩端持力层为粉质黏土,土层分布如图6-5所示,试估算复合地基承载力。

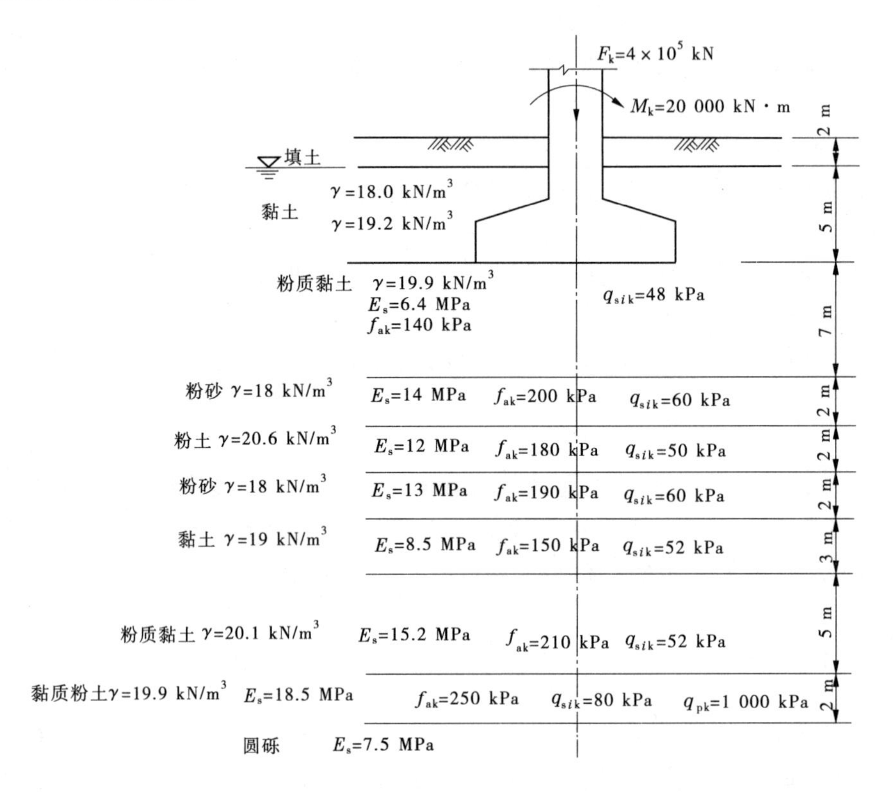


图6-5 土层分布

# 项目七 石灰桩法

【知识目标】 通过本项目的学习，掌握石灰桩法加固处理软弱地基的基本概念、施工要求和适应条件。了解石灰桩法加固处理软弱地基的基本原理和设计计算基本要求。

【技能目标】 能够完成石灰桩法地基处理方案的设计、施工及质量检验工作。

【项目背景】 某沿江城市新建110 kV变电所，总建筑面积约3 600 $m^2$，该变电所场区地势平坦，地貌形态属长江河漫滩阶地。据勘察，土层自上而下分别为杂填土、黏土、粉质黏土夹粉砂、淤泥质黏土、粉砂夹粉质黏土。各土层岩性特征分述如下：

(1)杂填土。层厚1.0~1.5 m，由黏性土夹生活垃圾组成，结构杂乱，土质不均。

(2)黏土。层厚3.5~4.5 m，黄褐色，稍湿—湿，可塑偏软，属中压缩性土层。$f_{ak}$ = 100 kPa，$E_s$ = 4.3 kPa。

(3)粉质黏土夹粉砂。层厚1.8~3.2 m，褐灰色—灰色，很湿—饱和，软塑—流塑，属中—高压缩性土层。$f_{ak}$ = 80 kPa，$E_s$ = 3.3 kPa。

(4)淤泥质黏土。层厚1.5~4.9 m，青灰色，湿，软—流塑，夹泥炭，属高压缩性土层。$f_{ak}$ = 80 kPa，$E_s$ = 3.0 kPa。

(5)粉砂夹粉质黏土。层厚4.1~4.8 m，灰色，很湿—饱和，稍密，属中—高压缩性土层。$f_{ak}$ = 140 kPa。

基础占地面积为526 $m^2$，原设计采用预应力混凝土管桩，桩长10 m，总桩数510根，造价较高。后应建设方要求，设计人员重新进行了方案比较，经多方考虑后，决定采用人工石灰桩法进行地基处理。

## 任务一 概 述

### 一、石灰桩法的基本概念

石灰桩法是以生石灰为主要固化剂与粉煤灰或火山灰、炉渣、矿渣、黏性土等掺和料按一定的比例均匀混合后，在桩孔中经机械或人工分层振压或夯实所形成的密实桩体。这种地基处理方法是通过生石灰的吸水膨胀挤密桩周土，继而经过离子交换和胶凝反应使桩间土强度提高。同时桩身生石灰与活性掺和料经过水化、胶凝反应，使桩身具有较高的抗压强度。石灰桩属可压缩的低黏结强度桩，与经改良后的桩间土共同作用形成复合地基，以支承上部建筑物。

二、石灰桩法的发展概况

石灰作为建筑材料利用,历史悠久。使用石灰加固软弱地基也有2 000多年的历史。早期大多属于表层或浅层处理。主要是用3∶7或2∶8灰土夯实作为路基和房基;或将生石灰块直接投入软土层,用木夯捣实,使土挤密、干燥和变硬。逐渐发展到用木槌在土中冲孔,在孔中投入生石灰块,经吸水膨胀形成桩体,其深度较浅,一般3~5 m,形状上大下小,桩周土往往形成一道坚硬的外壳,近似陶土。

我国于1953年开始对石灰桩法进行了研究,当时以天津大学范恩锟教授为首组建了研究小组,将石灰桩的研究正式列入国家基本建设委员会的研究计划,先后进行了室内外的载荷试验、石灰和土的物理力学试验,实测了生石灰的吸水量、水化热和胀发力等基本参数,这项工作历时5年。限于当时条件,施工系手工操作,桩径仅100~200 mm,长度仅为2 m,又因发现软芯等问题,所以工作未能继续。但这项工作为20世纪50年代石灰桩法的研究和应用,以及后来的进一步研究和发展奠定了基础。

直至20世纪70年代末80年代初,我国石灰桩研究与应用出现了快速发展的高潮,北京铁路局勘测设计所等单位在天津塘沽对吹填软土路基进行石灰桩处理的试验研究;同济大学等单位在浙江湖州进行了天然地基、石灰桩、砂桩、碎石桩、混凝土灌注桩的静载荷试验研究表明,石灰桩处理效果最好;江苏省建筑设计院和浙江省建筑科学研究所等单位,相继在南京和杭州正式列课题,开始对石灰桩进行规模较大的研究试验和工程应用,取得了较好的技术经济效果;对以后我国进一步研究和发展石灰桩加固软基奠定了基础。

在国外,20世纪60年代期间,美、德、英、法、苏联、日本、瑞典、澳大利亚等国纷纷开展石灰加固软基的研究和应用,在实现机械化施工和加大桩长方面进行了研究,开始拓宽了应用领域。

当前,石灰桩法的研究工作还在进一步深入,研究的重点是各种施工工艺的完善和实测总结设计所需的各种计算参数,使设计施工更加科学化、规范化。与此同时,各地正努力扩大石灰桩法的应用范围,以取得更好的社会经济效益。

三、石灰桩法的应用范围

石灰桩法适用于处理饱和黏性土、淤泥、淤泥质土、素填土和杂填土等地。由于生石灰的吸水膨胀作用,特别适用于新填土和淤泥的加固,生石灰吸水后还可使淤泥产生自重固结。形成强度后的密集的石灰桩身与经加固的桩间土结合为一体,使桩间土欠固结状态消失。用于地下水位以上的土层时,宜增加掺和料的含水量并减少生石灰用量,或采取土层浸水等措施。

## 任务二　加固机制

石灰桩法加固软土的机制可分为物理加固和化学加固两个作用,物理加固作用包括吸水作用、膨胀挤密作用、桩身置换作用等。物理加固作用的完成时间较短，一般情况下一周以内均可完成。此时桩身的直径和密度已定型，在夯实力和生石灰膨胀力作用下，7～10 d桩身已具有一定的强度。化学加固作用包括反应热作用、离子交换作用、凝胶作用等。石灰桩的化学加固作用速度缓慢，桩身强度的增长可延续3年甚至5年。此外，石灰桩对土的加固作用还包括成孔时对土的挤密作用和桩身置换作用。

石灰桩法的加固机制可从桩间土、桩身和复合地基三个方面进行分析。

## 一、桩间土

### （一）成孔挤密

成孔挤密主要发生在不排土成桩工艺之中。石灰桩在施工成孔时，使桩间土产生挤压和排土作用，提高土的强度。土的挤密效果随不排土工艺、静压、振动、击入成孔和成桩夯实桩料的情况，桩径和桩距不同；也与土质、上覆压力及地下水状况有密切关系。一般地基土的渗透性愈大，打桩挤密效果愈好；挤密效果地下水位以上比地下水位以下好。然而，对于灵敏度高的饱和软黏土，成桩过程中非但不能挤密桩间土，而且会破坏土的结构，促使土的强度降低。

### （二）膨胀挤密

石灰桩在成孔后灌入生石灰便吸水膨胀，使桩间土产生强大的挤压力，这对地下水位以下软黏土的挤密起主导作用。生石灰体积膨胀的主要原因是固体崩解和孔隙体积增大、颗粒比表面积增大，表面附着物增多，使固相颗粒体积也增大，体积膨胀与生石灰磨细度、水灰比、熟化温度、有效钙含量和外部约束等有关。生石灰愈细，膨胀就愈小，熟化温度高时体胀也大；有效钙含量高的石灰体胀大，外部约束小时体胀大。测试结果表明，根据生石灰质量的高低，在自然状态下熟化后其体积增至原来的1.5～3.5倍。

### （三）脱水挤密

软黏土的含水量一般为40%～80%，1 kg生石灰的消解反应要吸收0.32 kg的水。同时，由于反应中放出大量热量提高了地基土的温度，实测桩间土的温度在50 ℃以上，使土产生一定的汽化脱水，从而使土中含水量下降，孔隙比减小，土颗粒靠拢挤密，在所加固区的地下水位也有一定的下降。

### （四）离子交换和胶凝作用

石灰中的钙离子和土中的钠离子会在桩体和桩孔界面上产生阳离子交换，改变土粒表面的带电状态，使黏土颗粒混聚起来形成团粒。同时生石灰吸水生成$Ca(OH)_2$与土中二氧化硅和氧化铝产生反应形成水化硅酸钙（$CaO \cdot SiO_2 \cdot mH_2O$）、水化铝酸钙（$4Ca \cdot Al_2O_3 \cdot 13H_2O$）和水化硅铝酸钙（$2CaO \cdot Al_2O_3 \cdot SiO_2 \cdot 6H_2O$）等水化物产生胶结作用，使土聚集体增大。加固前颗粒排列松散，加固后趋于紧密。经分析，加固后土的黏粒含量减少，说明颗粒胶结作用从本质上改变了土的结构，提高了土的强度，而土体的强度将随龄期的增长而增大。

## 二、桩身

对单一的以生石灰作为原料的石灰桩，当生石灰水化后，石灰桩的直径增大，其体积

比原来所填的生石灰块屑体积可增大1倍。如充填密实和纯氧化钙的含量很高,则生石灰干密度可达1.1~1.2 t/m³。但生石灰吸水膨胀后仍存在着相当多的孔隙,含水量过多的石灰块会变成稠糊状,因此不能过多地依靠石灰桩本身的强度,石灰桩的作用主要是使土挤密加固,而不是使桩起承重作用。

试验证明,为保证石灰桩桩身不产生软化,必须要求石灰桩具有一定的初始密实度,而且吸水过程中有一定的压力限制其自由胀发。可采取提高填充初始密实度、加大充盈系数、用砂填石灰桩的孔隙、桩顶封顶和采用掺和料等措施,借以防止石灰桩桩芯软弱。

### 三、复合地基

#### (一)置换作用

软土被强度较高的石灰桩所代替,与桩间土形成复合地基,从而增加了复合地基承载力和改善了变形特性。其复合地基承载力的大小取决于桩身强度与置换率的大小。

#### (二)减载作用

石灰桩的掺和料为轻质的粉煤灰或炉渣,生石灰的重度约为10 kN/m³,石灰桩桩身饱和后的重度为13 kN/m³。因此,当采用洛阳铲或螺旋钻成孔,将桩位处原土取出,换成石灰桩体,并在土中形成大量密集分布的桩体,相当于以轻质的石灰桩置换土,复合土层的自重减轻,置换率越大,则减载作用越明显。由此可减小桩底下卧层软弱土层的附加应力,对减少软土变形有一定作用。

## 任务三　设计计算

石灰桩的设计参数主要有桩径、桩长、桩距、布桩原则、承载力和变形等计算。通过这些参数可以确定桩数及平面布置。

### 一、桩径

石灰桩成孔直径应根据设计要求及所选用的成孔方法确定,常用300~400 mm。

### 二、桩距及布桩原则

可按等边三角形或矩形布桩,桩中心距可取2~3倍成孔直径。石灰桩可仅布置在基础底面下,当基底土的承载力特征值小于70 kPa时,宜在基础以外布置1~2排围护桩。

### 三、桩长

石灰桩长度应满足桩底未经加固土层的承载力要求,当建筑物受地基变形控制时,尚应满足地基变形容许值的要求。洛阳铲成孔桩长不宜超过6 m,机械成孔管外投料时,桩长不宜超过8 m,螺旋钻成孔及管内投料时可适当加长。

石灰桩桩顶施工标高应高出设计桩顶标高100 mm以上。

## 四、承载力计算

实践证明,石灰桩加固软弱地基可按一般复合地基的理论计算。设计时可考虑桩身四周的早期强度,后期强度作为安全储备。

石灰桩复合地基承载力特征值,应通过现场单桩复合地基或群桩复合地基载荷试验确定。初步设计时,也可按下式估算:

$$f_{sp,k} = mf_{pk} + (1 - m)f_{sk} \tag{7-1}$$

式中 $f_{sp,k}$——石灰桩复合地基承载力特征值,kPa;

$f_{pk}$——石灰桩桩身抗压强度比例界限值,kPa,由单桩竖向载荷试验测定,初步设计时可取 350 ~500 kPa,土质软弱时取低值;

$f_{sk}$——桩间土承载力特征值,取天然地基承载力特征值的 1.05 ~1.20 倍,土质软弱或置换率大时取高值;

$m$——面积置换率,桩面积按 1.1 ~1.2 倍成孔直径计算,土质软弱时宜取高值。

## 五、变形计算

建筑物基础的最终沉降值,可按分层总和法计算。在桩长范围内复合土的压缩模量按下式估算:

$$E_{sp} = \alpha[1 + m(n - 1)]E_s \tag{7-2}$$

式中 $E_{sp}$——复合土层的压缩模量,MPa;

$\alpha$——系数,可取 1.1 ~1.3,成孔对桩周土挤密效应好或置换率大时取高值;

$n$——桩土应力比,可取 3 ~4,长桩取大值;

$E_s$——天然土的压缩模量,MPa。

# 任务四 施工方法

## 一、材料

### (一)生石灰

生石灰主要为固化剂。石灰材料应选用新鲜生石灰块,有效氧化钙含量不宜低于70%,粒径不应大于 70 mm,含粉量(即消石灰)不宜超过 5%。

### (二)掺和料

掺和料主要有粉煤灰、火山灰、石膏、矿渣、炉渣、水泥等材料。掺和料应保持适当的含水量,使用粉煤灰或炉渣时含水量宜控制在 30% 左右。无经验时宜进行成桩工艺试验,确定密实度的施工控制指标。

## 二、施工顺序

石灰桩法一般是在加固范围内施工时,先外排后内排,先周边后中间,单排桩应先施

工两端后中间,并按每间隔1~2孔的施工顺序进行,不允许由一边向另一边平行推移。

## 三、成桩

### (一)成孔

石灰桩成孔方法有沉管法、冲击法、螺旋钻进法、爆破法和挖孔法等。通常采用洛阳铲或机械成孔方法。机械成孔分为沉管和螺旋钻成孔。

### (二)填夯

成孔检验合格后应立即填夯成桩,一般都是人工填料,机械夯实。填料时必须分段压(夯)实,人工夯实时每段填料厚度不应大于400 mm。管外投料或人工成孔填料时应采取措施减小地下水渗入孔内的速度,成孔后填料前应排除孔底积水。

### (三)封顶

由于生石灰吸水膨胀,对不同方向都将产生强大的膨胀力,且与桩料的干密度有较大关系,为了减少向上膨胀力的损失,约束石灰桩向上胀发,应在最后一次填料夯实后在桩身上段夯入膨胀力小、密实度大的灰土或黏土将桩顶捣实,亦称桩顶土塞。桩径较大的石灰桩,在桩顶部也可用混凝土封顶捣实。封顶这道工序是石灰桩施工中不可缺少的,各地的具体做法不尽相同。

### (四)工艺流程

石灰桩有管内成桩和管外成桩之分,一般宜采用管内成桩。上述施工顺序均为管内成桩法,即机械或人工成孔后填料、夯实、封顶,自上而下成孔,自下而上填夯成桩。

管外成桩法的施工工艺流程是:桩机定位—沉管—提管—填料—压实—再提管—再填料—再压实,这样反复几次,最后填土封口压实,一根桩即告完成,如图7-1所示。

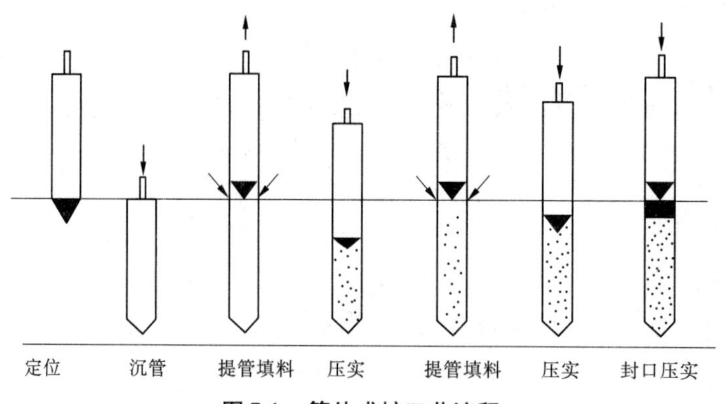


图7-1 管外成桩工艺流程

# 任务五 质量检验

石灰桩施工质量的好坏直接关系到工程的成败,因此做好施工质量控制和效果检验工作尤为重要。石灰桩施工检测宜在施工7~10 d后进行,竣工验收检测宜在施工28 d后进行。

## 一、施工质量控制

施工质量控制的主要内容包括桩点位置、灌料质量、桩身密实度检验等,其中以灌料质量和桩身密实度检验为重点。

### (一)桩点位置

检查施工基础轴线,场地标高及桩位是否与施工图相符。

### (二)灌料质量

把好材料关,不应使用不符合质量要求的施工材料,配合比要准确,石灰块大小及每米桩长灌入量应符合设计要求。

### (三)桩身密实度检验

(1)静力触探、动力触探或标准贯入试验检验:检测部位为桩中心及桩间土,每两点为一组。检测组数不少于总桩数的1%。

(2)取样检验:开挖基坑时,从桩体取出试样,经室内加工成立方试块后进行无侧限抗压强度试验。每项工程取样数量不宜少于6个。

## 二、效果检验

通过加固前后土的物理力学性质变化来判断其加固效果。

### (一)室内试验

室内试验的项目主要有抗剪强度指标($c$、$\varphi$ 值)测定,含水量等的测定。通过加固前后这些指标变化的分析,确定加固后桩间土的承载力。桩身材料强度由无侧限抗压试验确定。

### (二)现场试验

现场试验的项目主要包括十字板剪切试验、轻便触探试验、静力触探试验、载荷试验等。具体采用某项或某几项试验,应视工程具体情况而定。

对于重要工程和尚无石灰桩加固经验的地区,宜采用多种试验方法,综合判定加固效果。对于一般工程和具有石灰桩应用经验的地区,可主要采用取芯试验或轻便触探试验。

石灰桩地基竣工验收时,承载力检验应采用复合地基载荷试验。载荷试验数量宜为地基处理面积每200 $m^2$ 左右布置1个点,且每一单体工程不应少于3个点。

**【案例分析】** 根据项目背景中给出的资料进行石灰桩复合地基方案设计,设计及施工方案如下。

1. 工程设计

由于人工石灰桩施工深度有限,仅对地表下5 m内黏土进行浅层处理。本工程设计桩径 $d$=300 mm,桩距为700 mm,正方形布置,设计桩长4 m,复合地基承载力设计值为140 kPa。

由于设计桩径 $d$=300 mm,膨胀后实际桩径为330 mm,外加桩边约1 cm厚硬壳层,则实际桩径 $d_1$=350 mm。

采用下式计算桩间土承载力 $f_{ak}$:

$$f_{sk} = \left[\frac{(K-1)\ d^2}{A_e(1-m)} + 1\right]\mu f_{ak}$$

$$m = \frac{d^2}{d_e^2}$$

本工程中,选取$K=1.6$,$\mu=1$;经计算$m=0.196$;理论布桩总数$n=1\ 072$(实际布桩总数1 120根),$f_{sk}=118$ kPa。

然后根据下式计算石灰桩复合地基承载力特征值$f_{sp,k}$:

$$f_{sp,k} = mf_{pk} + (1-m)f_{sk}$$

本工程中,选取$f_{pk}=300$ kPa,经计算:$f_{sp,k}=154$ kPa $>140$ kPa,满足设计要求。

2. 工程施工

本工程石灰桩施工采用人工洛阳铲成孔工艺。人工洛阳铲成孔具有施工条件简单、施工速度快、不受场地条件限制和造价低等优点。

石灰桩桩体材料为生石灰和活性掺和料。规定生石灰CaO含量不得小于70%,石灰块直径不超过5~8 cm。根据场地地质条件,掺和料选用粉煤灰,材料配比为生石灰:粉煤灰=1:2(体积比)。粉煤灰含水量在30%左右。在石灰桩施工过程中,成孔、清底、抽水、夯填、封口过程中的施工质量均进行严格把关。孔深、孔径均达到设计要求,填料均在孔口充分拌匀,而且每次下料高度都不大于0.4 m,夯填密实度大于设计配合比最佳密实度90%。

由于生石灰与粉煤灰表观密度小于地基土,因此排土成孔石灰桩施工工艺具有使加固层减载的优点。由于桩体材料置换土体,使得石灰桩比同体积的土体重量减小了1/3以上,因而对软弱下卧层的压力减小,这个因素在此工程设计计算中未考虑,作为安全储备。

为使桩间土得到最佳的挤密效果,此工程施工顺序为从外向里,隔排施工。先施工最外排石灰桩,可起到隔水的作用,场地地下水因石灰桩灌孔时抽水外排而不断降低,这对于保证成桩速度和成桩质量都起到了积极作用。

石灰桩施工进度较快,全部石灰桩施工在20 d左右。

3. 工程检测及效果

石灰桩28 d龄期的桩身强度仅为后期强度的50%~60%,通常以28 d检测结果确定石灰桩复合地基承载力。

本工程共对15根桩和桩间土15个点进行了静力触探检测。结果表明,桩体强度$f_{pk}=320$ kPa,桩间土承载力$f_{sk}=120$ kPa,石灰桩复合地基承载力$f_{sp,k}=160$ kPa,满足设计要求。

建筑物施工过程中进行了沉降检测,竣工后一年,沉降基本均匀且趋于稳定,满足设计要求。

4. 总结

(1)一般在软土地区7层以下工业与民用建筑,在地下水位很高的条件下,采用石灰桩法处理地基基础往往较经济,施工进度又较快,效果较佳。

(2)采用石灰桩处理地基时,为防止石灰桩向上膨胀,在桩顶部分用黏土夯实,且封土厚度不小于0.4 m,这样可使石灰桩侧向膨胀,将地基土挤密。

(3)对于软土必须进行下卧层强度验算。本工程原设计基底压力140 kPa,采取上述措施后,基底压力减至133 kPa,基底附加压力为125 kPa,软弱下卧层验算满足要求。

(4)石灰桩复合地基不同于一般的柔性桩复合地基,如石灰桩的减载作用、排水固结作用、挤密作用等,均是深层搅拌桩复合地基所不具备的,因此石灰桩复合地基的设计有其特殊性,建议根据工程的实际情况综合应用。

## 小　结

石灰桩法处理加固地基是以生石灰为主要固化剂与粉煤灰或火山灰、炉渣、矿渣、黏性土等掺和料按一定的比例均匀混合后,在桩孔中经机械或人工分层振压或夯实所形成的密实桩体。通过生石灰的吸水膨胀挤密、离子交换和胶凝反应等作用,使桩间土强度提高,并经过水化、胶凝反应,使桩身也具有较高的抗压强度,从而达到处理加固地基的目的。该方法主要适用于处理饱和黏性土、淤泥、淤泥质土、素填土和杂填土等地基土。

## 思考题与习题

1. 什么是石灰桩法?
2. 石灰桩法的应用范围是什么?
3. 石灰桩的主要固化剂是什么?
4. 石灰桩法对软弱地基的加固机制可分为哪些作用?
5. 物理加固作用有哪些?化学加固作用有哪些?
6. 石灰桩加固软弱地基可按什么地基的理论进行承载力计算?初步设计时,如何进行估算?
7. 石灰桩成孔方法有哪些?工艺流程如何?
8. 质量检验采用什么方法?有何要求?

# 项目八　土挤密桩法和灰土挤密桩法

**【知识目标】**　通过本项目的学习,掌握土挤密桩法和灰土挤密桩法加固处理软弱地基的基本概念、施工要求和适应条件。了解土挤密桩法和灰土挤密桩法加固处理软弱地基的基本原理和设计计算的基本要求。

**【技能目标】**　能够完成土挤密桩法和灰土挤密桩法地基处理方案的设计、施工及质量检验工作。

**【项目背景】**　陕西省农牧产品贸易中心大楼是一栋包括客房、办公、贸易和服务的综合性建筑,主楼地面以上 17 层,局部 19 层,高 59.7 m,地下 1 层,平面尺寸 32.45 m×22.9 m,剪力墙结构,地下室顶板以上总重 185 MN,基底压力 303 kPa。主楼三面有 2~3 层的裙房,结构为大空间框架结构,柱距 4.80 m 和 3.75 m,裙房与主楼用沉降缝分开。主楼基础采用箱形基础,地基采用灰土挤密桩法处理,成功地解决了地基湿陷和承载力不足的问题,建筑物沉降量显著减少且基本均匀,获得了良好的技术效果和经济效益。

建筑场地位于西安市北关外龙首塬上,地下水位深约 16 m。地层构造自上而下分别为黄土状粉质黏土或粉土与古土壤相间,黄土(4)以下为粉质黏土、粉砂和中砂,勘察孔深至 57 m。基底以下主要土层及其工程性质见表 8-1。

**表 8-1　主要土层的工程性质**

| 土层名称 | 层底深度(m) | 含水量(%) | 承载力特征值(kPa) | 压缩模量(MPa) |
|---|---|---|---|---|
| 黄土(1-1) | ≤5 | 18.6 | 110 | 5.9 |
| 黄土(1-2) | 6.8~9.5 | 18.6 | 150 | 5.9 |
| 黄土(1-3) | 10.5~12.0 | 21.3 | 130 | 14.2 |
| 古土壤(1) | 15.8~16.6 | 21.8 | 150 | 14.1 |
| 黄土(2-1) | 18.6~21.7 | (水位以下) | 120 | 5.9 |
| 黄土(2-2) | 23.0~24.6 | (水位以下) | 140 | 6.6 |
| 黄土(2-3) | 26.5~28.3 | (水位以下) | 180 | 8.6 |
| 古土壤(2) | 27.7~28.3 | (水位以下) | 250 | 12.6 |

注:古土壤(2)以下为黄土(3)、古土壤(3)、黄土(4)及粉质黏土(1)等,其承载力大于或等于 280 kPa,压缩模量大于或等于 11.4 MPa。

场地内湿陷性黄土层深 10.6~12.0 m,7 m 以上土的湿陷性较强,湿陷系数 $\delta_s$ = 0.040~0.124;7 m 以下土的湿陷系数 $\delta_s$ 不大于 0.020,湿陷性已比较弱。分析判定,该场地属于Ⅱ~Ⅲ级自重湿陷性黄土场地。

# 任务一 概 述

## 一、土挤密桩法和灰土挤密桩法的基本概念

土挤密桩法和灰土挤密桩法是用沉管、冲击或爆破等方法成孔时的侧向挤土作用，形成桩孔，使桩间一定范围内的土得以挤密、扰动和重塑，并向孔内分层夯填素土或灰土（所谓灰土，是将不同比例的生石灰和土掺和而形成）形成土挤密桩或灰土挤密桩，从而桩体和桩间挤密土共同组成人工复合地基的一种地基加固方法，属于深层挤密加固地基处理的一种方法。

## 二、土挤密桩法和灰土挤密桩法的应用范围

土挤密桩法主要适用于消除湿陷性黄土地基的湿陷性；灰土挤密桩法主要适用于提高人工填土地基的承载力和水稳性，并消除湿陷性黄土地基的湿陷性。灰土挤密桩法和土挤密桩法，在消除土的湿陷性和减弱渗透性方面，其效果基本相同或差别不明显，但土挤密桩地基的承载力和水稳性不及灰土挤密桩地基，选用这两种方法时，应根据工程要求和处理地基的目的来确定。

土挤密桩法和灰土挤密桩法处理加固地基，适合于处理地下水位以上、深度在5～15 m（<5 m则不经济）、含水量在14%～23%的湿陷性黄土地基、新近堆积黄土、素填土、杂填土及其他非饱和的黏性土、粉土等土层。当地基含水量大于24%、饱和度大于65%时，桩孔可能缩颈和隆起，挤密效果差，也较难施工。因此，不宜选用灰土挤密法或土挤密法处理地下水位以下及毛细水饱和带的土层。

土挤密桩法和灰土挤密桩法与其他地基处理方法比较有如下主要特征：

(1)土挤密桩法和灰土挤密桩法是横向挤密，但可同样达到所要求加密处理后的最大干密度指标。

(2)与土垫层相比，无须开挖回填，因而节约了开挖和回填土方的工作量，比换填法缩短工期约一半。

(3)由于不受开挖和回填的限制，一般处理深度可达12～15 m。

(4)可用多种工艺施工，如沉管、冲击、爆破、人工挖孔和人工夯实等多种方法；设备简单，便于推广，施工速度快，桩体材料可多样、可就地取材，因而通常比其他处理湿陷性黄土和人工填土的造价低，尤其利用粉煤灰可变废为宝，取得很好的社会效益。

# 任务二 加固机制

## 一、土的侧向挤密

桩管沉入土中时，桩孔内的土被强制侧向挤出，桩周一定范围内的土被压缩、扰动和重塑。国内外学者研究认为：沉桩时沿桩周土体应力的变化和圆柱形孔洞扩张时所产生

的应力变化相似。如图 8-1 所示,在半径为 $R_u$ 的桩孔外将产生半径为 $R_p$ 的塑性区,桩孔内土的体积在塑性区内被全部压缩;在半径 $R_p$ 以外为弹性区,土体仍处于弹性平衡状态。图中 $p_u$ 为沉桩的最终侧向压力。根据理论分析,塑性区的最大半径 $R_p$ 可按下式计算:

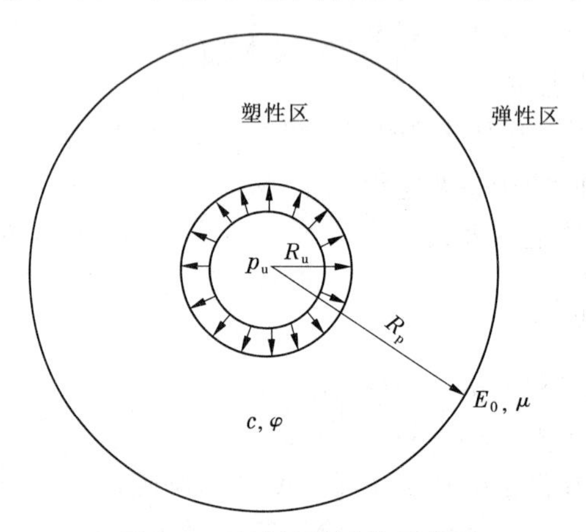


图 8-1　桩孔扩张计算示意图

$$R_p = R_u \sqrt{\frac{G}{c\cos\varphi + q\sin\varphi}} \tag{8-1}$$

式中　$R_p$——塑性区最大半径;

$R_u$——桩孔半径;

$c$——土的黏聚力;

$\varphi$——土的内摩擦角;

$q$——土的原始固结压力;

$G$——土的剪切模量,可按式(8-2)计算;

$E_0$、$\mu$——土的变形模量及泊松比。

$$G = \frac{E_0}{2(1+\mu)} \tag{8-2}$$

从式(8-1)可知,塑性区的半径与桩孔半径成正比,同时与土的剪切模量和抗剪强度指标等密切相关。如将黄土的有关指标的常见值代入式(8-1),可得出在黄土中挤压成孔时的塑性区半径 $R_p = (1.43 \sim 1.90)d$($d$ 为桩孔直径)。它与试验实测的桩周挤密影响区的半径基本吻合。

相邻桩孔间挤密效果试验表明,在相邻桩孔挤密区交界处挤密效果相互叠加,桩间土中心部位的密实度增大,且桩间土的密度变得均匀,桩距愈近,叠加效果愈显著。设计桩孔间距时,应以保证桩间土的平均压实系数或平均干密度达到规定的指标,满足消除湿陷性或其他力学指标要求。合理的相邻桩孔中心距一般为 2 ~ 3 倍桩孔直径。

土的天然含水量和干密度对挤密效果影响较大,当含水量接近最优含水量时,土呈塑性状态,挤密效果最佳。当含水量偏低,土呈坚硬状态时,有效挤密区变小。当含水量过高时,由于挤压引起超孔隙水压力,土体难以挤密,且孔壁附近土的强度因受扰动而降低,拔管时容易出现缩颈等情况。土的天然干密度愈大,则有效挤密范围愈大;反之,则有效挤密区较小,挤密效果较差。

## 二、土挤密桩地基

土挤密桩地基由素土夯填的土桩和桩间挤密土体组合而成。桩孔内夯填的土料多为就近挖运的黄土类土,其土质及夯实的标准与桩间挤密土基本一致,因此它们的物理力学性质也无明显的差异,这已为大量的现场试验和工程检验所证实。

土挤密桩地基的加固作用主要是增加土的密实度,降低土中孔隙率,从而达到消除地基湿陷性和提高水稳性的工程效果。

## 三、灰土挤密桩地基

灰土挤密桩是用石灰和土按一定体积比例(2∶8或3∶7)掺和后形成灰土,并在桩孔内夯实加密后形成的桩。灰土这种材料在一定条件下将发生复杂的物理化学反应,由于石灰内带正电荷的钙离子与带负电荷的黏土颗粒相互吸附,形成胶体凝聚,并随灰土龄期增长,土体固化作用提高,使灰土逐渐增加强度。在力学性能上,它可达到挤密地基效果,提高地基承载力,消除湿陷性,沉降均匀和沉降量减小。

# 任务三　设计计算

## 一、桩径

桩孔直径设计时如桩径 $d$ 过小,则桩数增加,并增大打桩和回填的工作量,如桩径 $d$ 过大,则桩间土挤密不够,致使消除湿陷程度不够理想,且对成孔机械要求也高。当前我国桩孔直径宜为 300 ~450 mm,并可根据所选用的成孔设备或成孔方法确定。

## 二、桩距和布置

土挤密桩法和灰土挤密桩法处理加固地基的挤密效果与桩距有关。然而桩距的确定又与土的原始干密度和孔隙比有关。为消除黄土的湿陷性,桩间土挤密后的平均压实系数不应小于 0.93,桩孔之间的中心距离即按这一要求来确定。为使桩间土得到均匀挤密,桩孔应尽量按等边三角形排列,但有时为了适应基础尺寸、合理减少桩孔排数和孔数时,也可采用正方形和梅花形等排列方式。

桩孔宜按等边三角形布置,桩孔之间的中心距离可为桩孔直径的 2.0 ~2.5 倍,也可按下式估算:

$$s = 0.95d\sqrt{\frac{\bar{\eta}_c\rho_{dmax}}{\bar{\eta}_c\rho_{dmax} - \bar{\rho}_d}} \tag{8-3}$$

$$\bar{\eta}_c = \frac{\bar{\rho}_{d1}}{\rho_{dmax}} \tag{8-4}$$

式中　$s$——桩孔之间的中心距离,m;

$d$——桩孔直径,m;

$\rho_{dmax}$——桩间土的最大干密度，t/m³；

$\bar{\rho}_d$——地基处理前土的平均干密度，t/m³；

$\bar{\eta}_c$——桩间土经成孔挤密后的平均挤密系数，对重要工程不宜小于0.93，对一般工程不应小于0.90；

$\bar{\rho}_{d1}$——在成孔挤密深度内，桩间土的平均干密度，t/m³，平均试样数不应少于6组。

## 三、处理地基的面积和桩数

土挤密桩法和灰土挤密桩法处理地基的面积，应大于基础或建筑物底层平面的面积，并应符合下列规定：

(1)当采用局部处理时，超出基础底面的宽度。对非自重湿陷性黄土、素填土和杂填土等地基，每边不应小于基底宽度的25%，并不应小于0.50 m；对自重湿陷性黄土地基，每边不应小于基底宽度的75%，并不应小于1.00 m。

(2)当采用整片处理时，超出建筑物外墙基础底面外缘的宽度，每边不宜小于处理土层厚度的1/2，并不应小于2 m。

桩孔的数量可按下式估算：

$$n = \frac{A}{A_e} \tag{8-5}$$

$$A_e = \frac{\pi d_e^2}{4} \tag{8-6}$$

式中　$n$——桩孔的数量；

$A$——拟处理地基的面积，m²；

$A_e$——一根土挤密桩或灰土挤密桩所承担的处理地基面积，m²；

$d_e$——一根桩分担的处理地基面积的等效圆直径，m，桩孔按等边三角形布置时 $d_e = 1.05L$，桩孔按正方形布置时 $d_e = 1.13L$，$L$ 为桩距，m。

## 四、桩孔深度

土挤密桩和灰土挤密桩处理地基的深度，应根据建筑场地的土质情况、工程要求和成孔及夯实设备等综合因素确定。对湿陷性黄土地基，应按国家标准《湿陷性黄土地区建筑规范》(GB 50025—2004)规定的原则及消除全部或部分湿陷量的不同要求，确定土桩或灰土桩挤密地基的深度。

消除地基全部湿陷量的处理厚度应符合下列要求：

(1)在非自重湿陷性黄土场地，应将基础底面以下附加压力与上覆土的饱和自重压力之和大于湿陷起始压力的所有土层进行处理，或处理至地基压缩层的深度。

(2)在自重湿陷性黄土场地，应处理基础底面以下的全部湿陷性黄土层。

消除地基部分湿陷量的最小处理厚度从基础算起一般不宜太小，下部未处理湿陷性黄土层的剩余湿陷量不宜大于150 mm。

## 五、填料和压实系数

桩孔内的填料，应根据工程要求或处理地基的目的确定，桩体的夯实质量宜用平均压

实系数 $\lambda_c$ 控制。

当桩孔内用灰土或素土分层回填、分层夯实时，桩体内的平均压实系数 $\lambda_c$ 值均不应小于0.96；消石灰与土的体积配合比宜为2∶8或3∶7。

### 六、承载力

土挤密桩和灰土挤密桩复合地基承载力特征值，应通过现场单桩或多桩复合地基载荷试验确定。初步设计当无试验资料时，可按当地经验确定，但灰土挤密桩复合地基的承载力特征值，不宜大于处理前的2.0倍，并不宜大于250 kPa；土挤密桩复合地基的承载力特征值，不宜大于处理前的1.4倍，并不宜大于180 kPa。

### 七、变形计算

土挤密桩和灰土挤密桩复合地基的变形计算应符合现行国家标准《建筑地基基础设计规范》(GB 50007—2011)的有关规定，其中复合土层的压缩模量可采用载荷试验的变形模量代替。

## 任务四　施工方法

土挤密桩或灰土挤密桩的施工方法是利用沉管、冲击或爆破等方法在地基中挤土成孔，然后向孔内夯填素土或灰土成桩。工艺较为简单，但确定施工工艺、选择成孔方法、施工顺序、向孔内夯填填料时应注意以下要求。

### 一、成孔工艺

现在成孔方法有沉管(锤击、振动)或冲击成孔等，但都有一定的局限性，在城乡建设和居民较集中的地区往往限制使用，如锤击沉管成孔，通常允许在新建场地使用，故选用上述方法时，应综合考虑设计要求、成孔设备或成孔方法、现场土质和对周围环境的影响等因素，选用沉管(锤击、振动)或冲击、爆破等方法成孔。

施工土挤密桩或灰土挤密桩，在成孔或拔管过程中，对桩孔(或桩顶)上部土层有一定的松动作用，因此施工前应根据选用的成孔设备和施工方法在场地预留一定厚度的松动土层，待成孔和桩孔回填夯实结束后将其挖除或按设计规定进行处理。应预留松动土层的厚度，对沉管(锤击、振动)成孔宜为0.5～0.7 m，对冲击成孔宜为1.2～1.5 m。

### 二、被加固地基土含水量

拟处理地基土的含水量对成孔施工与桩间土的挤密至关重要。工程实践表明，当天然土的含水量小于12%时，土呈坚硬状态，成孔挤密很困难，且设备容易损坏；当天然土的含水量大于或等于24%，饱和度大于65%时，桩孔可能缩颈，桩孔周围的土容易隆起，挤密效果差；当天然土的含水量接近最优(塑限)含水量时，成孔施工速度快，桩间土的挤密效果好。因此，在成孔过程中，应掌握好拟处理地基土的含水量不要太大或太小。地基土宜接近最优(塑限)含水量，当土的含水量低于12%时，宜对拟处理范围内的土层进行

增湿。应于地基处理前4~6 d,通过一定数量和一定深度的渗水孔,将增湿土的计算加水量均匀地浸入拟处理范围内的土层中。

### 三、成孔和回填夯实

成孔和孔内回填夯实应符合下列要求:

(1)成孔和孔内的回填夯实的施工顺序,对整片处理,宜从里(或中间)向外间隔1~2孔进行;对大型工程,可采取分段施工;对局部处理,宜从外向里间隔1~2孔进行。

(2)向孔内填料前,孔底应夯实,并应抽样检查桩孔的直径、深度和垂直度。

(3)桩孔的垂直度偏差不应大于1.5%。

(4)桩孔中心点的偏差不应超过桩距设计值的5%。

(5)经检验合格后,按设计要求,向孔内分层填入筛好的素土、灰土或其他填料,并应分层夯实至设计标高。

此外,铺设灰土垫层前,应将桩顶标高以上预留的松动土层挖除或夯(压)密实。

## 任务五　质量检验

成桩后,应及时抽样检验土挤密桩法或灰土挤密桩法处理地基的质量。对一般工程,主要应检查施工记录、检测全部处理深度内桩体和桩间土的干密度,并将其分别换算为平均压实系数 $\lambda_c$ 和平均挤密系数 $\eta_c$。对重要工程,除检测上述内容外,还应测定全部处理深度内桩间土的压缩性和湿陷性。

抽样检验的数量,对一般工程不应少于桩总数的1%;对重要工程不应少于桩总数的1.5%。

灰土挤密桩和土挤密桩地基竣工验收时,承载力检验应采用复合地基载荷试验。

质量效果检验主要包括挤密效果、消除湿陷性效果和地基加固效果。

### 一、挤密效果检验

灰土挤密桩或土挤密桩处理地基的共同特征是对桩间土具有挤密作用,通过挤密达到消除地基土湿陷性和提高强度的目的。挤密效果检验主要是通过现场试验性成孔,对不同桩间距的挤密土分层开剖取样,测试其干密度和压实系数,并以桩间土的平均压实系数作为评定挤密效果的指标。湿陷性黄土地区,以平均压实系数大于0.93为标准,按此要求即可达到消除湿陷的目的。

### 二、消除湿陷性效果检验

检验湿陷性消除的效果,可利用探井分层开剖取样,然后送实验室测定桩间土和桩孔夯实素土或灰土的湿陷系数(也可一并测试其他物理力学性质指标),如湿陷系数小于0.015,则可认为土的湿陷性已经消除;如湿陷系数大于0.015,则可与天然地基土的湿陷系数进行对比,从中了解湿陷性消除的程度。另外,可通过现场浸水载荷试验,观测在一定压力下浸水后处理地基的湿陷量(浸水下沉量)$S_w$ 或相对湿陷量 $S_w/b$($b$ 为压板直径或宽度),综合检验湿陷性消除的效果;如 $S_w/b<0.015$,可判定处理地基的湿陷性已经消除。

## 三、地基加固效果的综合检验

综合检验是通过现场载荷试验、浸水载荷试验或静力触探试验、标准贯入试验、动力触探试验和旁压试验等其他原位测试方法,对地基的加固效果进行检测和评价,它主要用于重要工程或大型工程,缺乏经验的地区和当一般检测结果仍难以确定地基的加固效果时。

**【案例分析】** 根据项目背景中给出的资料进行灰土挤密桩复合地基方案设计,设计及施工方案如下。

1. 设计与施工

(1)地基与基础的方案设计从工程地质条件看,建筑场地具有较高的自重湿陷性,且在 27 m(黄土 2-3 层)以上地基土的承载力较低,压缩性较高。同时,在 27 m 以下也没有理想的坚硬桩端持力层。在研究地基基础方案时,曾拟采用两层箱基加深基础埋深和扩大箱基面积的方法,但这种方法使裙房与高层接合部的沉降差异及基础高低的衔接处理更加困难,且在建筑功能上也无必要;另一种设想的方案是采用桩基,由于没有坚硬的持力层,单桩承载力仅为 750~800 kN,承载力效率低,费用较高,且上部土为自重湿陷性黄土,负摩擦阻力的问题也较棘手。经分析比较后,设计采用了单层箱基和灰土挤密桩法处理地基的方案,具体做法如下:

①将地下室层高从 4.0 m 增大到 5.4 m,按箱基设计。

②箱基下地基采用灰土挤密桩法处理,既可消除地基土的全部湿陷性,又可提高地基的承载力,处理深度可满足要求。

③灰土挤密桩顶面设 1.1 m 后的 3:7 灰土垫层,整片的灰土垫层可使灰土挤密桩地基受力更加均匀,且可使箱基面积适当扩大。

④对裙楼独立桩柱基也可同样采用挤密桩法处理,以减少地基的沉降;在施工程序上,采用先高层主楼后底层裙房的做法,尽量减少高低层间的沉降差。

(2)灰土挤密桩的设计与施工灰土挤密桩直径按施工条件定位 $d=0.46$ m。为了确定合理的桩孔间距,在现场进行了挤密试验,当桩距 $s=1.10$ m 时,桩间土的压实系数 $\lambda_c$ 小于 0.93,达不到全部消除湿陷性的要求。然后确定将桩距改为近 $2.2d$,即 $s=1.0$ m。通过计算,当 $s=2.2d$,桩间土的平均干密度可达到 1.6 t/m$^3$,压实系数 $\lambda_c \geq 0.93$。由于古土壤(1)以上的黄土层需要处理,设计桩长 7.5 m,桩尖标高为 -13.7 m,包括 1.1 m 厚的灰土垫层,处理层的总厚度为 8.6 m。通过验算,传至灰土挤密桩地基的压力为 243 kPa,低于原地基承载力的 2 倍,同时不超过 250 kPa,符合有关规程的规定。

施工采用沉管法成孔。施工及建设单位对成孔及夯填施工进行了严格的监督和检验,每一桩孔夯填的灰土数量和夯击次数均进行检查和记录,施工质量比较可靠。

2. 效果检验与分析

勘察单位估算建筑物的沉降时,分别按分层总和法和应力面积法计算主楼的沉降量为 284.4~269.6 mm。然后根据地基处理后的情况,按适用于大型基础的变形模量法计

算的沉降量仅为66.5 mm。到施工主体完成并砌完外墙时观测,实测沉降量为20～45 mm,预估建筑全部建成后的最大沉降量将达到64.5 m,与按变形模量法的计算结果基本一致。

根据最后一次的观测结果,主楼的倾斜为:南北方向0.000 31;东西方向几乎为零,西南与东北量对角的倾斜值最大,也仅为0.000 63,均小于规范允许倾斜值0.003。农贸中心建成使用已超过5年,结构完好无损,使用正常。经验证明,在深厚强湿陷黄土地基上的高层建筑,只要认真设计和施工,采用灰土挤密桩法处理地基可以获得满意的技术效果和经济效益,并可使地基基础工程大为简化,加快建设速度。

## 小　结

土挤密桩法和灰土挤密桩法是用沉管、冲击或爆破等方法成孔,使桩间一定范围内的土得以挤密、扰动和重塑,并向孔内分层夯填素土或灰土,从而桩体和桩间挤密土共同组成人工复合地基的一种地基加固方法。它们主要适用于地下水位以上消除湿陷性黄土地基的湿陷性和提高人工填土地基的承载力和水稳性。与其他地基处理方法相比,尽管是横向挤密,但可同样达到所要求加密处理后的最大干密度的指标;无须开挖回填,缩短工期,处理深度较大;施工工艺种类多,设备简单,桩料可就地取材,因而通常比其他处理湿陷性黄土和人工填土的造价低,取得很好的社会效益。

## 思考题与习题

1. 简述土挤密桩法和灰土挤密桩法的概念。
2. 土挤密桩法和灰土挤密桩法的应用范围是什么?
3. 土挤密桩法和灰土挤密桩法主要的加固机制是什么?
4. 为消除湿陷性黄土地基的湿陷性,宜选用哪种地基处理方法?
5. 土挤密桩法和灰土挤密桩法布桩的基本原理是什么?
6. 试说明土挤密桩法和灰土挤密桩法对拟处理地基土的含水量的要求。
7. 土挤密桩法和灰土挤密桩法成孔和孔内回填夯实时应注意的问题有哪些?
8. 土挤密桩法和灰土挤密桩法质量检验采用什么方法? 有何要求?
9. 某场地为湿陷性黄土地基,平均干密度$\overline{\rho}_d = 1.28\ g/cm^3$,采用灰土挤密桩消除黄土的湿陷性,治理后桩间土的干密度达到$1.60\ g/cm^3$,处理面积为$675\ m^2$,桩径为0.4 m,等边三角形布置,桩间土的平均压实系数为0.93。试确定灰土桩的间距和桩数量。

# 项目九 预压法

【知识目标】 掌握预压法地基处理方法的概念、施工方法和质量检验，了解预压法的加固机制和设计计算。

【技能目标】 能够完成预压法地基处理方案的设计、施工及质量检验工作。

【项目背景】 浙江某炼油厂位于浙江省镇海县境内，整个厂区坐落在杭州湾南岸的海涂上，厂区大小油罐60余个，其中1万$m^3$的油罐10个，罐体采用钢制焊接固定拱顶的结构形式。1万$m^3$的油罐直径$D=31.28$ m，采用钢筋混凝土环形基础，环基高度取决于油罐沉降大小和使用要求，本设计环基高$h=2.30$ m，其环形基础内填砂。

罐区地基土属第四纪滨海相沉积的软黏土，土质十分软弱，而油罐基底压力$p=191.4$ kN/$m^2$，所以油罐地基采用砂井并充水预压处理。

## 任务一 概　述

我国沿海地区和内陆湖泊河流谷地分布着大量软弱黏性土。这类土的特点是含水量高、压缩性大、强度低、透水性差，将其直接作为天然地基使用，不仅承载力很低，而且在建筑荷载作用下会产生相当大的沉降和差异沉降，且沉降变形持续时间很长，不能满足建筑物对地基的各项要求。因此，对这类软土地基必须进行有效的加固处理。

预压法是对天然地基，或先在地基中设置砂井（袋装砂井或塑料排水带）等竖向排水体，然后利用建筑物本身重量分级加载，或在建筑物建造前在场地先行加载预压，使土体中的孔隙水排出，逐渐固结，地基发生沉降，同时强度逐步提高的方法。该法可有效解决这类软土的沉降和稳定问题。实际上预压法由加压系统和排水系统两个主要部分组成。排水系统分为竖向排水体（普通砂井、袋装砂井、塑料排水带）和水平排水体（主要指砂垫层）；加压系统分为堆载加压、真空加压、降低地下水位加压、电渗加压、联合加压等。

排水系统，主要在于改变地基原有排水边界条件，增加孔隙水排出的途径，缩短排水距离。该系统是由水平排水体和竖向排水体构成的。当软土层较薄，或土的渗透性较好而施工期允许较长时，可仅在地面铺设一定厚度的砂垫层，然后加载，土层中的水沿竖向流入砂垫层而排出。当遇到透水性很差的深厚软土层时，可在地基中设置砂井等竖向排水体，地面连接排水砂垫层，构成排水系统。

加压系统，是起固结作用的荷载。它使地基土的固结压力增加而产生固结。排水系统是一种手段，如没有加压系统，孔隙中的水没有压力差就不会自然排出，地基也就得不到加固。如果只增加固结压力，不缩短土层的排水距离，则不能在预压期间尽快地完成设计所要求的沉降量，强度不能及时提高，加载也就不能顺利进行。所以，上述两个系统在设计时总是联系起来考虑的。

预压法能否获得满意的效果,则取决于地基土层的固结特性、土层厚度、预压荷载和预压时间等因素。如果软土层不太厚( $<5$ m),或固结系数比较大,$C_v>1\times10^{-2}$ $cm^2/s$ 时,则不需很长时间就可获得较好的预压效果;反之,饱和软土层比较深厚( $>10$ m),而固结系数又比较小,$C_v<1\times10^{-3}$ $cm^2/s$,则排水固结所需的时间很长,堆载预压的地基处理方法就受到了限制。

预压法可与其他地基处理方法结合起来使用,作为综合处理地基手段。例如,天津新港曾先进行真空预压,使地基土强度提高,再设置碎石桩使之形成复合地基的试验研究,取得了良好的效果。又如,美国横跨金山湾南端的 Dumbarton 桥东侧引道路堤场地,路堤下淤泥的抗剪强度小于 5 kPa,其固结时间将需要 30 ~ 40 年。为了支承路堤和加速所预计的 2 m 沉降量,采用如下解决方案:①采用土工聚合物以分布路堤荷载和减小不均匀沉降;②使用轻质填料以减小荷载;③采用竖向排水体使固结时间缩短到一年以内;④设置土工聚合物滤网以防止排水层发生污染等。

## 任务二　加固机制

在饱和软土地基上施加荷载后,孔隙水被缓慢排出,孔隙体积随之逐渐减小,地基发生固结变形。同时,随着超静水压力逐渐消散,有效应力逐渐提高,地基土强度就逐渐增长。现以图 9-1 为例说明,当土样的天然固结压力为 $\sigma_0'$时,其孔隙比为 $e_0$,在 $e\sim\sigma_c'$坐标上其相应的点为 $a$ 点,当压力增加 $\Delta\sigma'$,固结终了时为 $c$ 点,孔隙比减小 $\Delta e$,曲线 $abc$ 称为压缩曲线。与此同时,抗剪强度与固结压力成比例地由 $a$ 点提高到 $c$ 点。所以,土体在受固结时,一方面孔隙比减小产生压缩,另一方面抗剪强度也得到提高。如从 $c$ 点卸除压力 $\Delta\sigma'$,则土样发生膨胀,图中 $cef$ 为卸荷膨胀曲线。如从 $f$ 点再加压 $\Delta\sigma'$,土样发生再压缩,沿虚线变化到 $c'$,其相应的强度曲线如图中所示。从再压缩曲线 $fgc'$,可清楚地看出,固结压力同样从 $\sigma_0'$ 增加 $\Delta\sigma'$,而孔隙比减小值为 $\Delta e'$,$\Delta e'$ 比 $\Delta e$ 小得多。这说明,如在建筑场地先加一个和上部建筑物相同的压力进行预压,使土层固结(相当于压缩曲线上从 $a$ 点变化到 $c$ 点),然后卸除荷载(相当于膨胀曲线上由 $c$ 点变化到 $f$ 点)再建造建筑物(相当于压缩曲线上从 $f$ 点变化到 $c'$点),这样,建筑物所引起的沉降即可大大减小。如果预压荷载大于建筑物荷载,即所谓超载预压,则效果更好。因为经过超载预压,当土层的固结压力大于使用荷载下的固结压力时,原来的正常固结黏土层将处于超固结状态,而使土层在使用荷载下的变形大为减小。

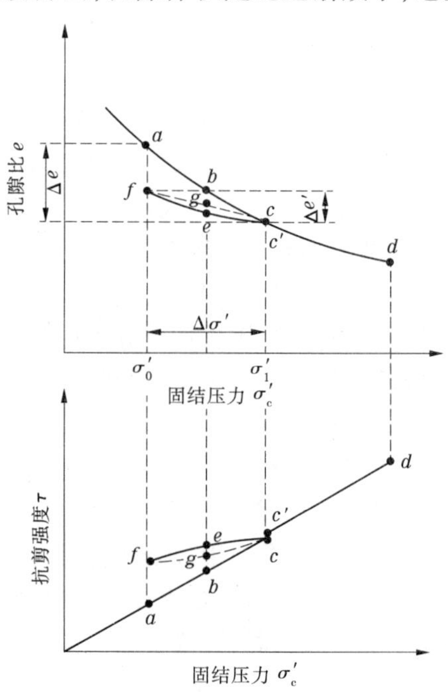

图 9-1　预压法增大地基土密度的原理图

土力学中，将土在某一压力作用下，自由水逐渐排出，土体随之压缩，土体的密实度和强度随时间增长的过程称为土的固结过程。所以，固结过程就是超静水压力消散、有效应力增长和土体逐步压密的过程。

如地基内某点的总应力为 $\sigma$，有效应力为 $\sigma'$，孔隙水压力为 $u$，则三者的关系为

$$\sigma' = \sigma - u \tag{9-1}$$

此时固结度 $U$ 表示为

$$U = \frac{\sigma'}{\sigma' + u} \tag{9-2}$$

则加荷后土的固结过程为：

$t = 0$ 时　　$u = \sigma, \sigma' = 0, U = 0$

$0 < t < \infty$ 时　　$u + \sigma' = \sigma, 0 < U < 1$

$t = \infty$ 时　　$u = 0, \sigma' = \sigma, U = 1$（固结完成）

用填土等外加荷载对地基进行预压，是通过增加总应力 $\sigma$，并使孔隙水压力 $u$ 消散来增加有效应力的方法。真空预压是通过覆盖于地面的密封膜下抽真空膜内外形成气压差，使黏土层产生固结压力。

地基土层的排水固结效果与它的排水边界有关。根据固结理论，在达到同一固结度时，固结所需的时间与排水距离的平方成正比。如图 9-2 所示，软黏土层越厚，一维固结所需的时间越长。如果淤泥质土层厚度大于 10 ~ 20 m，要达到较大固结度 $U > 80\%$，所需的时间要几年至几十年之久。为了加速固结，最为有效的方法是在天然土层中增加排水途径，缩短排水距离，在天然地基中设置垂直向排水体，如图 9-2(b)所示。这时土层中的孔隙水主要从水平向通过砂井和部分从竖向排出。所以，砂井（袋装砂井或塑料排水带）的作用就是增加排水条件，缩短排水距离，加速地基土的固结、抗剪强度的增长和沉降的发展。为此，缩短了预压期，在短期内达到较好的固结效果，使沉降提前完成，加速地基土强度的增长，使地基承载力提高的速率始终大于施工荷载增长的速率，以保证地基的稳定性，这一点无论从理论上和实践上都得到了证实。

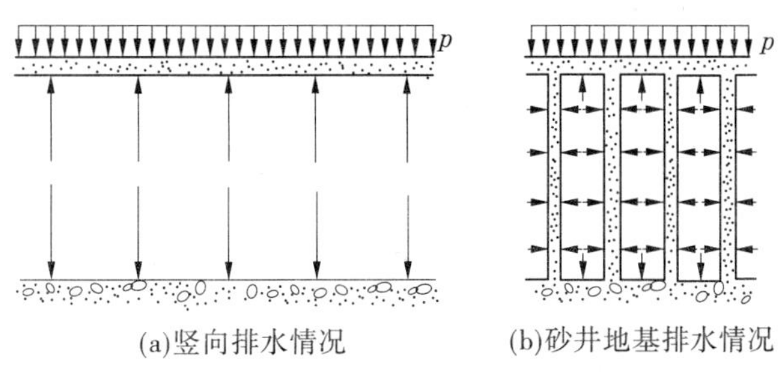

(a)竖向排水情况　　(b)砂井地基排水情况

**图 9-2　排水法的原理图**

预压法的应用条件，除要有砂井（袋装砂井或塑料排水带）的施工机械和材料外，还必须有：①预压荷载；②预压时间；③适用土类等条件。

预压荷载是个关键问题，因为施加预压荷载后才能引起地基土的排水固结。然而施加一个与建筑物相等的荷载，这并非轻而易举的事，少则几千吨，多则数十万吨，许多工程因无条件施加预压荷载而不宜采用砂井处理地基，这时只有采用真空预压法、降水预压法

或电渗排水法等。堆载预压是在地基中形成超静水压力的条件下排水固结,称为正压固结,真空预压和降水预压是在负超静水压力下排水固结,称为负压固结,其加固原理是类似的。

预压法适用于处理各类淤泥、淤泥质土及冲填土等饱和黏性土地基。砂井法特别适合于存在连续薄砂层的地基。但砂井只能加速主固结而不能减少次固结,对有机质土和泥炭等次固结土,不宜采用砂井法。克服次固结可利用超载方法。真空预压法适用于能在加固区形成(包括采取措施后形成)稳定负压边界条件的软土地基。降低地下水位法、真空预压法和电渗排水法由于不增加剪应力,地基不会产生剪切破坏,所以它适用于很软弱的黏土地基。

# 任务三　设计计算

预压法设计,实质上在于根据上部结构荷载的大小,地基土的性质及工期要求,合理设置排水系统和加压系统的关系,确定竖向排水体的直径、间距、深度和排列方式,确定预压荷载的大小和预压时间,要求做到:加固期限尽量短,固结沉降要快,充分增加强度,注意安全。

## 一、计算理论

### (一)瞬时加荷条件下固结度计算

瞬时加荷条件下地基固结度计算如图9-3~图9-5所示,不同条件下平均固结度计算公式见表9-1。

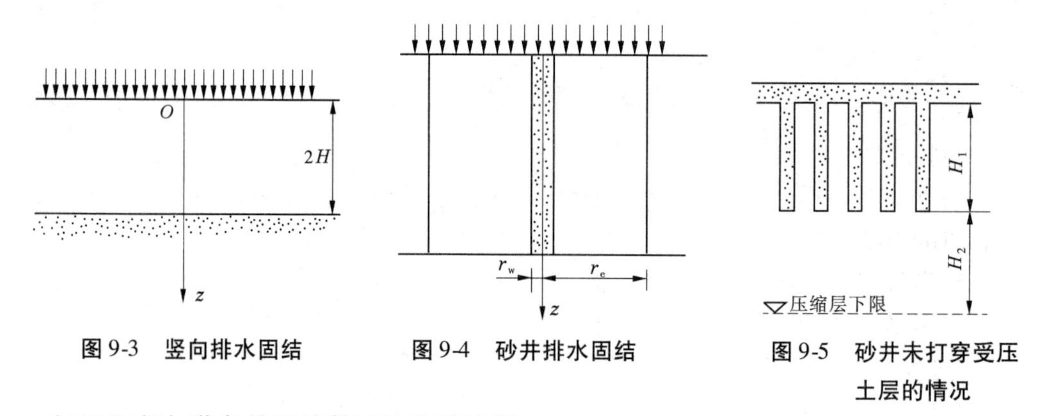


图9-3　竖向排水固结　　图9-4　砂井排水固结　　图9-5　砂井未打穿受压土层的情况

### (二)逐级加荷条件下地基固结度的计算

以上计算固结度的理论公式都是假设荷载是一次瞬间加足的。实际工程中,荷载总是分级逐渐施加的。因此,根据上述理论方法求得固结时间关系或沉降时间关系都必须加以修正。修正的方法有改进的太沙基法和改进的高木俊介法。

1. *改进的太沙基法*

对于分级加荷的情况,太沙基的修正方法是假定:

(1)每一级荷载增量 $p_i$ 所引起的固结过程是单独进行的,与上一级荷载增量所引起的固结度完全无关。

表 9-1 不同条件下平均固结度计算公式

| 序号 | 条件 | 平均固结度计算公式 | $\alpha$ | $\beta$ | 说明 |
|---|---|---|---|---|---|
| 1 | 竖向排水固结（$\overline{U}_z>30\%$） | $\overline{U}_z=1-\frac{8}{\pi^2}e^{-\frac{\pi^2C_v}{4H^2}t}$ | $\frac{8}{\pi^2}$ | $\frac{\pi^2C_v}{4H^2}$ | Tezaghi 解 |
| 2 | 内径向排水固结 | $\overline{U}_r=1-e^{-\frac{8}{F(n)}\frac{C_h}{d_e^2}t}$ | 1 | $\frac{8C_h}{F(n)d_e^2}$ | Barron 解 |
| 3 | 竖向和内径向排水固结（砂井地基平均固结度） | $\overline{U}_{rz}=1-\frac{8}{\pi^2}\cdot e^{-\left(\frac{8}{F(n)}\frac{C_h}{d_e^2}+\frac{\pi^2C_v}{4H^2}\right)t}$ $=1-(1-\overline{U}_r)(1-\overline{U}_z)$ | $\frac{8}{\pi^2}$ | $\frac{\pi^2C_v}{4H^2}$ | $F(n)=\frac{n^2}{n^2-1}\ln(n)-\frac{3n^2-1}{4n^2}$ $n=\frac{d_e}{d_w}$ |
| 4 | 砂井未贯穿受压土层的平均固结度 | $\overline{U}=Q\overline{U}_{rz}+(1-Q)\overline{U}_z$ $\approx1-\frac{8Q}{\pi^2}e^{-\frac{8}{F(n)}\frac{C_h}{d_e^2}t}$ | $\frac{8}{\pi^2}Q$ | $\frac{8C_h}{F(n)d_e^2}$ | $Q=\frac{H_1}{H_1+H_2}$ |
| 5 | 外径向排水固结（$\overline{U}_r>60\%$） | $\overline{U}_r=1-0.692\cdot e^{-\frac{5.78C_h}{R^2}t}$ | 0.692 | $\frac{5.78C_h}{R^2}$ | $R$—土柱体半径 |
| 6 | 普通表达式 | $\overline{U}=1-\alpha\cdot e^{-\beta\cdot t}$ | | | |

注：$C_v$—竖向固结系数，$C_v=\frac{k_v(1+e)}{\alpha\cdot\gamma_w}$；

$C_h$—径向固结系数（又称水平向固结系数），$C_h=\frac{k_h(1+e)}{\alpha\cdot\gamma_w}$；

$e$—孔隙比；

$d_e$—每一个砂井有效影响范围的直径；

$d_w$—砂井直径。

（2）总固结度等于各级荷载增量作用下固结度的叠加。

（3）每一级荷载增量 $p_i$ 在等速加荷经过时间 $t$ 的固结度与在 $t/2$ 时的瞬时加荷的固结度相同，即计算固结的时间为 $t$。

（4）在加荷停止以后，在恒载作用期间的固结度，即时间 $t$ 大于 $T_i$（此处 $T_i$ 为 $p_i$ 的加荷期）时的固结度和 $T_i/2$ 时瞬时加荷 $p_i$ 后经过时间（$t-T_i/2$）的固结度相同。

（5）所算得的固结度仅对本级荷载而言，对总荷载还要按荷载的比例进行修正。

图 9-6 为二级等速加荷的情况。图中虚线是按瞬时加荷条件用太沙基理论计算的地基固结过程（$U_t$—$t$）关系曲线；实线表示二级等速加荷条件的修正固结过程曲线。

现以二级等速加荷为例，计算对于最终荷载 $p$ 而言的平均固结度$\overline{U_t'}$（见图 9-7），可由下列公式计算：

当 $t<T_1$ 时

$$\overline{U_t'}=\overline{U_{rz\left(\frac{t}{2}\right)}}\cdot\frac{p'}{p} \tag{9-3}$$

当 $T_1<t<T_2$ 时

$$\overline{U_t'}=\overline{U_{rz\left(t-\frac{T_1}{2}\right)}}\cdot\frac{p_1}{p} \tag{9-4}$$

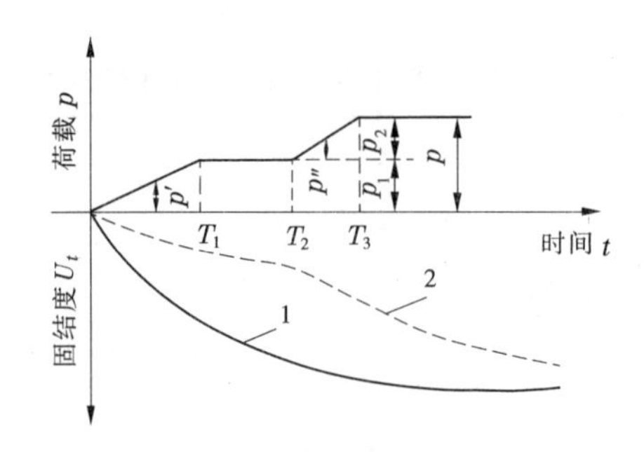

1—二级等速加荷;2—瞬时加荷

**图 9-6 二级等速与瞬时加荷的固结过程**

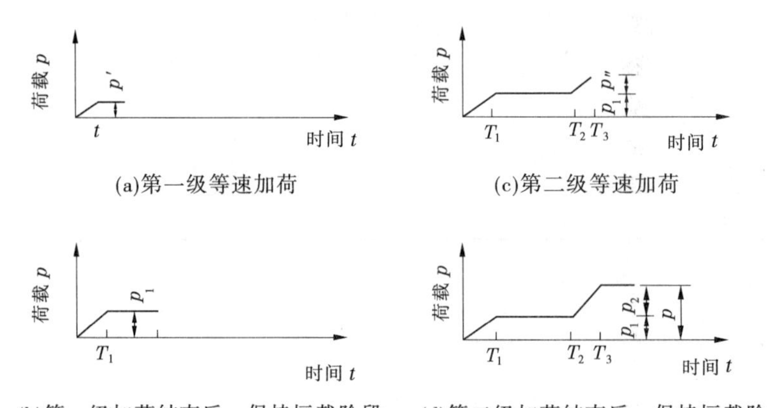


**图 9-7 二级等速加荷过程**

当 $T_2 < t < T_3$ 时

$$\overline{U_t'} = \overline{U_{rz\left(t-\frac{T_1}{2}\right)}} \cdot \frac{p_1}{p} + \overline{U_{rz\left(t-\frac{T_2}{2}\right)}} \cdot \frac{p''}{p} \tag{9-5}$$

当 $t > T_3$ 时

$$\overline{U_t'} = \overline{U_{rz\left(t-\frac{T_1}{2}\right)}} \cdot \frac{p_1}{p} + \overline{U_{rz\left(t-\frac{T_2+T_3}{2}\right)}} \cdot \frac{p_2}{p} \tag{9-6}$$

对多级等速加荷,可依次类推,并归纳如下:

$$\overline{U_t'} = \sum_1^n \overline{U_{rz\left(t-\frac{T_{2n-2}+T_{2n-1}}{2}\right)}} \cdot \frac{\Delta p_n}{\sum \Delta p} \tag{9-7}$$

式中 $\overline{U_t'}$—— 多级等速加荷,$t$ 时刻修正后的平均固结度;

$\overline{U_{rz}}$ ——瞬时加荷条件的平均固结度;

$T_{2n-2}$、$T_{2n-1}$——每级等速加荷的起点和终点时间(从时间 0 点起算),当计算某一级加荷期间 $t$ 的固结度时,$T_{2n-1}$ 改为 $t$;

$\Delta p_n$——第 $n$ 级荷载增量,如计算加荷过程中某一时刻 $t$ 的固结度时,该时刻相对应的荷载增量。

2. *改进的高木俊介法*

该法是根据巴伦理论,考虑变速加荷使砂井地基在辐射向和垂向排水条件下推出砂

井地基平均固结度的,其特点是不需要求得瞬时加荷条件下的地基固结度,而是直接求得修正后的平均固结度。修正后的平均固结度为

$$\overline{U_t'} = \sum_{1}^{n} \frac{q_n}{\sum \Delta p}\left[ (T_{2n-1} - T_{2n-2}) - \frac{\alpha}{\beta} e^{\beta \cdot t} (e^{\beta T_{2n-1}} - e^{\beta T_{2n-2}}) \right] \tag{9-8}$$

式中 $\overline{U_t'}$——$t$ 时多级荷载等速加荷修正后的平均固结度(%);

$\sum \Delta p$——各级荷载的累计值;

$T_{2n-2}$、$T_{2n-1}$——各级等速加荷的起点和终点时间(从0点起算),当计算某一级等速加荷过程中时间 $t$ 的固结度时,$T_{2n-1}$ 改为 $t$;

$\alpha$、$\beta$——见表9-1。

**(三)影响砂井固结度的因素**

(1)关于初始孔隙水压力。上述计算砂井固结度的公式,都是假设初始孔隙水压力等于地面荷载强度,而且假设在整个砂井地基中应力分布是相同的。只有当荷载面的宽度足够大时,这些假设才与实际基本符合。一般认为,当荷载面的宽度等于砂井的长度时,采用这样的假设其误差就可忽略不计。

(2)关于涂抹作用。用底端封闭的套管打砂井,井管的打入会对周围土发生扰动,井管上下还会对井壁发生涂抹作用,这都会降低土的径向渗透性。从考虑涂抹作用的理论分析,涂抹作用有如缩小砂井直径的效应。但工程实际观测没有发现涂抹作用的明显影响。

(3)关于砂料的阻力。砂井中砂料对渗流也有阻力,产生水头损失。从巴伦理论解可得到,当井径比为7~15,井的有效影响直径小于砂井深度时阻力影响很小。

**(四)地基土抗剪强度增长的预估**

在预压荷载作用下,随着排水固结的进程,地基土的抗剪强度就随着时间而增长;同时,剪应力随着荷载的增加而加大,而且剪应力在某种条件(剪切蠕动)下,还能导致强度的衰减。因此,地基中某一点在某一时刻的抗剪强度 $\tau_f$ 可表示为

$$\tau_f = \tau_{f0} + \Delta\tau_{fc} - \Delta\tau_{f\tau} \tag{9-9}$$

式中 $\tau_{f0}$——地基中某点在加荷之前的天然地基抗剪强度,用十字板或无侧限抗压强度试验、三轴不排水剪切试验测定;

$\Delta\tau_{fc}$——由于固结而引起的抗剪强度增量;

$\Delta\tau_{f\tau}$——由于剪切蠕动而引起的抗剪强度衰减量。

考虑到由于剪切蠕动所引起强度衰减部分 $\Delta\tau_{f\tau}$ 目前尚难提出合适的计算方法,故该式为

$$\tau_f = \eta(\tau_{f0} + \Delta\tau_{fc}) \tag{9-10}$$

式中 $\eta$ 是考虑剪切蠕变及其他因素对强度影响的一个综合性的折减系数。$\eta$ 值与地基土在附加剪应力作用下可能产生的强度衰减作用有关,根据国内有些地区实测反算的结果,$\eta$ 值为0.8~0.85。如判断地基土没有强度衰减可能时,$\eta$=1.0。

正常固结饱和黏性土的有效应力指标抗剪强度表达式为

$$\tau_f = \sigma' \tan\varphi' \tag{9-11}$$

式中 $\varphi'$——土体有效内摩擦角;

$\sigma'$——剪切面上法向有效应力。

由图 9-8 可以看出,在三角形 $ABC$ 中:

$$\cos\varphi = \frac{AB}{AC} = \frac{\tau_f}{\frac{\sigma_1 - \sigma_3}{2}} \qquad (9\text{-}12)$$

$$\frac{\tau_f}{\cos\varphi} = \frac{\sigma_1 - \sigma_3}{2}$$

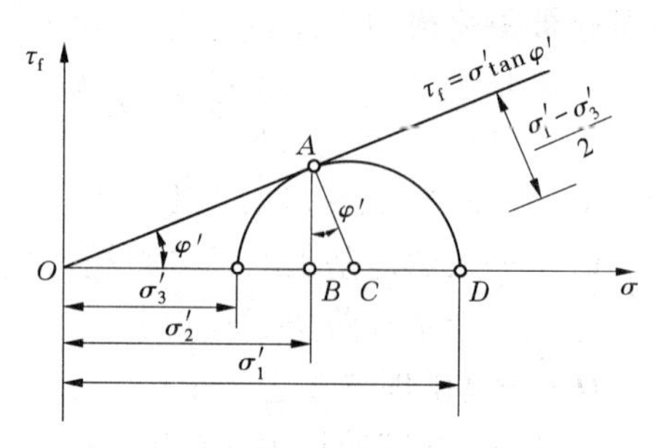


图 9-8　饱和黏性土固结强度

又根据极限平衡条件式:

$$\sigma_3 = \sigma_1 \frac{1 - \sin\varphi}{1 + \sin\varphi} \qquad (9\text{-}13)$$

解联立式,得

$$\tau_f = \frac{\sigma_1}{2}\cos\varphi\left(1 - \frac{1 - \sin\varphi}{1 + \sin\varphi}\right) = \sigma_1 \frac{\sin\varphi\cos\varphi}{1 + \sin\varphi} \qquad (9\text{-}14)$$

令

$$k = \frac{\sin\varphi\cos\varphi}{1 + \sin\varphi}$$

则式(9-14)可改写为

$$\tau_f = k \cdot \sigma_1 \qquad (9\text{-}15)$$

因此,由于 $\sigma_1'$ 的增量 $\Delta\sigma_1'$ 而产生的强度增量 $\Delta\tau_{fc}$ 为

$$\Delta\tau_{fc} = k\Delta\sigma_1 \qquad (9\text{-}16a)$$

或

$$\Delta\tau_{fc} = k(\Delta\sigma_1 - \Delta u) \qquad (9\text{-}16b)$$

或

$$\Delta\tau_{fc} = k\Delta\sigma_1\left(1 - \frac{\Delta u}{\Delta\sigma_1}\right) = k\Delta\sigma_1 U_t \qquad (9\text{-}16c)$$

式中　$U_t$——地基中某点的固结度。

将式(9-16c)代入式(9-10)得

$$\tau_f = \eta(\tau_{f0} + k\Delta\sigma_1 U_t) \qquad (9\text{-}17)$$

## 二、堆载预压法设计计算

堆载预压法是历史悠久、行之有效的处理方法。该方法于 1943 年首次在美国用于处理沼泽地段的路基,取得满意的结果,随后在世界各地得到推广。

堆载预压,根据土质情况分为单级加荷和多级加荷,根据堆载材料分为自重预压、加荷预压和加水预压。堆载一般用填土、砂石等散粒材料,油罐通常用充水对地基进行预压。对堤坝等以稳定为控制的工程,则以其本身的重量有控制地分级逐渐加载,直至设计高程,有时也采用超载预压的方法来减少堤坝使用期间的沉降。

### (一)堆载预压的计算步骤

由于软黏土地基抗剪强度低,无论直接建造物还是进行堆载预压往往都不可能快速加载,而必须分级逐渐加荷,待前期荷载下地基强度增加到足以加下一级荷载时方可加下一级荷载。其计算步骤是:首先用简便的方法确定一个初步的加荷计划,然后校核这一加荷计划下地基的稳定性和沉降,具体步骤如下。

(1)利用地基的天然地基土抗剪强度计算第一级容许施加的荷载 $p_1$。一般可根据斯

开普基顿极限荷载的半经验公式作为初步估算，即

$$p_1 = \frac{1}{K} \times 5 \cdot C_u\left(1 + 0.2\frac{B}{A}\right)\left(1 + 0.2\frac{D}{B}\right) + \gamma D \tag{9-18}$$

式中 $K$——安全系数，建议采用1.1～1.5；

$C_u$——天然地基土的不排水抗剪强度，kPa，由无侧限、三轴不排水剪切试验或原位十字板剪切试验测定；

$D$——基础埋置深度，m；

$A$、$B$——基础的长边和短边，m；

$\gamma$——基底高程以上土的重度，kN/m。

对饱和的软黏土也可采用下列公式估算：

$$p_1 = \frac{5.14C_u}{K} + \gamma \cdot D \tag{9-19}$$

对长条形填土，可根据 Fellenius 公式估算：

$$p_1 = \frac{5.52C_u}{K} \tag{9-20}$$

(2)计算第一级荷载下地基强度增长值。在 $p_1$ 荷载作用下，经过一段时间预压地基强度会提高，提高以后的地基强度为 $C_{u1}$：

$$C_{u1} = \eta(C_u + \Delta C'_u) \tag{9-21}$$

式中 $\Delta C'_u$——$p_1$ 作用下地基因固结而增长的强度，它与土层的固结度有关，一般可先假定一固结度，通常可假设为70%，然后求出强度增量 $\Delta C'_u$；

$\eta$——考虑剪切蠕动的强度折减系数。

(3)计算 $p_1$ 作用下达到所确定固结度所需要的时间。达到某一固结度所需要的时间可根据固结度与时间的关系求得。这一步计算的目的在于确定第一级荷载停歇的时间，即第二级荷载开始施加的时间。

(4)根据第二步所得到的地基强度 $C_{u1}$ 计算第二级所能施加的荷载 $p_2$。$p_2$ 可近似地按下式估算：

$$p_2 = \frac{5.52C_{u1}}{K} \tag{9-22}$$

同样，求出在 $p_2$ 作用下地基固结度达70%时的强度以及所需要的时间，然后计算第三级所能施加的荷载，依次可计算出以后各级荷载和停歇时间。这样，初步的加荷计划也就确定下来了。

(5)按以上步骤确定的加荷计划进行每一级荷载下地基的稳定性验算。如稳定性不满足要求，则调整加荷计划。

(6)计算预压荷载下地基的最终沉降量和预压期间的沉降量。这一项计算的目的在于确定预压荷载卸除的时间，这时地基在预压荷载下所完成的沉降量已达到设计要求，所剩的沉降是建筑物所允许的。

**(二)超载预压**

对沉降有严格限制的建筑，应采用超载预压法处理地基。经超载预压后，若受压土层

各点的有效竖向应力大于建筑物荷载引起的相应点的附加总应力时,则今后在建筑物荷载作用下地基土将不会再发生主固结变形,而且将减少次固结变形,并推迟次固结变形的发生。

超载预压(见图9-9)可缩短预压时间,在预压过程中,任一时间地基的沉降量可表示为

$$S_t = S_d + U_t S_c + S_s \tag{9-23}$$

式中 $S_t$——时间 $t$ 时地基的沉降量,mm;

$S_d$——由于剪切变形而引起的瞬时沉降量,mm;

$U_t$——$t$ 时刻地基的平均固结度;

$S_c$——最终固结沉降量,mm;

$S_s$——次固结沉降量,mm。

式(9-23)可用于:①确定所需的超载压力值 $p_s$,以保证使用(永久)荷载 $p_f$ 作用下预期的总沉降量在给定的时间内完成;②确定在给定超载下达到预定沉降量所需要的时间。

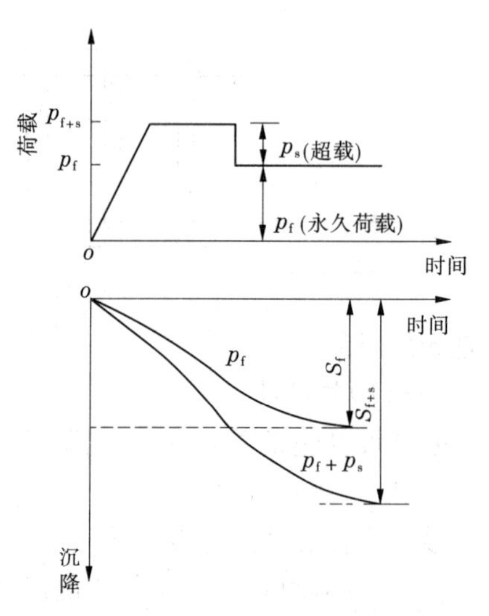

图9-9　超载预压清除主固结沉降

在永久填土或建筑物荷载 $p_f$ 作用下,地基的固结沉降采用通常的方法计算。为了消除超载卸除后继续发生的主固结沉降,超载应维持到使土层中间部位的固结度 $(U_Z)_{f+s}$ 达到下式要求:

$$(U_Z)_{f+s} = \frac{p_f}{p_f + p_s} \tag{9-24}$$

由于此法要求将超载保持到在 $p_f$ 作用下所有的点都完全固结为止,这时土层大部分将处于超固结状态,因此这是一个偏保守的方法值或超载时间均大,它的 $p_s$ 值或超载时间均大于实际所需的值。

对有机黏土、泥炭土等,次固结沉降量是重要的,采用超载预压法对减小永久荷载下次固结沉降量是重要的,采用超载预压对减小永久荷载下的次固结沉降量有一定效果。计算原则是把 $p_f$ 作用下的总沉降量看成主固结沉降量和次固结沉降量之和。

## 三、砂井排水固结设计计算

利用土中的砂井作为排水通道,缩短孔隙水排出的途径,并在砂井顶部铺设砂垫层,砂垫层上部压载以增加土中附加应力。附加应力产生超静水压力将水排出土体,使软土提前固结以增加地基土的强度。这种方法称为砂井堆载排水法(简称砂井法)。

砂井法中,压载是不可缺少的组成部分。没有压载,砂井效果就不明显。在工程施工中,可采用分期施加建筑荷载进行压载(如筑堤、贮罐)等,也可采用堆土或其他加载预压方法。压载需继续到所期望的排水结束为止。典型的砂井地基工程剖面如图9-10所示。

砂井法主要适用于没有较大集中荷载的大面积荷重或堆土荷重工程,如水库土坝、油罐、仓库、铁路路堤、储矿场以及港口的水工建筑物(如码头、防浪堤)等工程。

对于泥炭土、有机质黏土和高塑性土等土层,其次固结沉降占相当大的部分,砂井排

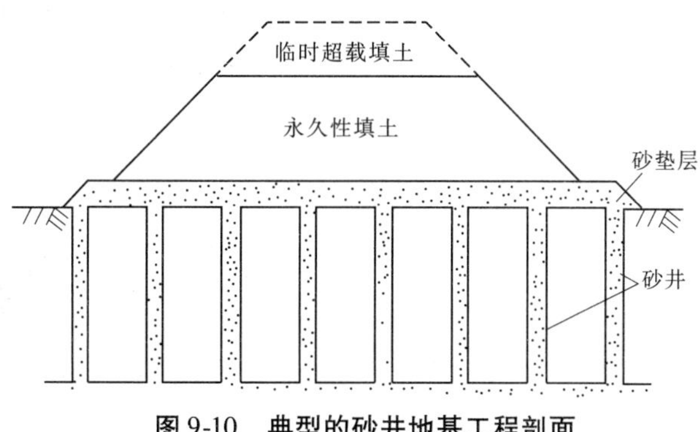


图 9-10 典型的砂井地基工程剖面

水是无效果的。

**(一)砂井设计**

砂井设计包括砂井直径、间距、深度、范围和砂垫层。

1. 砂井直径和间距

砂井直径和间距主要取决于土的固结特性和施工期限的要求。砂井截面大小只要能及时排水固结就可以,由于软土的渗透性比砂性土小,所以砂井的理论直径可很小。直径过小施工困难,直径过大对增加固结速率并不显著。从原则上讲,为达到同样的固结度,缩短砂井间距比增大砂井直径效果更好,即井径和井间距关系是"细而密"比"粗而稀"好。砂井直径一般为 0.3 ~ 0.4 m,护管砂井直径可小到 0.15 m,袋装砂井直径可小到 70 ~ 120 mm。

砂井间距指两相邻砂井中心间的距离,它是影响固结速率的主要因素之一。一般情况下,当荷载大,土的固结系数小,施工期限较短时,可取较小的砂井间距;反之,采用较大的间距。工程上常用的井距,一般为砂井直径的 6 ~ 8 倍,袋装砂井一般为 15 ~ 30 倍。设计时,可先确定井距,再计算地基固结度,若不能满足要求,则可缩小井距或延长施工期。

塑料排水带的作用和设计计算方法与砂井排水法相同,设计时可把塑料排水带换算成相当直径的砂井。设塑料板宽度为 $b$,厚度为 $\delta$,则换算直径可按下式计算:

$$D_p = \alpha \frac{2(b + \delta)}{\pi} \tag{9-25}$$

式中,$\alpha$ 为换算系数,通过试验得知,施工长度在 10 m 左右,挠度在 10% 以下的排水带,$\alpha = 0.6 \sim 0.9$,对标准型(宽度 $b = 100$ mm,厚度 $\delta = 3 \sim 4$ mm)的塑料带,取 $\alpha = 0.75$,求得 $D_p = 50$ mm,即这种塑料排水带可按直径 50 mm 的砂井进行计算。井径比可参照袋装砂井,采用 15 ~ 30。

砂井在平面上可布置成正三角形(梅花形)或正方形;以正三角形排列较为紧凑和有效。

正方形排列的每个砂井,其影响范围为一个正方形;正三角形排列的每个砂井,其影响范围则为一个正六边形。在实际进行固结计算时,由于多边形作为边界条件求解很困难,为简化起见,巴伦建议每个砂井的影响范围由多边形改为由面积与多边形面积相等的圆来求解,如图 9-11 所示。

正方形排列时:

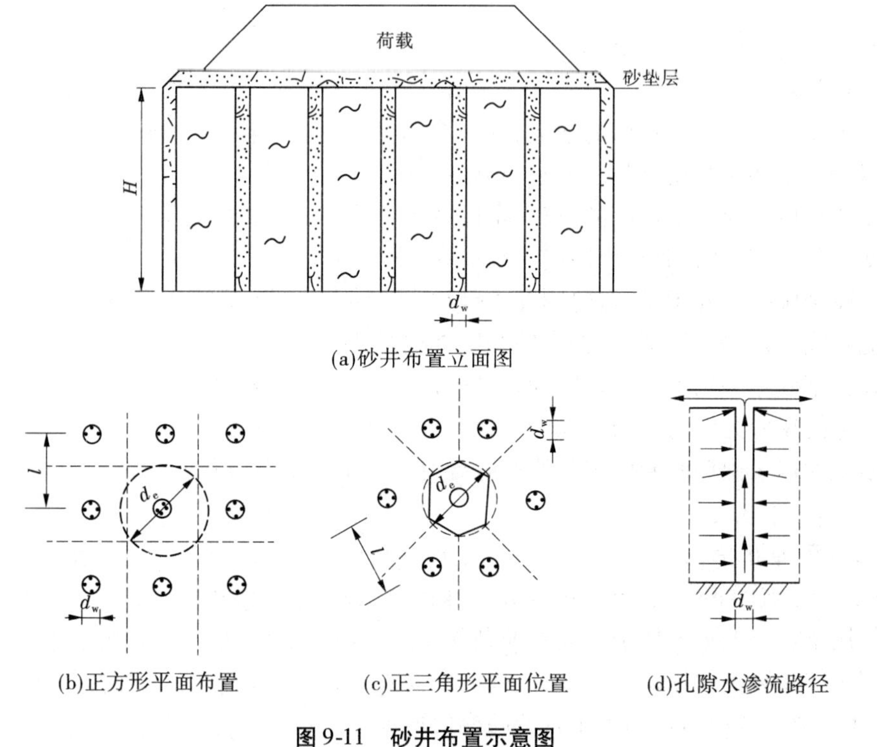


**图9-11　砂井布置示意图**

$$d_e = \sqrt{\frac{4}{\pi}} \cdot l = 1.13l \tag{9-26}$$

正三角形排列时：

$$d_e = \sqrt{\frac{2\sqrt{3}}{\pi}} \cdot l = 1.05l \tag{9-27}$$

式中　$d_e$——砂井的有效直径；

$l$——砂井间距。

2. *砂井长度*

砂井长度应根据软土层的厚度、荷载大小和工程要求而定。砂井的作用是加速地基固结。排水固结的效果与固结压力的大小成正比。预加荷载在土中引起的附加应力随深度的增加而逐渐减小,到附加应力很小的深度处,砂井的作用也就小了。因此,砂井不一定都要穿过整个软土层,但当软土层不厚,底部有透水层时,砂井尽可能穿透软土层,当软土层较厚或土中夹有砂层时,是否有必要将砂井穿透整个软土层,应根据工程要求以及土质条件等具体情况而定。

若砂层中存在承压水,由于承压力的长期作用,黏土中就存在超静水压力,这对黏性土的固结和强度增长都是不利的,所以宜将砂井打到砂层,利用砂井加速承压水的消散。

按稳定性控制的工程,如路堤、土坝、岸坡、堆料等,砂井深度应通过稳定分析确定,砂井长度应大于最危险滑动面的深度。

按沉降控制的工程,砂井长度可以压载后的沉降量满足上部建筑物容许沉降量来确定。

砂井长度一般为 10 ~ 20 m。

3. 砂垫层

为了使砂井排水有良好的通道，砂井顶部应铺设砂垫层，以连通各砂井将水排到工程场地以外。砂垫层的用砂粒度要求与砂井的用砂粒度要求相同。

砂垫层应形成一个连续的、有一定厚度的排水层，以免地基沉降时被切断而使排水通道堵塞。陆上施工时，砂垫层厚度一般取 0.5 m 左右，水下施工时，一般为 1 m 左右。砂垫层过厚则施打砂井困难，过薄则黏土颗粒容易渗入而产生堵塞。砂垫层的宽度应大于堆荷宽度或建筑物的底宽，并伸出砂井区外边线 2 倍砂井直径。砂井的布置范围一般宜比建筑物基础范围稍大。这是因为在基础以外一定范围内，地基中仍然产生由于建筑荷载而引起的压应力和剪应力。如能加速基础外地基土的固结，对提高地基的稳定性和减少侧向变形以及由此引起的沉降均有好处。扩大的范围可由基础的轮廓线向外增大 2 ~ 4 m。

**(二)沉降计算**

地基土的总沉降一般包括瞬时沉降、固结沉降和次固结沉降三部分。瞬时沉降是在荷载作用下由土的畸变所引起并在荷载作用下立即发生的。固结沉降是由孔隙水的排出而引起土体积减少所造成的，占总沉降的主要部分。次固结沉降则是由于超静水压力消散后，在恒值有效应力作用下土骨架的徐变所致。

次固结沉降的大小和土的性质有关。泥炭土、有机质土或高塑性黏土的次固结沉降在总沉降中占很可观的部分，而其他土所占比例则不大。在建(构)筑物使用年限内，若次固结沉降经判断可以忽略，则最终总沉降量可认为是瞬时沉降量与固结沉降量之和。软黏土的瞬时沉降量 $s_d$ 一般按弹性理论公式计算。目前工程上通常采用单向压缩分层总和法计算固结沉降量 $s_c$，这只有当荷载面积的宽度或直径大于可压缩土层或当可压缩土层位于两层较坚硬的土层之间时，单向压缩才可能发生，否则应对沉降量计算值进行修正以考虑三向压缩的效应。

1. 单向压缩固结沉降量 $s_c$ 的计算

应用一般单向压缩分层总和法将地基分成若干薄层，其中第 $i$ 层土的压缩量为

$$\Delta s_i = \frac{e_{0i} - e_{1i}}{1 + e_{0i}} h_i \tag{9-28}$$

总压缩量为

$$s_c = \sum_{i=1}^{n} \Delta s_i \tag{9-29}$$

式中 $e_{0i}$——第 $i$ 层土中点的土自重应力所对应的孔隙比；

$e_{1i}$——第 $i$ 层土中点的土自重应力和附加应力所对应的孔隙比；

$h_i$——第 $i$ 层土厚度。

$e_{0i}$ 和 $e_{1i}$ 从室内固结试验所得的 $e—\sigma_c'$ 曲线上查得。

2. 瞬时沉降量 $s_d$ 的计算

软黏土地基由于侧向变形而引起的瞬时沉降占总沉降相当可观的部分，特别是在荷

载比较大、加荷速率比较快的情况下,因为这时地基中产生了局部塑性区。

$s_d$ 这部分沉降量目前采用弹性理论公式计算,当黏土地基厚度较大,作用于其上的圆形或矩形面积上的压力是均匀的,$s_d$ 可按照下式计算:

$$s_d = C_d p b\left(\frac{1-\mu^2}{E}\right) \tag{9-30}$$

式中 $p$——均布荷载;

$b$——荷载面积的直径或宽度;

$C_d$——考虑荷载面积形状和沉降计算点位置的系数(见表9-2);

$E$、$\mu$——土的弹性模量和泊松比。

**表9-2　半无限弹性表面各种均布荷载面积上各点的 $C_d$ 值**

| 形状 | | 中心点 | 焦点或边点 | 短边中心 | 长边中心 | 平均 |
|---|---|---|---|---|---|---|
| 圆形 | | 1.00 | 0.64 | 0.64 | 0.64 | |
| 圆形(刚性) | | 0.79 | 0.79 | 0.79 | 0.79 | 0.79 |
| 方形 | | 1.12 | 0.56 | 0.76 | 0.76 | 0.95 |
| 方形(刚性) | | 0.99 | 0.99 | 0.99 | 0.99 | 0.99 |
| 矩形长宽比 | 1.5 | 1.36 | 0.67 | 0.89 | 0.97 | 1.15 |
| | 2 | 1.52 | 0.76 | 0.98 | 1.12 | 1.30 |
| | 3 | 1.78 | 0.88 | 1.11 | 1.35 | 1.52 |
| | 5 | 2.10 | 1.05 | 1.27 | 1.68 | 1.83 |
| | 10 | 2.53 | 1.26 | 1.49 | 2.12 | 2.25 |
| | 100 | 4.00 | 2.00 | 2.20 | 3.60 | 3.70 |
| | 100 | 5.47 | 2.57 | 2.94 | 5.03 | 5.15 |
| | 1 000 | 6.90 | 3.50 | 3.70 | 6.50 | 6.60 |

## 四、真空预压法设计计算

真空预压法是在需要加固的软土地基表面先铺设砂垫层,然后埋设垂直排水通道,再用不透气的封闭膜使其与大气隔绝,薄膜四周埋入土中,通过砂垫层内埋设的吸水管道,用真空装置进行抽气,使其形成真空,增加地基的有效应力,如图9-12和图9-13所示。

当抽真空时,先后在地表砂垫层及竖向排水通道内逐步形成负压,使土体内部与排水通道、垫层之间形成压差。在此压差作用下,土体中的孔隙水不断由排水通道排出,从而使土体固结。

真空预压法最早是瑞典皇家地质学院 W. Kjellman 教授于1952年提出的,随后有关国家相继进行了探索和研究,但因密封问题未能很好解决,又未研究出合适的真空装置,故不易获得和保持所需的真空度,因此未能很好地用于实际工程,同时在加固机制方面进展甚少。我国于20世纪50年代末60年代初时对该法进行过研究,同样也未能解决工程

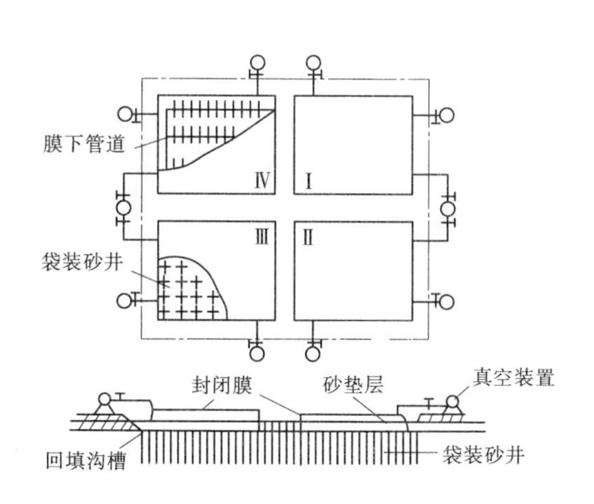


图 9-12 典型工程真空预压工艺设备平面和剖面

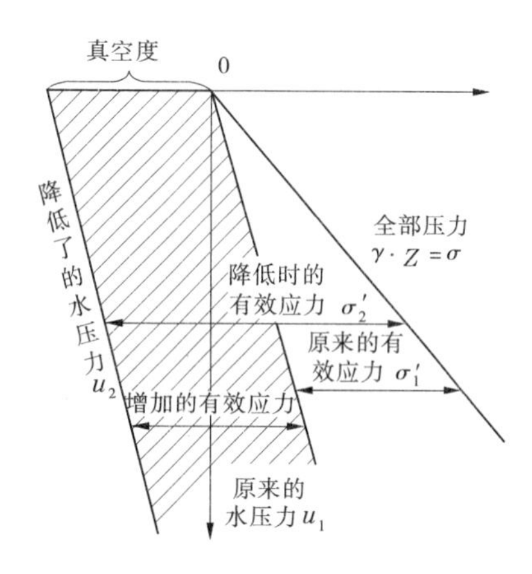


图 9-13 用真空方法增加的有效应力

问题，后来由于港口工程的发展，沿海的大量软土地基必须在近期内加固，因而在 1980 年起开始真空预压法的研究，于 1985 年通过国家鉴定，在真空度和大面积加固方面处于国际领先地位。其膜下真空度达 610 ~ 730 mmHg，相当于 80 ~ 95 kPa 的等效荷载，历时 40 ~ 70 d，固结度达 90%，承载力提高到 3 倍，单块薄膜面积达 3 000 $m^2$，在工程中使用得到满意效果。

为了满足某些使用荷载大、符合承载力要求的建筑物的需要，1983 年开展了真空－堆载联合预压法的研究，开发了一套先进的设备和工艺，从理论和实践方面论证了真空和堆载的加固效果是可叠加的，并已在 50 多万 $m^2$ 软基上应用，取得了良好的效果。国外同行给予很高的评价，认为我国在这方面创造了奇迹。

**（一）真空预压加固原理**

（1）薄膜上面承受等于薄膜内外压差的荷载。在抽空气前，薄膜内外都承受一个大气压 $p_a$。抽气后薄膜内气压逐渐下降，首先是砂垫层，其次是砂井中的气压降至 $p_v$，故使薄膜紧贴砂垫层。由于土体与砂垫层和砂井间的压差，发生渗流，使土中的孔隙水压力不断降低，有效应力不断增加，从而促使土体固结。土体和砂井间的压差，开始时为 $p_a - p_v$，随着抽气时间的增长，压差逐渐变小，最终趋向于零，此时渗流停止，土体固结完成。

（2）地下水位降低，相应增加附加应力。抽气前，地下水位离地面 $H_1$，抽气后土体中水位降至 $H_2$，即下降了 $H_1 - H_2$，在此范围内的土体便从浮重度变为湿重度，此时土骨架增加了大约水高 $H_1 - H_2$ 的固结压力。

（3）封闭气泡排出，土的渗透性加大。如饱和土体中含有少量封闭气泡，在正压作用下，该气泡堵塞空隙，使土的渗透性降低，固结过程减慢。但在真空吸力下，封闭气泡被吸出，从而使土体的渗透性提高，固结过程加速。

**（二）真空预压的设计**

设计内容主要包括：膜内真空度，加固区内要求达到的平均固结度，竖向排水体，沉降计算等。

（1）膜内真空度。真空预压效果与密封膜内所能达到的真空度大小关系极大，根据

国内一些工程经验,当采用合理的工艺和设备,膜内真空度一般可维持在 80 kPa 左右的真空压力,此值可作为最大膜内设计真空度。

(2)加固区内要求达到的平均固结度。一般可采用 80% 的固结度。如工期许可,也可采用更大一些的固结度作为设计要求达到的固结度。

(3)竖向排水体。一般采用袋装砂井或塑料排水带。真空预压处理地基时,必须设置竖向排水体,由于砂井(袋装砂井或塑料排水带)能将真空度从砂垫层中传至土体,并将土体中的水抽至砂垫层然后排出。若不设置砂井等就起不到上述作用和加固目的。过去也曾试验过,若不设置竖向排水体,抽气两个月,沉降量仅几厘米,土层几乎没有改善。

抽真空的时间与土质条件和竖向排水体的间距密切相关。达到相同的固结度,间距越小,所需的时间越短,见表 9-3。

表 9-3　袋装砂井间距与所需时间关系

| 袋装砂井间距(m) | 固结度(%) | 所需时间(d) |
|---|---|---|
| 1.3 | 80 | 40 ~ 50 |
| | 90 | 60 ~ 70 |
| 1.5 | 80 | 60 ~ 70 |
| | 90 | 85 ~ 100 |
| 1.8 | 80 | 90 ~ 105 |
| | 90 | 120 ~ 130 |

(4)沉降计算。先计算加固前建筑物荷载下天然地基的沉降量,然后计算真空预压期间所完成的沉降量,两者之差即为预压后在建筑物使用荷载下可能发生的沉降。预压期间的沉降可根据设计要求达到的固结度推算加固区所增加的平均有效应力,从 $e—\sigma_c'$ 曲线上查出相应的孔隙比进行计算。

对承载力要求高、沉降限制严格的建筑,可采用真空 - 堆载联合预压法。真空是负压、堆载是正压,两者的效果是否能叠加,这是大家关心的问题。通过三个实际工程测出的沉降量、承载力、变形模量和十字板强度的变化可看出,其效果是可以叠加的,见表 9-4 ~ 表 9-6。

表 9-4　真空 - 堆载联合预压时的沉降量

| 序号 | 真空度(kPa) | 堆载(kPa) | 真空 - 堆载总沉降量(m) | 真空沉降量(m) | 堆载沉降量(m) |
|---|---|---|---|---|---|
| 1 | 81.3 | 53.9 | 1.32 | 0.78 | 0.54 |
| 2 | 81.3 | 40 | 0.65 | 0.46 | 0.19 |
| 3 | 72.0 | 49 | 0.99 | 0.52 | 0.47 |

真空预压的总面积不得小于基础外缘所包围的面积,一般真空的边缘应比建筑物基础外缘超出 2 ~ 3 m。另外,每块预压的面积尽可能大,根据加固要求彼此间可搭接或有一定间距。加固面积越大,加固面积与周边长度之比也越大,气密性就越好,真空度就越

高，见表9-7。据现有的材料和工艺设备，每块面积已达3万 $m^2$。

表 9-5 加固前后的承载力和变形模量

| 项目 | 荷载板面积 0.5 $m^2$ | | | 荷载板面积 6.76 $m^2$ | | |
|---|---|---|---|---|---|---|
| | 加固前 | 真空后 | 联合后 | 加固前 | 真空后 | 联合后 |
| 承载力*(kPa) | 74 | — | 250 | 60 | 168 | 200 |
| 变形模量(kPa) | 2 890 | — | 10 000 | 2 340 | 6 540 | 8 070 |

* 指沉降相应于荷载板2%边长时对应的荷载。

表 9-6 加固前后十字板强度的变化

| 深度(m) | 土名 | 加固前(kPa)(1) | 真空后(kPa)(2) | 联合后(kPa)(3) | 真空后增率 $\frac{(2)-(1)}{(1)}$(%) | 联合后增率 $\frac{(3)-(1)}{(1)}$(%) |
|---|---|---|---|---|---|---|
| 2.0～5.8 | 淤泥夹淤泥质粉质黏土 | 12 | 28 | 40 | 133 | 233 |
| 5.8～10.0 | 淤泥质黏土夹粉质黏土 | 15 | 27 | 36 | 80 | 140 |
| 10.0～15.0 | 淤泥 | 23 | 28 | 33 | 22 | 43 |

表 9-7 真空度与加固面积关系

| 加固面积 $F$($m^2$) | 264 | 900 | 1 250 | 2 500 | 3 000 | 4 000 | 10 000 | 20 000 |
|---|---|---|---|---|---|---|---|---|
| 周边长度 $S$(m) | 70 | 120 | 143 | 205 | 230 | 260 | 500 | 900 |
| $F/S$ | 3.77 | 7.50 | 8.74 | 12.20 | 13.04 | 15.38 | 20.00 | 22.22 |
| 真空度(kPa) | 68.7 | 70.7 | 80.0 | 81.3 | 84.0 | 86.7 | 90.7 | 97.3 |

真空预压的关键在于要有良好的气密性，使预压区与大气层隔绝。当在加固区发现有透气层和透水层时，一般可在塑料薄膜周边采取另加水泥土搅拌桩的壁式密封措施。

## 五、降低地下水位法

降低地下水位法是指利用井点抽水降低地下水位，以增加土的自重应力，达到预压加固的目的的一种施工方法。众所周知，降低地下水位能使土的性质得到改善，使地基发生附加沉降。降低地基中的地下水位，使地基中的软土承受相当于水位下降高度水柱的重量而固结，如图9-14所示。

降低地下水位法最适用于砂性土或在软黏土层中存在砂或粉土的情况。对于深厚的软黏土层，为加速其固结，往往设置砂井并采用井点法降低地下水位。当应用真空装置降水时，地下水位一般能降5～6 m。需要更深的降水时，则需用高扬程的井点法。

降水方法的选用与土层的渗透性关系很大，各类井点的适用范围见表9-8。

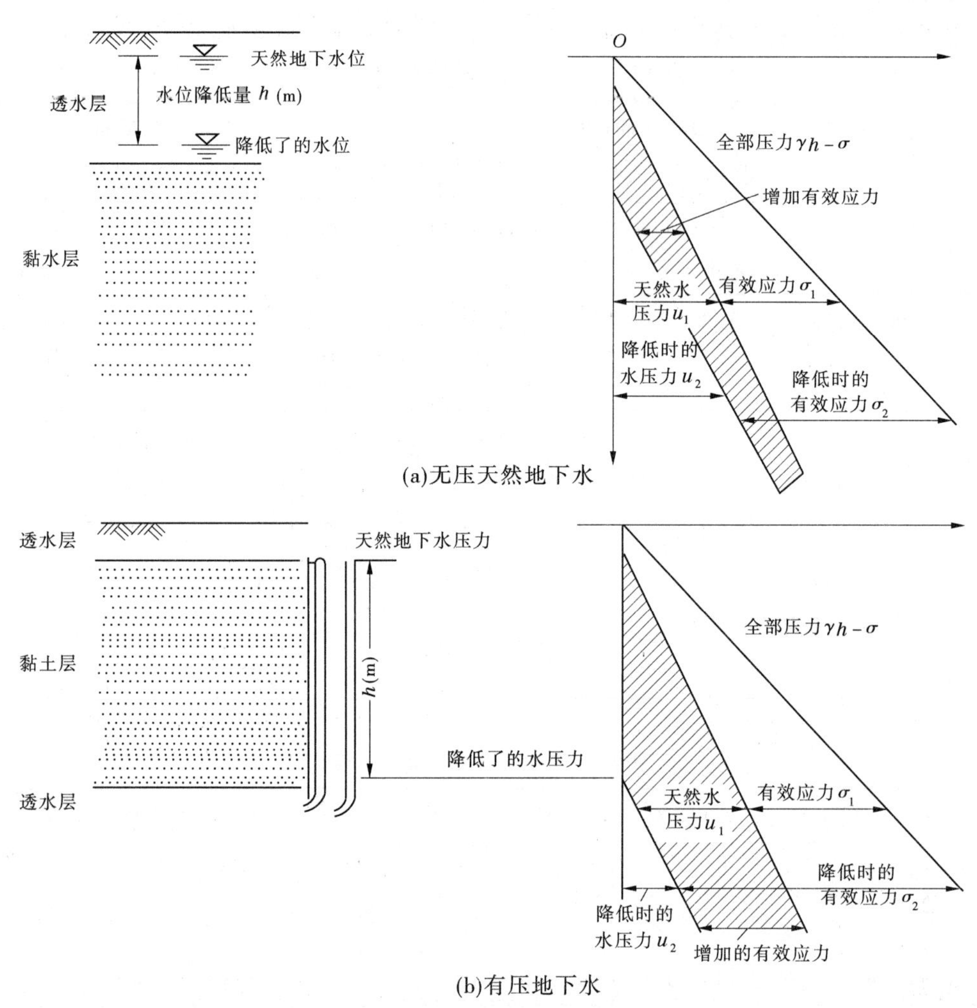


**图 9-14 降低地下水位和增加有效应力的关系**

**表 9-8 各类井点的适用范围**

| 井点类别 | 土层渗透系数(m/d) | 降水位深度(m) |
|---|---|---|
| 单层轻型井点 | 0.1～50 | 3～6 |
| 多层轻型井点 | 0.1～50 | 6～12 |
| 喷射井点 | 0.1～2 | 8～20 |
| 电渗井点 | <0.1 | 根据选用的井点确定 |
| 管井井点 | 20～200 | 3～5 |
| 深井井点 | 10～250 | >15 |

在选用降水方法时,还要根据多种因素,如地基土类型、透水层位置和厚度、水的补给源、井点布置形状、水位降深、粉粒及黏土的含量等进行综合判断而后选定。

井点降水的计算可参照有关理论进行，但实际上影响因素很多，仅仅采用经过简化的图式进行计算是难以求出可靠结果的，因此计算必须和经验密切结合起来。

### 六、电渗法

在土中插入金属电极并通以直流电，由于直流电场作用，土中的水分从阳极流向阴极，这种现象称为电渗。如将水在阴极排出而在阳极不予补充的情况下土就会固结，引起土层的压缩。

电渗施工时，水的流动速率随时间减小，当阳极相对于阴极的孔隙水压力降低所引起的水力梯度（导致水由阴极流向阳极）恰好同电场所产生的水力梯度（导致水由阳极流向阴极）相平衡时，水流便停止。在这种情况下，有效应力比加固前增加一个 $\Delta\sigma'$ 值。

$$\Delta\sigma' = \frac{k_e}{k_h}\gamma_w V \tag{9-31}$$

式中 $k_e$——电渗渗透系数，其值一般为 $1\times10^{-4}V \sim 1\times10^{-6}V(\mathrm{cm^2/s})$，典型值约为 $5\times10^{-5}V(\mathrm{cm^2/s})$；

$k_h$——水的渗导性；

$\gamma_w$——水的重度；

$V$——电压。

土层的压缩量为

$$S_c = \sum_{i=1}^{n} m_{vi}\Delta\sigma'_{vi}h_i \tag{9-32}$$

式中 $m_{vi}$——第 $i$ 土层多体积压缩系数；

$\Delta\sigma'_{vi}$——第 $i$ 土层的平均有效竖向应力增量；

$h_i$——第 $i$ 土层的厚度。

电渗法应用于饱和粉土和粉质黏土，正常固结黏土以及孔隙水电解浓度低的情况下是经济的和有效的。工程上可利用电渗法降低黏土中的含水量和地下水位来提高土坡和基坑边坡的稳定性；利用电渗法加速堆载预压饱和黏性土地基的固结和提高强度等。

## 任务四 施工方法

为保证预压法的加固效果，主要做好以下三个环节：铺设水平排水垫层、设置竖向排水体和施加固结压力。

### 一、水平排水垫层的施工

排水垫层的作用是使在预压过程中，从土体进入垫层的渗流水迅速地排出，使土层的固结能正常进行，因而垫层的质量将直接关系到加固效果和预压时间的长短。

**（一）垫层材料**

垫层材料应采用透水性好的材料，其渗透系数一般不低于 $10^{-3}$ cm/s，同时能起到一定的过滤作用。通常采用级配良好的中粗砂，含泥量不大于3%，一般不宜采用粉细砂。

也可采用连通砂井的砂沟来代替整片砂垫层。

**(二)垫层厚度**

(1)一般情况下,陆上排水垫层厚度为0.5 m左右,水下垫层为1.0 m左右。对新吹填不久的或无硬壳层的软黏土及水下施工的特殊条件,应采用厚的排水垫层或混合料排水垫层。

(2)排水层兼作持力层时,还应满足承载力的有关要求。对于天然地面承载力较低而不能满足正常施工的地基,可适当加大砂垫层的厚度。

(3)排水砂垫层宽度应等于铺设场地宽度,砂料不足时,可用砂沟代替砂垫层。

(4)砂沟的宽度为2~3倍砂井直径,一般深度为40~60 cm。

(5)盲沟的尺寸与其布置形式和数量有关,设计时可采用达西定律

$$q = \frac{kAi}{5} \tag{9-33}$$

式中 $q$——盲沟单位时间排水量,对于饱和土,等于其负担面积单位时间土体的压缩体积,$cm^3/s$;

$i$——水力坡降,一般为0.01~0.05;

$k$——材料渗透系数,取2.5 cm/s;

$A$——断面面积,$cm^2$。

**(三)垫层施工**

排水砂垫层目前有四种施工方法:

(1)地基表层有一定厚度的壳层,其承载力较好,能上一般运输机械时,一般采用机械分堆摊铺法,即先堆成基干砂堆,然后采用机械或人工摊平。

(2)当硬壳层承载力不足时,一般采用顺序推进摊铺法。

(3)当软土地基表面很软,如新沉积或新吹填不久的超软地基,首先要改善地基表面的持力条件,使其能上施工人员和轻型运输工具。

(4)尽管对超软地基表面采取了加强措施,但持力条件仍然很差,一般轻型机械上不去,在这种情况下,通常采用人工或轻便机械顺序推进铺设。

无论采用何种施工方法,都应避免对软土表层过大扰动,以免造成砂和淤泥混合,影响垫层的排水效果。另外,在铺设砂垫层前,应清除干净砂井顶面的淤泥和杂物,以利砂井排水。水平排水垫层的施工与铺设方法见表9-9。

## 二、竖向排水体的施工

竖向排水体在工程中的应用有30~50 cm直径的普通砂井、7~12 cm直径的袋装砂井、10 cm宽的塑料排水带。

**(一)砂井施工**

砂井施工要求:保持砂井连续和密实,并且不出现颈缩现象;尽量减小对周围土的扰动;砂井的长度、直径和间距应满足设计要求。

砂井施工一般先在地基中成孔,再在孔内灌砂形成砂井。表9-10为砂井成孔和灌砂方法。选用时应尽量选用对周围土体扰动小且施工效率高的方法。

表 9-9 水平排水垫层的施工与铺设方法

| 施工要求 | 砂垫层铺设方法 | |
|---|---|---|
| | 按砂源供应情况采用 | 按场地情况采用 |
| (1)垫层平面尺寸和厚度符合设计要求,厚度误差为 $\pm h/10$($h$ 为垫层设计厚度),每 100 $m^2$ 挖坑检验;<br>(2)与竖向排水通道连接好,不允许杂物堵塞或隔断连接处;<br>(3)不得扰动天然地基土;<br>(4)不得将泥土或其他杂物混入垫层;<br>(5)真空预压垫层,其面层 4 cm 厚度范围内不得有带棱角的硬物 | (1)一次铺设:砂源丰富时,可一次铺设砂层至设计厚度;<br>(2)分层铺设:砂源供应不及时,可分层铺设,每次铺设厚度为设计厚度的 1/2,铺完第一层后,进行垂直排水通道施工,再铺第二层 | (1)机械施工法:地基能承受施工机械运行时,可机械铺砂;<br>(2)人工铺设法:地基较软不能承受机械碾压时,可用人力车或轻型传送带由外向里(或由一边向另一边)铺设;当地基很软,施工人员无法上去施工时,可采用铺设荆笆或其他透水性好的编织物的方法 |

表 9-10 砂井成孔和灌砂方法

| 类型 | 成孔方法 | | 灌砂方法 | |
|---|---|---|---|---|
| 使用套管 | 管端封闭 | 冲击打入<br>振动打入 | 用压缩空气 | 静力提拔套管<br>振动提拔套管 |
| | | 静力压入 | 用饱和砂 | 静力提拔套管 |
| | 管端敞口 | 射水排土<br>螺旋钻排土 | 浸水自然下沉 | 静力提拔套管 |
| 不使用套管 | 旋转、射水<br>冲击、射水 | | 用饱和砂 | |

砂井成孔的典型方法有套管法、射水法、螺旋钻成孔法和爆破法。

1. 套管法

该法是将带活瓣管尖或套有混凝土端靴的套管沉到预定深度,然后在管内灌砂、拔出套管形成砂井。根据沉管工艺的不同,又分为静压沉管法、锤击沉管法、锤击静压联合沉管法和振动沉管法。

采用锤击静压联合沉管法施工,往往在提管时由于砂的拱作用及管壁的摩阻力,会将管内砂柱带上来,使砂井夹泥或缩颈,这就会影响砂井排水效果。为了不使套管内的砂带上来,保证砂井的连续性,一般辅以气压的施工工艺。

采用振动沉管法,是以振动锤为动力,将套管沉到预定深度,灌砂后振动、提管形成砂井。采用该法施工不仅避免了管内砂随管带上,保证砂井的连续性,同时砂受到振密,砂井质量较好。

2. 射水法

射水法是指利用高压水通过射水管形成高速水流的冲击和环刀的机械切削,使土体

破坏，并形成一定直径和深度的砂井孔，然后灌砂而成砂井。

射水法成井的设备比较简单，对土的扰动较小，但在泥浆排放、塌孔、缩颈、串孔、灌砂等方面都还存在一定问题。

3. 螺旋钻成孔法

该法以动力螺旋钻钻孔，属于干钻法施工，提钻后孔内灌砂成型。此法适用于陆上工程、砂井长度在10 m以内，土质较好，不会出现缩颈和塌孔现象的软弱地基。该法设备简单，成孔比较规整，但灌砂质量较难掌握，对很软弱的地基不太适用。

4. 爆破法

此法是先用直径73 mm的螺纹钻钻成一个砂井所要求设计深度的孔，在孔中放置由传爆线和炸药组成的条形药包，爆破后将孔扩大，然后往孔内灌砂形成砂井。这种方法施工简易，不需要复杂的机具，适用于6～7 m的浅砂井。

以上各种成孔方法，必须保证砂井的施工质量以防缩颈、断颈或错位现象。制作砂井的砂宜为中粗砂，具有良好的透水性。其含泥量不能超过3%。

为了避免砂井断颈或缩颈现象，可用灌砂密实度来控制灌砂量。灌砂时可适当灌水，以利密实。

砂井位置的允许偏差为该井的直径，垂直度的允许偏差为1.5%。

**（二）袋装砂井施工**

袋装砂井是普通砂井的改良和发展。袋装砂井在20世纪60年代末期才开始应用，目前国内外已广泛使用。

普通砂井常用施工方法的缺点是：套管成孔法在打设套管时必将扰动其周围土，使透水性减弱；射水成孔法对含水量高的软土地基施工质量难以保证；螺旋钻成孔法在含水量高的软土地基中也难做到孔壁直立。应当指出，对含水量很高的软土，应用砂井容易产生缩颈、断颈或错位现象。

袋装砂井是用具有一定伸缩性的抗拉强度很高的聚丙烯或聚乙烯编织袋装满砂子，它基本上解决了大直径砂井所存在的问题，使砂井的设计和施工更加科学化，保证砂井的连续性，打设设备实现了轻型化，比较适合在软弱地基上施工，用砂量大为减少，施工速度快，工程造价低，是一种比较理想的竖向排水体。

1. 施工机具和工效

在国内，袋装砂井成孔的方法有锤击打入法、水冲法、静力压入法、钻孔法和振动贯入法。

交通二航局研制出一台EH · Z－8型袋装砂井打设机，一次就打设两根砂井。该机的主要技术性能见表9-11中。

2. 砂袋材料的选择

砂袋必须选用抗拉力强、抗腐蚀和抗紫外线能力强、透水性好、柔韧性好、透气，并且在水中能起滤网作用和不外露砂料的材料制作。国内采用过的砂袋材料有麻袋布和聚丙乙烯编织袋，其力学性能见表9-12。

表 9-11 EH · Z - 8 型袋装砂井打设机的主要技术性能

| 项目 | 性能 | 项目 | 性能 |
|---|---|---|---|
| 起重机型号 | W501 | 最大打设深度(m) | 12.0 |
| 直接接地压力(kPa) | 94 | 打设砂井间距(cm) | 120,140,160,180,200 |
| 间接接地压力(kPa) | 30 | 成孔直径(cm) | 12.5 |
| 振动锤激振力(kN) | 86 | 置入砂袋直径(cm) | 7.0 |
| 激振频率(r/min) | 960 | 施工效率(根/台班) | 66 ~ 80 |
| 外形尺寸(cm) | 长 640 × 宽 285 × 高 1 850 | 适用土质 | 淤泥、粉质黏土、黏土、砂土、回填土 |
| 每次打设根数(根) | 2 | | |

注:需铺设 50 cm 厚砂垫层。

表 9-12 砂袋材料力学性能

| 材料名称 | 抗拉试验 | | 弯曲 180°试验 | | | 渗透性(cm/s) |
|---|---|---|---|---|---|---|
| | 抗拉强度(MPa) | 伸长率(%) | 弯心直径(cm) | 伸长率(%) | 破坏情况 | |
| 麻袋布 | 1.92 | 5.5 | 7.5 | 4 | 完整 | |
| 聚丙乙烯编织袋 | 1.70 | 25 | 7.5 | 23 | 完整 | >0.01 |

3. 施工要求

灌入砂袋的砂宜用干砂,并应灌制密实。砂袋长度应较砂井孔长 50 cm,使其放入井孔内后能露出地面,以便埋入排水砂垫层中。

袋装砂井施工时,所用钢管的内径宜略大于砂井直径,不宜过大,以减小施工过程中对地基土的扰动。另外,拔管后带上砂袋的长度不宜超过 0.50 m。

**(三)塑料带排水法施工**

塑料带排水法是将带状塑料排水带用插带机将其插入软土中,然后在地面上加载预压(或采用真空预压),土中水沿塑料带的通道逸出,从而使地基土得到加固的方法。

塑料带排水法是由纸板排水发展和演变而来的。纸板排水由瑞典皇家岩土研究所 W. Kjellman 等发明,塑料带排水法弥补了纸板在饱水强度、耐久性和透水性等方面的不足。其特点是单孔过水断面大,排水畅通,质量轻,强度高,耐久性好,是一种较理想的竖向排水体。它由芯板和滤膜组成。芯板是由聚丙烯和聚乙烯塑料加工而成的两面有间隔沟槽的板体。土层中的固结渗流水通过滤膜渗入到沟槽内,并通过沟槽从排水垫层中排出。根据塑料排水带的结构,要求滤膜渗透性好,与黏性土接触后其渗透系数不低于中粗砂,排水沟槽输水畅通。此外,塑料带排水沟槽断面面积不因受土压力作用而减小,因此在选用时就着重于带芯材料、滤膜质量、塑料带的结构等因素综合考虑。

塑料排水带由于所用材料不同,结构形式各异,可归纳为两大类,即多孔质单一结构型和复合结构型。

1. 插带机械

用于插设塑料带的插带机种类很多,性能不一,有专门厂商生产的,也有自行设计和制造的,或用挖掘机、打桩机改装等。从机型分,有轨道式、轮胎式、履带式和步履式等多种。

2. 塑料水带导管靴与桩尖

一般打设塑料带的导管靴有圆形和矩形两种。由于导管靴断面不同,所用桩类各异,并且一般都与导管分离。桩类主要作用是在打设塑料带过程中防止淤泥进入导管内,并且对塑料带起锚定作用,防止提管时将塑料带拔出。

圆形桩尖应配圆形管靴,一般为混凝土制品,如图9-15所示;倒梯形绑扎连接桩尖配矩形管靴,一般为塑料制品,也可用薄金属板,如图9-16所示;倒梯形楔挤压连接桩尖固定塑料带比较简单,一般为塑料制品,也可用薄金属板,如图9-17所示。

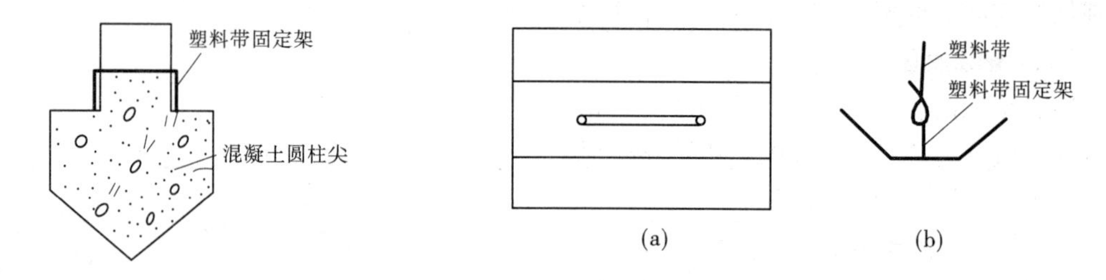


图9-15　圆形桩尖示意图

图9-16　倒梯形绑扎连接桩尖示意图

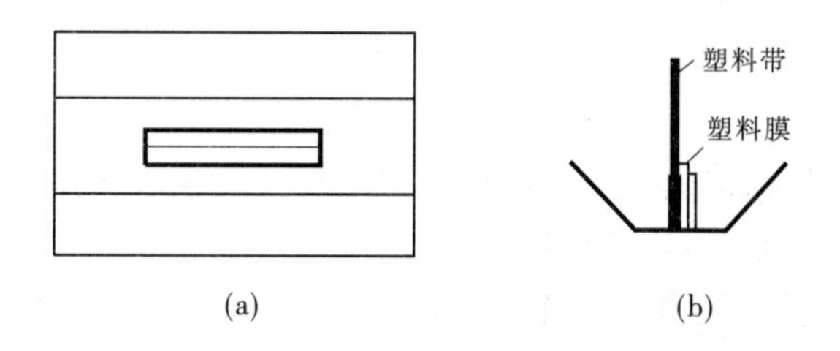


图9-17　倒梯形楔挤压连接桩尖示意图

3. 塑料带排水法的施工工艺

塑料带排水打设顺序包括:定位,将塑料带通过导管从管靴穿出,将塑料带与桩尖连接贴紧管靴并对准桩位,插入塑料带,拔管剪断塑料带等。

在施工中应注意以下几点:

(1)塑料带滤水膜在转盘和打设过程中应避免损坏;防止淤泥进入带芯堵塞输水孔,影响塑料带的排水效果。

(2)塑料带与桩尖连接要牢固,避免提管时脱开,将塑料带拔出。

(3)桩类平端与导管靴配合要适当,避免错缝,防止淤泥在打设过程中进入导管,增大对塑料带的阻力,甚至将塑料带拔出。

(4)严格控制间距和深度,如塑料带拔起2 m以上者应补打。

(5)塑料带需接长时,为减小带与导管阻力,应采用滤水膜内平搭接连接方法,为保证输水畅通并有足够的搭接强度,搭接长度需在200 mm以上。

## 三、预压荷载的施工

产生固结压力的荷载一般分三类:一是利用建筑物自重加压;二是外加预压荷载(堆载预压施工);三是减小地基土的孔隙水压力(真空预压施工)。

### (一)利用建筑物自重加压

利用建筑物本身重量对地基加压是一种经济而有效的方法。此法一般应用于以地基的稳定性为控制条件,能适应较大变形的建筑物,如路堤、大坝、贮矿场、油罐、水池等。特别是对油罐或水池等建筑物,先进行充水加压,一方面可检验罐壁本身有无渗满现象,另一方面利用分级逐渐充水预压,使地基土强度得以提高,满足稳定性要求。对路堤、土坝等建筑物,由于填土高、荷载大,地基的强度不能满足快速填筑的要求,工程上都采用严格控制加荷速率、逐层填筑的方法,以确保地基的稳定性。

### (二)堆载预压

堆载预压的材料一般以散料为主,如石料、砂、砖等。大面积施工时通常采用自卸汽车与推土机联合作业,对超软地基的堆载预压,第一级荷载宜用轻型机械或人工作业。

施工时应注意以下几点:

(1)堆载面积要足够。堆载的顶面积不小于建筑物底面积。堆载的底面积也应适当扩大,以保证建筑物范围内的地基得到均匀加固。

(2)堆载要求严格控制加荷速率,保证在各级荷载下地基的稳定性,同时要避免部分堆载过高而引起地基的局部破坏。

(3)对超软黏性土地表,荷载的大小、施工工艺更要精心设计,以避免对土的扰动和破坏。

不论利用建筑物荷载加压还是堆载预压,最为危险的是急于求成,不认真进行设计,忽视加荷速率的控制,施加超过地基承载力的荷载。特别对打入式砂井地基,未待因打砂井而使地基减小的强度得到恢复就进行加载,这样就容易导致工程的失败。从沉降来看,地基的沉降不仅仅是固结沉降,由于侧向变形也产生一部分沉降,特别是当荷载大时,如果不注意加荷速率的控制,地基内产生局部塑性区而因侧向变形引起沉降,从而增大总沉降量。

### (三)真空预压

当堆载的料源不足,或运输不便时,也可采用真空预压砂井法。

真空预压法的施工流程如图 9-18 所示。

#### 1. 设置排水通道

首先在软基表面铺设砂垫层和在土体中埋设袋装砂井或塑料排水带。

#### 2. 铺设膜下管道

将真空滤管埋入软基表面的砂垫层中,一般采用条形或鱼刺形两种排列方法如图 9-19和图 9-20 所示。

滤水管一般埋设在砂垫层中部,当砂垫层较厚时,一般在滤水管上有 100 ~ 200 mm 砂覆盖层为宜。

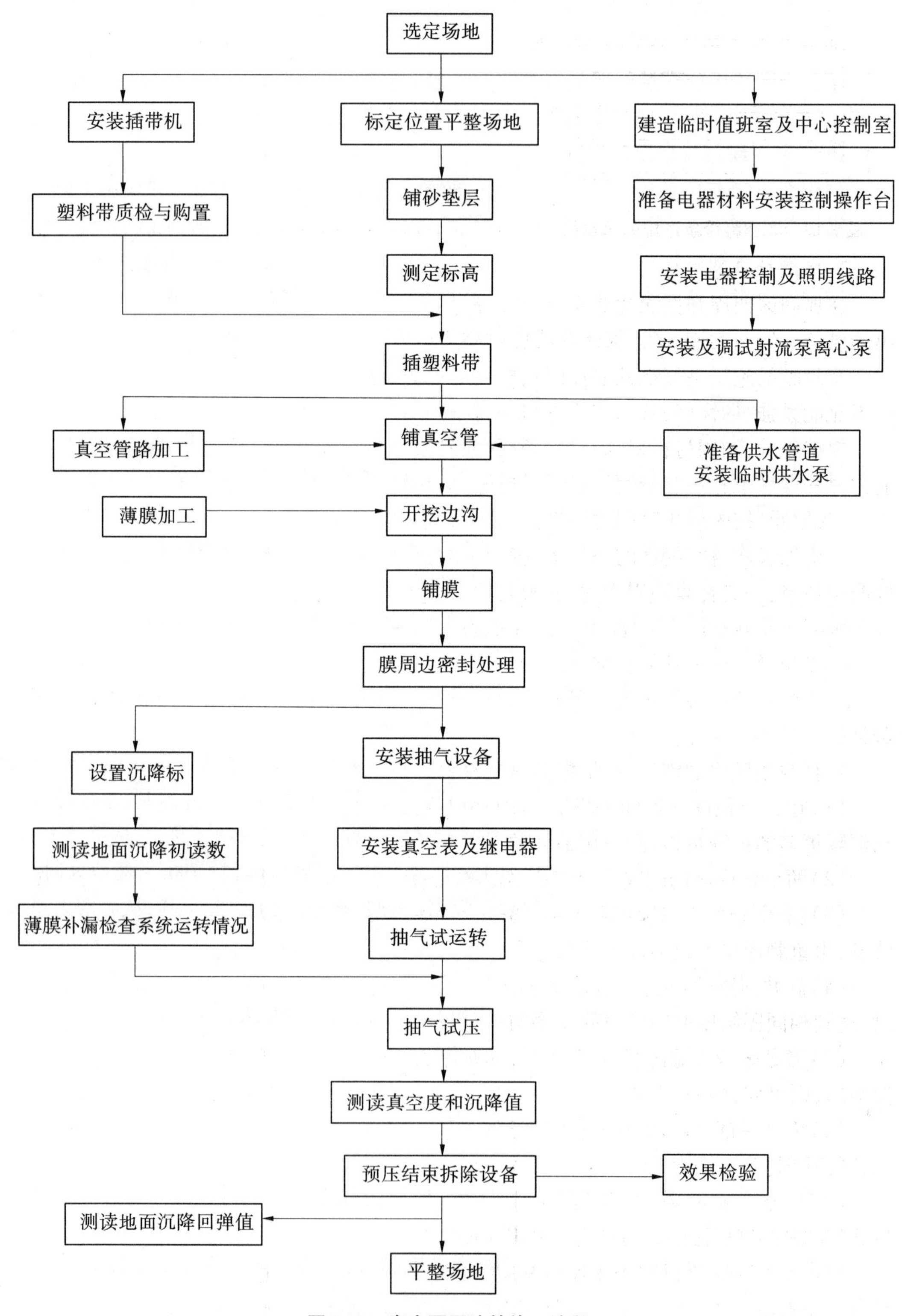


图 9-18　真空预压法的施工流程

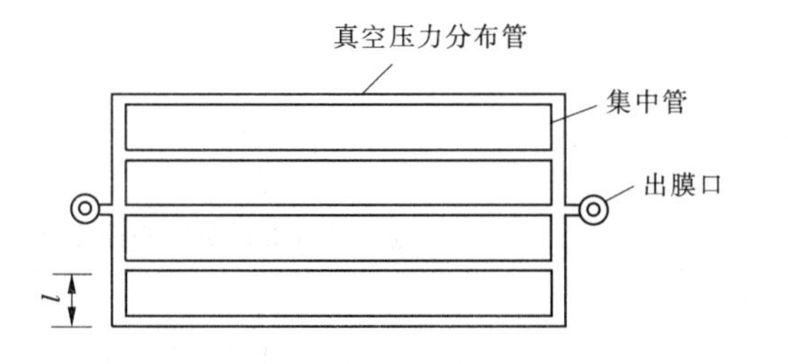


图 9-19 真空滤管条形排列示意图

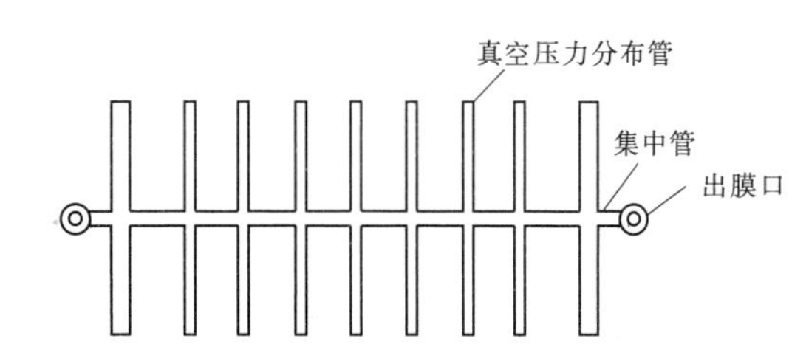


图 9-20 真空滤管鱼刺形排列示意图

3. 铺设封闭薄膜

在加固区四周开挖深达 0.8 ~0.9 m 的沟槽，铺上塑料薄膜，薄膜周边放入沟槽，将挖出的黏性土填回沟槽，铺设封闭薄膜即告完成。

密封膜的施工是真空预压加固法成败的关键问题之一。密封膜材料要求密封性好，抗老化能力强，韧性好，抗穿刺能力强，并且来源容易，价格便宜。

根据经验，采用材料来源充足的密封性聚氯乙烯薄膜即可，如能采用抗老化、抗穿刺能力强的线性聚乙烯等专用薄膜层膜更好。为确保在真空预压全过程的密封性，一般采用 2 ~3 层膜，按先后顺序同时铺设。

在确保膜本身密封性的条件下，膜四周的密封也是关键。在四周密封施工中，要掌握好两个环节：一是在膜四周密封处，膜与软土接触要有足够的长度，保证有足够长的渗径；二是膜周边密封处应有一定的压力，保证膜与软土紧密接触。

4. 连接膜上管道及抽真空装置

膜上管道的一端与出膜装置相连，另一端连接真空设备。主管与薄膜连接处必须妥善处理，以保证密封的气密性。

在真空预压法的施工中，根据实测资料表明：

(1) 在大面积软基加固工程中，每块预压区面积尽可能大，因为这样可加快工程进度和清除更多的沉降量，目前采用最大的是 30 000 $m^2$。

(2) 两个预压区的间隔不宜过大，需根据工程要求和土质决定，一般以 2 ~6 m 较好。

(3) 膜下管道在不降低真空度的条件下尽可能少，为减少费用可取消主管，全部采用滤管，由鱼刺形排列改为环形排列。

(4) 砂井间距应根据土质情况和工期要求来定。当砂井间距从 1.3 m 增至 1.8 m 时，达到相同固结度所需的时间增率与堆载预压法相同。

(5) 当冬季的气温降至 -17 ℃时，如对薄膜、管道、水泵、阀门及真空表等采取常规保温措施，则可照常进行作业。

(6) 为了保证真空设备正常安全运行，便于操作管理和控制间歇抽气，从而节约能源，现已研制成微机检测和自动控制系统。

(7) 直径 7 cm 的袋装砂井和塑料带都具有较好的透水性能。实测表明，在同等条件下，达到相同固结度所需的时间接近。采用何种排水通道，主要由它的单价和施工条件而定。

真空预压法施工过程中为保证其质量，真空滤管的距离要适当使真空度分布均匀，滤管渗透系数不小于 $10^{-2}$ cm/s，泵及膜内真空度应达到在 73 ~96 kPa 范围的技术要求，地表总沉降规律应符合一般堆载预压时的沉降规律，如发现异常，应及时采取措施，以免影

响最终加固效果,因此必须做好真空度、地面沉降量、深层沉降、水平位移、孔隙水压力和地下水位的现场测试工作。

**(四)降水降压**

所谓井点降水,一般是先用高压射水将井管外径为38~50 mm、下端具有长约1.7 m的滤管沉到所需深度,并将井管顶部用管路与真空泵相连,借真空泵的吸力使地下水位下降,形成漏斗状的水位线,如图9-21所示。

井管间距视土质而定,一般为0.8~2.0 m,井点可按实际情况进行布置。滤管长度一般取1~2 m,滤孔面积应占滤管表面积的20%~25%,滤管外包两层滤网及棕皮,以防止滤管被堵塞。

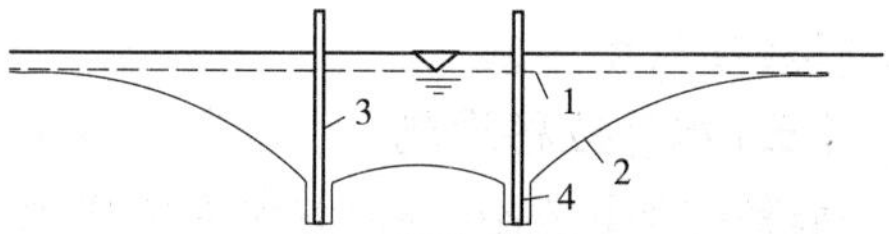

1—抽水前的地下水位线;
2—抽水后的水位降落线;3—抽水井管;4—滤水管

**图9-21 井点降水**

降水5~6 m时,预压荷载可达50~60 kPa,相当于堆高3 m左右的砂石料,而相对降水预压工程量小很多,如采用多层轻型井点或喷射井点等其他降水方法,则其效果更为显著。日本常将此法与砂井结合使用。日本仙台火力发电厂在软黏土地基上建造堆煤场,预压荷载为35 kPa,井点降水深度3.5 m,经5个月后,抗剪强度由21 kPa提高到40.5 kPa,满足了设计要求。当前,国内天津等沿海城市成功地采用了射流喷射方法降低地下水位,降水深度达9 m,而真空泵一般只能降水5 m。

降水预压法较堆载预压法的另一优点是,降水预压使土中孔隙水压力降低,所以不会使土体发生破坏,因而不需控制加荷速率,可一次降至预定深度,从而能加速固结时间。

## 任务五　质量检验

预压法加固地基施工中,经常进行的质量检验和检测项目有孔隙水压力观测、沉降观测、水平位移观测、真空度观测、地基土物理力学指标检测等。

### 一、现场检验

**(一)孔隙水压力观测**

孔隙水压力现场观测时,可根据测点孔隙水压力—时间变化曲线,反算土的固结系数、推算该点不同时间的固结度,从而推算强度增长,并确定下一级施加荷载的大小;根据孔隙水压力和荷载的关系曲线可判断该点是否达到屈服状态,因而可用来控制加荷速率,避免加荷过快而造成地基破坏。

目前,常用钢弦式孔隙水压力计和双管式孔隙水压力计,现场观测孔隙水压力。

在堆载预压工程中,一般在场地中央、载物坡顶处及载物坡脚处不同深度处设置孔隙水压力观测仪器,而真空预压工程则只需在场内设置若干个测孔。测孔中测点布置垂直距离为1~2 m,不同土层也应设置测点,测孔的深度应大于待加固地基的深度。

**(二)沉降观测**

沉降观测是地基工程最基本最重要的观测项目之一。观测内容包括:荷载作用范围内地基的总沉降,荷载外地面沉降或隆起,分层沉降以及沉降速率等。

堆载预压工程的地面沉降标应沿场地对称轴线上设置,场地中心、坡顶、坡脚和场外10 m 范围内均需设置地面沉降标,以掌握整个场地的沉降情况和场地周围地面隆起情况。

真空预压工程地面沉降标应在场内有规律地设置,各沉降标之间距离一般为 20 ~ 30 m,边界内外适当加密。

深层沉降一般用磁环或沉降观测仪在场地中心设置一个测孔,孔中测点位于各土层的顶部。

### (三)水平位移观测

水平位移观测包括边桩水平位移和沿深度的水平位移两部分。它是控制堆载预压加荷速率的重要手段之一。

真空预压的水平位移指向加固场地,不会造成加固地基的破坏。

地表水平位移标一般由木桩或混凝土制成,布置在预压场地的对称轴线上和场地边线不同距离处;深层水平位移则由测斜仪测定,测孔中测点距离为 1 ~ 2 m。

### (四)真空度观测

真空度观测分为真空管内真空度、膜下真空度和真空装置的工作状态。膜下真空度能反映整个场地"加载"的大小和均匀度。膜下真空度测头要求分布均匀,每个测头监控的预压面积为 1 000 ~ 2 000 $m^2$;抽真空期间一般要求真空管内真空度值大于 9 kPa,膜下真空度值大于 80 kPa。

### (五)地基土物理力学指标检测

通过对比加固前后地基土物理力学指标,可更直观地反映出预压法加固地基的效果。

动态观测的测试要求见表 9-13。

表 9-13　动态观测的测试要求

| 观测内容 | 观测目的 | 观测次数 | 说明 |
| --- | --- | --- | --- |
| 沉降 | 推算固结程度,控制加荷速率 | ①4 次/日<br>②2 次/日<br>③1 次/日<br>④4 次/年 | ①—加荷期间,加荷后 1 星期内观测的次数;<br>②—加荷停止后第 2 个星期至 1 个月内观测的次数;<br>③—加荷停止 1 个月后观测的次数;<br>④—若软土层很厚,产生次固结情况 |
| 坡趾侧向位移 | 控制加荷速率 | ①1 次/日<br>②1 次/日<br>③1 次/2 日 | |
| 孔隙水压 | 测定空隙水压增长和消散情况 | ①8 次/日<br>②2 次/日<br>③1 次/日 | |
| 地下水位 | 了解水位变化,计算空隙水压 | 1 次/日 | |

## 二、竣工质量检验

预压法竣工验收检验应符合下列规定：

(1)排水竖井处理深度范围内和竖井底面以下受压土层，经预压所完成的竖向变形和平均固结度应满足设计要求。

(2)应对预压的地基土进行原位十字板剪切试验和室内土工试验。必要时，尚应进行现场载荷试验，试验数量不应少于3点。

**【案例分析】** 根据项目背景中提及的相关内容进行方案设计。

1. 土层分析及各土层物理力学性质

场地地基土层自上而下分为以下几层：第一层为黄褐色粉质黏土硬壳层，为超固结土，厚度在1 m左右。第二层为淤泥质粉土，厚度约3.20 m。第三层为淤泥质粉质黏土，其中夹有薄层粉砂，平均厚度为4.0 m。第四层为淤泥质黏土，其中含有粉砂夹层；下部粉砂夹层逐渐增多而过渡到粉砂层，此层平均厚度为9.30 m。第五层为粉砂、细砂、中砂混合层，其中以细砂为主并混有黏土，平均厚度为8.0 m。第五层以下为黏土、粉质黏土及淤泥质黏土层，距地面50.0 m左右为厚砂层，基岩在80.0 m以下。各土层的主要物理力学性质指标见表9-14。从土工试验资料来看，主要持力层土含水量高(超过液限)，压缩性高，抗剪强度低。第三、四层由于含有薄砂层夹层，其水平向渗透系数大于竖向渗透系数，这对加速土层的排水固结是有利的。

**表9-14　各层土的主要物理力学性质指标**

| 层序 | 土层名称 | 含水量(%) | 容重($kN/m^3$) | 孔隙比 | 液限(%) | 塑限(%) | 塑性指数 | 液性指数 | 压缩系数($cm^2$/kg) | 固结系数($10^{-3}cm^2$/kg) | | 三轴固结快剪 | | 十字板强度($kN/m^2$) |
|---|---|---|---|---|---|---|---|---|---|---|---|---|---|---|
| | | | | | | | | | | 竖向 $C_v$ | 横向 $C_h$ | $c'$($kN/m^2$) | $\varphi'$(°) | |
| 1 | 黄褐色粉质黏土 | 31.3 | 19.1 | 0.87 | 34.7 | 19.3 | 15.5 | 0.78 | 0.036 | 1.57 | 1.82 | | | |
| 2 | 淤泥质粉土 | 46.7 | 17.7 | 1.28 | 40.4 | 21.3 | 19.1 | 1.33 | 0.114 | 1.12 | 0.91 | 0 | 26.1 | 17.5 |
| 3 | 淤泥质粉质黏土 | 39.1 | 18.1 | 1.07 | 33.1 | 19.0 | 14.1 | 1.42 | 0.066 | 3.40 | 4.81 | 11.4 | 28.9 | 24.8 |
| 4 | 淤泥质黏土 | 50.2 | 17.1 | 1.40 | 41.4 | 21.3 | 20.1 | 1.43 | 0.102 | 0.81 | 3.15 | 0 | 25.7 | 41.0 |
| 5 | 粉砂、细砂、中砂混合 | 30.1 | 18.4 | 0.90 | 23.5 | 16.3 | 7.2 | 1.91 | 0.023 | | | | | |
| 6a | 粉质黏土 | 32.3 | 18.4 | 0.90 | 29.0 | 17.9 | 11.1 | 1.29 | 0.038 | 3.82 | 6.28 | | | |
| 6b | 淤泥质黏土 | 41.2 | 17.6 | 1.20 | 41.0 | 21.3 | 19.7 | 1.01 | 0.061 | | | | | |
| 7 | 黏土 | 44.4 | 17.3 | 1.28 | 46.7 | 25.3 | 21.4 | 0.89 | 0.045 | | | | | |
| 8 | 粉质黏土 | 32.4 | 18.3 | 0.97 | 33.8 | 20.7 | 13.1 | 0.89 | 0.028 | | | | | |

2. 砂井设计

砂井直径 40 cm、间距 2.5 m，采用等边三角形布置，井径比 $n$ 为 6.6。考虑到地面下 17 m 处有粉砂、细砂、中砂混合层，为便于排水，砂井长度定为 18 m，砂井的范围一般宜比构筑物基础稍大，本工程基础外设两排砂井以利于基础外地基土强度的提高，减少侧向变形。

3. 砂井施工

本工程采用高压水冲法施工，即在普通钻机杆上接上喷水头，外面罩上一定直径的切土环刀，由高压水和切土环刀把泥浆泛出地面从排水沟排出，当孔内水含泥量较少时倒入砂而形成砂井。该法优点是机具简单、成本低、对土的结构扰动小，缺点是砂井的含泥量较其他施工方法大。施工时场地上泥浆多，在铺砂垫层前必须进行清理。

4. 效果评价

本工程经现场沉降观测和孔隙水压力观测，观测结果显示，从稳定方面看，在充水顶压过程中，除个别测点外，孔隙水压力和沉降速率实测结果均未超过控制标准，罐外地面无隆起现象，说明在充水过程中地基是稳定的；从固结效果来看，当充水高度达灌顶后 30 d（即充水开始后 110 d），孔隙水压力已经基本消散，放水前实测值已接近最终值，说明固结效果是显著的。因此，可认为该工程采用砂井并充水预压处理，在技术上效果是好的。

## 小　结

本项目阐述了预压法处理软土地基的基本原理、设计计算、施工方法以及质量检验，介绍预压的方法包括堆载预压法、砂井预压法、真空预压法、降低水位法和电渗法。通过学习，应掌握以下几部分内容：

1. 熟悉预压法处理地基的基本概念、主要参数。
2. 掌握预压法的分类及其设计计算。
3. 掌握几种预压方法的施工方法。
4. 了解预压法加固地基施工的质量检验和检测项目。

## 思考题与习题

1. 简述预压法的概念。
2. 预压法的加固机制是什么？
3. 预压法的方法包括哪些？
4. 预压法的施工包括哪些环节？
5. 简述水平排水垫层的施工要求。
6. 简述竖向排水体的几种施工方法。
7. 简述预压荷载的几种施工方法。
8. 预压法加固地基施工中现场检验的项目有哪些？

9. 某工程建在饱和软黏土地基上,砂桩长 12 m, $d=1.5$ m,正三角形布置,$d_w=30$ cm,$C_v=C_h=1.0\times10^{-3}$ cm/s,求一次加荷3个月时砂井地基的平均固结度。

10. 某工程的地基为淤泥质黏土层,受压土层厚度 18 m,固结系数 $C_v=1.5\times10^{-3}$ cm/s,$C_h=2.95\times10^{-3}$ cm/s。拟用堆载预压法进行地基处理,袋装砂井直径 $d_w=70$ mm,等边三角形布置,间距 $l=1.6$ m,深度 $H=18$ m,砂井底部为不透水层,砂井打穿受压土层。预压荷载总压力 $p=100$ kPa,分两级等速加载。计算加载 120 d 时受压土层的平均固结度(不考虑竖井井阻和涂抹影响)。

# 项目十　高压喷射注浆

**【知识目标】** 掌握高压喷射注浆地基处理方法的概念、施工方法和质量检验，了解高压喷射注浆法的加固机制和设计计算。

**【技能目标】** 能够完成高压喷射注浆法地基处理方案的设计、施工及质量检验工作。

**【项目背景】** 广州市花都区新世纪酒店高107 m，地上主楼29层，裙楼3～5层，地下室1层，层高6 m，总建筑面积59 000 $m^2$。本工程位于隐伏岩溶地区，地质构造复杂，经研究决定采用高压旋喷双液分喷法加固地基。1994年4月地基加固施工完成，经采用多种方法检测，安全达到预定的效果，1996年上部建筑结构顺利建成，至今基础稳定，未发现有任何异常现象。

本工程位于隐伏岩溶地区，按成因类型可分为人工填土、冲积砂层以下为石炭灰岩。其中，上部为第四系冲积岩，主要由黏性土、砂层及软土组成，总厚度为9～28 m，变化较大。基底岩液较为发育，岩石表面凹凸不平，相对高差变化不大(局部地段相邻仅1.8 m距离，其岩面高差在17.20 m)见洞率为19%。溶槽、溶沟及浅层溶洞分布较密集。

场地内无地表水体，地下水主要来源于第四系冲积层孔隙水与基岩岩溶裂隙水。

## 任务一　概　述

高压喷射注浆法20世纪60年代后期创始于日本，它是利用钻机把带有喷嘴的注浆管钻进至土层的预定位置后，以高压设备使浆液或水成为20～40 MPa的高压射流从喷嘴中喷射出来，冲击破坏土体，同时钻杆以一定速度渐渐向上提升，将浆液与土粒强制搅拌混合，浆液凝固后，在土中形成一个固结体。

我国于1975年首先在铁道部门进行单管法的试验和应用，1977年冶金部建筑研究总院在宝钢工程中首次应用三重管法喷射注浆获得成功，1986年该院又开发成功高压喷射注浆的新工艺——干喷法，并取得国家专利。至今，我国已有上百项工程应用了高压喷射注浆法。

高压喷射注浆法所形成的固结体形状与喷射流移动方向有关。一般分为旋转喷射(简称旋喷)、定向喷射(简称定喷)和摆动喷射(简称摆喷)三种形式(见图10-1)。

旋喷法施工时，喷嘴一面喷射一面旋转并提升，固结体呈圆柱状。该法主要用于加固地基，提高地基的抗剪强度、改善土的变形性质，也可组成闭合的帷幕，用于截阻地下水流和治理流沙。旋喷法施工后，在地基中形成的圆柱体，称为旋喷桩。

定喷法施工时，喷嘴一面喷射一面提升，喷射的方向固定不变，固结体形如板状或壁状。

摆喷法施工时，喷嘴一面喷射一面提升，喷射的方向呈较小角度来回摆动，固结体形

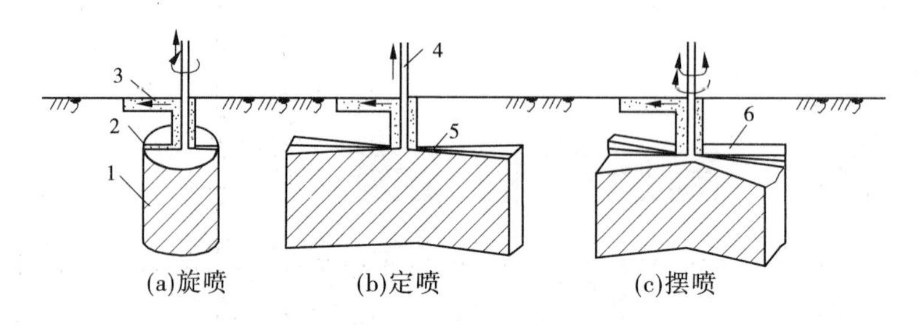


1—桩;2—射流;3—冒浆;4—喷射注浆;5—板;6—墙

**图 10-1　高压喷射注浆的三种形式**

如较厚墙状。

定喷及摆喷两种方法通常用于基坑防渗、改善地基土的水流性质和稳定边坡等工程。

## 一、高压喷射注浆法的工艺类型

当前,高压喷射注浆法的基本工艺类型有单管法、二重管法、三重管法和多重管法等四种方法。

### (一)单管法

单管旋喷注浆法是利用钻机把安装在注浆管(单管)底部侧面的特殊喷嘴,置入土层预定深度后,用高压泥浆泵等装置,以 20 MPa 左右的压力,把浆液从喷嘴中喷射出去,冲击破坏土体,使浆液与从土体上崩落下来的土搅拌混合,经过一定时间凝固,便在土中形成一定形状的固结体,如图 10-2 所示。这种方法日本称为 CCP 工法。

### (二)二重管法

使用双通道的二重注浆管。当二重注浆管钻进到土层的预定深度后,通过在管底部侧面的一个同轴双重喷嘴,同时喷射出高压浆液和空气,两种介质的喷射流冲击破坏土体。以高压泥浆泵等高压发生装置,喷射出 20 MPa 左右压力的浆液,从内喷嘴中高速喷出,并用 0.7 MPa 左右压力把压缩空气从外喷嘴中喷出。在高压浆液和它外圈环绕气流的共同作用下,破坏土体的能量显著增大,最后在土中形成较大的固结体。固结体的范围明显增加(见图 10-3)。这种方法日本称为 JSG 工法。

### (三)三重管法

使用分别输送水、气、浆三种介质的三重注浆管,在以高压泵等高压发生装置产生 20 ~ 30 MPa的高压水喷射流的周围,环绕一股 0.5 ~ 0.7 MPa 的圆筒状气流,进行高压水喷射流和气流同轴喷射冲切土体,形成较大的空隙,再另由泥浆泵注入压力为 0.5 ~ 3 MPa 的浆液填充,喷嘴做旋转和提升运动,最后在土中凝固为较大的固结体(见图 10-4)。这种方法日本称为 CJP 工法。

### (四)多重管法

这种方法首先需要在地面钻一个导孔,然后置入多重管,用逐渐向下运动的旋转超高压力水射流(压力约 40 MPa),切削破坏四周的土体,经高压水冲击下来的土和石成为泥浆后,立即用真空泵从多重管中抽出。如此反复地冲和抽,便在地层中形成一个较大的空间。装在喷嘴附近的超声波传感器及时测出空间的直径和形状,最后根据工程要求选用

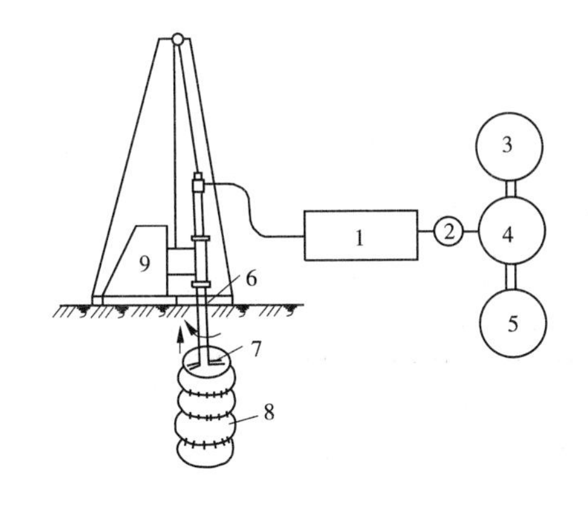


1—高压泥浆泵；2—浆桶；3—水箱；
4—搅拌机；5—水泥仓；6—注浆管；
7—喷头；8—旋喷固结体；9—钻机

**图 10-2　单管法高压喷射注浆示意图**

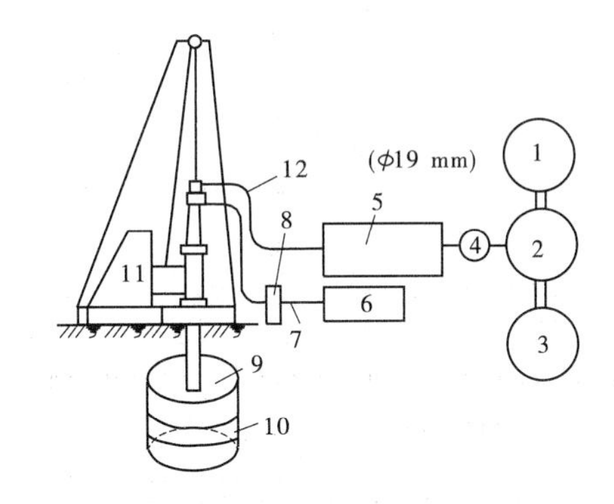


1—水箱；2—搅拌机；3—水泥仓；4—浆桶；
5—高压泥浆泵；6—空压机；7—二重管；
8—气量计；9—喷头；10—固结体；
11—钻机；12—高压胶管

**图 10-3　二重管法高压喷射注浆示意图**

浆液、砂浆、砾石等材料进行填充。于是在地层中形成一个大直径的柱状固结体，在砂性土中最大直径可达 4 m(见图 10-5)。这种方法日本称为 SSS - MAN 工法。

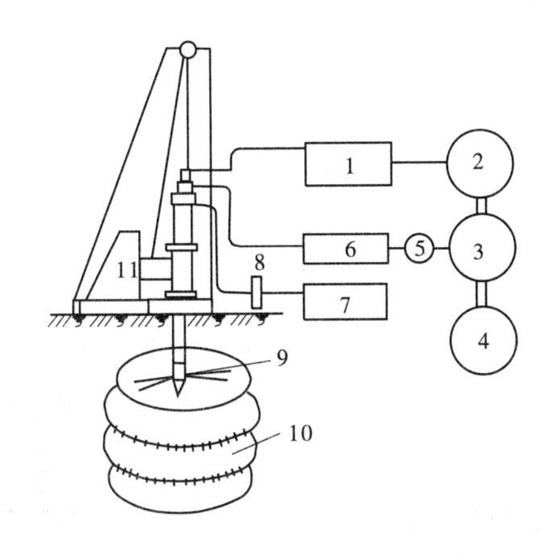


1—高压水泵；2—水箱；3—搅拌机；
4—水泥仓；5—浆桶；6—泥浆泵；7—空压机；
8—气量计；9—喷头；10—固结体；11—钻机

**图 10-4　三重管法高压喷射注浆示意图**

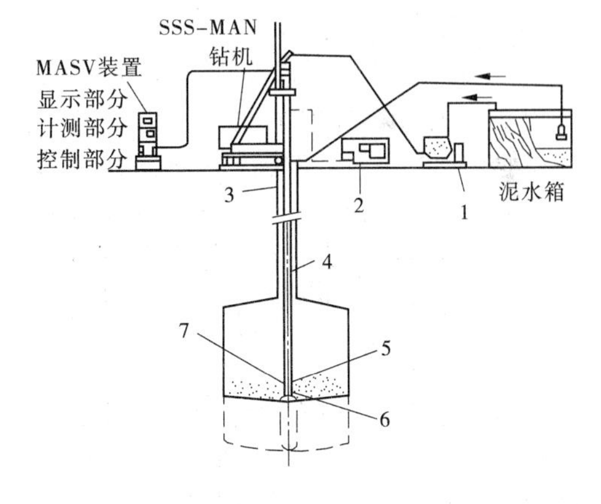


1—真空泵；2—高压水泵；3—孔口管；4—多重钻杆；
5—超声波传感器；6—钻头；7—高射水喷嘴

**图 10-5　多重管法高压喷射注浆示意图**

## 二、高压喷射注浆法的特征

### (一)适用范围较广

由于固结体的质量明显提高，它既可用于工程新建之前，又可用于竣工后的托换工程，可以不损坏建筑物的上部结构，且能使已有建筑物在施工时使用功能正常。

### (二)施工简便

施工时只需在土层中钻一个孔径为 50 mm 或 300 mm 的小孔，便可在土中喷射成直

径为0.4 ~4.0 m 的固结体,因而施工时能贴近已有建筑物,成型灵活,既可在钻孔的全长形成柱型固结体,也可仅做其中一段。

**(三)可控制固结体形状**

在施工中可调整旋喷速度和提升速度,增减喷射压力,更换喷嘴孔径改变流量,使固结体形成工程设计所需要的形状。

**(四)可垂直、倾斜和水平喷射**

通常是在地面上进行垂直喷射注浆,但在隧道、矿山井巷工程、地下铁道等建设中,亦可采用倾斜和水平喷射注浆。

### 三、高压喷射注浆法的适用范围

高压喷射注浆法主要适用于处理淤泥、淤泥质土、黏性土、粉土、黄土、砂土、人工填土和碎石土等地基。

当土中含有较多的大粒径块石、坚硬黏性土、大量植物根茎或有过多的有机质时,应根据现场试验结果确定其适用程度。

对地下水流速过大,浆液无法在注浆管周围凝固的情况,对无填充物的岩溶地段,永冻土以及对水泥有严重腐蚀的地基,均不宜采用高压喷射注浆法。

## 任务二　加固机制

### 一、高压水喷射流性质

高压水喷射流是通过高压发生设备,使它获得巨大能量后,从一定形状的喷嘴,用一种特定的流体运动方式,以很高的速度连续喷射出来的、能量高度集中的一股液流。

在高压高速的条件下,喷射流具有很大的功率,即在单位时间内从喷嘴中射出的喷射流具有很大的能量,其速度与功率如表 10-1 所示。

**表 10-1　喷射流的速度与功率**

| 喷嘴压力 $p_a$ (MPa) | 喷嘴出口孔径 $d_0$ (cm) | 流速系数 $\varphi$ | 流量系数 $\mu$ | 射流速度 $v_0$ (m/s) | 喷射功率 $N$ (kW) |
|---|---|---|---|---|---|
| 10 | 0.30 | 0.963 | 0.946 | 136 | 8.5 |
| 20 | | | | 192 | 24.1 |
| 30 | | | | 243 | 44.4 |
| 40 | | | | 280 | 68.3 |
| 50 | | | | 313 | 95.4 |

**注:**流量系数和流速系数为收敛圆锥 13°24′角喷嘴的水力试验值。

从表 10-1 可见,喷嘴的出口孔径只有 3 mm,由于喷射压力为 10 MPa、20 MPa、30 MPa、40 MPa 和 50 MPa,它们是以 136 m/s、192 m/s、243 m/s、280 m/s 和 313 m/s 的速度连续不断地从喷嘴中喷射出来,携带了 8.5 kW、24.1 kW、44.4 kW、68.3 kW 和 95.4 kW 的巨大能量。

## 二、高压喷射流的种类和构造

高压喷射注浆所用的喷射流共有四种：①单管喷射流为单一的高压水泥浆喷射流；②二重管喷射流为高压浆液喷射流与其外部环绕的压缩空气喷射流，组成复合式高压喷射流；③三重管喷射流由高压水喷射流、高压泥浆喷射流与其外部环绕的压缩空气喷射流组成，亦为复合式高压喷射流；④多重管喷射流为高压水喷射流。

以上四种喷射流破坏土体的效果不同，但其构造可划分为单液高压喷射流和水（浆）、气同轴喷射流两种类型。

### （一）单液高压喷射流的构造

单管旋喷注浆使用高压喷射水泥浆流和多重管的高压水喷射流，它们的射流构造可用高压水连续喷射流在空气中的模式（见图 10-6）予以说明。高压喷射流可由三个区域组成，即保持出口压力 $p_0$ 的初期区域 $A$、紊流发达的主要区域 $B$ 和喷射水变成不连续喷流的终期区域 $C$ 等三部分。

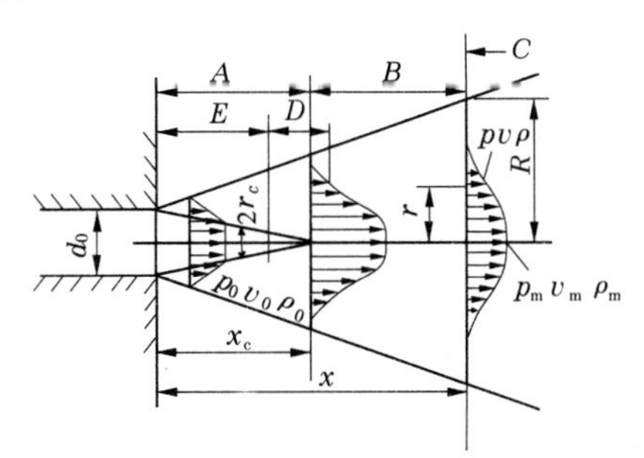


**图 10-6　高压喷射流构造**

在初期区域中，喷嘴出口处速度分布是均匀的，轴向动压是常数，保持速度均匀的部分向前面逐渐愈来愈小，当达到某一位置后，断面上的流速分布不再是均匀的。速度分布保持均匀的这一部分称为喷射核（$E$ 区段），喷射核末端扩散宽度稍有增加，轴向动压有所减小的过渡部分称为迁移区（$D$ 区段）。初期区域的长度是喷射流的一个重要参数，可据此判断破碎土体和搅拌效果。

在初期区域后为主要区域，在这一区域内，轴向动压陡然减弱，喷射扩散宽度和距离的平方根成正比，扩散率为常数，喷射流的混合搅拌在这一部分内进行。

在主要区域后为终期区域，到此喷射流能量衰减很大，末端呈雾化状态，这一区域的喷射能量较小。

喷射加固的有效喷射长度为初期区域长度和主要区域长度之和（$A+B$），若有效喷射长度愈长，则搅拌土的距离愈大，喷射加固体的直径也愈大。

### （二）高压喷射流的压力衰减

喷射流在空气中喷射水时：

$$\frac{p_m}{p_0} = \frac{x_c}{x} \tag{10-1}$$

喷射流在水中喷射水时：

$$\frac{p_{m}}{p_{0}} = \left(\frac{x_{c}}{x}\right)^{2} \tag{10-2}$$

式中 $x_c$——初期区域的长度,m;

$x$——喷射流中心轴距喷嘴的距离,m;

$p_m$——喷嘴出口压力,kPa;

$p_0$——喷流中心轴上距喷嘴 $x$ 距离的压力,kPa。

根据试验结果:

在空气中喷射时 $x_c = (75 \sim 100)d_0$

在水中喷射时 $x_c = (6 \sim 6.5)d_0$

式中 $d_0$——喷嘴直径。

当压力高达10~40 MPa的喷射流在介质中喷射时,压力的衰减规律也可近似地采用下列经验公式:

$$p_{m} = K \cdot d_{0}^{0.5} \frac{p_{0}}{x^{n}} \tag{10-3}$$

式中 $K$、$n$——系数[适用于 $x = (50 \sim 300)d_0$]。

**(三)水(浆)、气同轴喷射流的构造**

二重管旋喷注浆的水(浆)、气同轴喷射流,与三重管旋喷注浆的水(浆)、气同轴喷射流除喷射介质不同外,都是在喷射流的外围同轴喷射圆筒状气流,它们的构造基本相同。现以水(浆)、气同轴喷射流为代表,分析其构造。

在初期区域 $A$ 内,水喷流的速度保持喷嘴出口的速度,但由于水喷射与空气流相冲撞及喷嘴内部表面不够光滑,以至从喷嘴喷射出的水流较紊乱,再加以空气和水流的相互作用,在高压喷射水流中形成气泡,喷射流受到干扰,在初期区域的末端,气泡与水喷流的宽度一样。

在迁移区域 $D$ 内,高压水喷射流与空气开始混合,出现较多的气泡。

在主要区域 $B$ 内,高压水喷射流衰减,内部含有大量气泡,气泡逐渐分裂破坏,成为不连续的细水滴状,同轴喷射流的宽度迅速扩大。

水(浆)、气同轴喷射流的初期区域长度可用以下经验公式表示:

$$x_{c} \approx 0.048 v_{0} \tag{10-4}$$

式中 $v_0$——初期流速,m/s。

旋喷时,若高压水(浆)、气同轴喷射流的初期速度为20 m/s,则其初期区域长度 $x_c$ = 0.10 m,而以高压水喷射流单独喷射时,$x_c$ 仅为0.015 m,可见,水(浆)、气同轴喷射的初期区域长度增加了近6倍。

## 三、加固地基的机制

### (一)高压喷射流对土体的破坏作用

破坏土体结构强度的最主要因素是喷射动压,为了取得更大的破坏力,需要增加平均流速,也就是需要增加旋喷压力,一般要求高压脉冲泵的工作压力在20 MPa以上,这样就使射流像刚体一样,冲击破坏土体,使土与浆液搅拌混合,凝固成圆柱状的固结体。

喷射流在终期区域，能量衰减很大，不能直接冲击土体使土颗粒剥落，但能对有效射程的边界土产生挤压力，对四周土有压密作用，并使部分浆液进入土粒之间的空隙里，使固结体与四周土紧密相依，不产生脱离现象。

### （二）水（浆）、气同轴喷射流对土的破坏作用

单射流虽然具有巨大的能量，但由于压力在土中急剧衰减，因此破坏土的有效射程较短，致使旋喷固结体的直径较小。

当在喷嘴出口的高压水喷流的周围加上圆筒状空气射流，进行水、气同轴喷射时，空气流使水或浆的高压喷射流从破坏的土体上将土粒迅速吹散，使高压喷射流的喷射破坏条件得到改善，阻力大大减小，能量消耗降低，因而增大了高压喷射流的破坏能力，形成的旋喷固结体的直径较大。图 10-7 为不同类喷射流轴上动水压力与距离的关系，表明高速空气具有防止高速水射流动压急剧衰减的作用。

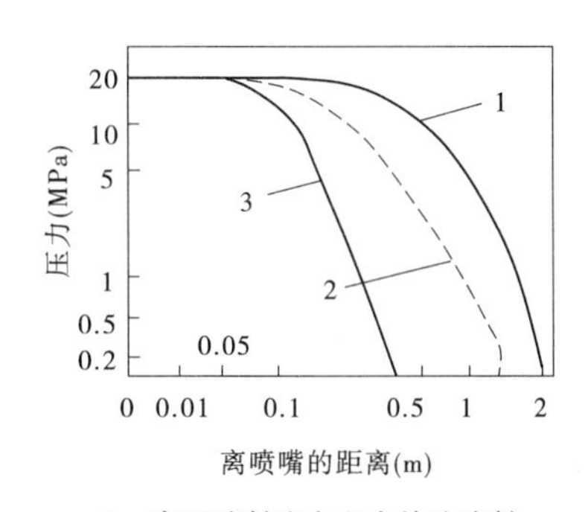


1—高压喷射流在空中单独喷射；
2—水（浆）、气同轴喷射流在水中喷射；
3—高压喷射流在水中单独喷射

图 10-7 不同类喷射流轴上动水压力与距离的关系

旋喷时，喷射最终固结状况如图 10-8 所示；定喷时，形成一个板状固结体，如图 10-9 所示。

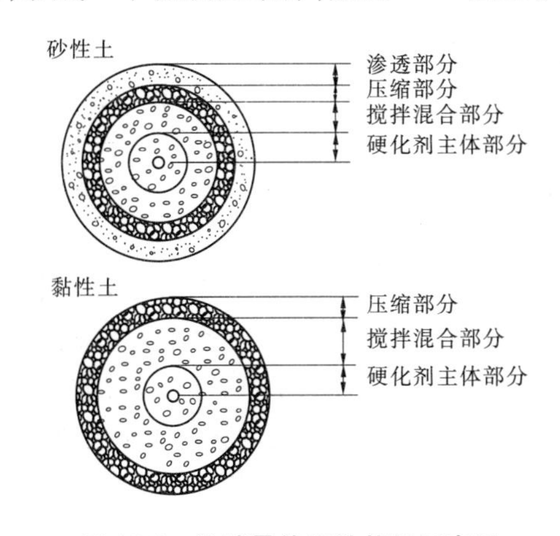


图 10-8 旋喷最终固结状况示意图

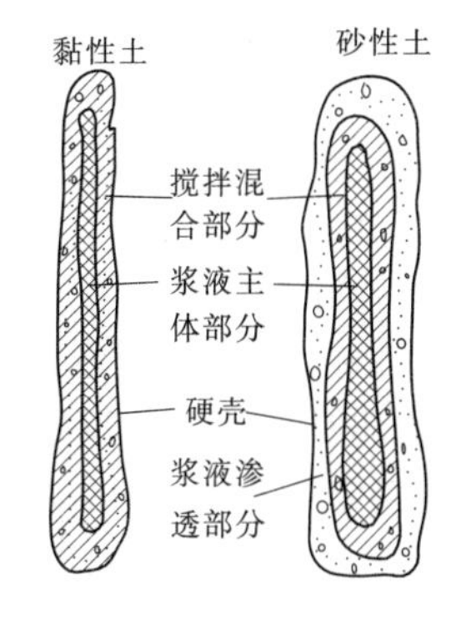


图 10-9 定喷固结体横断面结构示意图

### （三）水泥与土的固结机制

水泥与水拌和后，首先产生铝酸三钙水化物和氢氧化钙，它们可溶于水中，但溶解度不高，很快就达到饱和，这种化学反应连续不断地进行，就析出一种胶质物体。这种胶质物体有一部分混在水中悬浮，后来就包围在水泥微粒的表面，形成一层胶凝薄膜。所生成的硅酸二钙水化物几乎不溶于水，只能以无定形体的胶质包围在水泥微粒的表层，另一部分渗入水中。由水泥各种成分所生成的胶凝膜，逐渐发展起来成为胶凝体，此时表现为水泥的初凝状态，开始有胶黏的性质。此后，水泥各成分在不缺水、不干涸的情况下，继续不断地按上述水化程序发展、增强和扩大，从而产生下列现象：①胶凝体增大并吸收水分，使

凝固加速,结合更密;②由于微晶(结晶核)的产生进而生出结晶体,结晶体与胶凝体相互包围渗透并达到一种稳定状态,这就是硬化的开始;③水化作用继续深入到水泥微粒内部,使未水化部分再参加以上的化学反应,直到完全没有水分以及胶质凝固和结晶充盈为止。但无论水化时间持续多久,都很难将水泥微粒内核全部水化完,所以水化过程是一个长久的过程。

## 四、加固土的基本形状

### (一)直径或长度

旋喷固结体的直径大小与土的种类和密实程度有较密切的关系。对黏性土地基加固,单管旋喷注浆加固体直径一般为0.3~0.8 m;三重管旋喷注浆加固体直径可达0.7~1.8 m;二重管旋喷注浆加固体直径介于以上二者之间。多重管旋喷直径为2.0~4.0 m。旋喷桩的设计直径见表10-2。定喷和摆喷的有效长度一般为旋喷桩直径的1.0~1.5倍。

**表10-2 旋喷桩的设计直径** (单位:m)

| 土质 | | 单管法 | 二重管法 | 三重管法 |
|---|---|---|---|---|
| 黏性土 | $0<N<5$ | 0.5~0.8 | 0.8~1.2 | 1.2~1.8 |
| | $6<N<10$ | 0.4~0.7 | 0.7~1.1 | 1.0~1.6 |
| | $11<N<20$ | 0.3~0.6 | 0.6~0.9 | 0.7~1.2 |
| 砂性土 | $0<N<10$ | 0.6~1.0 | 1.0~1.4 | 1.5~2.0 |
| | $11<N<20$ | 0.5~0.9 | 0.9~1.3 | 1.2~1.8 |
| | $21<N<30$ | 0.4~0.8 | 0.8~1.2 | 0.9~1.5 |

注:$N$为标准贯入击数。

### (二)固结体形状

按喷嘴的运动规律不同而形成均匀圆柱状、非均匀圆柱状、圆盘状、板墙状、扇形壁状等,同时因土质和工艺不同而有所差异。在均质土中,旋喷的圆柱体比较匀称;而在非均质土或有裂隙的土中,旋喷的圆柱体不匀称,甚至在圆柱体旁长出翼片。由于喷射流脉动和提升速度不均匀,固结体的表面不平整,可能出现许多乳状突起;三重管旋喷固结体受气流影响,在粉质砂土中外表格外粗糙;在深度大时,如不采取相应措施,旋喷固结体可能上粗下细似胡萝卜的形状。

### (三)重量

固结体内部土粒少并含有一定数量的气泡,因此固结体的重量较轻,轻于或接近于原状土的密实度。黏性土固结体比原状土轻约10%,但砂类土固结体也可能比原状土重10%。

### (四)渗透系数

固结体内虽有一定的孔隙,但这些孔隙并不贯通,而且固结体有一层较致密的硬壳,其渗透系数达$10^{-6}$ cm/s或更小,故具有一定的防渗性能。

### (五)强度

土体经过喷射后,土粒重新排列,水泥等浆液含量大。由于一般外侧土颗粒直径大、数量多,浆液成分也多,因此在横断面上中心强度低、外侧强度高,与土交接的边缘处有一圈坚硬的外壳。

影响固结体强度的主要因素是土质和浆材,有时使用同一浆材配方,软黏土的固结强度成倍地小于砂土固结强度。一般在黏性土和黄土中的固结体,其抗压强度可达 5 ~ 10 MPa,砂类土和砂砾层中固结体的抗压强度可达 8 ~ 20 MPa,固结体的抗拉强度一般为抗压强度的 1/5 ~ 1/10。

#### (六)耐久性

固结体的化学稳定性较好,有较强的抗冻和抗干湿循环作用的能力。

#### (七)单桩承载力

旋喷柱状固结体有较高的强度,外形凸凹不平,因此有较大的承载力,固结体直径愈大,承载力愈高。

高压喷射注浆固结体的基本性质见表 10-3。

**表 10-3　高压喷射注浆固结体的基本性质**

| 固结体的基本性质 | | 单管法 | 二重管法 | 三重管法 |
|---|---|---|---|---|
| 单桩垂直极限荷载(kN) | | 500 ~ 600 | 1 000 ~ 1 200 | 2 000 |
| 单桩水平极限荷载(kN) | | 30 ~ 40 | | |
| 最大抗压强度(MPa) | | 砂类土 10 ~ 20,黏性土 5 ~ 10,黄土 5 ~ 10,砂砾 8 ~ 20 | | |
| 平均抗剪强度/平均抗压强度 | | 1/5 ~ 1/10 | | |
| 弹性模量(×$10^3$ MPa) | | 静弹性模量 1 300 ~ 2 600,动弹性模量 4 000 ~ 8 000 | | |
| 干密度(g/cm$^3$) | | 砂类土 1.6 ~ 2.0 | 黏性土 1.4 ~ 1.5 | 黄土 1.3 ~ 1.5 |
| 渗透系数(cm/s) | | 砂类土 $10^{-5}$ ~ $10^{-6}$ | 黏性土 $10^{-6}$ ~ $10^{-7}$ | |
| $c$(MPa) | | 砂类土 0.4 ~ 0.5 | 黏性土 0.7 ~ 1.0 | |
| $\varphi$(°) | | 砂类土 30 ~ 40 | 黏性土 20 ~ 30 | |
| $N$(击数) | | 砂类土 30 ~ 50 | 黏性土 20 ~ 30 | |
| 弹性波速(km/s) | P 波 | 砂类土 2 ~ 3 | 黏性土 1.5 ~ 2.0 | |
| | S 波 | 砂类土 1.0 ~ 1.5 | 黏性土 0.8 ~ 1.0 | |
| 化学稳定性能 | | 较好 | | |

## 任务三　设计计算

### 一、室内配方与现场喷射试验

为了解喷射注浆固结体的性质和浆液的合理配方,必须取现场各层土样,在室内按不同的含水量和配合比进行试验,优选出最合理的浆液配方。

对规模较大及性质较重要的工程,设计完成之后,要在现场进行试验,查明喷射固结

体的直径和强度,验证设计的可靠性和安全度。

## 二、固结体尺寸

(1)固结体尺寸主要取决于下列因素:①土的类别及其密实程度;②高压喷射注浆方法(注浆管的类型);③喷射技术参数(包括喷射压力与流量,喷嘴直径与个数,压缩空气的压力、流量与喷嘴间隙,注浆管的提升速度与旋转速度)。

(2)在无试验资料的情况下,对小型的或不太重要的工程,可根据经验选用表10-2所列数值。

(3)对于大型的或重要的工程,应通过现场喷射试验后开挖或钻孔采样确定。

## 三、承载力计算

用旋喷桩处理的地基,应按复合地基设计。旋喷桩复合地基承载力特征值应通过现场复合地基载荷试验确定,也可按下式计算或结合当地情况与其土质相似工程的经验确定。

$$f_{sp,k} = \frac{1}{A_e}[R_k^d + \beta f_{s,k}(A_e - A_p)] \tag{10-5}$$

式中 $f_{sp,k}$——复合地基承载力特征值,kPa;

$f_{s,k}$——桩间天然地基土承载力特征值,kPa,宜按当地经验取值,无经验时,可取天然地基承载力特征值;

$A_e$——一根桩承担的处理面积,$m^2$;

$A_p$——桩的平均截面面积,$m^2$;

$\beta$——桩间天然地基土承载力折减系数,可根据试验确定,在无试验资料时,可取0~0.5,承载力较低时取低值;

$R_k^d$——单桩竖向承载力特征值,kN,可通过现场载荷试验确定,也可按下列两式计算,并取其中较小值。

$$R_k^d = \eta f_{cu,k} A_p \tag{10-6}$$

$$R_k^d = \pi \bar{d} \sum_{i=1}^{n} h_i q_{si} + A_p q_p \tag{10-7}$$

式中 $f_{cu,k}$——桩身试块(边长为70.7 mm的立方体)在标准养护条件下,28 d龄期的无侧限抗压强度平均值,kPa;

$\eta$——桩身强度折减系数,可取0.33;

$\bar{d}$——桩的平均直径,m;

$n$——桩长范围内所划分的土层数;

$h_i$——桩周第$i$层土的厚度,m;

$q_{si}$——桩周第$i$层土的摩擦力标准值,可采用钻孔灌注桩侧壁摩擦力标准值,kPa;

$q_p$——桩端天然地基土的承载力标准值,kPa,可按国家标准《建筑地基基础设计规范》(GB 50007—2011)第三章第二节的有关规定确定。

## 四、地基变形计算

旋喷桩的沉降计算应为桩长范围内复合土层以及下卧层地基变形值之和,计算时应按国家标准《建筑地基基础设计规范》(GB 50007—2011)的有关规定进行计算。其中复合土层的压缩模量可按下式确定:

$$E_{sp} = \frac{E_s(A_e - A_p) + E_p \cdot A_p}{A_e} \tag{10-8}$$

式中　$E_{sp}$——旋喷桩复合土层压缩模量,kPa;

$E_s$——桩间土的压缩模量,可用天然地基土的压缩模量代替,kPa;

$E_p$——桩体的压缩模量,可采用测定混凝土割线模量的方法确定,kPa。

## 五、防渗堵水设计

防渗堵水工程设计时,最好按双排或三排布孔形成帷幕(见图 10-10)。孔距为 $1.73R_0$($R_0$ 为旋喷设计半径)、排距为 $1.5R_0$ 时最经济。

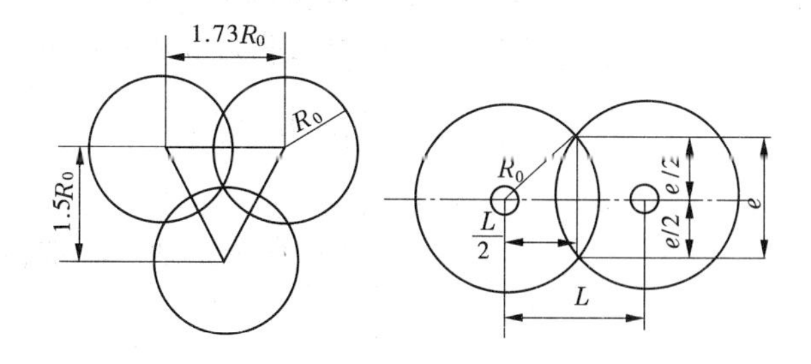


图 10-10　布孔孔距和旋喷注浆固结交联图

若想增加每一排旋喷桩的交圈厚度,可适当缩小孔距,按下式计算孔距:

$$e = 2\sqrt{R_0^2 - \left(\frac{L}{2}\right)^2} \tag{10-9}$$

式中　$e$——旋喷桩的交圈厚度,m;

$R_0$——旋喷桩的半径,m;

$L$——旋喷桩孔位的间距,m。

定喷和摆喷是一种常用的防渗堵水的方法,由于喷射出的板墙薄而长,不但成本较旋喷低,而且整体连续性亦高。

相邻孔定喷连接形式见图 10-11,其中:(a)单喷嘴单墙首尾连接;(b)双喷嘴单墙前后对接;(c)双喷嘴单墙折线连接;(d)双喷嘴双墙折线连接;(e)双喷嘴夹角单墙连接;(f)单喷嘴扇形单墙首尾连接;(g)双喷嘴扇形单墙前后对接;(h)双喷嘴扇形单墙折线连接。

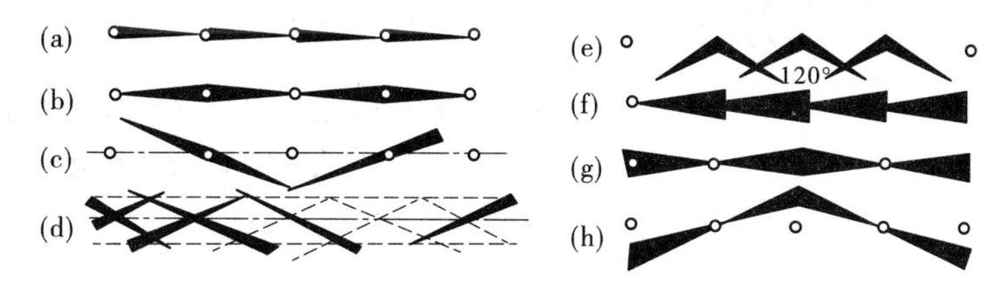


图 10-11　定喷帷幕形式示意图

摆喷连接形式也可按图 10-12 的方式进行布置。

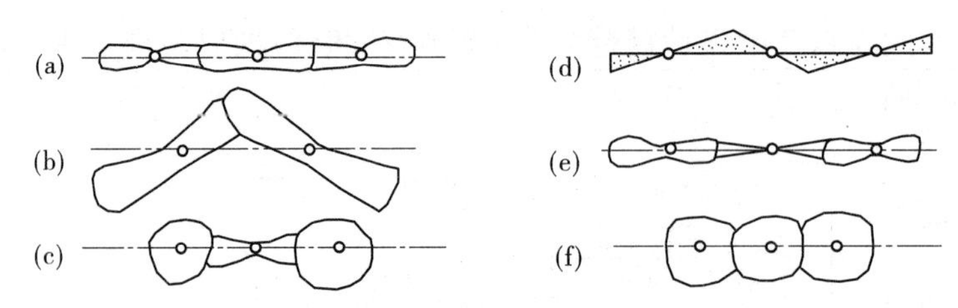


(a)直摆型(摆喷);(b)折摆型;(c)柱墙型;(d)微摆型;
(e)摆定型;(f)柱列型

**图 10-12　摆喷防渗帷幕形式示意图**

## 六、浆量计算

浆量计算有两种方法,即体积法和喷量法,取其大者作为设计喷射浆量。

(1)体积法:

$$Q = \frac{\pi}{4}D_e^2K_1h_1(1+\beta) + \frac{\pi}{4}D_0^2K_2h_2 \tag{10-10}$$

(2)喷量法(以单位时间喷射的浆量及喷射持续时间,计算出浆量,计算公式为):

$$Q = \frac{H}{v}q(1+\beta) \tag{10-11}$$

式中　$Q$——需要用的浆量,$m^3$;

$D_e$——旋喷体直径,m;

$D_0$——注浆管直径,m;

$K_1$——填充率(0.75 ~ 0.9);

$h_1$——旋喷长度,m;

$K_2$——未旋喷范围土的填充率(0.5 ~ 0.75);

$h_2$——未旋喷长度,m;

$\beta$——损失系数(0.1 ~ 0.2);

$v$——提升速度,m/min;

$H$——喷射长度,m;

$q$——单位时间喷浆量,$m^3$/min。

根据计算所需的喷浆量和设计的水灰比,即可确定水泥的使用数量。

# 任务四　施工方法

## 一、施工机具

施工机具主要由钻机和高压发生设备两大部分组成。由于喷射种类不同,所使用的机器设备和数量均不同,示于表 10-4 和图 10-13 ~ 图 10-17 中。

**表 10-4　各种高压喷射注浆法主要施工机器及设备**

| 序号 | 机器设备名称 | 型号 | 规格 | 所用的机具 | | | |
|---|---|---|---|---|---|---|---|
| | | | | 单管法 | 二重管法 | 三重管法 | 多重管法 |
| 1 | 高压泥浆泵 | SNS－H300 水流<br>Y－2 型液压泵 | 30 MPa<br>20 MPa | √ | √ | | |
| 2 | 高压水泵 | 3XB 型 3W6B<br>3W7B | 35 MPa<br>20 MPa | | | √ | √ |
| 3 | 钻机 | 工程地质钻 振动钻 | | √ | √ | √ | √ |
| 4 | 泥浆泵 | BW－150 型 | 7 MPa | | | √ | √ |
| 5 | 真空泵 | | | | | | √ |
| 6 | 空压机 | | 0.8 MPa,3 $m^3$/min | | √ | √ | |
| 7 | 泥浆搅拌机 | | | √ | √ | √ | √ |
| 8 | 单管 | | | √ | | | |
| 9 | 二重管 | | | | √ | | |
| 10 | 三重管 | | | | | √ | |
| 11 | 多重管 | | | | | | √ |
| 12 | 超声波传感器 | | | | | | √ |
| 13 | 高压胶管 | | $\phi$19～$\phi$22 mm | √ | √ | √ | √ |

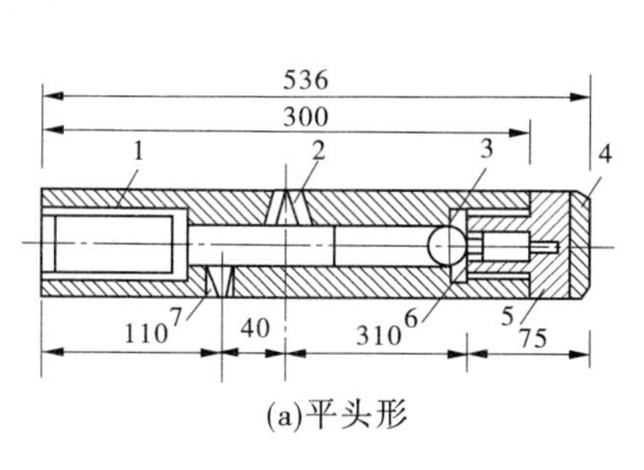


(a)平头形

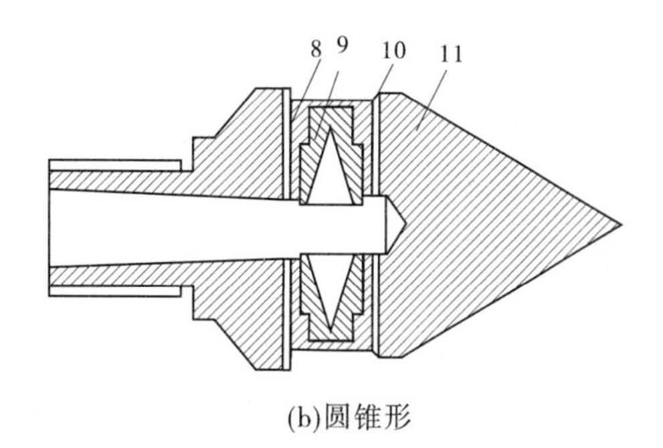


(b)圆锥形

1—喷嘴杆;2、5、9—喷嘴;3—钢球;4—硬质合金;6—球座;7—钻头;
8—喷嘴套;10—喷嘴接头;11—钻尖

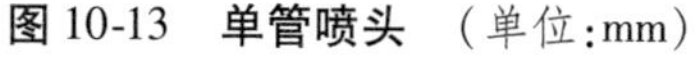

**图 10-13　单管喷头**　(单位:mm)

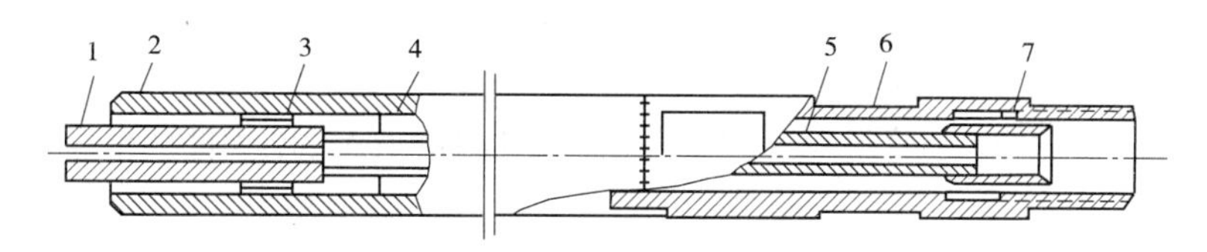


1—O 形密封圈;2—外管母接头;3—定位圈;4—42 mm 地质钻杆;5—内管;6—卡口管;7—外管公接头

**图 10-14　TY－201 型二重注浆管的结构**

多重管的功能,不但可输送高压水,而且能将冲下来的土、石抽出地面。因此,管子的外径较大,达到 300 mm。它由导流器、钻杆和喷头组成。在喷嘴的上方设置了一个超声波传感器,电缆线装在多重管内。

喷嘴是直接明显影响喷射质量的主要因素之一。三重管的气液同轴喷嘴的结构如图 10-18 所示。其环状间隙一般调至 1～2 mm。喷嘴通常有圆柱形、收敛圆锥形和流线形

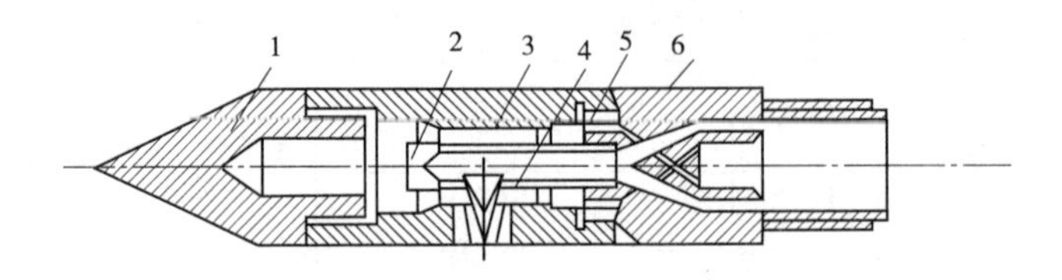


1—管尖;2—内管;3—内喷头;4—外喷嘴;5—外管;6—外管公接头

**图 10-15　TY－201 型二重喷头的结构**

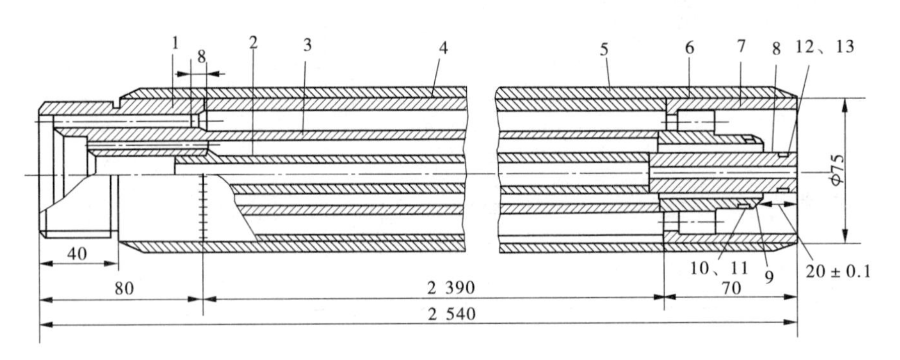


1—内母接头;2—内管;3—中管;4、7—外管;5—扁钢;6—内公接头;

8—内管公接头;9—定位器;10、12—挡圈;11、13—O 形密封圈

**图 10-16　TY－301 型三重注浆管的结构**　(单位:mm)

三种(见图 10-19)。为了保证喷嘴内高压喷射流的巨大能量较集中地在一定距离内有效破坏土体,一般都用收敛圆锥形的喷嘴。流线形喷嘴的射流特性最好,喷射流的压力脉冲经过流线形状喷嘴的,不存在反射波,因而使喷嘴具有聚能的效能。但这种喷嘴极难加工,在实际工作中很少采用。

除喷嘴的形状影响射流特性值外,喷嘴的内圆锥角的大小对射流的影响也是比较明显的。试验表明:当圆锥角 $\theta$ 为 13°～14°时,由于收敛断面直径等于出口断面直径,流量损失很小,喷嘴的流速流量值较大。在实际应用中,圆锥形喷嘴的进口端增加了一个渐变的喇叭形的圆弧角 $\varphi$,使其更接近于流线形喷嘴,出口端增加一段圆柱形导流孔,当圆柱段的长度 $L$ 与喷嘴直径 $d_0$ 的比值为 4 时,射流特征最好(初期区的长度最长)(见图 10-20)。

当喷射压力、喷射泵量和喷嘴个数已选定时,喷嘴直径 $d_0$ 可按下式求出:

$$d_0 = 0.69\sqrt{\frac{Q}{n\mu\varphi\sqrt{\frac{p}{\rho}}}} \tag{10-12}$$

式中　$d_0$——喷嘴出口直径,mm,常用的喷嘴直径为 2～3.2 mm;

$Q$——喷射泵量,L/min;

$n$——喷嘴个数;

$\mu$——流量系数,圆锥形喷嘴 $\mu \approx 0.95$;

$\varphi$——流速系数,良好的圆锥形喷嘴 $\varphi \approx 0.97$;

$p$——喷嘴入口压力,MPa;

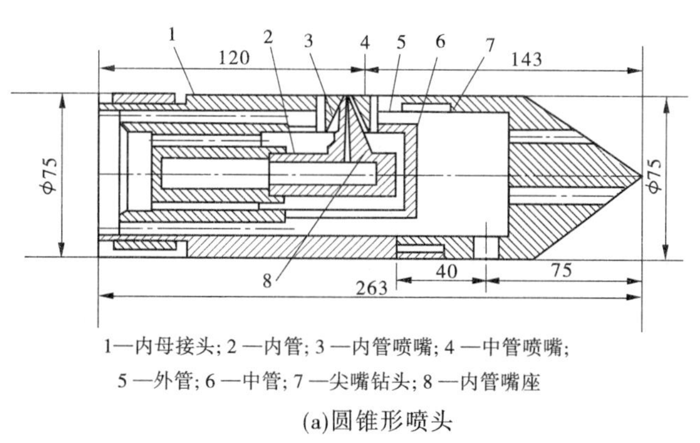


1—内母接头; 2 —内管; 3 —内管喷嘴; 4 —中管喷嘴;
5 —外管; 6 —中管; 7 —尖嘴钻头; 8 —内管嘴座

(a)圆锥形喷头

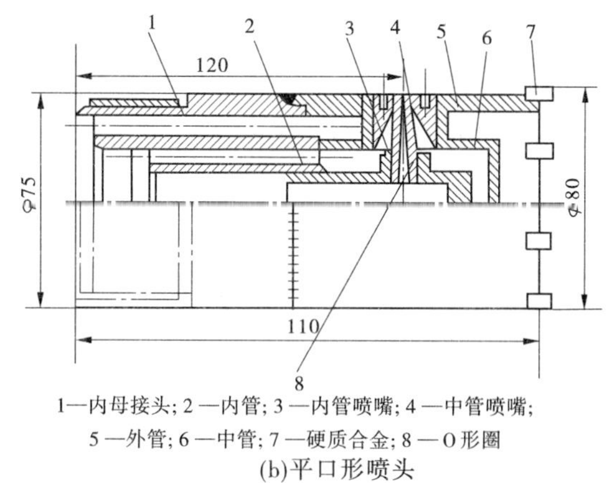


1—内母接头; 2 —内管; 3 —内管喷嘴; 4 —中管喷嘴;
5 —外管; 6 —中管; 7 —硬质合金; 8 — O 形圈

(b)平口形喷头

**图 10-17　TY - 301 型三重喷头的结构**　(单位:mm)

$\rho$——喷射液体密度,g/cm$^3$。

根据不同的工程要求,可按图 10-21 选择不同的喷头形式。

## 二、施工工艺

(1)钻机就位。钻机安放在设计的孔位上并应保持垂直,施工时旋喷管的允许倾斜度不得大于 1.5%。

(2)钻孔。单管旋喷常使用 76 型旋转振动钻机,钻进深度可达 30 m 以上,适用于标准贯入度小于 40 的砂土和黏性土层。当遇到比较坚硬的地层时宜用地质钻机钻孔。一般在二重管和三重管旋喷法施工中都采用地质钻机钻孔。钻孔的位置与设计位置的偏差不得大于 50 mm。

(3)插管。插管是将喷管插入地层预定的深度。使用 76 型振动钻机钻孔时,插管与钻孔两道工序合二为一,即钻孔完成时插管作业同时完成。如使用地质钻机钻孔完毕,必须拔出岩芯管,并换上旋喷管插入到预定深度。在插管过程中,为防止泥沙堵塞喷嘴,可边射水、边插管,水压力一般不超过 1 MPa。若压力过高,则易将孔壁射塌。

(4)喷射作业。当喷管插入预定深度后,由下而上进行喷射作业,技术人员必须时刻注意检查浆液初凝时间、注浆流量、风量、压力、旋转提升速度等参数是否符合设计要求,并随时做好记录,绘制作业过程曲线。

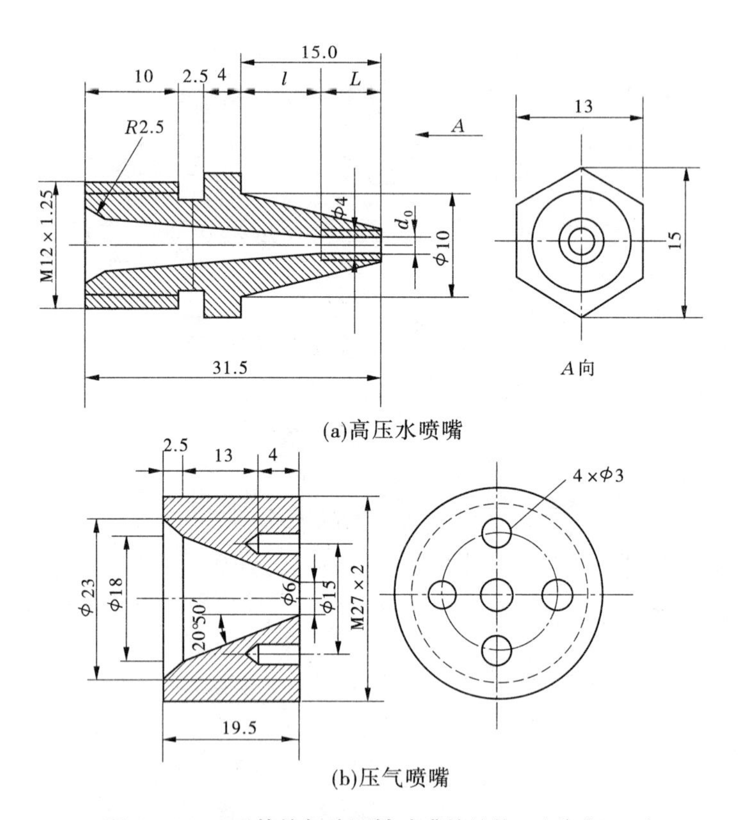


(a)高压水喷嘴

(b)压气喷嘴

**图 10-18　三重管的气液同轴喷嘴的结构**　(单位:mm)

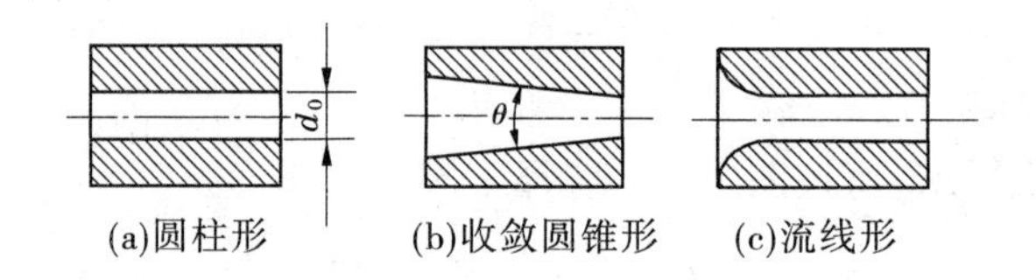


(a)圆柱形　(b)收敛圆锥形　(c)流线形

**图 10-19　喷嘴形状图**

当浆液初凝时间超过 20 h,应及时停止使用该水泥浆液(正常水灰比 1∶1,初凝时间为 15 h 左右)。

(5)冲洗。喷射施工完毕后,应把注浆管等机具设备冲洗干净,管内、机内不得残存水泥浆。通常把浆液换成水,在地面上喷射,以便把泥浆泵、注浆管和软管内的浆液全部排除。

(6)移动机具将钻机等机具设备移到新孔位上。

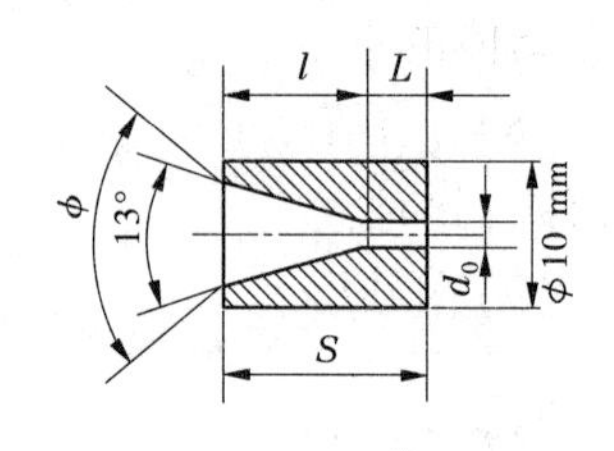


**图 10-20　实际应用的喷嘴结构**

## 三、施工注意事项

(1)钻机或旋喷机就位时机座要平稳,立轴或转盘要与孔位对正,倾角与设计误差一般不得大于 0.5°。

(2)喷射注浆前要检查高压设备和管路系统。设备的压力和排量必须满足设计要

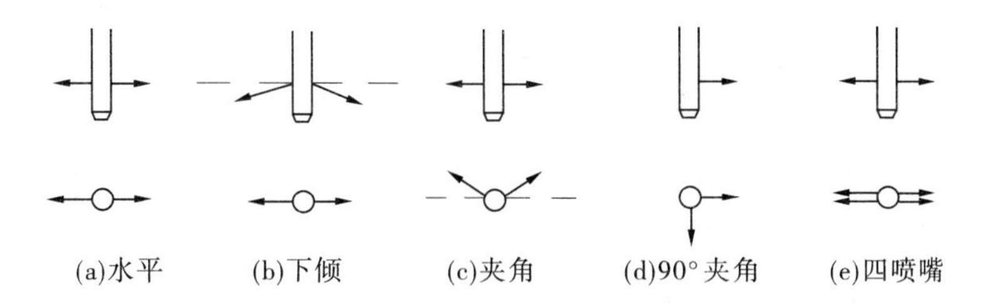


图 10-21　不同形式的喷头

求。管路系统的密封圈必须良好,各通道和喷嘴内不得有杂物。

(3)喷射注浆作业后,由于浆液的析水作用,一般均有不同程度的收缩,使固结体顶部出现凹穴,所以应及时用水灰比为 0.6 的水泥浆进行补灌,并要预防其他钻孔排出的泥土或杂物进入。

(4)为了加大固结体尺寸,或深层硬土为避免固结体尺寸减小,可以采取提高喷射压力、泵量或降低回转与提升速度等措施,也可以采用复喷工艺:第一次喷射(初喷)时,不注水泥浆液;初喷完毕后,将注浆管边送水边下降至初喷开始的孔深,再抽送水泥浆,自下而上进行第二次喷射(复喷)。

(5)在喷射注浆过程中,应观察是否冒浆,以及时了解土层情况、喷射注浆的大致效果和喷射参数是否合理。采用单管或二重管喷射注浆时,冒浆量小于注浆量 20% 为正常现象;超过 20% 或完全不冒浆时,应查明原因并采取相应的措施。若地层中有较大空隙引起的不冒浆,可在浆液中掺加适量速凝剂或增大注浆量;若冒浆过大,可减少注浆量或加快提升和回转速度,也可缩小喷嘴直径,提高喷射压力。采用三重管喷射注浆时,冒浆量则应大于高压水的喷射量,但其超过量应小于注浆量的 20%。

(6)对冒浆应妥善处理,及时清除沉淀的泥渣。在砂层中用单管或二重管注浆旋喷时,可以利用冒浆进行补灌已施工过的桩孔。但在黏土层、淤泥层旋喷或用三重管注浆旋喷时,因冒浆中掺入黏土或清水,故不宜利用冒浆回灌。

(7)在软弱地层旋喷时,固结体强度低。可以在旋喷后用砂浆泵注入 150# 砂浆来提高固结体的强度。

(8)在湿陷性地层进行高压喷射注浆成孔时,如用清水或普通泥浆作为冲洗液,会加剧沉降,此时宜用空气洗孔。

(9)在砂层尤其是干砂层中旋喷时,喷头的外径不宜大于注浆管,否则易夹钻。

# 任务五　质量检验

## 一、检验内容

### (一)固结体的质量检验

(1)固结体的整体性和均匀性。

(2)固结体的有效直径。

(3)固结体的垂直度。

(4)固结体的强度特性(包括桩的轴向压力、水平力、抗酸碱性、抗冻性和抗渗性等)。

(5)固结体的溶蚀和耐久性能。

**(二)喷射质量的检验**

(1)施工前,主要通过现场旋喷试验,了解设计采用的旋喷参数、浆液配方和选用的外加剂材料是否合适,固结体质量能否达到设计要求。如某些指标达不到设计要求,则可采取相应措施,使喷射质量达到设计要求。

(2)施工后,对喷射施工质量的鉴定,一般在喷射施工过程中或施工告一段落时进行。检查数量应为施工总数的2%~5%,少于20个孔的工程,至少要检验2个点。检验对象应选择地质条件较复杂的地区及喷射时有异常现象的固结体。

凡检验不合格者,应在不合格的点位附近进行补喷或采取有效补救措施,然后进行质量检验。

高压喷射注浆处理地基的强度较低,28 d的强度为1~10 MPa,强度增长速度较慢。检验时间应在喷射注浆后四周进行,以防在固结强度不高时,因检验而受到破坏,影响检验的可靠性。

## 二、检验方法

(1)开挖检验。待浆液凝固具有一定强度后,即可开挖检查固结体垂直度和固结形状。

(2)钻孔取芯。在已旋喷好的固结体中钻取岩芯,并将岩芯做成标准试件进行室内物理和力学性能的试验。

根据工程的要求亦可在现场进行钻孔,做压力注水和抽水两种渗透试验,测定其抗渗能力。

(3)标准贯入试验。在旋喷固结体的中部可进行标准贯入试验。

(4)载荷试验。静载荷试验分垂直载荷试验和水平载荷试验两种。做垂直载荷试验时,需在顶部0.5~1.0 m范围内浇筑0.2~0.3 m厚的钢筋混凝土桩帽;做水平推力载荷试验时,在固结体的加载受力部位浇筑0.2~0.3 m厚的钢筋混凝土加荷面,混凝土的强度等级不低于C20。

载荷试验是检验建筑地基处理质量的良好方法,有条件的地方应尽量采用。虽然载荷试验设备筹备较困难,但对重要建筑物仍以做载荷试验为宜。

**【案例分析】** 根据项目背景中提及的相关内容进行方案设计。

1. 地基基础设计方案选择

本工程为超高层建筑,基础坐落在地质构造极为复杂的岩溶地基场地上。若采用人工挖孔灌注桩基础,则施工困难,且造价较高;若采用钻孔或冲孔灌注桩基础,则难以保证质量;若采用筏板式钢筋混凝土基础,则地基必须进行加固处理,且处理造价高。经分析研究,认为宜采用高压旋喷桩复合地基,上部采用钢筋混凝土筏板基础较为稳妥、可靠。

2. 主要技术指标参数

主楼核心部位加固后的地基承载力为720 kN/m$^2$,高层区受力部位加固后的地基承载力为430 kN/m$^2$，北5层裙楼部位加固后的地基承载力为250 kN/m$^2$，南3层裙楼部位加固后的地基承载力为150 kN/m$^2$。

根据上述要求，结合场地水温、工程地质条件及建筑物上部荷载要求进行地基加固处理。采用群桩的形式布桩，形成桩土复合地基共同承担上部荷载。经分析，采用一般的高压单、双管及三管形成的桩难以达到要求，而采用高压旋喷双液分喷工艺形成的固结体(旋喷桩)可满足设计要求，旋喷桩端可置入高低不平的灰岩石面上，且能将灰岩石面上的溶沟、溶槽及浅层溶洞充分填实，保证桩端稳定可靠，桩体抗压、抗剪强度高。

旋喷桩直径$D=800$ mm，抗压强度大于10 MPa，单桩允许承载力800 kN，桩端置入灰岩内1 m以上。

桩顶标高为 -6.000 ~ -9.500 m(即为开挖深度减0.5 m)。

3. 施工工艺流程

(1)钻探成孔。

用QP50-1型钻机成孔，采用直径130 mm钻具开孔，并冲击到离桩顶标高0.50 m处下套管，用套管深度控制桩顶标高。然后改用回转钻进，进入完整基岩，并取岩芯检验。根据基岩的软硬程度和岩溶发育等情况确定桩顶标高，一般要求进入完整基岩1 m以上。

(2)高压喷水。

将带有水喷头的钻具放入到孔底，在基岩面定喷3 min后，再按规定的技术参数进行高压喷水作业，对于基岩上部的可塑至硬塑黏土层，则采用复喷的方式来保证桩体直径。

(3)中压喷浆。

喷水结束后，浆液在凝固过程中的析水作用往往会导致桩顶出现槽穴，此时需测量凹槽深度，然后用带有一定压力的泥浆泵将胶管送至凹槽面填补浆液至桩顶标高。若初凝检测未达到设计标高，应继续填补至设计标高后方可拔起套管。

4. 施工技术参数

高压旋喷注浆双液分喷法成桩施工有关技术参数如表10-5所示。

**表10-5 高压旋喷注浆双液分喷法成桩施工有关技术参数**

| 名称 | 压力(MPa) | 转速(r/min) | 提速(m/min) | 喷嘴 | |
|---|---|---|---|---|---|
| | | | | 数量(个) | 直径(mm) |
| 高压喷水 | 25~28 | 22 | 0.15~0.20 | 2 | 2 |
| 中压喷水 | 4~5 | 22 | 0.20~0.25 | 2 | 3.8 |

**注**：旋喷地段为基岩上部精土层，浆液稠度即水灰比例0.8:1~1.2:1。

5. 旋喷桩检测

旋喷桩施工完成后，对2 653根旋喷桩分别进行了瑞利波法、小应变检测、静载荷试验和抽芯检测四种检测，检测结果均满足设计要求。经核实，本工程的高压旋喷桩质量为优良。

6. 沉降检测

本工程主体结构施工完成至工程全部竣工期间不间断地进行沉降检测，共布置8个观测点，基础累计沉降量为8~10 mm。工程竣工后，按有关规定继续进行沉降检测，5年

中观测29次,基础累计沉降量为16~18 mm,满足设计及规范要求。

在砂砾层内进行旋喷注浆施工中,曾遇孔内坍塌、卡钻等问题,采用孔内快速加杆法解决;桩与桩之间串浆问题采用跳跃施工法解决;地层内浆液大量漏失,采用增加水泥用量等方法解决,效果良好。

## 小 结

高压喷射注浆法是利用钻机把带有喷嘴的注浆管钻进至土层的预定位置后,以高压设备使浆液或水成为20~40 MPa的高压射流从喷嘴中喷射出来,冲击破坏土体,同时钻杆以一定速度渐渐向上提升,将浆液与土粒强制搅拌混合,浆液凝固后,在土中形成一个固结体。该法主要适用于处理淤泥、淤泥质土、黏性土、粉土、黄土、砂土、人工填土和碎石土等地基。高压喷射注浆法适用范围广,既可用于工程新建之前,又可用于竣工后的托换工程;施工简便;可控制固结体的形状;具有可垂直、倾斜和水平喷射等优点。

## 思考题与习题

1. 什么是高压喷射注浆法?试说明其适用范围。

2. 高压喷射注浆法根据喷射流移动的方向分为哪几种形式?各是如何施工的?

3. 高压喷射注浆法的基本工艺类型有几种?各是如何加固地基的?

4. 简述高压喷射注浆法处理地基的加固机制。

5. 简要说明高压喷射注浆法处理地基的施工工艺流程。

6. 高压喷射注浆法处理地基施工时应注意哪些问题?

7. 高压喷射注浆法处理地基喷射质量检验包括哪些内容?主要采用什么方法检验?

8. 某工程采用高压喷射桩复合地基,要求复合地基承载力特征值达到250 kPa,拟采用等边三角形布桩,桩径0.5 m,桩身试块抗压强度标准值的平均值$f_{cu}=5.5$ MPa,强度折减系数$\eta=0.33$,已知桩间土承载力特征值$f_{sk}=120$ kPa,承载力折减系数$\beta=0.25$,试计算桩间距(假设由土提供的单桩承载力大于桩身强度计算的单桩承载力)。

9. 某旋喷桩复合地基桩长8 m,桩径为0.5 m,桩体的压缩模量为120 MPa,置换率为25%,已知桩间土的承载力特征值为110 kPa,压缩模量为6 MPa,桩群顶部的平均压力为164 kPa,底部受到的平均压力为78 kPa,计算加固区的变形量。

# 项目十一 水泥土搅拌法

【知识目标】 掌握水泥土搅拌法的概念、水泥加固土的室内外试验、施工工艺及质量检验，了解水泥土搅拌法的加固机制和设计计算。

【技能目标】 能够完成水泥土搅拌法地基处理方案的设计、施工及质量检验工作。

【项目背景】 郑州市东区丹尼斯商业步行街工程概况。

(1)本工程桩基设计依据为河南省郑州地质工程勘察院2005年9月提供的《郑东新区丹尼斯CBD商业街岩土工程勘察报告》及化工地质郑州地基基础测试中，2006年12月6日提供的《郑东新区CBD丹尼斯商业步行街(试桩)检测报告》。

(2)场地地震设防烈度为Ⅶ度，地基设计基本地震加速度为0.15$g$，设计地震分组为第一组，场地类别为Ⅲ类场地。地下水位埋深自然地面下1.50 m左右。基础落在第(6)层粉土层。其地基承载力特征值$f_{ak}$为165 kPa。

(3)本桩基标高均相对称于±0.000(一层楼面板顶建筑标示)而定。±0.000所对应的绝对标高详见总图或现场确定。

## 任务一 概 述

水泥土搅拌法是用于加固饱和黏性土地基的一种新方法。它是利用水泥或石灰等材料作为固化剂，通过特制的搅拌机械，在地基深处就地将软土和固化剂(浆液或粉体)强制搅拌，由固化剂和软土间所产生的一系列物理化学反应，使软土硬结成具有整体性、水稳定性和一定强度的水泥加固土，从而提高地基强度和增大变形模量。根据施工方法的不同，水泥土搅拌法分为水泥浆搅拌和粉体喷射搅拌两种。前者是用水泥浆和地基土搅拌，后者是用水泥粉或石灰粉和地基土搅拌。

水泥浆搅拌法是美国在第二次世界大战后研制成功的，称之为就地搅拌桩(MIP)。以后日本开发、研制出加固原理、机械规格和施工效率各异的深层搅拌机械，如DCM法、DMIC法、DCCM法。这些机械一般具有偶数个搅拌轴，每个搅拌叶片的直径可达1.25 m，一次加固的最大面积达9.5 m$^2$，常在港工建筑中的防波堤、码头岸壁及高速公路高填方下的深厚层软土地基加固工程中应用。国内从20世纪80年代开始在软土地基加固处理中使用，取得了良好效果。

1967年瑞典Kjeld Paus提出使用石灰搅拌桩加固15 m深度范围内软土地基的设想，并于1971年现场用生石灰和软土搅拌制成一根桩。次年在瑞典斯德哥尔摩以南约10 km处的Hudding用石灰粉体喷射搅拌桩作为路堤和深基坑边坡稳定措施。瑞典Linden－Altmat公司还生产出专用的成柱施工机械，柱径可达500 mm，最大加固深度10～15 m。目前，瑞典所使用的石灰搅拌柱已逾数百万延米。

同一时期,日本于 1967 年由运输部港湾技术研究所开始研制石灰搅拌施工机械,1974 年开始在软土地基加固工程中应用,并研制出两类石灰搅拌机械,形成两种施工方法。一种为使用颗粒状生石灰的深层石灰搅拌法(DLM 法),另一种为使用生石灰粉末的粉体喷射搅拌法(DJM 法)。

由于粉体喷射搅拌法采用粉体作为固化剂,不再向地基中注入附加水分,反而能充分吸收周围软土中的水分,因此加固后地基的初期强度高,对含水量高的软土加固效果尤为显著。该技术在国外得到广泛应用。

铁道部第四勘测设计院于 1983 年初开始进行粉体喷射搅拌法加固软土的试验研究,并在软土地基加固工程中使用,获得良好效果。它为软土地基加固技术开拓了一种新的方法,可在铁路、公路、市政工程、港口码头、工业与民用建筑等软土地基加固方面推广使用。

国外使用水泥土搅拌法加固的土质有新吹填的超软土、泥炭土和淤泥质土等饱和软土。加固场所从陆地软土到海底软土,加固深度达 60 m。国内目前采用水泥土搅拌法加固的土质有淤泥、淤泥质土、地基承载力不大于 120 kPa 的黏性土和粉性土等地基。当用于处理泥炭土或地下水具有侵蚀性的土时,应通过试验确定其适用性。加固局限于陆上,加固深度可达 18 m。

水泥加固土的室内试验表明,有些软土的加固效果较好,而有的不够理想。一般认为,含有高岭石、多水高岭石、蒙脱石等黏土矿物的软土加固效果较好,而含有伊利石、氯化物和水铝英石等矿物的黏性土以及有机质含量高、酸碱度(pH)较低的黏性土的加固效果较差。

## 任务二　加固机制

水泥加固土的物理化学反应过程与混凝土的硬化机制不同,混凝土的硬化主要是在粗填充料(比表面积不大、活性很弱的介质)中进行水解和水化作用,所以凝结速度较快。而在水泥加固土中,由于水泥掺量很小,水泥的水解和水化反应完全是在具有一定活性的介质——土的围绕下进行的,所以水泥加固土的强度增长过程比混凝土缓慢。

### 一、水泥的水解和水化反应

普通硅酸盐水泥主要由氧化钙、二氧化硅、三氧化二铝、三氧化二铁及三氧化硫等组成,由这些不同的氧化物分别组成了不同的水泥矿物:硅酸三钙、硅酸二钙、铝酸三钙、铁铝酸四钙、硫酸钙等。用水泥加固软土时,水泥颗粒表面的矿物很快与软土中的水发生水解和水化反应,生成氢氧化钙、含水硅酸钙、含水铝酸钙及含水铁酸钙等化合物。

所生成的氢氧化钙、含水硅酸钙能迅速溶于水中,使水泥颗粒表面重新暴露出来,再与水发生反应,这样周围的水溶液就逐渐达到饱和。当溶液达到饱和后,水分子虽继续深入颗粒内部,但新生成物已不能再溶解,只能以细分散状态的胶体析出,悬浮于溶液中,形成胶体。

## 二、土颗粒与水泥水化物的作用

当水泥的各种水化物生成后，有的自身继续硬化，形成水泥石骨架；有的则与其周围具有一定活性的黏土颗粒发生反应。

### （一）离子交换和团粒化作用

黏土和水结合时就表现出一种胶体特征，如土中含量最多的二氧化硅遇水后，形成硅酸胶体微粒，其表面带有钠离子（$Na^+$）或钾离子（$K^+$），它们能和水泥水化生成的氢氧化钙中的钙离子（$Ca^{2+}$）进行当量吸附交换，使较小的土颗粒形成较大的土团粒，从而使土体强度提高。

水泥水化生成的凝胶粒子的比表面积约比原水泥颗粒大 1 000 倍，因而产生很大的表面能，有强烈的吸附活性，能使较大的土团粒进一步结合起来，形成水泥土的团粒结构，并封闭各土团的空隙，形成坚固的联结，从宏观上看也就使水泥土的强度大大提高。

### （二）硬凝反应

随着水泥水化反应的深入，溶液中析出大量的钙离子，当其数量超过离子交换的需要量后，在碱性环境中，能使组成黏土矿物的二氧化硅及三氧化二铝的一部分或大部分与钙离子进行化学反应，逐渐生成不溶于水的稳定结晶化合物，增大了水泥土的强度。

从扫描电子显微镜观察中可见，拌入水泥 7 d 时，土颗粒周围充满了水泥凝胶体，并有少量水泥水化物结晶的萌芽。1 个月后水泥土中生成大量纤维状结晶，并不断延伸充填到颗粒间的孔隙中，形成网状构造。到 5 个月时，纤维状结晶辐射向外伸展，产生分叉，并相互联结形成空间网状结构，水泥的形状和土颗粒的形状已不能分辨出来。

### （三）碳酸化作用

水泥水化物中游离的氢氧化钙能吸收水中和空气中的二氧化碳，发生碳酸化反应，生成不溶于水的碳酸钙，这种反应也能使水泥土增加强度，但增长的速度较慢，幅度也较小。

从水泥土的加固机制分析，由于搅拌机械的切削搅拌作用，实际上不可避免地会留下一些未被粉碎的大小土团。在拌入水泥后将出现水泥浆包裹土团的现象，而土团间的大孔隙基本上已被水泥颗粒填满。所以，加固后的水泥土中形成一些水泥较多的微区，而在大小土团内部则没有水泥。只有经过较长的时间，土团内的土颗粒在水泥水解产物渗透作用下，才逐渐改变其性质。因此，在水泥土中不可避免地会产生强度较大和水稳性较好的水泥石区和强度较低的土块区。两者在空间相互交替，从而形成一种独特的水泥土结构。可见，搅拌越充分，土块被粉碎得越小，水泥分布到土中越均匀，则水泥土结构强度的离散性越小，其宏观的总体强度也越高。

# 任务三　水泥加固土的室内外试验

## 一、水泥土的室内配合比试验

### （一）试验方法

1. 试验目的

了解加固水泥的品种、掺入量、水灰比、最佳外掺剂对水泥土强度的影响，求得龄期与

强度的关系,从而为设计计算和施工工艺提供可靠的参数。

2. 试验设备

当前还是利用现有土工试验仪器及砂浆混凝土试验仪器,按照土工或砂浆混凝土的试验规程进行试验。

3. 土样制备

土料应是工程现场所要加固的土,一般分为三种:

(1)风干土样。将现场采取的土样进行风干、碾碎和通过 2 ~5 mm 筛子的粉状土料。

(2)烘干土样。将现场采取的土样进行烘干、碾碎和通过 2 ~5 mm 筛子的粉状土料。

(3)原状土样。将现场采取的天然软土立即用厚聚氯乙烯塑料袋封装,基本保持天然含水量。

4. 固化剂

(1)水泥品种。可用不同品种、不同强度等级的水泥。水泥出厂期不应超过 3 个月,并应在试验前重新测定其强度等级。

(2)水泥掺入比。可根据要求选用 7%、10%、12%、14%、15%、18%、20%等,水泥掺入比 $\alpha_w$ 为

$$\alpha_w = \frac{\text{掺加的水泥重量}}{\text{被加固软土的湿重量}} \times 100\%$$

或

$$\text{水泥掺量}\ \alpha = \frac{\text{掺加的水泥重量}}{\text{被加固土的体积}}\ (\text{kg/m}^3)$$

目前,水泥掺量一般采用 180 ~250 kg/m$^3$。

5. 外掺剂

为改善水泥土的性能和提高强度,可用木质素磺酸钙、石膏、三乙醇胺、氯化钠、氯化钙和硫酸钠等外掺剂。结合工业废料处理,还可掺入不同比例的粉煤灰。

6. 试件的制作和养护

按照试验计划,根据配方分别称量土、水泥、水和外掺剂。由于湿土中加入水泥浆很难用人工拌和均匀,因此先将干土、水泥放在搅拌锅内用搅拌铲人工拌和均匀,然后将水和外掺剂倒入搅拌锅内,与先前已拌和好的干水泥土再进行拌和,直至均匀。

在选定的试模 70.7 mm ×70.7 mm ×70.7 mm 内装入一半试料,放在振动台上振动 1 min 后,装入其余的试样后再振动 1 min。最后将试件表面刮平,盖上塑料布防止水分蒸发过快。

振捣成型方法也可采用人工捣实成型。先在试模内壁涂上一层脱模剂(渗透试验除外),然后将水泥土拌和物分两层装入试模,每层装料厚度大致相等。每层插捣时按螺旋方向从边缘向中心均匀进行,同时进行人工振动,直至面上没有气泡出现。最后,刮除试模顶部多余的水泥土,但应稍高出试模顶面,待水泥土适当凝结后(一般为 1 ~2 h),用抹刀抹平,盖上玻璃板或塑料布,防止水分蒸发。

试件成型一天后,编号、拆模,进行不同方法的养护。

7. 试件的养护方法

一般试件放在标准养护室内水中养护,少数试件放在标准养护室内架上养护和普通

水中养护，以比较不同养护条件对水泥土强度的影响。

标准养护室的温度为(20 ±3)℃，相对湿度大于90%。

**(二)试验结果整理和分析**

1. 水泥土的物理性质

(1)含水量。水泥土在硬凝过程中，由于水泥水化等反应，使部分自由水以结晶水的形式固定下来，故水泥土的含水量略低于原土样的含水量，水泥土含水量比原土样含水量减少0.5% ~7.0%，且随着水泥掺入比的增加而减小。

(2)重度。由于拌入软土中的水泥浆的重度与软土的重度相近，所以水泥土的重度与天然软土的重度相差不大，水泥土的重度仅比天然软土重度增加0.5% ~3.0%，所以采用水泥土搅拌法加固厚层软土地基时，其加固部分对于下部未加固部分不致产生过大的附加荷重，也不会产生较大的附加沉降。

(3)相对密度。由于水泥的相对密度为3.1，比一般软土的相对密度2.65 ~2.75大，故水泥土的相对密度比天然软土的相对密度稍大。水泥土相对密度比天然软土的相对密度增加0.7% ~2.5%。

(4)渗透系数。水泥土的渗透系数随水泥掺入比的增大和养护龄期的增长而减小，一般可达$10^{-5}$ ~$10^{-8}$ cm/s数量级。对于上海地区的淤泥质黏土，垂直向渗透系数也能达到$10^{-8}$ cm/s数量级，但这层土常局部夹有薄层粉砂，水平向渗透系数往往高于垂直向渗透系数，一般为$10^{-4}$ cm/s数量级。因此，水泥加固淤泥质黏土能减小原天然土层的水平向渗透系数，而对垂直向渗透性的改善，效果不显著。水泥土减小了天然软土的水平向渗透性，这对深基坑施工是有利的，可利用它作为防渗帷幕。

2. 水泥土的力学性质

1)无侧限抗压强度及其影响因素

水泥土的无侧限抗压强度一般为300 ~4 000 kPa，即比天然软土大几十倍至数百倍。表11-1为水泥土90 d龄期的无侧限抗压强度试验结果。其变形特征随强度不同而介于脆性体与弹塑体之间，水泥土受力开始阶段，应力与应变关系基本上符合虎克定律。当外力达到极限强度的70% ~80%时，试块的应力和应变关系不再继续保持直线关系。当外力达到极限强度时，对于强度大于2 000 kPa的水泥土很快出现脆性破坏，破坏后残余强度很小，此时的轴向应变一般为0.8% ~1.2%(如图11-1中的$A_{20}$、$A_{25}$试件)；对于强度小于2 000 kPa的水泥土则表现为塑性破坏(如图11-1中的$A_5$、$A_{10}$和$A_{15}$试件)。$A_5$、$A_{10}$、$A_{15}$、$A_{20}$、$A_{25}$表示水泥掺入比，即$\alpha_w$ =5%、10%、15%、20%、25%。

影响水泥土的无侧限抗压特性的因素有水泥掺入比、水泥强度等级、龄期、含水量、有机质含量、外掺剂、养护条件及土性等。下面根据试验结果来分析影响水泥土抗压强度的一些主要因素。

(1)水泥掺入比$\alpha_w$对强度的影响。水泥土的强度随着水泥掺入比的增加而增大(见图11-2)，当$\alpha_w$ <5%时，由于水泥与土的反应过弱，水泥土固化程度低，强度离散性也较大，故在水泥土搅拌法的实际施工中，选用的水泥掺入比必须大于7%。

表 11-1　水泥土的无侧限抗压强度试验

| 天然土的无侧限抗压强度$f_{cu0}$(MPa) | 水泥掺入比 $\alpha_w$(%) | 水泥土的无侧限抗压强度$f_{cu}$(MPa) | 龄期 $t$(d) | $f_{cu}/f_{cu0}$ |
|---|---|---|---|---|
| 0.037 | 5 | 0.266 | 90 | 7.2 |
| | 7 | 0.560 | | 15.1 |
| | 10 | 1.124 | | 30.4 |
| | 12 | 1.520 | | 41.1 |
| | 15 | 2.270 | | 61.3 |

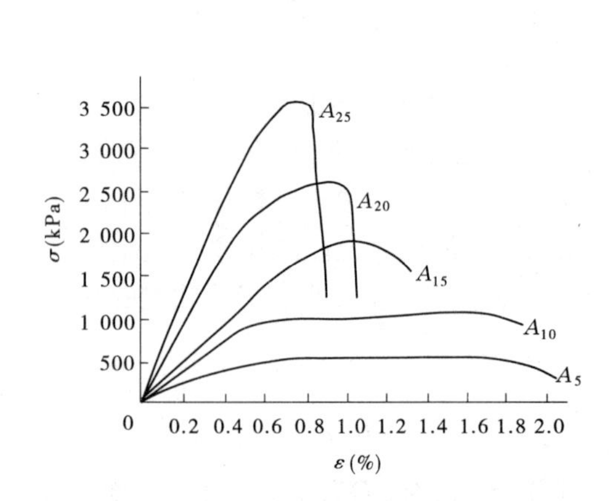


图 11-1　水泥土的应力—应变曲线图

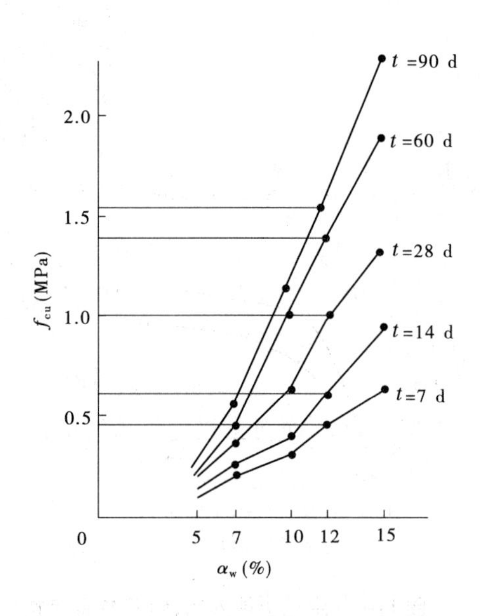


图 11-2　水泥土$f_{cu}$与$\alpha_w$和$t$的关系曲线

根据试验和作者收集到的上海地区水泥加固饱和软黏土的无侧限抗压强度试验结果分析，发现当其他条件相同时，某水泥掺入比$\alpha_w$的强度$f_{cuc}$与水泥掺入比$\alpha_w = 12\%$的强度$f_{cu12}$的比值$f_{cuc}/f_{cu12}$与水泥掺入比$\alpha_w$的关系有较好的归一化性质。由回归分析得到：$f_{cuc}/f_{cu12}$与$\alpha_w$呈幂函数关系，其关系式如下：

$$f_{cuc}/f_{cu12} = 41.58\alpha_w^{1.7695} \tag{11-1}$$

$$(R = 0.999, S = 0.022, n = 7)$$

式(11-1)适用的条件是：$\alpha_w = 5\% \sim 16\%$。

在其他条件相同的前提下，两个不同水泥掺入比的水泥土的无侧限抗压强度之比值随水泥掺入比之比的增大而增大。经回归分析得到两者呈幂函数关系，其经验方程式为

$$f_{cu1}/f_{cu2} = \left(\frac{\alpha_{w1}}{\alpha_{w2}}\right)^{1.7736} \tag{11-2}$$

$$(R = 0.997, S = 0.015, n = 14)$$

式中　$f_{cu1}$——水泥掺入比为$\alpha_{w1}$的无侧限抗压强度，MPa；

$f_{cu2}$——水泥掺入比为 $\alpha_{w2}$ 的无侧限抗压强度，MPa。

式(11-2)适用的条件是：$\alpha_w = 5\% \sim 20\%$；$\alpha_{w1}/\alpha_{w2} = 0.33 \sim 3.00$。

(2)龄期对强度的影响。水泥土的强度随着龄期的增长而提高，一般在龄期超过28 d后仍有明显增长(见图 11-3)。根据试验和作者收集到的上海地区水泥加固饱和软黏土的无侧限抗压强度试验结果的回归分析，得到在其他条件相同时，不同龄期的水泥土无侧限抗压强度间大致呈线性关系(见图 11-4)，这些关系式如下：

$$f_{cu7} = (0.47 \sim 0.63)f_{cu28} \tag{11-3}$$

$$f_{cu14} = (0.62 \sim 0.80)f_{cu28} \tag{11-4}$$

$$f_{cu60} = (1.15 \sim 1.46)f_{cu28} \tag{11-5}$$

$$f_{cu90} = (1.43 \sim 1.63)f_{cu28} \tag{11-6}$$

$$f_{cu90} = (2.37 \sim 3.73)f_{cu7} \tag{11-7}$$

$$f_{cu90} = (1.73 \sim 2.82)f_{cu14} \tag{11-8}$$

式中 $f_{cu7}$、$f_{cu14}$、$f_{cu28}$、$f_{cu60}$、$f_{cu90}$——7 d、14 d、28 d、60 d 和 90 d 龄期的水泥土无侧限抗压强度。

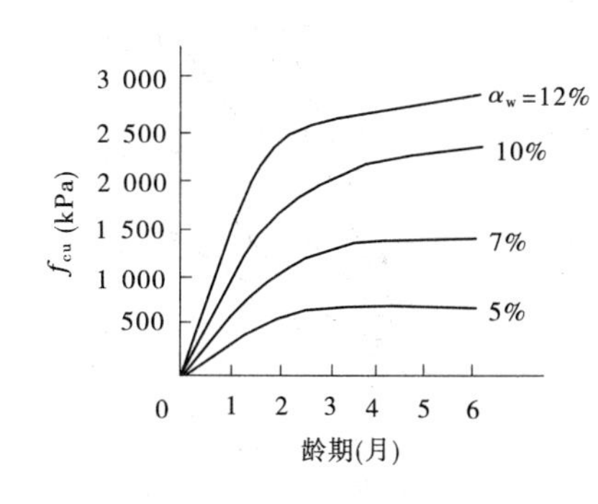


图 11-3 水泥土掺入比、龄期与强度的关系曲线

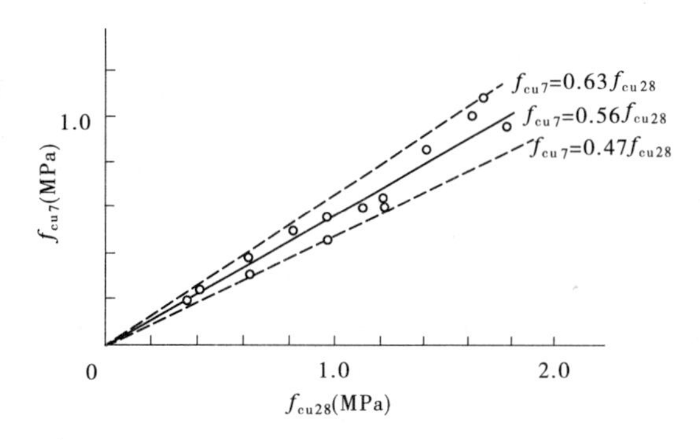


图 11-4 水泥土的 $f_{cu7}$ 和 $f_{cu28}$ 的关系曲线

当龄期超过 3 个月后，水泥土的强度增长才减缓。同样，据电子显微镜观察，水泥和土的硬凝反应约需 3 个月才能充分完成。因此，水泥土选用 3 个月龄期强度作为水泥土的标准强度较为适宜。一般情况下，龄期少于 3 d 的水泥土强度与标准强度间关系，其线性较差，离散性较大。

回归分析还发现，在其他条件相同时，某个龄期($T$)的无侧限抗压强度 $f_{cuT}$ 与 28 d 龄期的无侧限抗压强度 $f_{cu28}$ 的比值 $f_{cuT}/f_{cu28}$ 与龄期 $T$ 的关系具有较好的归一化性质，且大致呈幂函数关系，其关系式如下：

$$f_{cuT}/f_{cu28} = 0.241\,4T^{0.419\,7} \tag{11-9}$$

$$(R = 0.997, S = 0.037, n = 5)$$

式(11-9)中龄期的适用范围是 7 ~ 90 d。

在其他条件相同的前提下，两个不同龄期的水泥土的无侧限抗压强度之比随龄期之比的增大而增大。经回归分析得到两者呈幂函数关系，其经验方程式为

$$f_{cu1}/f_{cu2} = \left(\frac{T_1}{T_2}\right)^{0.418\,2} \tag{11-10}$$

$$(R = 0.992, S = 0.021, n = 9)$$

式中　$f_{cu1}$——龄期为 $T_1$ 的无侧限抗压强度,MPa;

$f_{cu2}$——龄期为 $T_2$ 的无侧限抗压强度,MPa。

式(11-10)适用的条件是:$T=7\sim90$ d;$T_1/T_2=0.08\sim0.67$ 和 $T_1/T_2=1.50\sim12.85$。

综合考虑水泥掺入比与龄期的影响,经回归分析,得到如下经验关系式:

$$f_{cu1}/f_{cu2} = \left(\frac{\alpha_{w1}}{\alpha_{w2}}\right)^{1.8095}\left(\frac{T_1}{T_2}\right)^{0.4119} \tag{11-11}$$

式中　$f_{cu1}$——水泥掺入比为 $\alpha_{w1}$、龄期为 $T_1$ 的无侧限抗压强度,MPa;

$f_{cu2}$——水泥掺入比为 $\alpha_{w2}$、龄期为 $T_2$ 的无侧限抗压强度,MPa。

式(11-11)成立的条件是:$\alpha_w=5\%\sim20\%$,$\alpha_{w1}/\alpha_{w2}=0.33\sim3.00$;$T=7\sim90$ d。当 $\alpha_{w1}=\alpha_{w2}$时,应采用式(11-10);当 $T_1=T_2$ 时,应采用式(11-2)。

(3)水泥强度等级对强度的影响。水泥土的强度随水泥强度等级的提高而增加。水泥强度等级提高10 MPa,水泥土的强度$f_{cu}$一般增大50%~90%。如要求达到相同强度,水泥强度等级提高10 MPa,可降低水泥掺入比2%~3%。

(4)土样含水量对强度的影响。水泥土的无侧限抗压强度$f_{cu}$随着土样含水量的降低而增大,当土的含水量从157%降低至47%时,无侧限抗压强度则从260 kPa增加到2 320 kPa。一般情况下,土样含水量每降低10%,强度可增加10%~50%。

(5)土样中有机质含量对强度的影响。有机质含量少的水泥土强度比有机质含量高的水泥土强度大得多。有机质使土体具有较大的水溶性和塑性,较大的膨胀性和低渗透性,并使土具有酸性,这些因素都阻碍水泥水化反应的进行。因此,有机质含量高的软土,单纯用水泥加固的效果较差。

(6)外掺剂对强度的影响。不同的外掺剂对水泥土强度有着不同的影响。如木质素磺酸钙对水泥土强度的增长影响不大,主要起减水作用。石膏、三乙醇胺对水泥土强度有增强作用,而其增强效果对不同土样和不同水泥掺入比又有所不同,所以选择合适的外掺剂可提高水泥土强度和节约水泥用量。

一般早强剂可选用三乙醇胺、氯化钙、碳酸钠或水玻璃等材料,其掺入量宜分别取水泥重量的0.05%、0.2%、0.5%和2%;减水剂可选用木质素磺酸钙,其掺入量宜取水泥重量的0.2%;石膏兼有缓凝和早强的双重作用,其掺入量宜取水泥重量的2%。

掺加粉煤灰的水泥土,其强度一般都比不掺粉煤灰的有所增长。不同水泥掺入比的水泥土,当掺入与水泥等量的粉煤灰后,强度均比不掺粉煤灰的提高10%,故在加固软土时掺入粉煤灰,不仅可消耗工业废料,还可稍微提高水泥土的强度。

(7)养护方法。养护方法对水泥土的强度影响主要表现在养护环境的湿度和温度。

国内外试验资料都说明,养护方法对短龄期水泥土强度的影响很大,随着时间的增长,不同养护方法下的水泥土无侧限抗压强度趋于一致,说明养护方法对水泥土后期强度的影响较小。

2)抗拉强度

水泥土的抗拉强度 $\sigma_t$ 随无侧限抗压强度 $f_{cu}$ 的增长而提高。从表11-2可知,当水泥土的抗压强度 $f_{cu}=0.500\sim4.00$ MPa 时,其抗拉强度 $\sigma_t=0.05\sim0.70$ MPa,即 $\sigma_t=$

$(0.06\sim0.30)f_{cu}$。

**表 11-2　抗拉强度与抗压强度对比值**

| 无侧限抗压强度 $f_{cu}$(MPa) | 抗拉强度 $\sigma_t$(MPa) | $\sigma_t/f_{cu}$(%) |
|---|---|---|
| 0.51 | 0.15 | 29.4 |
| 1.43 | 0.34 | 23.8 |
| 2.01 | 0.47 | 23.4 |
| 2.64 | 0.50 | 18.9 |
| 3.34 | 0.65 | 19.5 |
| 4.19 | 0.75 | 17.9 |
| 0.376 | 0.068 | 18.1 |
| 0.500 | 0.046 | 9.2 |
| 1.154 | 0.094 | 8.1 |
| 1.790 | 0.122 | 6.8 |
| 3.485 | 0.222 | 6.4 |

抗压与抗拉这两类强度有密切关系，根据作者试验结果的回归分析，得到水泥土抗拉强度 $\sigma_t$ 与其无侧限抗压强度 $f_{cu}$ 呈幂函数关系：

$$\sigma_t = 0.0787 f_{cu}^{0.8111} \tag{11-12}$$

$$(R = 0.991, S = 0.006, n = 12)$$

式(11-12)成立的条件是：$f_{cu}=0.5\sim3.5$ MPa。

3）抗剪强度

表 11-3 表明，水泥土的抗剪强度随抗压强度的增加而提高。当 $f_{cu}=0.30\sim4.0$ MPa 时，其黏聚力 $c=0.10\sim1.0$ MPa，一般为 $f_{cu}$ 的 20%～30%，其内摩擦角在 20°～30°变化。

**表 11-3　水泥土抗剪强度与抗压强度关系**

| 试验方法 | 无侧限抗压强度 $f_{cu}$(MPa) | 抗剪强度 | | $c/f_{cu}$(%) |
|---|---|---|---|---|
| | | 黏聚力 $c$(MPa) | 内摩擦角 $\varphi$(°) | |
| 直剪快剪 | 0.315 | 0.133 | 23 | 42.2 |
| | 0.623 | 0.161 | 26.5 | 25.8 |
| | 1.124 | 0.271 | 31 | 24.1 |
| | 1.315 | 0.289 | 32 | 22.0 |
| 三轴不排水剪 | 0.28 | 0.10 | 16 | 35.7 |
| | 0.52 | 0.17 | 21 | 32.7 |
| | 0.623 | 0.19 | 27 | 30.5 |
| | 1.315 | 0.30 | 27 | 22.8 |
| | 1.43 | 0.36 | 22 | 25.2 |
| | 2.01 | 0.48 | 23 | 23.9 |
| | 2.12 | 0.51 | 26 | 24.1 |
| | 2.64 | 0.74 | 21 | 28.0 |
| | 2.57 | 0.76 | 25 | 29.6 |
| | 3.21 | 0.86 | 27 | 26.8 |
| | 4.19 | 1.16 | 23 | 27.7 |

水泥土在三轴剪切试验中受剪破坏时,试件有清楚而平整的剪切面,剪切面与最大主应力面夹角约为60°。

根据作者试验结果的回归分析,得到水泥土的黏聚力 $c$ 与其无侧限抗压强度 $f_{cu}$ 大致呈幂函数关系,其关系式如下:

$$c = 0.2813 f_{cu}^{0.7078} \tag{11-13}$$

$$(R = 0.903, S = 0.051, n = 9)$$

式(11-13)成立的条件是:$f_{cu} = 0.3 \sim 1.3$ MPa。

4)变形模量

当垂直应力达50%无侧限抗压强度时,水泥土的应力与应变的比值,称之为水泥土的变形模量 $E_{50}$。由表11-4可知,当 $f_{cu} = 0.1 \sim 3.5$ MPa 时,其变形模量 $E_{50} = 10 \sim 550$ MPa,即 $E_{50} = (80 \sim 150) f_{cu}$。

**表11-4　水泥土变形模量**

| 试件编号 | 无侧限抗压强度 $f_{cu}$ (MPa) | 破坏时应变 $\varepsilon_f$ (%) | 变形模量 $E_{50}$ (MPa) | $E_{50}/f_{cu}$ |
|---|---|---|---|---|
| 1 | 0.105 | 2.13 | 10.1 | 96 |
| 2 | 0.135 | 2.35 | 11.1 | 82 |
| 3 | 0.254 | 2.00 | 28.5 | 112 |
| 4 | 0.276 | 1.43 | 34.5 | 125 |
| 5 | 0.482 | 1.36 | 70.9 | 147 |
| 6 | 0.493 | 1.06 | 53.6 | 109 |
| 7 | 0.536 | 0.86 | 66.2 | 124 |
| 8 | 0.694 | 1.00 | 83.6 | 120 |
| 9 | 0.918 | 1.14 | 117.7 | 128 |
| 10 | 0.970 | 1.00 | 116.9 | 121 |
| 11 | 1.164 | 1.28 | 136.9 | 118 |
| 12 | 1.399 | 1.00 | 175.0 | 125 |
| 13 | 1.436 | 1.14 | 186.5 | 130 |
| 14 | 1.942 | 1.07 | 294.2 | 151 |
| 15 | 2.513 | 1.20 | 330.6 | 132 |
| 16 | 3.036 | 0.90 | 474.3 | 156 |
| 17 | 3.450 | 1.00 | 420.7 | 122 |
| 18 | 3.518 | 0.80 | 541.2 | 154 |

根据试验结果的线性回归分析,得到 $E_{50}$ 与 $f_{cu}$ 大致呈正比关系,它们的关系式如下:

$$E_{50} = 126 f_{cu} \tag{11-14}$$

$$(R = 0.996, S = 5.529, n = 16)$$

5)压缩系数和压缩模量

水泥土的压缩系数一般为$(2.0 \sim 3.5) \times 10^{-5}$ kPa,其相应的压缩模量$E_{50} = 60 \sim 100$ MPa。

3. 水泥土抗冻性能

水泥土试件在自然负温下进行抗冻试验表明,其外观无显著变化,仅少数试块表面出现裂缝,并有局部微膨胀或出现片状剥落及边角脱落,但深度及面积均不大,可见自然冰冻不会造成水泥土深部的结构破坏。

### 二、水泥土搅拌桩的野外试验

#### (一)试验目的

(1)根据水泥土室内配合比试验求得的最佳配方,进行现场成桩工艺试验。

(2)在相同的水泥掺入比条件下,推求室内试块与现场桩身强度的关系。

(3)比较不同桩长与不同桩身强度的单桩承载力。

(4)确定桩土共同作用的复合地基承载力。

#### (二)试验方法

(1)在桩身不同部位切取试件,运回实验室内分割成与室内试块同样尺寸的现场试件,在相同龄期时比较室内外试块强度间的关系。

(2)单桩与复合地基的承载力试验。

(3)为了解复合地基的反力分布、应力分配,可在荷载板下不同部位埋设土压力盒。

#### (三)试验结果

(1)正常情况下,现场水泥土强度$f_{cu,f}$与室内水泥土试块强度$f_{cu,k}$的关系为

$$f_{cu,f} = (0.2 \sim 0.5) f_{cu,k}$$

(2)单桩和复合地基承载力设计值,可根据载荷试验$p—s$曲线取$s/d$或$s/d = 0.01$时所对应的荷载。

(3)水泥土搅拌桩可能在桩土间摩阻力与桩端承载力未充分发挥前,因桩强度而使桩体本身产生破坏,此时桩的极限承载力往往不是由桩土间的摩阻力和桩端承载力所控制,而是由桩体本身的强度所控制。因此,桩身强度与承载力的匹配是保证加固质量的关键。

## 任务四　设计计算

### 一、水泥土搅拌桩的设计

#### (一)对地质勘察的要求

除一般常规要求外,对下述各点应予以特别重视:

(1)土质分析:有机质含量,可溶盐含量,总烧失量等。

(2)水质分析:地下水的酸碱度(pH),硫酸盐含量。

**(二)加固形式的选择**

搅拌桩可布置成柱状、壁状和块状三种形式。

(1)柱状。每隔一定的距离打设一根搅拌桩,即成为柱状加固形式。它适用于单层工业厂房独立柱基础和多层房屋条形基础下的地基加固。

(2)壁状。将相邻搅拌桩部分重叠搭接成为壁状加固形式。它适用于深基坑开挖时的边坡加固以及建筑物长高比较大、刚度较小,对不均匀沉降比较敏感的多层砖混结构房屋条形基础下的地基加固。

(3)块状。对上部结构单位面积荷载大,对不均匀下沉控制严格的构筑物地基进行加固时可采用这种布桩形式。它是纵横两个方向的相邻桩搭接而形成的。当在软土地区开挖深基坑时,为防止坑底隆起也可采用块状加固形式。

**(三)加固范围的确定**

搅拌桩按其强度和刚度是介于刚性桩和柔性桩之间的一种桩型,但其承载性能又与刚性桩相近。因此,在设计搅拌桩时,可仅在上部结构基础范围内布桩,不必像柔性桩一样在基础以外设置保护桩。

## 二、水泥土搅拌桩的计算

**(一)柱状加固地基**

1. 单桩竖向承载力的设计计算

单桩竖向承载力特征值应通过现场单桩载荷试验确定,也可按式(11-15)和式(11-16)进行计算,取其中较小值。

$$R_{\mathrm{k}}^{d} = \eta f_{\mathrm{cu,k}} A_{\mathrm{p}} \tag{11-15}$$

或

$$R_{\mathrm{k}}^{d} = \bar{q}_{\mathrm{s}} U_{\mathrm{p}} l_{i} + \alpha A_{\mathrm{p}} q_{\mathrm{p}} \tag{11-16}$$

式中 $R_{\mathrm{k}}^{d}$——单桩竖向承载力特征值,kN;

$f_{\mathrm{cu,k}}$——与搅拌桩桩身加固土配合比相同的室内加固土试块(边长70.7 mm的立方体,也可采用边长为50 mm的立方体)的90 d龄期的无侧限抗压强度平均值,kPa;

$A_{\mathrm{p}}$——桩的截面面积,$\mathrm{m}^2$;

$\eta$——桩身强度折减系数,干法可取0.20~0.30,湿法可取0.25~0.33;

$\bar{q}_{\mathrm{s}}$——桩间土的侧阻力特征值,对淤泥可取4~7 kPa,对淤泥质土可取6~12 kPa,对软塑状态的黏性土可取10~15 kPa,对可塑状态的黏性土可取12~18 kPa;

$U_{\mathrm{p}}$——桩周长,m;

$l_{i}$——桩长范围内第$i$层土的厚度,m;

$q_{\mathrm{p}}$——桩端天然地基土的承载力特征值,kPa,可按国家标准《建筑地基基础设计规范》(GB 50007—2011)中的有关规定确定;

$\alpha$——桩端天然地基土的承载力折减系数,可取0.4~0.6,承载力高时取低值。

(1)式(11-15)中的桩身强度折减系数$\eta$是一个与工程经验以及拟建工程的性质密

切相关的参数。工程经验包括对施工队伍素质、施工质量、室内强度试验与实际加固强度比值,以及对实际工程加固效果等情况的掌握;拟建工程性质包括工程地质条件、上部结构对地基的要求,以及工程的重要性等。目前,在设计中一般取 $\eta=0.35\sim0.5$。

(2)式(11-16)中的桩端地基承载力折减系数 $\alpha$ 值与施工时桩端施工质量及桩端土质等条件有关。当桩较短且桩端为较硬土层时取高值。如果桩底施工质量不好,水泥土桩没能真正支承在硬土层上,桩端地基承载力不能发挥,且由于机械搅拌破坏了桩端土的天然结构,这时 $\alpha=0$。反之,当桩底质量可靠时,则通常取 $\alpha=0.5$。目前,上海地区的水泥土搅拌桩均较长且桩端无较好土层,故一般 $\alpha=0$。

(3)对式(11-15)和式(11-16)进行分析可以看出,当桩身强度大于式(11-15)所提出的强度值时,相同桩长的承载力相近,而不同桩长的承载力明显不同。此时桩的承载力由基土支持力控制,增加桩长可提高桩的承载力。当桩身强度低于式(11-15)所给值时,承载力受桩身强度控制。对上海地区的水泥土桩,其桩身强度是有一定限制的,也就是说,水泥土桩从承载力角度,存在一有效桩长,单桩承载力在一定程度上并不随桩长的增加而增大。上海地区桩身水泥土强度一般为 1.0 ~ 1.2 MPa($\alpha_w=12\%$ 左右),根据式(11-15)和式(11-16),直径 500 mm 的单头搅拌桩有效桩长为 7 m 左右,双头搅拌桩的有效桩长为 10 m 左右。

根据上海地区大量的单桩静载荷试验结果,直径 500 mm 的单头搅拌桩的单桩承载力一般为 100 kN 左右,双头搅拌桩的单桩承载力为 250 kN 左右。

在单桩设计时,承受垂直荷载的搅拌桩一般应使土对桩的支承力与桩身强度所确定的承载力相近,并使后者略大于前者最为经济。因此,搅拌桩的设计主要是确定桩长和选择水泥掺入比。

2. 复合地基的设计计算

加固后搅拌桩复合地基承载力特征值,应通过现场复合地基载荷试验确定,也可按下式计算:

$$f_{sp,k}=m\frac{R_k^d}{A_p}+\beta(1-m)f_{s,k} \tag{11-17}$$

式中　$f_{sp,k}$——复合地基承载力特征值,kPa;

$m$——面积置换率;

$A_p$——桩的截面面积,$m^2$;

$f_{s,k}$——桩间天然地基土承载力特征值,kPa;

$\beta$——桩间土承载力折减系数,当桩端土为软土时可取 0.5 ~ 1.0,当桩端土为硬土时可取 0.1 ~ 0.4,当不考虑桩间软土的作用时可取零;

$R_k^d$——单桩竖向承载力特征值,见式(11-15)和式(11-16)。

根据设计要求的单桩竖向承载力 $R_k^d$ 和复合地基承载力特征值 $f_{sp,k}$ 计算搅拌桩的置换率 $m$ 和总桩数 $n'$:

$$m=\frac{f_{sp,k}-\beta f_{s,k}}{\frac{R_k^d}{A_p}-\beta f_{s,k}} \tag{11-18}$$

$$n' = \frac{mA}{A_p} \tag{11-19}$$

式中　$A$——地基加固的面积,$m^2$。

根据求得的总桩数 $n'$进行搅拌桩的平面布置。桩的平面布置形式可为上述的柱状、壁状和块状三种。布置时要考虑充分发挥桩的摩阻力和便于施工为原则。

桩间土承载力折减系数 $\beta$ 是反映桩土共同作用的一个参数。当 $\beta = 1$ 时,表示桩与土共同承受荷载,由此得出与柔性桩复合地基相同的计算公式;当 $\beta = 0$ 时,表示桩间土不承受荷载,由此得出与一般刚性桩基相似的计算公式。

确定 $\beta$ 值还应根据建筑物对沉降要求而有所不同。当建筑物对沉降要求控制较严时,即使桩端是软土,$\beta$ 值也应取小值,这样较为安全;当建筑物对沉降要求控制较低时,即使桩端为硬土,$\beta$ 值也可取大值,这样较为经济。

3. 水泥土搅拌桩沉降验算

水泥土搅拌桩复合地基变形 $s$ 的计算,包括搅拌桩群体的压缩变形 $s_1$ 和桩端下未加固土层的压缩变形 $s_2$ 之和。

$$s = s_1 + s_2 \tag{11-20}$$

$s_1$ 的计算方法一般有以下三种:

(1)复合模量法。将复合地基加固区增强体连同地基土看作一个整体,采用置换率加权模量作为复合模量,复合模量也可根据试验而定,并以此作为参数用分层总和法求 $s_1$。

(2)应力修正法。根据桩土模量比求出桩土各自分担的荷载,忽略增强体的存在,用弹性理论求土中应力,用分层总和法求出加固区土体的变形作为 $s_1$。

(3)桩身压缩量法。假定桩体不会产生刺入变形,通过模量比求出桩承担的荷载,再假定桩侧摩阻力的分布形式,则可通过材料力学中求压杆变形的积分方法求出桩体的压缩量,并以此作为 $s_1$。

$s_2$ 的计算方法一般有以下三种:

(1)应力扩散法。此法实际上是地基规范中验算下卧层承载力的借用,即将复合地基视为双层地基,通过一应力扩散角简单地求得未加固区顶面应力的数值,再按弹性理论法求得整个下卧层的应力分布,用分层总和法求 $s_2$。

(2)等效实体法。地基规范中群桩(刚性桩)沉降计算方法,假设加固体四周受均布摩阻力,上部压力扣除摩阻力后可得到未加固区顶面应力的数值,即可按弹性理论法求得整个下卧层的应力分布,按分层总和法求 $s_2$。

(3)Mindlin - Geddes 方法。按模量比将上部荷载分配给桩土,假定桩侧摩阻力的分布形式,按 Mindlin 基本解积分求出桩对未加固区形成的应力分布;按弹性理论法求得土分担的荷载对未加固区的应力,再与前面积分求得的未加固区应力叠加,以此应力按分层总和法求 $s_2$。

作者统计了上海地区大量水泥土单桩复合地基载荷试验资料,得到了在工作荷载下(复合地基的设计承载力)水泥土桩复合地基的复合模量,一般为 15 ~ 25 MPa,其大小受面积置换率、桩间土质和桩身质量等因素的影响，且根据理论分析和实测结果，复合地基的复合模量总是大于由桩的模量和桩间土的模量的面积加权之和，即

$$E_{sp} \geqslant mE_p + (1 - m)E_s \tag{11-21}$$

4. 复合地基设计

水泥土搅拌桩的布桩形式非常灵活，可以根据上部结构要求及地质条件采用柱状、壁状、格栅状及块状加固形式，若上部结构刚度较大、土质又比较均匀，可以采取柱状加固形式，即按上部结构荷载分布，均匀地布桩；若建筑物长高比大，刚度较小，场地土质又不均匀，可以采取壁状加固形式，即使长方向轴线上的搅拌桩连接成壁，以增加地基抵抗不均匀变形的刚度；若场地土质不均匀，且表面土质很差，建筑物刚度又很小，对沉降要求很高，则可以采取格栅状加固形式，即将纵横主要轴线上的桩连接成封闭的整体，这样不仅能增加地基刚度，同时可限制格栅中软土的侧向挤出，减少总沉降量。

软土地区的建筑物，都是在满足强度要求的条件下以沉降进行控制的，作者认为，应采用以下设计思路：

(1)根据地层结构采用适当的方法进行沉降计算，由建筑物对变形的要求确定加固深度，即选择施工桩长。

(2)根据土质条件、固化剂掺量、室内配合比试验资料和现场工程经验选择桩身强度和水泥掺入量及有关施工参数。根据上海地区的工程经验，当水泥掺入比为12%左右时，桩身强度一般可达1.0～1.2 MPa。

(3)根据桩身强度的大小及桩的断面尺寸，由式(11-15)计算单桩承载力。

(4)根据单桩承载力及土质条件，由式(11-16)计算有效桩长。

(5)根据单桩承载力、有效桩长和上部结构要求达到的复合地基承载力，由式(11-18)计算桩土面积置换率。

(6)根据桩土面积置换率和基础形式进行布桩，桩可只在基础平面范围内布置。

5. 水泥土搅拌桩设计的优化

在水泥土搅拌桩设计中，存在最优置换率、最优桩体刚度及有效桩长。目前，对于有效桩长的研究较多，而对于有效置换率和最优桩体刚度却研究较少，并且研究有效桩长，多是从单桩分析入手，没有考虑群桩效应以及桩与土之间的相互作用，这与实际情况不符。

作者认为，复合地基是地基而不是桩基础，必须把桩与土作为一个复合体来考虑，所以置换率与桩长的关系十分密切。在复合地基的优化设计中应注意以下几个控制指标：①最优置换率；②有效桩长；③界限桩体刚度。设计中若超过这几个指标相应的值，对复合地基的受力与变形状态已无明显改善，因而是不经济的。对水泥土搅拌桩尤其是第三个指标应严格控制，若桩体刚度过大，反而会引起下卧层沉降增大乃至桩尖刺入。

对于优化搅拌桩设计的问题，则应具体情况具体分析：

(1)在加固深厚软土时，由于下卧层承载力低，所以应控制桩身强度，不能过大，否则接近于桩基础，下卧层变形将增大。此时采用高置换率、较短桩的布桩方式，往往可以取得较好的效果。其原因就在于加固层本身刚度的提高起到了减小变形的作用，而加固层

中桩、土协调变形如同一复合体,又起到了双层地基上覆硬层对下卧层扩散应力和均匀应力作用。

(2)在加固软土中夹有硬层的地基时,应在可能的前提下,首先使桩长达到相对硬层,然后选择合理的置换率。一般情况下,当有相对硬层存在,桩长达到硬层时复合地基的承载力最大、变形最小,短于或长于此桩长,加固效果均不佳。

(3)对于深厚软土的地基处理,合理选择桩身强度至关重要。因为在置换率相同时,桩身强度越大(桩土模量比越大),桩土应力比越大,复合地基接近于桩基础,应力扩散不明显,桩端产生高应力区,下卧层受到较大的附加应力,使下卧层沉降有增大的可能。沪嘉高速公路采用粉喷桩加固,其实测桩土应力比 $n=34$,尽管加固层本身减少压缩量的效果很明显,但总沉降量只减少 30% 左右,说明由于应力扩散不明显,下卧层沉降量仍然很大。另外,在深厚软土中采用"短而密"的布桩方式,往往能收到减小沉降量的效果。"短而密"的复合地基比"长而稀"的复合地基加固效果好、沉降量小。

(4)对于深厚软土的地基处理,采用水泥土桩复合地基进行加固时,建议采用以下设计思路:以沉降计算来确定加固深度;计算单桩和复合地基承载力时桩长取有效桩长;选取有效桩长时以桩身强度来控制;桩身强度以土质条件和固化剂掺量来控制。

**(二)壁状加固地基**

沿海软土地基在密集建筑群中深基坑开挖施工时,常使邻近建筑物产生不均匀沉降或地下各种管线设施损坏而影响安全。

上海迄今所进行的水泥土搅拌桩(喷浆)工程多数是侧向支护工程,其基本施工方法是采用深层搅拌机,将相邻桩连续搭接施工,一般布置数排搅拌桩在平面上组成格栅形(见图 11-5)。原则上按重力式挡土墙设计。要进行抗滑、抗倾覆、抗渗、抗隆起和整体滑动计算。采用格栅形布板的优点是:①限制了格栅中软土的变形,也就大大减小了其竖向沉降量;②增加支护的整体刚度,保证复合地基在横向力作用下共同工作。

设计计算时采用的计算图式见图 11-6。

图 11-6 中搅拌桩墙宽度 $B$ 为格栅组成的外包宽度,根据上海地区经验,墙宽 $B$ 为开挖深度的 60% ~80%,桩插入基坑底深度为开挖深度的 80% ~120%。

1. 土压力计算

为简化计算,对成层分布的土体,墙底以上各层土的物理力学指标按层厚加权平均,即

$$\gamma = \sum_{i=1}^{n} \frac{\gamma_i h_i}{H} \tag{11-22}$$

$$\varphi = \sum_{i=1}^{n} \frac{\varphi_i h_i}{H} \tag{11-23}$$

$$c = \sum_{i=1}^{n} \frac{c_i h_i}{H} \tag{11-24}$$

式中 $\gamma_i$——墙底以上各层土的天然重度,kN/m$^3$;

$\varphi_i$——墙底以上各层土的内摩擦角,(°);

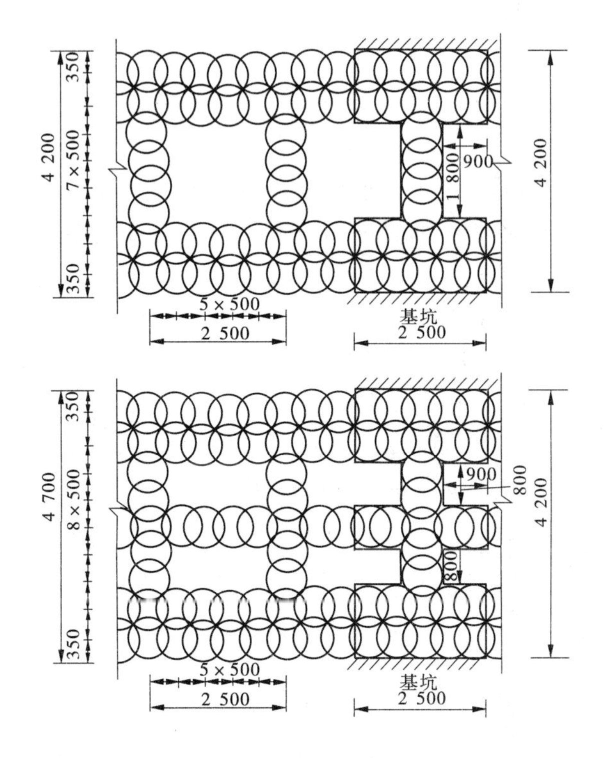


图 11-5　水泥土搅拌桩形成格栅形做侧向支护　（单位:mm）

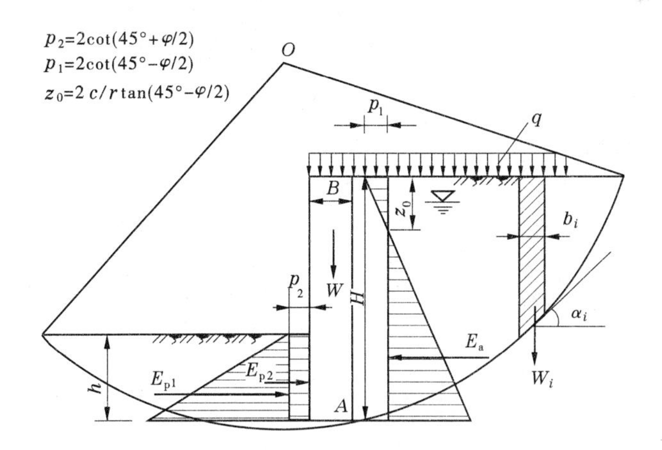


图 11-6　水泥土搅拌桩侧向支护计算图式

$c_i$——墙底以上各层土的黏聚力,kPa;

$h_i$——墙底以上各层土的厚度,m;

$H$——墙高,m。

墙后主动土压力计算如下:

$$E_a = \left(\frac{1}{2}\gamma H^2 + qH\right)\cdot \tan^2\left(45° - \frac{\varphi}{2}\right) - 2c \cdot H \cdot \tan^2\left(45° - \frac{\varphi}{2}\right) + \frac{2c^2}{\gamma} \quad (11\text{-}25)$$

墙前被动土压力计算如下:

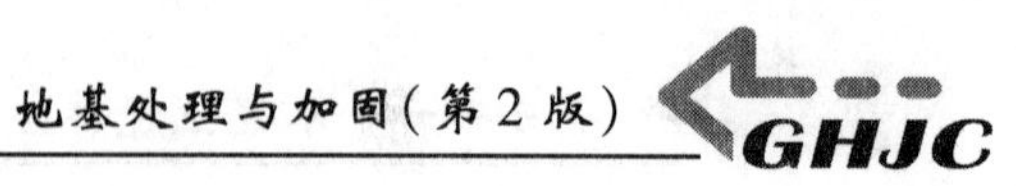

$$E_p = E_{p1} + E_{p2} = \frac{1}{2}\gamma_h \cdot h^2 \cdot \tan\left(45° + \frac{\varphi_h}{2}\right) + 2c \cdot h \cdot \tan\left(45° + \frac{\varphi_h}{2}\right) \tag{11-26}$$

式中 $\gamma_h$、$\varphi_h$、$c$——坑底以下各层土的天然重度、内摩擦角和黏聚力,按层厚加权平均值计算。

对饱和软土的土侧压力可按水土压力合算;对砂性土可按水土压力分算。

上海市标准《地基基础设计规范》(DGJ 08 - 11—2010)规定:被动土压力应根据不同的结构因其容许的变形值不同,可乘以一折减系数。

2. 抗倾覆计算

按重力式挡墙绕前趾 $A$ 点的抗倾覆安全系数为

$$K_0 = \frac{M_R}{M_0} = \frac{\frac{1}{3}hE_{p1} + \frac{1}{2}hE_{p2} + \frac{1}{2}BW}{\frac{1}{3}(H - z_0)E_a} \tag{11-27}$$

式中 $W$——墙体自重,kN/m,$W = \gamma_0 BH$;

$\gamma_0$——水泥土重度,取 18 ~ 19 kN/m³;

$K_0$——抗倾覆安全系数,$K_0 \geq 1.5$。

3. 抗滑移计算

按重力式挡墙计算墙体沿底面滑动的安全系数为

$$K_c = \frac{W \cdot \tan\varphi + c_0 \cdot B}{E_a - E_p} \tag{11-28}$$

式中 $c_0$、$\varphi$——墙底土层的黏聚力和内摩擦角,由于搅拌成桩时水泥浆液和墙底土层拌和,可取该层土试验指标的上限值;

$K_c$——抗滑移安全系数,$K_c \geq 1.3$。

4. 整体稳定计算

由于墙前、墙后有显著的地下水位差,墙后又有地表面超载,故整体稳定性计算是设计中的一个主要内容,计算时采用圆弧滑动法;渗流力的作用采用替代法,稳定安全系数采用总应力法计算:

$$K = \frac{\sum_{i=1}^{n} c_i l_i + \sum_{i=1}^{n} (q_i \cdot b_i + W_i)\cos\alpha_i \cdot \tan\alpha_i}{\sum_{i=1}^{n} (q_i \cdot b_i + W_i)\sin\alpha_i} \tag{11-29}$$

式中 $l_i$——第 $i$ 条土条顺滑弧面的弧长,m;

$q_i$——第 $i$ 条土条地面荷载,kPa;

$b_i$——第 $i$ 条土条宽度,m;

$W_i$——第 $i$ 条土条重量,kN,不计渗流力时,坑底地下水位以上取天然重度计算,当计入渗流力时,将坑底地下水位至墙后地下水位范围内的土体重度,在计算分母(滑动力矩)时取饱和重度,在计算分子(抗滑动力矩)时取浮重度;

$\alpha_i$——第 $i$ 条滑弧中点的切线和水平线的夹角,(°);

$c_i$——第 $i$ 条土条地基土的黏聚力，kPa；

$\alpha_i$——第 $i$ 条土条地基土的内摩擦角，(°)；

$K$——整体稳定安全系数，$K \geqslant 1.25$。

一般最危险滑弧在墙底下 0.5 ~ 1.0 m 位置，当墙底下面的土层很差时，危险滑弧的位置还会深一点，当墙体无侧限抗压强度不低于 1 MPa 时，一般不必计算切墙体滑弧的安全系数。在无侧限抗压强度低于 1 MPa 时，可取 $c=(1/10 \sim 1/15)f_{\mathrm{cu,k}}$，$\alpha=0°$，作为墙体指标来计算切墙体滑弧的安全系数。

5. 抗渗计算

当地下水从基底以下土层向基坑内渗流时，若其动水坡度大于渗流出口处土颗粒的临界动水坡度，将产生基底渗流失稳现象。由于这种渗流具有空间性和不恒定性，至今理论上还未解决，为简化计，采用平面恒定渗流的计算方法——直线比例法，此法简便，精度能满足要求。

为了保证抗渗流稳定性，须有足够的渗流长度：

$$L \geqslant C_i \Delta H \tag{11-30}$$

$$L = L_{\mathrm{H}} + mL_{\mathrm{V}} \tag{11-31}$$

式中　$L$——渗流总长度，即渗透起始点至渗流出口处的地下轮廓线的水平和垂直总长度，m；

$L_{\mathrm{H}}$、$L_{\mathrm{V}}$——渗透起始点至渗流出口处的地下轮廓线的水平和垂直总长度，m；

$m$——换算系数，$m=1.5 \sim 2.0$；

$\Delta H$——挡土结构两侧水位差，m；

$C_i$——渗径系数，根据基底土层性质和渗流出口处情况确定。一般渗流出口处无反滤设施时，可按下列值选用：黏土 $C_i=3 \sim 4$，粉质黏土 $C_i=4 \sim 5$，黏质粉土 $C_i=5 \sim 6$，砂质粉土 $C_i=6 \sim 7$。

抗渗安全系数：

$$K_{渗} = \frac{m[(H-0.5)+2h]+B}{C_i \Delta H} \tag{11-32}$$

式中　$K_{渗}$——抗渗安全系数，$K_{渗} \geqslant 1.10$。

6. 抗隆起计算

基坑隆起是指使墙后土体及基底土体向基坑内移动，促使坑底向上隆起，出现塑性流动和涌土现象。形成基坑隆起的原因是：①基坑内外土面和地下水位的高差；②坑外地面的超载；③基坑卸载引起的回弹；④基坑底承压水头；⑤墙体的变形。

常用的计算方法有 Caquat - Kerisel，G. Schneebeli，Prandtl 以及圆弧滑动法等公式。上海地区的设计经验，参照 Prandtl 和 Terzaghi 的地基承载力公式，将墙底面的平面作为求极限承载力的基准面（见图 11-7）。

$$K_{\mathrm{s}} = \frac{\gamma_2 h N_{\mathrm{q}} + cN_{\mathrm{c}}}{\gamma_1(H+h)+q} \tag{11-33}$$

式中　$K_{\mathrm{s}}$——抗隆起安全系数，$K_{\mathrm{s}} \geqslant 1.2$；

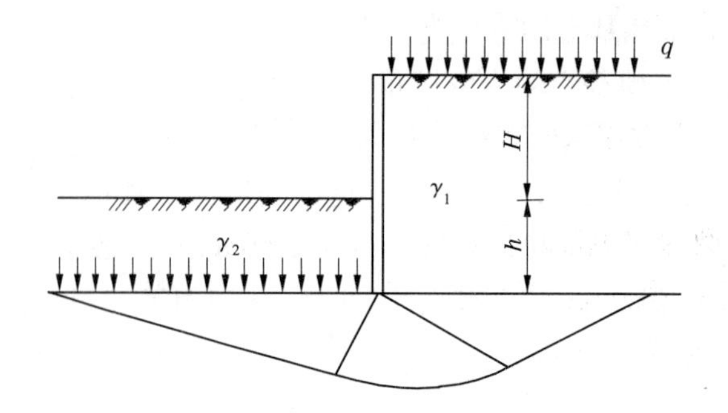


图 11-7　基坑抗隆起计算示意图

$\gamma_1$——自地表面至墙底各土层的加权平均重度(地下水位以下取浮重度),$kN/m^3$;

$\gamma_2$——自基坑底面以下至墙底各土层的加权平均重度(地下水位以下取浮重度),$kN/m^3$;

$h$——搅拌桩插入深度,m;

$H$——基坑开挖深度,m;

$q$——地面超载,kPa;

$N_q$、$N_c$——无量纲的承载力系数,仅与土的内摩擦角有关,一般可查《土力学》及相关书籍中的表格或按式(11-34)和式(11-35)计算。

$$N_q = \tan^2\left(45° + \frac{\varphi}{2}\right)e^{\pi\tan\varphi} \tag{11-34}$$

$$N_c = (N_q - 1)c \cdot \tan\varphi \tag{11-35}$$

式中　$c$、$\varphi$——墙底处土的黏聚力,kPa 和内摩擦角,(°),一般取固结快剪峰值。

实践证明,本法基本上可适用于各类土质条件,虽然本验算方法将墙底面作为求极限承载力的基准面带有一定的近似性,但对基坑开挖作为临时开挖挡土结构而言是安全的。

提高基坑底面隆起稳定性的措施有:①搅拌桩墙的墙底宜选择在压缩性低的土层中;②适当降低墙后土面标高;③在可能条件下,基坑开挖施工过程中可采用井点降水。

## 任务五　施工工艺

### 一、水泥浆搅拌法

#### (一)搅拌机械设备及性能

国内目前的搅拌机有中心管喷浆方式和叶片喷浆方式。后者是使水泥浆从叶片上若干个小孔喷出,使水泥浆与土体混合较均匀,对大直径叶片和连续搅拌是合适的,但因喷浆孔小易被浆液堵塞,它只能使用纯水泥浆而不能采用其他固化剂,且加工制造较为复杂。中心管输浆方式中的水泥浆是从两根搅拌轴间的另一中心管输出,这对于叶片直径在1 m 以下时,并不影响搅拌均匀度,而且它可适用多种固化剂,除纯水泥浆外,还可用水泥砂浆,甚至掺入工业废料等粗粒固化剂。

(1)SJB－30型深层双轴搅拌机。SJB－30型(原来的SJB－1型)深层搅拌机,是由冶金部建筑研究总院和交通部水运规划设计院合作研制,并由江苏省江阴市江阴振冲器厂生产的双搅拌轴中心管输浆的水泥搅拌专用机械(见图11-8)。目前又生产出SJB－40型搅拌机。

(2)GZB－600型深层单轴搅拌机,是由天津机械施工公司利用进口钻机改装的单搅拌轴、叶片喷浆方式的搅拌机(见图11-9)。

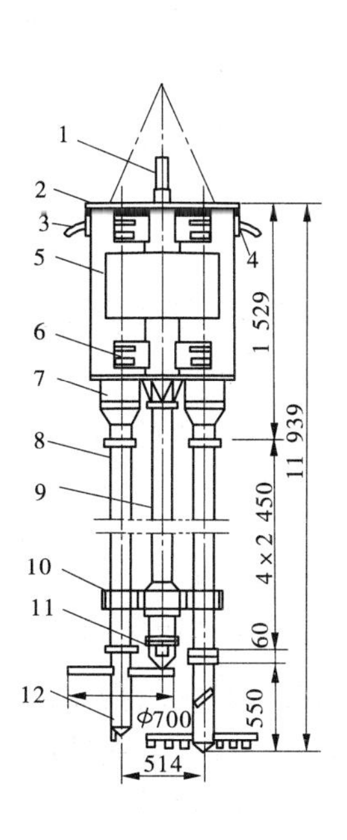


1—输浆管;2—外壳;3—出水口;4—进水口;
5—电动机;6—导向滑块;7—减速器;8—搅拌轴;
9—中心管;10—横向系板;11—球形阀;12—搅拌头

**图11-8　SJB－30型深层双轴搅拌机**

(单位:mm)

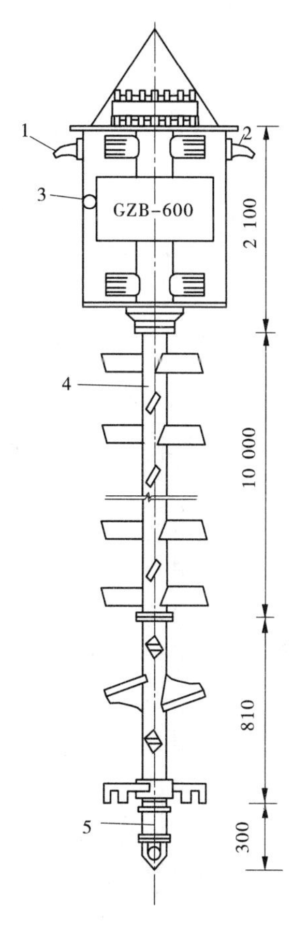


1—电缆接头;2—进浆口;3—电动机;
4—搅拌轴;5—搅拌头

**图11-9　GZB－600型深层单轴搅拌机**

(单位:mm)

GZB－600型深层搅拌机在搅拌头上分别设置搅拌叶片和喷浆叶片,2层叶片相距0.5 m,成桩直径600 mm。喷浆叶片上开有3个尺寸相同的喷浆口(见图11-10)。

(3)DJB－14D型深层单轴搅拌机由浙江有色勘察研究院与浙江大学合作,在北京800型转盘钻机基础上改制而成(见图11-11)。

DJB－14D型深层单轴搅拌机的主机系统包括动力头、搅拌轴和搅拌头。搅拌头上端有一对搅拌叶片,下部为与搅拌叶片互成90°、直径500 mm的切削叶片,叶片的背后安

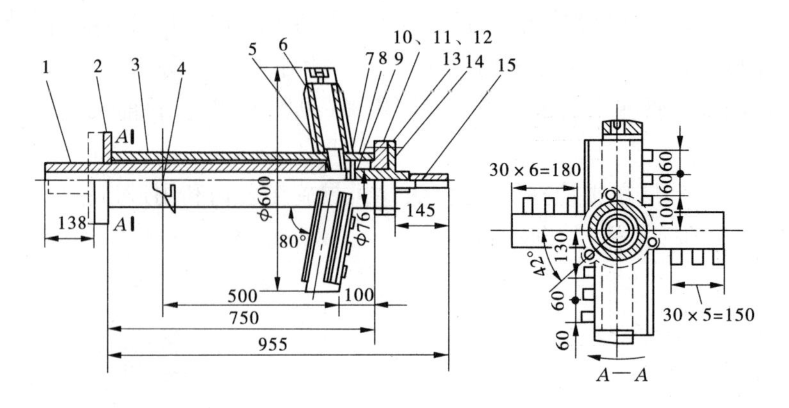


1—输浆管;2、14—上法兰;3、8—搅拌轴;4—搅拌叶片;5—喷浆叶片;6—输送管;7—堵头;
9—胶垫;10—螺栓;11—螺母;12—垫圈;13—下法兰;15—螺旋锥头

**图 11-10 叶片喷浆搅拌头** (单位:mm)

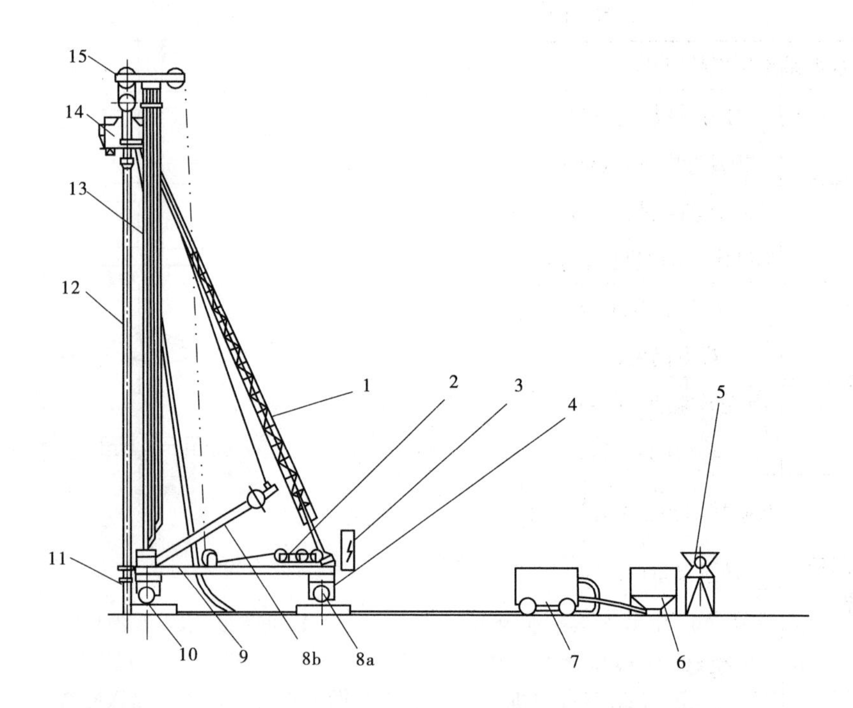


1—副腿;2—卷扬机;3—配电箱;4—操作台;5—灰浆搅拌机;6—集料斗;7—挤压泵;
8a—轨道;8b—起落挑杆;9—底盘;10—枕木;11—搅拌钻头;12—主动钻杆;
13—钻塔;14—动力头;15—顶部滑轮组

**图 11-11 DJB - 14D 型深层单轴搅拌机配套机械示意图**

有 2 个直径为 8 ~ 12 mm 的喷嘴,见图 11-12。

深层搅拌机械技术参数汇总见表 11-5。

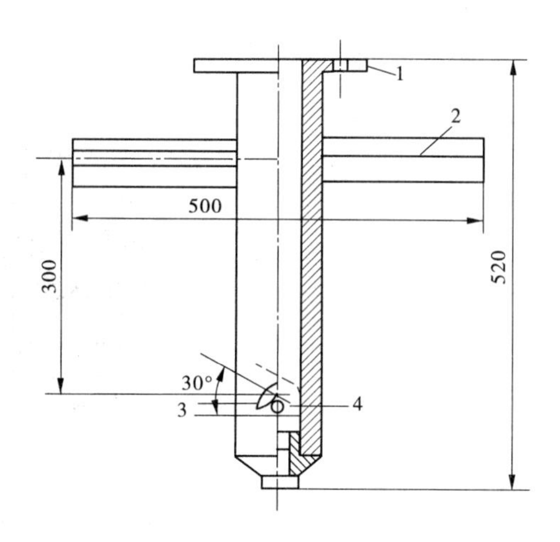


1—法兰盘;2—搅拌叶片;3—切削叶片;4—喷嘴

**图 11-12　搅拌头结构图**　(单位:mm)

**表 11-5　深层搅拌机械技术参数汇总**

| 水泥系深层搅拌机类型 | | SJB－30 | SJB－40 | GZB－600 | DJB－14D |
|---|---|---|---|---|---|
| 深层搅拌机 | 搅拌轴数量(根) | 2(ϕ129 mm) | 2(ϕ129 mm) | 1(ϕ129 mm) | 1 |
| | 搅拌叶片外径(mm) | 700 | 700 | 600 | 500 |
| | 搅拌轴转速(r/min) | 43 | 43 | 50 | 60 |
| | 电机数量×电机功率(kW) | 2×30 | 2×40 | 2×30 | 1×22 |
| 起吊设备 | 提升能力(kN) | >100 | >100 | 150 | 50 |
| | 提升高度(m) | >14 | >14 | 14 | 19.5 |
| | 提升速度(m/min) | 0.2~1.0 | 0.2~1.0 | 0.6~1.0 | 0.95~1.20 |
| | 接地压力(kPa) | 60 | 60 | 60 | 40 |
| 固化剂制备系统 | 灰浆拌制台数×容量(L) | 2×200 | 2×200 | 2×500 | 2×200 |
| | 灰浆泵量(L/min) | HB6－350 | HB6－350 | Ap－15－B281 | $UBJ_2 33$ |
| | 灰浆泵工作压力(kPa) | 1 500 | 1 500 | 1 400 | 1 500 |
| | 集料斗容量(L) | 400 | 400 | 180 | |
| 技术指标 | 一次加固面积($m^2$) | 0.71 | 0.71 | 0.283 | 0.196 |
| | 最大加固深度(m) | 10~12 | 15~18 | 10~15 | 19.0 |
| | 效率(m/台班) | 40~50 | 40~50 | 60 | 100 |
| | 总质量(t) | 4.5 | 4.7 | 12 | 4 |

### (二)施工工艺

水泥浆搅拌法的施工工艺流程,如图 11-13 所示。

(1)定位。起重机或塔架悬吊搅拌机到达指定桩位,对中。当地面起伏不平时,应使

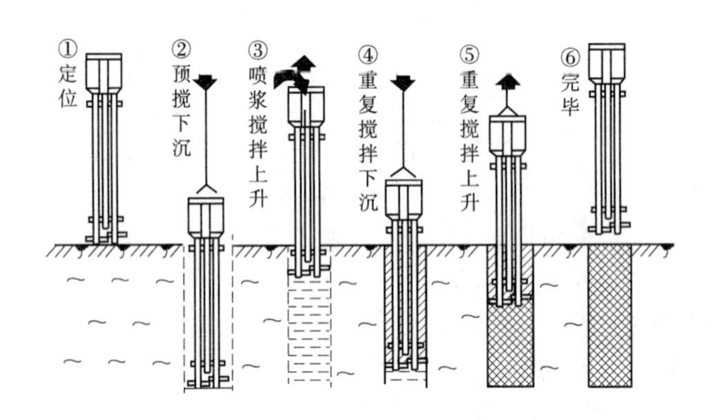


图 11-13　水泥浆搅拌法施工工艺流程

起吊设备保持水平。

(2)预搅下沉。待搅拌机的冷却水循环正常后,启动搅拌机电动机,放松起重机钢丝绳,使搅拌机沿导向架搅拌切土下沉,下沉的速度可由电动机的电流监测表控制。工作电流不应大于 70 A。如果下沉速度太慢,可从输浆系统补给清水,以利钻进。

(3)制备水泥浆。待搅拌机下沉到一定深度时,开始按设计确定的配合比拌制水泥浆,待压浆前将水泥浆倒入集料斗中。

(4)提升喷浆搅拌。搅拌机下沉到达设计深度后,开启灰浆泵将水泥浆压入地基中,边喷浆边旋转,同时严格按照设计确定的提升速度提升搅拌机。

(5)重复上、下搅拌。搅拌机提升至设计加固深度的顶面标高时,集料斗中的水泥浆应正好排空。为使软土和水泥浆搅拌均匀,可再次将搅拌机边旋转边沉入土中,至设计加固深度后,再将搅拌机提升出地面。

(6)清洗。向集料斗中注入适量清水,开启灰浆泵,清洗全部管路中残存的水泥浆,直至基本干净,并将黏附在搅拌头上的软土清洗干净。

(7)移位。重复上述步骤(1)~(6),再进行下一根桩的施工。

由于搅拌桩顶部与上部结构的基础或承台接触部分受力较大,因此通常还可对桩顶 1.0~1.5 m 范围内再增加一次输浆,以提高其强度。

**(三)施工注意事项**

(1)现场场地应予以平整,必须清除地上和地下的一切障碍物。明浜、暗塘及场地低洼时应抽水和清淤,分层夯实回填黏性土料,不得回填杂填土或生活垃圾。开机前必须调试,检查桩机运转和输浆管畅通情况。

(2)根据实际施工经验,水泥土搅拌法在施工到顶端 0.3~0.5 m 范围时,因上覆压力较小,搅拌质量较差,故其场地整平标高应比设计确定的基底标高再高出 0.3~0.5 m,桩制作时仍施工到地面,待开挖基坑时,再将上部 0.3~0.5 m 的桩身质量较差的桩段挖去,基础埋深较大时取下限,反之取上限。

(3)搅拌桩的垂直度偏差不得超过 1%,桩位布置偏差不得大于 50 mm,桩径偏差不得大于4%。

（4）施工前应确定搅拌机械的灰浆泵输浆量、灰浆经输浆管到达搅拌机喷浆口的时间和起吊设备提升速度等施工参数，并根据设计要求通过成桩试验，确定搅拌桩的配合比等各项参数和施工工艺。宜用流量泵控制输浆速度，使注浆泵出口压力保持在0.4～0.6 MPa，并应使搅拌提升速度与输浆速度同步。

（5）制备好的浆液不得离析，泵送必须连续。拌制浆液的罐数、固化剂和外掺剂的用量以及泵送浆液的时间等应有专人记录。

（6）为保证桩端施工质量，当浆液达到出浆口后，应喷浆座底30 s，使浆液完全到达桩端。特别是设计中考虑桩端承载力时，该点尤为重要。

（7）预搅下沉时不宜冲水，当遇到较硬土层下沉太慢时，方可适量冲水，但应考虑冲水成桩对桩身强度的影响。

（8）可通过复喷的方法达到桩身强度为变参数的目的。搅拌次数以1次喷浆2次搅拌或2次喷浆3次搅拌为宜，且最后1次提升搅拌宜采用慢速提升。当喷浆口到达桩顶标高时，宜停止提升，搅拌数秒，以保证桩头的均匀密实。

（9）施工时因故停浆，宜将搅拌机下沉至停浆点以下0.5 m，待恢复供浆时再喷浆提升。若停机超过3 h，为防止浆液硬结堵管，宜先拆卸输浆管路，妥为清洗。

（10）壁状加固时，桩与桩的搭接时间不应大于24 h，如因特殊原因超过上述时间，应对最后一根桩先进行空钻，留出榫头，以待下一批桩搭接；如间歇时间太长（如停电等），与第二根无法搭接，应在设计和建设单位认可后，采取局部补桩或注浆措施。

（11）搅拌机凝浆提升的速度和次数必须符合施工工艺的要求，应有专人记录搅拌机每米下沉和提升的时间。深度记录误差不得大于100 mm，时间记录误差不得大于5 s。

（12）根据现场实践表明，当水泥土搅拌桩作为承重桩进行基坑开挖时，桩顶和桩身已有一定的强度，若用机械开挖基坑，往往容易碰撞损坏桩顶，因此基底标高以上0.3 m宜采用人工开挖，以保护桩头质量。这点对保证处理效果尤为重要，应引起足够的重视。

每一个水泥土搅拌桩施工现场，由于土质有差异、水泥的品种和强度等级不同，因而搅拌加固质量有较大的差别。因此，在正式搅拌桩施工前，均应按施工组织设计确定的搅拌施工工艺制作数根试桩，养护一定时间后进行开挖观察，最后确定施工配合比等各项参数和施工工艺。

在上海地区施工实践中，经常会发生由于施工机械导致水泥土搅拌桩产生质量问题的事故，如形成的水泥土极不均匀、水泥与土无混合、水泥富集在桩周而桩中无水泥等，因此正式施工前，应通过施打试桩，检验桩机的各项参数指标。

作者根据上海地区的施工经验，总结认为控制水泥土搅拌桩施工质量的主要指标为水泥用量、提升速度、喷浆（粉）的均匀性和连续性及施工机械性能。

**（四）施工中常见的问题和处理方法**

施工中常见的问题和处理方法见表11-6。

表 11-6　施工中常见的问题和处理方法

| 常见问题 | 发生原因 | 处理方法 |
| --- | --- | --- |
| 预搅下沉困难，电流值高，电机跳闸 | 1. 电压偏低<br>2. 土质硬，阻力太大<br>3. 遇大石块、树根等障碍物 | 1. 调高电压<br>2. 适量冲水或浆液下沉<br>3. 挖除障碍物 |
| 搅拌机下不到预定深度，但电流不高 | 土质黏性大，搅拌机自重不够 | 增加搅拌机自重或开动加压装置 |
| 喷浆未到设计桩顶面或底部桩端标高，集料斗浆液已排空 | 1. 投料不准确<br>2. 灰浆泵磨损漏浆<br>3. 灰浆泵输浆量偏大 | 1. 重新标定投料量<br>2. 检修灰浆泵<br>3. 重新标定灰浆输浆量 |
| 喷浆到设计位置集料斗中剩浆液过多 | 1. 拌浆加水过量<br>2. 输浆管路部分阻塞 | 1. 重新标定拌浆用水量<br>2. 清洗输浆管路 |
| 输浆管堵塞爆裂 | 1. 输浆管内有水泥结块<br>2. 喷浆口球阀间隙太小 | 1. 拆洗输浆管<br>2. 使喷浆口球阀间隙适当 |
| 搅拌钻头和混合土同步旋转 | 1. 灰浆浓度过大<br>2. 搅拌叶片角度不适宜 | 1. 重新标定浆液水灰比<br>2. 调整叶片角度或更换钻头 |

## 二、粉体喷射搅拌法

### （一）粉体喷射搅拌法的特点

粉体喷射搅拌法施工使用的机械和配套设备有单搅拌轴和双搅拌轴，二者的加固机制相似，都是利用压缩空气通过固化材料供给机的特殊装置，携带着粉体固化材料，经过高压软管和搅拌轴输送到搅拌叶片的喷嘴喷出。借助搅拌叶片旋转，在叶片的背后面产生空隙，安装在叶片背后面的喷嘴将压缩空气连同粉体固化材料一起喷出。喷出的混合气体在空隙中压力急剧降低，促使固化材料就地黏附在旋转产生空隙的土中，旋转到半周，另一搅拌叶片把土与粉体固化材料搅拌混合在一起。与此同时，这只叶片背后的喷嘴将混合气体喷出。这样周而复始地搅拌、喷射、提升（有的搅拌机安装两层搅拌叶片，使土与粉体搅拌混合得更均匀）。与固化材料分离后的空气传递到搅拌轴的四周，上升到地面释放掉。如果不让分离的空气释放出将影响减压效果，因此搅拌轴外形一般多呈四方、六方或带棱角形状。

粉体喷射搅拌法加固地基具有如下特点：

（1）使用的固化材料（干燥状态）可更多地吸收软土地基中的水分，对加固含水量高的软土、极软土以及泥炭土地基效果更为显著。

（2）固化材料全面地被喷射到靠搅拌叶片旋转过程中产生的空隙中，同时靠土的水分把它黏附到空隙内部，随着搅拌叶片的搅拌使固化剂均匀地分布在土中，不会产生不均匀的散乱现象，有利于提高地基土的加固强度。

（3）与高压喷射注浆和水泥浆搅拌法相比，输入地基土中的固化材料要少得多，无浆液排出，无地面隆起现象。

(4)粉体喷射搅拌法施工可以加固成群桩，也可以交替搭接加固成壁状、格栅状或块状。

**(二)施工工具和设备**

粉体喷射搅拌机械一般由搅拌主机、粉体固化材料供给机、空气压缩机、搅拌翼和动力部分等组成。

(1)国外几种粉体喷射搅拌施工机械性能见表11-7。

表11-7　国外几种粉体喷射搅拌施工机械性能

| 分类 | 项目 | 类型及规格 | | | | |
|---|---|---|---|---|---|---|
| 搅拌机 | 搅拌机型号 | DJM1037 | DJM1070 | DJM2050 | DJM2070 | DJM2090 |
| 搅拌机 | 搅拌轴直径(mm) | 800 | 1 000 | 1 000 | 1 000 | 1 000 |
| 搅拌机 | 搅拌轴根数(根) | 1 | 1 | 2 | 2 | 2 |
| 搅拌机 | 轴间距(mm) | | | 1 200～2 000(间距200) | 1 000,1 200,1 500 | 1 000,1 200,1 500 |
| 搅拌机 | 搅拌轴回转速度(r/min) | 5～50 | 5～50 | 16.5～54 | 24,48(50 Hz) | 32,63(50 Hz) |
| 搅拌机 | 搅拌轴最大转矩(kN·m) | 10.0 | 20.0 | 17.6 | 20.0 | 25.2 |
| 搅拌机 | 加固深度(m) | 10(最大15) | 15(最大20) | 15(最大20) | 20(最大23) | 25(最大30) |
| 搅拌机 | 钻进、提升速度(m/min) | 0～7.0 | 0～7.0 | 0～4.0 | 0.5～3.0 | 0.5～3.0 |
| 搅拌机 | 搅拌驱动方式 | 电动机—油压 | 电动机—油压 | 柴油发动机—油压 | 电动机 | 电动机 |
| 基础机械 | 移动方式 | 附卧式滑动垫板 | 附卧式滑动垫板 | 履带式 | 履带式 | 履带式 |
| 基础机械 | 规格尺寸(长×宽×高)(mm) | 4 320×3 100×1 700 | 7 150×3 080×2 000 | 5 090×3 290×2 860 | 6 420×4 600×4 485 | 9 227×4 920×6 800 |
| 基础机械 | 接地压力(kPa) | 23 | 24 | 63 | 85 | 100 |
| 搅拌机总质量(kg) | | 9 000 | 22 000 | 40 000 | 59 000 | 80 000 |
| 空气压缩机($m^3$/min) | | 10.5(700 kPa) | 10.5(700 kPa) | 10.5两台 | 17.0一台(700 kPa)10.5两台 | 17.0两台(700 kPa) |

(2)GPP－5型粉体喷射搅拌机是一种步履式移位的钻机，它是铁道部第四勘测设计院于1984年利用DPP－100汽车钻机改制的，技术性能见表11-8。

**(三)施工工序**

(1)放样定位。

(2)移动钻机，准确对孔。对孔误差不得大于50 mm。

(3)利用支腿液压缸调平钻机，钻机主轴垂直度误差应不大于1%。

(4)启动主电动机，根据施工要求，以Ⅰ、Ⅱ、Ⅲ挡逐级加速的顺序，正转预搅下沉。钻至接近设计深度时，应用低速慢钻，钻机应原位转动1～2 min。为保持钻杆中间送风通道的干燥，从预搅下沉开始直至喷粉，应在轴杆内连续输送压缩空气。

表 11-8　GPP－5 型粉体喷射搅拌机技术性能

<table>
<tr><td rowspan="5">粉喷搅拌机</td><td>搅拌轴规格(mm)</td><td>108×108×<br>(7 500+5 500)</td><td rowspan="5">yp－1<br>型粉体<br>喷射机</td><td>储料量(kg)</td><td>2 000</td></tr>
<tr><td>搅拌翼外径(mm)</td><td>500</td><td>最大送粉压力(MPa)</td><td>0.5</td></tr>
<tr><td>搅拌轴转速(r/min)</td><td>正(反)28,50,92</td><td>送粉管直径(mm)</td><td>50</td></tr>
<tr><td>转矩(kN·m)</td><td>4.9,8.6</td><td>最大送粉量(kg/min)</td><td>100</td></tr>
<tr><td>电动机功率(kW)</td><td>30</td><td>外形规格(m)</td><td>2.7×1.82×2.46</td></tr>
<tr><td rowspan="4">起吊设备</td><td>井架结构高度(m)</td><td>门型－3 级－14 m</td><td rowspan="4">技术<br>参数</td><td>一次加固面积($m^2$)</td><td>0.196</td></tr>
<tr><td>提升力(kN)</td><td>78.4</td><td>总质量(t)</td><td>9.2</td></tr>
<tr><td>提升速度(m/min)</td><td>0.48,0.8,1.47</td><td>最大加固深度(m)</td><td>12.5</td></tr>
<tr><td>接地压力(kPa)</td><td>34</td><td>移动方式</td><td>液压步履</td></tr>
</table>

(5)粉体材料及掺和量。使用粉体材料,除水泥外,还有石灰、石膏及矿渣等,也可使用粉煤灰等作为掺加料。在国内工程中使用的主要是水泥材料。使用水泥粉体材料时,宜选用 42.5 级普通硅酸盐水泥。其掺和量常为 180～240 kg/$m^3$;若使用低于 42.5 级普通硅酸盐水泥或选用矿渣水泥、火山灰水泥或其他品种水泥时,使用前须在施工场地内钻取不同层次的地基土,在室内做各种配合比试验。

(6)提升喷粉搅拌。在确认加固料已喷至孔底时,按 0.5 m/min 的速度反转提升。当提升到设计停灰标高后,应慢速原地搅拌 1～2 min。

(7)重复搅拌。为保证粉体搅拌均匀,须再次将搅拌头下沉到设计深度。提升搅拌时,其速度控制在 0.5～0.8 m/min。

(8)为防止空气污染,在提升喷粉距地面 0.5 m 处应减压或停止喷粉。在施工中孔口应设喷灰防护装置。

(9)提升喷灰过程中,须有自动计量装置。该装置为控制和检验喷粉桩的关键,应予以足够的重视。

(10)钻具提升至地面后,钻机移位对孔,按上述步骤进行下一根桩的施工。

**(四)施工中须注意的事项**

(1)施工机械、电气设备、仪表仪器及机具等,在确认完好后方准使用。

(2)在建筑物旧址或回填建筑垃圾地区施工时,应预先进行桩位探测,并清除已探明的障碍物。

(3)桩体施工中,若发现钻机不正常地振动、晃动、倾斜、移位等现象,应立即停钻检查。必要时应提钻重打。

(4)施工中应随时注意喷粉机、空压机的运转情况,压力表的显示变化,送灰情况。当送灰过程中出现压力连续上升,发送器负载过大,送灰管或阀门在轴具提升中途堵塞等异常情况,应立即判明原因,停止提升,原地搅拌。为保证成桩质量,必要时应予复打。堵管的原因除漏气外,主要是水泥结块。施工时不允许用已结块的水泥,并要求管道系统保持干燥状态。

(5)在送灰过程中如发现压力突然下降、灰罐加不上压力等异常情况,应停止提升,原地搅拌,及时判明原因。若由于灰罐内水泥粉体已喷完或容器、管道漏气所致,应将钻具下沉到一定深度后,重新加灰复打,以保证成桩质量。有经验的施工监理人员往往从高压送粉胶管的颤动情况来判明送粉的正常与否。检查故障时,应尽可能不停止送风。

(6)设计上要求搭接的桩体须连续施工,一般相邻桩的施工间隔时间不超过 8 h。若因停电、机械故障而超过允许时间,应征得设计部门同意,采取适宜的补救措施。

(7)在 SP－1 型粉体发送器中有一个气水分离器,用于收集因压缩空气膨胀而降温所产生的凝结水。施工时应经常排除气水分离器中的积水,防范因水分进入钻杆而堵塞送粉通道。

(8)喷粉时灰罐内的气压比管道内的气压高 0.02～0.05 MPa,以确保正常送粉。

(9)对地下水位较深、基底标高较高的场地,或喷灰量较大、停灰面较高的场地,施工时应加水或施工区及时地面加水,以使桩头部分水泥充分水解水化反应,以防桩头呈疏松状态。

## 任务六　质量检验

### 一、施工期质量检验

在施工期,每根桩均应有一份完整的质量检验单,施工人员和监理人员签名后作为施工档案。质量检验主要有下列 12 项:

(1)桩位。通常定位偏差不应超出 50 mm。施工前在桩中心插桩位标,施工后将桩位标复原,以便验收。

(2)桩顶、板底高程均不应低于设计值。桩底一般应超深 100～200 mm,桩顶应超过 0.5 m。

(3)桩身垂直度。每根桩施工时均应用水准尺或其他方法检查导向架和搅拌轴的垂直度,间接测定桩身垂直度。通常垂直度误差不应超过 1%。当设计对垂直度有严格要求时,应按设计标准检验。

(4)桩身水泥掺量。按设计要求检查每根桩的水泥用量。通常考虑到按整包水泥计量的方便,允许每根桩的水泥用量在 ±25 kg(半包水泥)范围内调整。

(5)水泥强度等级。水泥品种按设计要求选用。对无质保书或有质保书的小水泥厂的产品,应先做试块强度试验,试验合格后方可使用。对有质保书(非乡办企业)的水泥产品,可在搅拌施工时,进行抽查试验。

(6)搅拌头上提喷浆或喷粉的速度。一般均在上提时喷浆或喷粉,提升速度不超过 0.5 m/min。通常采用二次搅拌。当第二次搅拌时不允许出现搅拌头未到桩顶、浆液或水泥粉已拌完的现象。有剩余时可在桩身上部第三次搅拌。

(7)外掺剂的选用。采用的外掺剂应按设计要求配制。常用的外掺剂有氯化钙、碳酸钠、三乙醇胺、木质素磺酸钙、水玻璃等。

(8)浆液水灰比。通常为 0.4 ~ 0.5,不宜超过 0.5。浆液拌和时应按水灰比定量加水。

(9)水泥浆液搅拌的均匀性。应注意储浆桶内浆液的均匀性和连续性,喷浆搅拌时不允许出现输浆管道堵塞或爆裂的现象。

(10)喷粉搅拌的均匀性。应有水泥自动计量装置,随时有指示喷粉过程中的各项参数,包括压力、喷粉速度和喷粉量等。

(11)喷粉到距地面 1 ~ 2 m 时,应无大量粉末飞扬,通常需适当减小压力,在孔口加防护罩。

(12)对基坑开挖工程中的侧向围护桩,相邻桩体要搭接施工,施工应连续,其施工间歇时间不宜超过 8 ~ 10 h。

## 二、工程竣工后的质量检验

### (一)标准贯入试验或轻便触探等动力试验

用这种方法可通过贯入阻抗,估算土的物理力学指标,检验不同龄期的桩体强度变化和均匀性,所需设备简单,操作方便。用锤击数估算桩体强度需积累足够的工程资料,在目前尚无规范作为依据时,可借鉴同类工程,或采用 Terzaghi 和 Peck 的经验公式,即

$$f_{cu} = \frac{1}{80}N_{63.5} \tag{11-36}$$

式中 $f_{cu}$——桩体无侧限抗压强度,MPa;

$N_{63.5}$——标准贯入试验的贯入击数。

轻便动力触探试验:可用轻便触探器中附带的勺钻,在水泥土桩桩身钻孔,取出水泥土桩芯,观察其颜色是否一致,是否存在水泥浆富集的结核或未被搅拌均匀的土团;也可用轻便触探击数判断桩身强度。

作者认为,轻便动力触探应作为施工单位施工中的一种自检手段,以检验施工工艺和施工参数的正确性。

### (二)静力触探试验

静力触探可连续检查桩体长度内的强度变化。用比贯入阻力 $p_s$(MPa)估算桩体强度 $f_{cu}$(MPa)需有足够的工程试验资料,在目前积累资料尚不够的情况下,可借鉴同类工程经验或用下式:

$$f_{cu} = \frac{1}{10}p_s \tag{11-37}$$

估算桩体无侧限抗压强度。

水泥土搅拌桩制桩后用静力触探测试桩身强度沿深度的分布图,并与原始地基的静力触探曲线相比较,可得桩身强度的增长幅度,并能测得断浆(粉)、少浆(粉)的位置和桩长,整根桩的质量情况将暴露无遗。

作者认为,静力触探可以严格检验桩身质量和加固深度,是检查桩身质量的一种有效方法之一,但在理论上和实践上尚须进行大量的工作,用以积累经验;同时,在测试设备上还须进一步改进和完善,以保证该法检验的可行性。

根据上海地区的经验,采用轻便动力触探和静力触探检验水泥浆(湿法)搅拌桩是可

行的，且能取得一定效果。但用于检验粉喷桩的施工质量时，则存在很大问题，因为粉喷桩中心普遍存在5～10 cm的软芯，而直径只有50 cm，检测时很难保证触探点在深度范围内一直位于桩身上，触探杆不易保证垂直，很容易偏移至中心强度较低部位，造成假象的测试数据。

**（三）取芯检验**

用钻孔方法连续取水泥土搅拌桩桩芯，可直观地检验桩体强度和搅拌的均匀性。取芯通常用ϕ106 mm岩芯管，取出后可当场检查桩芯的连续性、均匀性和硬度，并用锯、刀切割成试块做无侧限抗压强度试验。但由于桩的不均匀性，在取样过程中水泥土很易产生破碎，取出的试件做强度试验很难保证其真实性。使用本方法取桩芯时应有良好的取芯设备和技术，确保桩芯的完整性和原状强度。进行无侧限强度试验时，可视取位时对桩芯的损坏程度，将设计强度指标乘以0.7～0.9的折减系数。

**（四）截取桩段做抗压强度试验**

在桩体上部不同深度现场挖取50 cm桩段，上下截面用水泥砂浆整平，装入压力架后千斤顶加压，即可测得桩身抗压强度及桩身变形模量。

作者认为，这是值得推荐的检测方法，它可避免桩横断面方向强度不均匀的影响，测试数据直接可靠，可积累室内强度与现场强度之间关系的经验，试验设备简单易行。但该法的缺点是挖桩深度不能过大，一般为1～2 m。

**（五）静载荷试验**

对承受垂直荷重的水泥土搅拌桩，静载荷试验是最可靠的质量检验方法。

对于单桩复合地基载荷试验，载荷板的大小应根据设计置换率来确定，即载荷板面积应为一根桩所承担的处理面积，否则，应予修正。试验标高应与基础底面设计标高相同。对单桩静载荷试验，在板顶上要做一个桩帽，以便受力均匀。

水泥土搅拌桩通常是摩擦桩，所以试验结果一般不出现明显的拐点，容许承载力可按沉降的变形条件选取。

载荷试验应在28 d龄期后进行，检验点数每个场地不得少于3点。若试验值不符合设计要求，则应增加检验孔的数量，若用于桩基工程，则其检验数量应不少于第一次的检验量。

根据上海地区大量静载荷试验资料分析，单桩承载力一般很难达到设计或理论计算的要求。一方面是因为设计要求往往没有考虑有效桩长，致使设计要求值偏高；另一方面主要是桩顶的施工质量未能满足要求，浅层3～5倍桩径范围内的桩身强度较低。另外，测试时桩的龄期未达90 d。资料分析说明，桩长和桩身强度及置换率是承载力的决定因素。因此，施工中保证桩的长度和桩身强度达到设计要求是加固质量的关键。特别是浅层3～5倍桩径范围内的桩身强度加强，可以提高桩的承载力，同时，提高置换率比单纯增加桩长对提高桩的承载力效果更为明显。

一般桩的载荷试验均在成桩后28 d进行，而设计要求均为90 d，其承载力对于龄期的换算关系完全不同于室内水泥土强度的换算关系。根据作者的经验及资料分析，认为28 d单桩承载力推算到90 d的单桩承载力，可以乘以1.2～1.3的系数，主要与单桩试验的破坏模式有关。28 d单桩复合地基承载力推算到90 d的承载力，可以乘以1.1左右的

系数,主要与桩土模量比等因素有关。

**(六)开挖检验**

可根据工程设计要求,选取一定数量的桩体进行开挖,检查加固桩体的外观质量、搭接质量和整体性等。

对作为侧向围护的水泥土搅拌桩,开挖时主要检验以下项目:

(1)墙面渗漏水情况。

(2)桩墙的垂直和整齐度情况。

(3)桩体的裂缝、缺损和漏桩情况。

(4)桩体强度和均匀性。

(5)桩顶和路面顶板的连接情况。

(6)桩顶水平位移量。

(7)坑底渗漏情况。

(8)坑底隆起情况。

**(七)沉降观测**

建筑物竣工后,尚应进行沉降、侧向位移等观测。这是最为直观的检验加固效果的理想方法。

作者认为,对于水泥土搅拌桩的检测,由于试验设备等因素的限制,只能限于浅层。对于深层强度与变形、施工桩长及深度方向水泥土均匀性等的检测,目前尚没有更好的方法,有待于今后进一步研究解决。

**【案例分析】** 根据项目背景中提及的相关内容进行方案设计。

1. 方案确定

(1)本工程采用扩大支盘水泥土抗浮桩专利技术抗浮方案(专利号:20031011218,专利名称:扩大支盘水泥土桩的成型方法)。桩身直径500 mm,支盘直径1 000 mm,桩顶标高 -9.400 m,桩底 -21.400 m,其中空桩桩长现场确定。有效桩长12.00 m。水泥掺量桩身120 kg/m,支盘200 kg/m。

(2)根据试桩检测报告,并综合考虑检测时桩顶标高以上浮土对试验结果的影响,本工程单桩竖向抗拔承载力特征值为400 kN。

(3)施工单位应做出合理的施工方案,防止施工中出现塌陷影响周边建筑及道路管理。开挖时不得用机械挖桩间土以免产生断桩。施工过程中加强质量监督,确保桩的施工质量。

(4)工程桩的质量检验应在注浆结束28 d后进行,单桩承载力抗拔试验检验数量为桩总数的2% ~3%,随机抽取。桩身质量检验按有关规范规程执行。

(5)施工中应做好泥浆处理,及时将泥浆运出或在现场短期堆放后做土方运出。

(6)施工应严格按照施工参数和材料用量施工,并如实做好各项记录。

2. 试桩结果

扩大支盘搅拌桩试桩结果见表11-9、表11-10。

表 11-9　桩静荷载试验结果汇总

工程名称:郑州东区南油大厦　　试桩桩号:T1 -3

测试日期:2006-11-25　　桩长:11.0 m　　搅拌桩径:500 mm　　支盘:800 mm　　加筋材料:钢筋

| 序号 | 荷载(kN) | 历时(min) | | 沉降(mm) | |
|---|---|---|---|---|---|
| | | 本级 | 累计 | 本级 | 累计 |
| 0 | 0 | 0 | 0 | 0.00 | 0.00 |
| 1 | 160 | 120 | 120 | 1.68 | 1.68 |
| 2 | 240 | 120 | 240 | 0.86 | 2.54 |
| 3 | 320 | 120 | 360 | 1.14 | 3.68 |
| 4 | 400 | 120 | 480 | 0.97 | 4.65 |
| 5 | 480 | 120 | 600 | 1.74 | 6.39 |
| 6 | 560 | 120 | 720 | 1.66 | 8.05 |
| 7 | 640 | 120 | 840 | 1.63 | 9.68 |
| 8 | 720 | 120 | 960 | 2.44 | 12.12 |
| 9 | 800 | 150 | 1 110 | 2.53 | 14.65 |
| 10 | 880 | 150 | 1 260 | 2.98 | 17.63 |
| 11 | 960 | 180 | 1 440 | 3.72 | 21.35 |
| 12 | 1 040 | 5 | 1 445 | 4.20 | 25.55 |

最大沉降量:25.55 mm;最大回弹量:0.00 mm;回弹率:0.00%。

表 11-10　郑州东区丹尼斯商场桩基造价效益对比

| 核算指标 | 直孔灌注桩 | 多节三岔挤扩桩 |
|---|---|---|
| 单桩竖向承载力特征值(kN) | 2 500 | 3 900 |
| 桩数(根) | 1 780 | 1 141 |
| 单桩混凝土($m^3$) | 12.17 | — |
| 混凝土总方量($m^3$) | 21 662 | — |
| 单方造价(元/$m^3$) | 1 065 | 5 061 |
| 总造价(万元) | 2 307 | 1 887 |
| 单方提供承载力(kN/$m^3$) | 205 | 303 |
| 减少桩数(根) | | 639 |
| 节约造价(万元) | | 420 |
| 节约率(%) | | 18.2 |

3. 经济效益分析

业主认为,珠海智顺岩土工程专利技术有限公司作为多支盘搅拌劲芯桩的研发和推广企业,在国内完成了众多支盘桩插入外带螺旋状肋条的钢管新型桩,它兼具现有各种桩型的优点,并解决了软土层钻孔桩在高层建筑物基础必须得钻深几十米才能满足设计要求及泥浆污染物问题,该新型桩只是钻孔桩一半的长度,多年施工积累了丰富的施工经验和科学数据,为多支盘搅拌劲芯桩的大面积推广积累了宝贵的经验。采用大直径深层旋喷搅拌桩后,郑州东区丹尼斯地下商城抗浮支盘搅拌劲芯桩与原方案钻孔桩相比节约1 500万元。本工程和类似工程相比,缩短工期50%。郑州东区南油大厦地上30层地下2层,原方案采用管桩,但因地层硬,无法压到设计位置,修改采用扩支盘加劲水泥桩,不但解决了难题,又满足了设计要求,也给业主节省了造价,加快了工期。

## 小　结

水泥土搅拌法是利用水泥或石灰等材料作为固化剂,通过特制的搅拌机械,在地基深处就地将软土和固化剂(浆液或粉体)强制搅拌,由固化剂和软土间所产生的一系列物理化学反应,使软土硬结成具有整体性、水稳定性和一定强度的水泥加固土,从而提高地基强度和增大变形模量。根据施工方法的不同,水泥土搅拌法分为水泥浆搅拌和粉体喷射搅拌两种。前者是用水泥浆和地基土搅拌,后者是用水泥粉或石灰粉和地基土搅拌。水泥加固土的室内试验表明,含有高岭石、多水高岭石、蒙脱石等黏土矿物的软土加固效果较好,而含有伊利石、氯化物和水铝英石等矿物的黏性土以及有机质含量高、酸碱度(pH)较低的黏性土的加固效果较差。

## 思考题与习题

1. 什么是水泥土搅拌法? 试说明其适用范围。

2. 简述水泥土搅拌法处理地基的加固机制。

3. 水泥加固土的室内外试验的目的是什么?

4. 水泥浆搅拌法施工时主要采用哪些设备?

5. 简要说明水泥浆搅拌法的施工工艺流程,在施工时应该注意哪些问题?

6. 水泥浆搅拌法处理地基在施工期和工程竣工后各要进行哪些质量检验?

7. 一独立柱基,由上部结构传至基础顶面的竖向力 $F_k=1\ 520$ kN,基础底面尺寸为3.5 m×3.5 m,基础埋深2.5 m,如图11-14所示,天然地基承载力不能满足要求,拟采用水泥土搅拌法处理地基下淤泥质土,形成复合地基,使其承载力满足要求。有关指标和参数如下:水泥土搅拌桩直径 $D=0.6$ m,桩长 $L=9$ m;桩身试块无侧限抗压强度 $f_{cu}=2\ 000$ kPa;桩身强度折减系数 $\eta=0.4$;桩周土平均摩阻力特征值 $q_s=11$ kPa;桩端阻力 $q_p=185$ kPa;桩端天然地基土承载力折减系数 $\alpha=0.5$;桩间土承载力折减系数 $\beta=0.3$。试计算此水泥土搅拌桩复合地基的面积置换率和水泥土搅拌桩的桩数。

8. 某小区六层居民楼,地基土为淤泥质粉质黏土,$f_{s,k}=80$ kPa,采用水泥土搅拌桩处

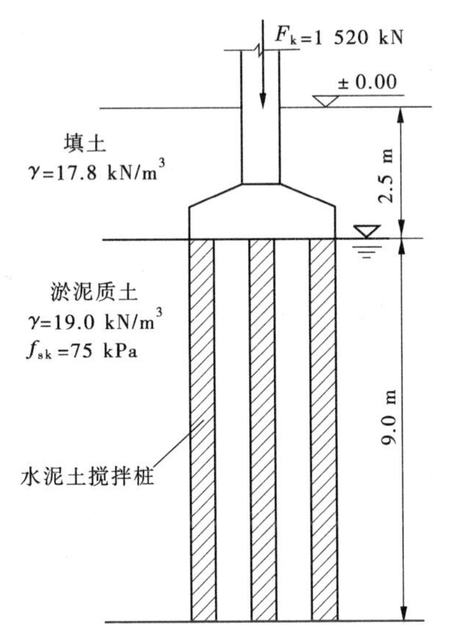


图 11-14　独立柱基埋深示意图

理，水泥土 $f_{cu}=2\ 870$ kPa，$\eta=0.33$，$\beta=0.7$，单桩载荷试验 $R_a=256$ kN，桩径 0.7 m，$A_p=0.384\ 7\ m^2$，总面积为 228 $m^2$，要求加固后复合地基承载力 $f_{sp,k}=152.2$ kPa，确定桩的根数。

# 项目十二　地基土的化学固结

【知识目标】　掌握硅化加固法、碱液加固法和高压旋喷法处理软弱地基的基本概念、施工方法和适应条件。了解硅化加固法、碱液加固法和高压旋喷法的基本原理和设计计算基本要求。

【技能目标】　能够完成硅化加固法、碱液加固法和高压旋喷法的施工。

## 任务一　硅化加固法

硅化加固法适用于各种砂土、黄土及一般黏性土。通常用水玻璃($Na_2O \cdot nSiO_2$)及氯化钙($CaCl_2$)先后用下部具有细孔的钢管压入土中。两种溶液在土中相遇后起化学反应,形成硅酸凝胶填充在土孔隙中,并胶结土粒状如砂岩。其化学反应为

$$Na_2O \cdot nSiO_2 + CaCl_2 + mH_2O \rightarrow nSiO_2 \cdot (m-1)H_2O + Ca(OH)_2 + 2NaCl \quad (12\text{-}1)$$

式中 $nSiO_2 \cdot (m-1)H_2O$ 即为硅酸凝胶。

加固所用的水玻璃相对体积质量应根据土的透水性按表 12-1 选用,并须加热到 60 ~ 80 ℃方能压入土中。氯化钙($CaCl_2$)溶液相对体积质量应在 1.26 ~ 1.28,加固 1 $m^3$ 的土需用化学溶液为 200 ~ 300 kg,其中 45% 是水玻璃($Na_2O \cdot nSiO_2$),55% 是氯化钙($CaCl_2$)。

表 12-1　按土的透水性选用水玻璃相对体积质量

| 土的渗透系数(m/d) | 模数为 2.5 ~ 3.0 的水玻璃相对体积质量 |
|---|---|
| 2 ~ 10 | 1.35 ~ 1.38($t$ = 18 ℃) |
| 10 ~ 20 | 1.38 ~ 1.41($t$ = 18 ℃) |
| 20 ~ 80 | 1.41 ~ 1.44($t$ = 18 ℃) |

注:模数为 $Na_2SiO_3$ 中 $SiO_2$ 与 $Na_2O$ 的比值。

对于渗透系数 $k$ = 0.5 ~ 5.0 m/d 的粉砂,化学溶液须进一步稀释,但 $CaCl_2$ 溶液相对体积质量小于 1.1 时,即不起加固作用,这时可改用磷酸代替氯化钙溶液。采用稀磷酸的硅化反应式为

$$Na_2O \cdot nSiO_2 + H_3PO_4 + mH_2O \rightarrow nSiO_4(m+1)H_2O + Na_2HPO_4 \quad (12\text{-}2)$$

上述反应生成凝胶需经 4 ~ 10 h,通常在注入土中前临时配制,溶液配合比按表 12-2 规定进行。加固 1 $m^3$ 粉砂土需用磷酸的质量分数为 70% 的溶液 30 kg 和 30 kg 的硅酸钠块。

对于渗透系数 $k$ = 0.1 ~ 2.0 m/d 的黄土与黄土状粉质黏土进行加固时,因土中含有硫酸钙($CaSO_4$)或碳酸钙($CaCO_3$),只须用单液硅化法,即将水玻璃压入土中。为了加速水玻璃与硫酸钙的反应,通常加些氯化钠(NaCl)溶液作为催化剂,其化学反应式为

$$Na_2O \cdot nSiO_2 + NaCl + CaSO_4 + mH_2O \rightarrow nSiO_2 \cdot (m-1)H_2O + Na_2SO_4 + NaCl + Ca(OH)_2 \quad (12\text{-}3)$$

表 12-2　用磷酸及水玻璃加固粉砂时溶液的配合比

| 溶液名称 | 溶液相对体积质量(18 ℃) | 容积比 | 制备方法 |
| --- | --- | --- | --- |
| 磷酸 | 1.025 | 3~4 份 | 先将容器中倒入一定量的磷酸，而后在剧烈搅拌下倒入水玻璃 |
| 水玻璃 | 1.190 | 1 份 | |

硅化加固黄土时，要求水玻璃的相对体积质量为 1.13，模数为 2.5~3.0。加固 1 $m^3$ 黄土需用 350 L 水玻璃溶液(约 60 kg 硅酸钠块)，约需工程费用 100 元。

施工时注液管的形式有两种，图 12-1(a)为单层注液管，两种溶液先后注入。图 12-1(b)为双层注液管，注液管在平面上按等边三角形排列，间距取土的加固半径 $R$ 的 1.73 倍，如图 12-1(c)所示。土的加固半径由试验得出，无试验资料时可按表 12-3 选用。

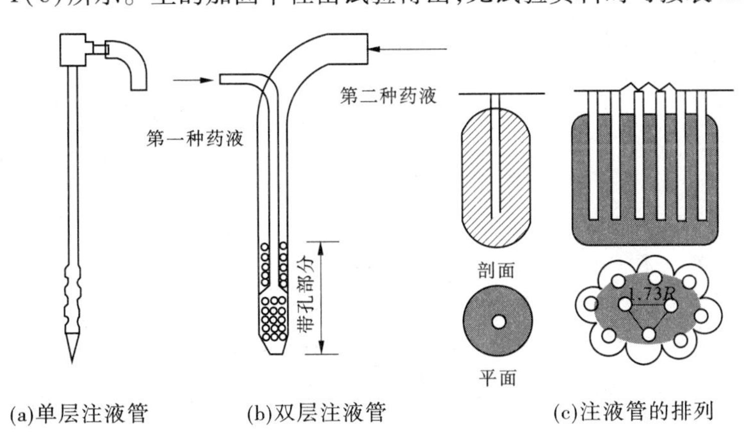


图 12-1　注液管及排列

表 12-3　硅化加固土的有效半径

| 土及加固方法 | 渗透系数(mm/d) | 土的加固有效半径(m) |
| --- | --- | --- |
| 砂土<br>双液硅化法 | 2~10 | 0.30~0.40 |
| | 10~20 | 0.40~0.60 |
| | 20~50 | 0.60~0.80 |
| | 50~80 | 0.80~1.00 |
| 粉砂<br>单液硅化法 | 0.3~0.5 | 0.30~0.40 |
| | 0.5~1.0 | 0.40~0.60 |
| | 1.0~2.0 | 0.60~0.80 |
| | 2.0~5.0 | 0.80~1.00 |
| 黄土<br>单液硅化法 | 0.1~0.3 | 0.30~0.40 |
| | 0.3~0.5 | 0.40~0.60 |
| | 0.5~1.0 | 0.60~0.90 |
| | 1.0~2.0 | 0.90~1.00 |

注液管用内径为 2 ~ 4 cm 的厚壁管制成,管的末端附近 70 ~ 100 cm 长的一段上钻有许多直径为 1 ~ 1.5 mm 的小孔,注液管用落锤打入土中。

注入溶液时的压力视土的渗透性及加固深度决定,一般在 1.01 ~ 3.04 MPa 压力范围之内。对于透水性较差的黏性土进行硅化加固时,压力注液法效果不好。这时应采用电动硅化法,如图 12-2 所示,用穿孔铁管甲作为阳极,另一极铁管乙作为阴极。施工时接通直流电(两极电压梯度取 0.3 ~ 1 V/cm),在电渗作用下,孔隙水由阳极流向阴极从乙管抽出。与此同时,从甲管压入水玻璃及氯化钙填充土中水分让出的孔隙,从而胶结加固土体。电渗作用还可使硅胶部分脱水使胶结土具有更大的强度,并加速软土的排水固结速度。

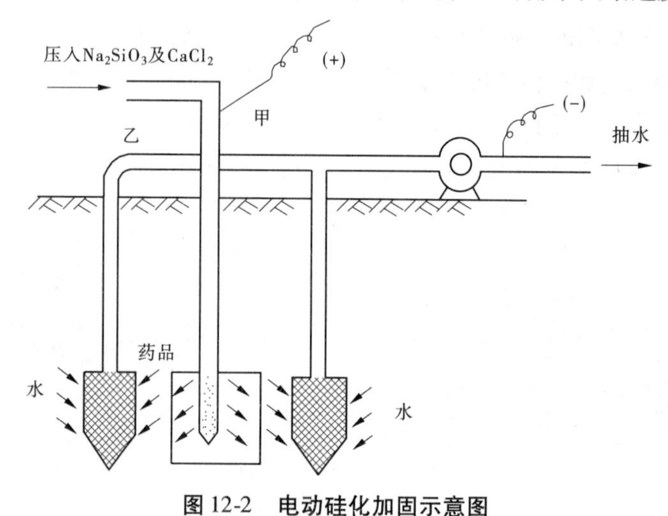


图 12-2 电动硅化加固示意图

## 任务二 碱液(NaOH)加固法

### 一、碱液加固的机制

在化学上把氢氧化钠(NaOH,简称烧碱)溶液和二氧化硅($SiO_2$)混合煮沸,就生成水玻璃($Na_2O \cdot nSiO_2$,即硅酸钠)。利用这个关系,我们把一定浓度的高温碱液灌入土中,就能与土中 $SiO_2$ 就地生成部分硅酸钠,其化学反应式为

$$2NaOH + nSiO_2 \rightarrow Na_2O \cdot nSiO_2 + H_2O \quad (12\text{-}4)$$

与此同时,NaOH 还与土中 $Al_2O_3$ 产生铝酸盐胶膜,其反应式为

$$2NaOH + mAl_2O_3 \rightarrow Na_2O \cdot mAl_2O_3 + H_2O \quad (12\text{-}5)$$

生成的硅酸钠及铝酸盐($Na_2O \cdot mAl_2O_3$)胶膜均起到加固土粒的作用。当式(12-4)中生成的低模数($n = 2 \sim 4$)硅酸钠遇到黄土中的钙质时,即形成硅酸凝胶。土中缺乏钙质时,应加灌 $CaCl_2$ 溶液,其反应如式(12-1)及式(12-3)所示硅化加固。

碱液灌入黄土后的另一反应,就是钠离子($Na^+$)与土中可溶性的钙离子($Ca^{2+}$)发生置换作用,使土成为 $Na^+$ 饱和土,并在土粒表面析出氢氧化钙。

$$2NaOH + Ca^{2+} \rightarrow 2Na^+ + Ca(OH)_2 \downarrow \quad (12\text{-}6)$$

$$2NaOH + Ca^{2+}[土粒] \rightarrow 2Na^{+}[土粒] + Ca(OH)_2 \downarrow \tag{12-7}$$

生成的 $Ca(OH)_2$ 与式(12-4)中生成的硅碱比很高的难溶性钠硅酸盐反应生成极难溶解的钙硅酸盐($CaO \cdot n'SiO_2 \cdot xH_2O$)及石灰—碱—硅($CaO \cdot xNa_2O \cdot ySiO_2$)络化物。

$$Na_2O \cdot nSiO_2 + 2Ca(OH)_2 + xH_2O \rightarrow CaO \cdot n'SiO_2 \cdot (x+2)H_2O + CaO \cdot Na_2O \cdot (n-n')SiO_2 \tag{12-8}$$

上述反应使土粒间获得进一步的加固强度。

## 二、碱液加固土的强度及水稳定性

通过现场单液及双液($NaOH$ 及 $CaCl_2$)单管试验测得,土的平均加固半径为 40～50 cm。由于碱液加固是靠碱液自重灌入土中。加固范围主要向灌注孔下端扩展。实测结果得出,孔下端加固深度约与加固体半径相等,而向孔上端扩展的加固范围甚小。加固后的柱体如图 12-3(a)(灌入碱液 500 L 左右)和图 12-3(b)(灌入碱液 340 L 左右)所示。

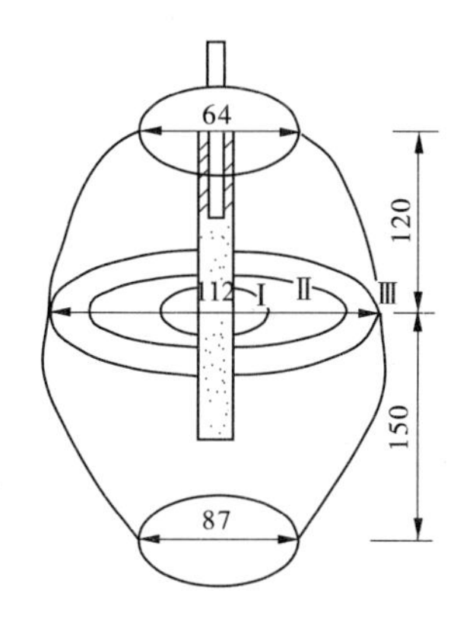


(a)西安地区试点共灌液500 L

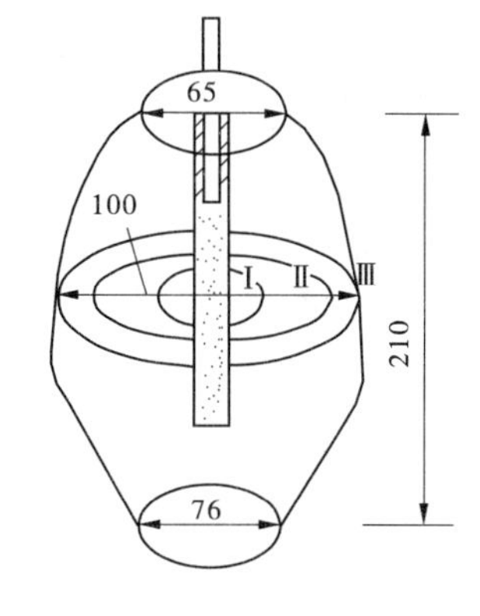


(b)韩城矿区试点共灌液340 L

**图 12-3　碱液单孔灌注黄土柱体剖面示意图**　(单位:cm)

通过浸水试验,加固土在硬度较大的地下水及自来水中,稳定性良好。如 1965 年原西安冶金建筑学院 19 单元家属宿舍楼试点工程的单液加固土样,浸泡在自来水中至今已 40 多年,强度及水稳定性良好,与初始加固时的情况几乎无变化。由于加固土体呈碱性,遇酸性水侵蚀时,加固强度将被破坏,所以在酸性水中的水稳定性就很差。

## 三、加固土的变形性质

### (一)碱液加固地基与硅化加固、天然土等地基变形性能的比较

加固土的变形性能是通过现场载荷试验在下列基地进行测定的。

(1)在原西安冶金建筑学院基地进行两个加固土的载荷试验:其一先加固地基,后做载荷试验;其二先砌基础并加荷至 150 kPa 后,再在基础下灌注碱液。两试点均只用一个灌注孔,用单液进行加固,碱液质量浓度为 0.07～0.13 kg/L,溶液入土时温度为 90～100 ℃。试验后开挖,测定了加固桩体的温度并观察了其与周周土间的剪切面。

(2)在西安交通大学基地进行一个试点,地基以间距为 80 cm 按三角形布置的灌注

孔进行双液加固。碱液质量浓度为 0.05 ~ 0.07 kg/L;氯化钙溶液质量浓度为 0.05 ~ 0.15 kg/L,溶液温度为 30 ~ 40 ℃。加固地基经 3 d 养护后进行载荷及浸水试验,并在离加固地基 6 m 处做了天然地基的载荷浸水试验。

(3)在西安无线电学校基地的试点,是以间距为 75 cm 的三孔用双液灌注加固,碱液质量浓度为 0.07 kg/L,氯化钙溶液质量浓度为 0.05 ~ 0.15 kg/L,温度为 50 ℃,共灌注碱液 1 200 L、氯化钙溶液 900 L,加固了地表下 1.5 ~ 3.0 m 间的土层。用水玻璃加固地基的灌注孔间距为 70 cm,水玻璃溶液的相对体积质量为 1.08,三管共灌入溶液 1 260 L。

上述加固地基的载荷试验均在砖砌基础上进行,试件底面积为 70.7 cm × 70.7 cm,试验结果见表 12-4。从表 12-4 试验结果分析,原西安冶金建筑学院的单孔单液加固地基一,由于加固面积及深度不足,浸水加荷下加固柱体与周围未加固土间发生了显著的剪切变形,因此产生了较大的沉降量达 3.6 mm。单孔单液加固地基二,在浸水总荷载加至 145 kN 之前仅产生很小的下沉量,但当载荷超过 150 kN 时,基础突然下沉,加固土与未加固土间产生剪切破坏,相当于摩擦单桩在极限荷载下的情况。开挖基础后发现加固土体并未破坏,而四周天然土中出现了明显裂缝,最宽的达到 2 cm。在基础下 2 m 高程上取离灌注孔中心 10 cm 及 30 cm 的加固土进行无侧限抗压试验,测得其抗压强度分别为 2 320 kPa 及 450 kPa。试验证明,加固土必须具备足够的面积与深度,方能使加固土下卧层的承压力小于其湿陷起始压力,从而使地基不再发生湿陷变形。

**表 12-4　碱液、硅化加固、天然地基载荷试验的沉降量与变形模量**

| 试验地点 | | 原西安冶金建筑学院 | | | 西安交通大学 | | 西安无线电学校 | | |
|---|---|---|---|---|---|---|---|---|---|
| 地基类别 | | 天然地基 | 碱液加固地基一(单孔单液) | 碱液加固地基二(单孔单液) | 天然地基 | 碱液加固地基(三孔双液) | 天然地基 | 碱液加固地基(三孔双液) | 硅化加固地基(三孔单液) |
| 加固深度(m) | | 0 | 2.5 | 3.0 | 0 | 2.0 | 0 | 1.5 | 1.5 |
| 基础埋深(m) | | 1.8 | 2.0 | 1.8 | 1.5 | 1.5 | 2.0 | 1.5 | 1.5 |
| 基础下沉量(mm) | 50 kPa | 0.8 | 0.1 | 先加荷后加固 | 3.7 | 1.4 | 0.55 | 0.55 | 0.7 |
| | 100 kPa | 0.11 | 0.2 | | 7.5 | 2.8 | 1.7 | 1.7 | 1.2 |
| | 150 kPa | 1.56 | 0.4 | | 10.7 | 4.4 | 13.1 | 2.3 | 1.65 |
| | 200 kPa | | | | 21.9 | 6.2 | 49.5 | 3.4 | 2.35 |
| 浸水时基础荷载(kPa) | | 150 | 150 | 150 | 200 | 200 | 200 | 200 | 200 |
| 浸水下沉量(mm) | | 241.5 | 3.6 | 0.9 | 134.4 | 1.4 | 232.4 | 1.5 | 8.1 |
| 地基变形模量(MPa) | 51 | 浸水前 | 6.1 | 23 | | 5.8 | 20.5 | 2.6 | 37 |
| | 11.6 | 浸水后 | 0.37 | 23 | 20.5 | 0.82 | 20 | 0.45 | 26 |

**(二)轻微自重湿陷性黄土加固后变形性能比较**

为了进一步了解碱液加固对具有轻微自重湿陷性黄土地基的适应性,作者曾于渭北高原临近黄河的韩城矿区进行碱液加固、灰土爆扩挤密桩加固及素土垫层等地基的载荷试验,并测定变形性能以资比较。有关矿区 NaOH 单孔单液试验的抗压强度参见表 12-4。

(1)碱液加固地基的载荷试验是在深 1 m,底面积为 2.10 m×2.10 m 的试坑中进行的。坑底中部浇制 70.7 cm×70.7 cm×10 cm 的钢筋混凝土承压板,板上砌筑砖基础。然后沿承压板四边中点用洛阳铲打成深 1.8 m 的钻孔,孔底 1.2 m 内用直径 5~10 mm 的小石子填充。再插入直径 2 cm 的铁管,管底以上 30 cm 高的管外壁亦填充小石子。压板下 30 cm 深度内用素土夯实,如图 12-4 所示。在孔 1、孔 2 内各灌注质量浓度为 0.1 kg/L 的碱液 340 L,孔 3、孔 4 因溶液灌注过程中孔顶冒液,每孔仅灌液 170 L。各孔灌液后均通入 0.101~0.151 MPa 蒸汽 3 h。由于承压板下 30 cm 厚的土层未能加固,以致浸水加荷至 200 kPa 时产生 2.5 cm 的总沉降量(因压板底面下管外壁 30 cm 深度内系用素土夯实,碱液未能上渗至压板下 30 cm 厚度的土层内)。

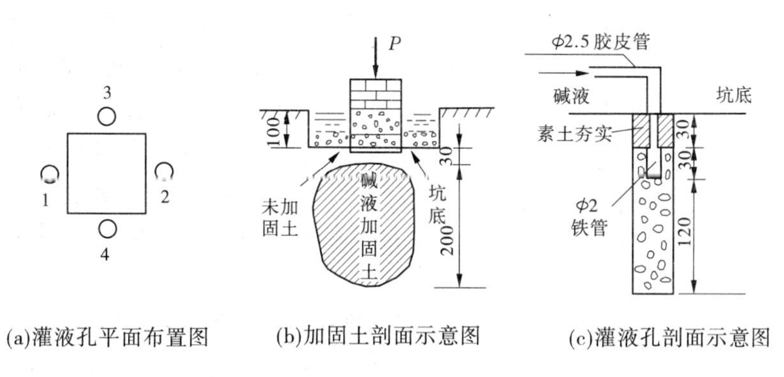

(a)灌液孔平面布置图　(b)加固土剖面示意图　(c)灌液孔剖面示意图

**图 12-4　碱液加固地基载荷试验**　(单位:cm)

(2)灰土爆扩挤密桩采用四桩加固,沿周边的桩中心距为 0.8 m,桩长 3.0 m。灰土爆扩桩的施工是先用直径为 22 mm 的六楞钢钎打入土中成孔,孔底放入雷管,孔中装满硝铵炸药,然后爆扩为 35 cm 孔径的圆筒形孔,再以三七灰土夯实。测得四桩中间点桩顶下 0.8 m 深处桩间挤密土的干重度为 15.7 kN/m$^3$。整平桩顶土并夯铺 30 cm 厚三七灰土垫层,然后砌筑基础进行载荷试验,如图 12-5 所示。

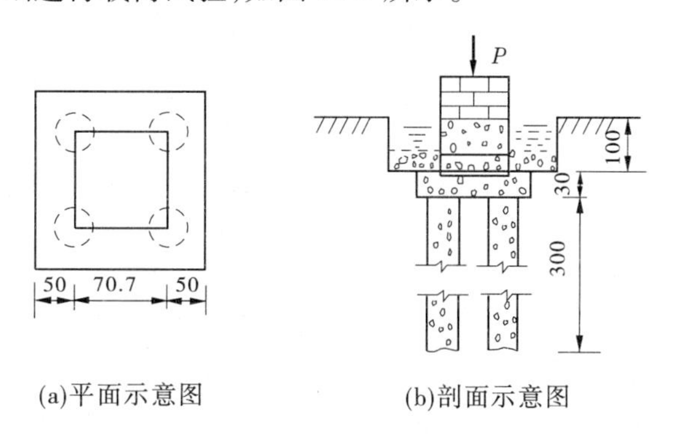

(a)平面示意图　(b)剖面示意图

**图 12-5　灰土爆扩桩四桩挤密地基载荷试验**　(单位:cm)

(3)素土垫层地基的垫层厚度为 2 m,每边长度较承压板放宽 0.5 m,夯实土的干重度 $\gamma_d$=16.4 kN/m$^3$,试坑及垫层厚度见图 12-6。

陕西韩城矿区碱液加固等地基与天然地基载荷试验变形量见表 12-5,韩城矿区加固

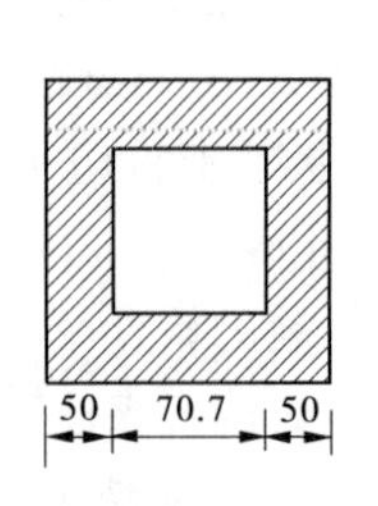


(a)素土垫层平面图

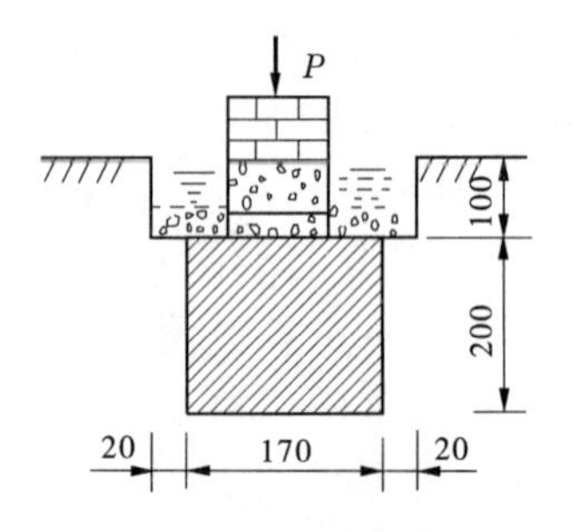


(b)素土垫层剖面图

**图 12-6　试坑及垫层厚度**　(单位:cm)

地基变形性能比较曲线见图 12-7。

**表 12-5　陕西韩城矿区碱液加固等地基与天然地基载荷试验变形量**

| 地基类别 | 加固深度(m) | 基础深度(m) | 基础下沉量(mm) | | | | 浸水后总下沉量(mm) | | |
|---|---|---|---|---|---|---|---|---|---|
| | | | 基础荷载 | | | | 浸水时基础荷载 | | |
| | | | 50 kPa | 100 kPa | 150 kPa | 200 kPa | 100 kPa | 150 kPa | 200 kPa |
| 天然地基 | 0 | 1 | 4 | 20 | 44.5 | — | 1.5 | 215.5 | 361.5 |
| 碱液加固地基 | 2.0 | 1 | 4 | 1 | 4 | — | 1.5 | 17 | 25 |
| 灰土爆扩挤密桩地基 | 3.0 | 1 | 0 | 0 | 5 | — | 1.5 | 7 | 16 |
| 素土垫层地基 | 2.0 | 1 | 3.5 | 8.5 | 14 | — | 1.5 | 22 | 50 |

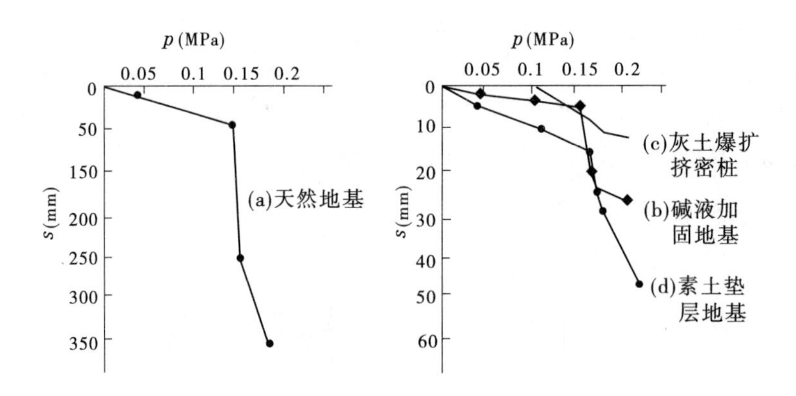


**图 12-7　韩城矿区加固地基变形性能比较曲线**

试验证明,碱液加固法同时适用于轻微自重湿陷性黄土地基,且较灰土爆扩挤密桩及素土垫层地基效果好,抗压强度可达 550 ~ 880 kPa。试验出现反常的较大湿陷量,主要是由于压板下 30 cm 厚的未加固土所引起。1979 年韩城矿务局子弟中学四层大楼因地基湿陷墙身产生显著裂缝,该局科研设计处对局部地基采用了碱液加固。灌液时未出现明显的附加下沉量,施工进行顺利并取得了良好的加固效果。1965 年、1966 年采用碱液加固的原西安冶金建筑学院 19 单元家属宿舍楼及俱乐部房屋地基,1977 年陕西焦化厂回收车间鼓风机室自重湿陷地基采用碱液加固时,地面标点均未发生下沉情况(仅个别点出现微小湿陷量)。

碱液加固法近年来在西安市已经应用于已建房屋加固地基的处理上,起到加深加宽基础的效果。

## 四、碱液加固土的施工步骤

### (一)设备与安装

碱液加固黄土的设备简单,安装亦较方便,如图12-8所示。图中1为汽油桶,2为直径2 cm的钢管,3为开关阀门,4为直径2.5 cm的胶皮管,5为直径2 cm、长1.5 m的钢管,6为溶液加热的燃烧坑。

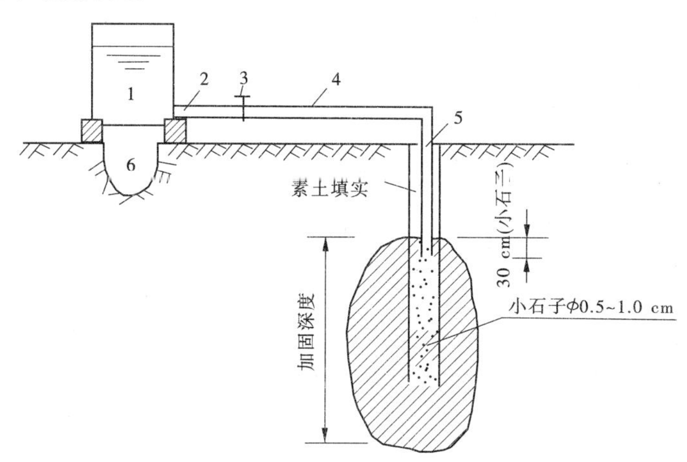


1—汽油桶;2、5—钢管;3—开关阀门;4—胶皮管;6—燃烧坑

**图12-8　碱液加固地基的设备与安装**

### (二)碱液灌注程序

(1)用洛阳铲打孔至预定深度。孔内填充直径为0.5~1.0 cm的小石子至一定深度,然后插入供碱液流入用的直径2 cm、长度合适的钢管。管底部以上30 cm周围亦以小石子填塞,其余部分用素土填实。填实土厚度由不需加固的土层深度决定,并应保证溶液灌注时不渗出地面。

(2)用汽油桶或特制铁锅做容器,当天然黄土的含水量在17%左右时配制质量浓度为0.1 kg/L(对含水量为25%以上的饱和黄土,质量浓度应提高至0.13 kg/L)的碱液并加热至90~100 ℃,然后使溶液通过钢管靠自重灌入土中。为了保证加固土的强度,灌液过程中的碱液质量浓度应随时检验,使其符合规定要求。20 ℃时碱液质量浓度(这里以每升溶液中含溶质的克数表示)与百分浓度、波美浓度(°B′e)、溶液相对体积质量的换算关系见表12-6。

(3)为使土迅速获得加固强度,可在溶液灌注完毕后,再通入0.076~0.101 MPa的蒸汽1~3 h。对具有显著自重湿陷性的黄土及松散人工填土,须改用钢管打入法成孔并应采用边灌注边加蒸汽的方法,使土及时获得加固强度,以消除在灌液过程中的附加下沉量。

(4)对缺少钙离子($Ca^{2+}$)的黏性土应采用双液加固,先灌 NaOH 溶液,隔 4 ~ 24 h 后再灌注氯化钙($CaCl_2$)溶液。如用加蒸汽法灌注碱溶液,可在加蒸汽后随即灌注氯化钙溶液。

表 12-6　20 ℃碱液几种浓度的换算

| 波美浓度(°B′e) | 溶液相对体积质量(g/cm³) | 百分浓度(%) | 含碱量(g/L) |
| --- | --- | --- | --- |
| 1.4 | 1.009 5 | 1 | 10.10 |
| 2.9 | 1.020 7 | 2 | 20.41 |
| 4.5 | 1.031 8 | 3 | 30.95 |
| 6.0 | 1.042 8 | 4 | 41.71 |
| 7.4 | 1.053 8 | 5 | 52.69 |
| 8.8 | 1.064 8 | 6 | 53.89 |
| 10.2 | 1.075 8 | 7 | 75.31 |
| 11.6 | 1.086 9 | 8 | 86.95 |
| 12.9 | 1.097 9 | 9 | 98.81 |
| 14.2 | 1.108 9 | 10 | 110.9 |
| 16.8 | 1.130 9 | 12 | 135.7 |
| 19.2 | 1.153 0 | 14 | 161.4 |

(5)加蒸汽设备可采用小型的茶水锅炉。

**(三)加固已建房屋地基的施工步骤**

已建房屋由于地基湿陷遭到严重破坏,所以在灌液过程中应尽量避免附加下沉,以防止房屋裂缝的发展。施工可参照下述步骤进行:

(1)钻孔布置可按图 12-9(a)沿灰土基础两边打入土中,基础宽时应穿过灰土层打孔,要保证基础两边及同侧灌液孔间距不超过 1 m。

(2)溶液灌注时应先向相距较远溶液渗流互不穿通的钻孔进行。如图 12-9(b)中宜先灌孔①与孔⑧及孔⑥与孔⑩。如用加蒸汽法,可随即灌孔⑤与孔⑩及孔②与孔⑦,否则应隔日再灌。灌注孔随打随灌,不得在基础两侧相对两孔或基础同侧相邻两孔同时灌注溶液。

(3)加固具有显著自重湿陷性黄土地基时,应改用钢管打入法成孔,使孔壁土适当挤密,灌液时采用多次加蒸汽法,使土及时加固,尽量避免或减少附加下沉量。

## 五、工程效益

(1)通过大量的现场试验及多次实际工程的应用,证明高温碱液加固的黄土消除了湿陷性,水稳性良好,其平均抗压强度超过 500 kPa。试验资料同时反映,工厂废碱液(NaOH 含量大于 0.05 kg/L)及土碱(陕北神木县生产大量土碱 $Na_2CO_3$)与石灰、水混合烧煮制得的 NaOH 溶液,均有显著的加固效果,且成本较低。

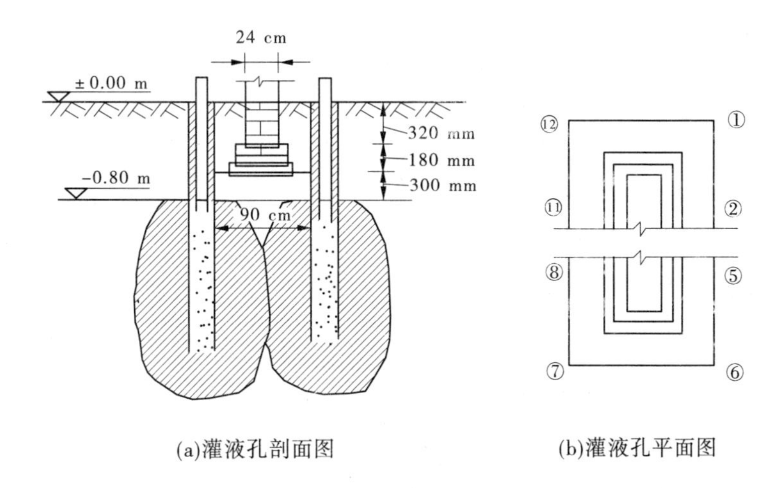


(a)灌液孔剖面图　(b)灌液孔平面图

图 12-9　碱液加固地基施工简图

(2)加固已建房屋的地基,如能保证足够的加固深度与面积时,可使下卧黄土层的应力小于湿陷起始压力,不再发生湿陷变形。

(3)加固钙离子含量少的一般黏性土,除采用高温碱液外,必须同时使用氯化钙($CaCl_2$)溶液。

(4)高温碱液加固的黄土较单液硅化加固的黄土的强度及水稳性方面均有提高,施工简易而经济。加固 1 $m^3$ 黄土需工料费 30 元左右,仅为硅化加固费用的 1/3。

# 任务三　高压旋喷法

## 一、高压旋喷法的特点及适用范围

高压旋喷法在日本称之为 CCP 工法(Chemical Churning Pile)。它是用钻机钻至设计处理深度后用高压泵通过钻杆下端侧面的喷嘴向四周土体喷射化学药品或水泥浆液加固地基。近年来旋喷技术不断提高,已由最初的单管旋喷法,发展为浆液和压缩空气并用的双重管旋喷法(Jumbo Special Pile)或称 JGP 法(Jet Grouting Pile)以及水、浆、气并用的三重管旋喷法。

静压灌浆法对于不均匀的地基土,浆液流动的方向和范围难以控制,而且普通水泥浆注入法或硅化加固法在渗透系数较小的粉砂、细砂或黏性土、淤泥中进行加固是困难的。

高压旋喷法克服了上述静压灌浆的缺点,除砾石、卵石外,适用于标准贯入击数 $N<10$ 的砂土和 $N<5$ 的黏性土以及不含瓦砾的回填土。超过上述规定或地下水流速较大时,会影响成桩直径。

## 二、高压旋喷法主要设备

(1)高压泵。出口压力为 20 ~ 50 MPa,出口流量为 50 ~ 100 L/min。

(2)泥浆泵。压力为 3 ~ 5 MPa,流量为 50 ~ 200 L/min。

（3）空压机（单管法不用）。出口压力为0.7 MPa，出口流量为3～5 $m^3$/min。

（4）喷流控制器。装在空压机的喷出部位，调节压缩空气的排出量，以保持喷射压力衰减为最小。

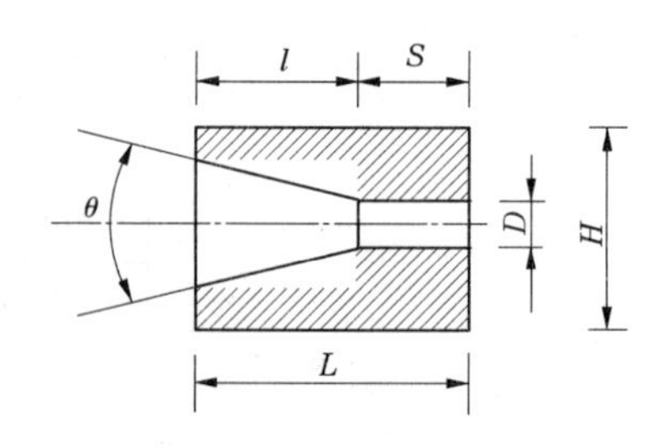


图12-10　喷嘴的构造

（5）喷射管。分为单管、双重和三重喷射管，单管喷嘴出口直径$D$为2 mm左右，圆锥角$\theta=13°$，长度$S=(3\sim4)D$，如图12-10所示。二重喷射管为二根不相通的钢管重合套在一起，向土体分别射出浆液和压缩空气。三重喷射管是三根互不相通的钢管，按直径大小在同一轴线上重合套在一起，向土体分别压入水、气和浆液三种介质。内管水流压力为20 MPa，中管气流压力为0.7 MPa，外管水泥浆压力为2～3 MPa。空气喷嘴套在高压水喷嘴外，各缝隙宽度为1～2 mm。

## 三、高压旋喷桩的施工

（1）钻孔。用1 MPa的低压清水或黏土浆喷射，同时回转钻杆，使钻头钻到设计标高。清水或黏土浆是从特制钻头的末端喷口喷出。

（2）横向喷射。钻孔结束后，用钢球或压差阀关闭喷出孔（三重管法无此工序）并接通管路。单管法用高压脉冲泵通过安装在钻杆下端侧面的喷嘴射出浆液，双重管法压送浆液和压缩空气，三重管法压送水、气和浆液，高压浆液均从钻头侧面喷嘴射出。双重管法圆筒状气流在高压浆液周围喷出，三重管法清水从喷嘴射出，泥浆从钻头端部压出。

（3）旋转及提升。喷嘴通常按20 r/min速率回旋，规定转三圈升2.5～5 cm。

（4）完成桩身。如图12-11所示，单管法完成桩体直径为30～50 cm，双重管法约为1 m，三重管法可达2 m左右。

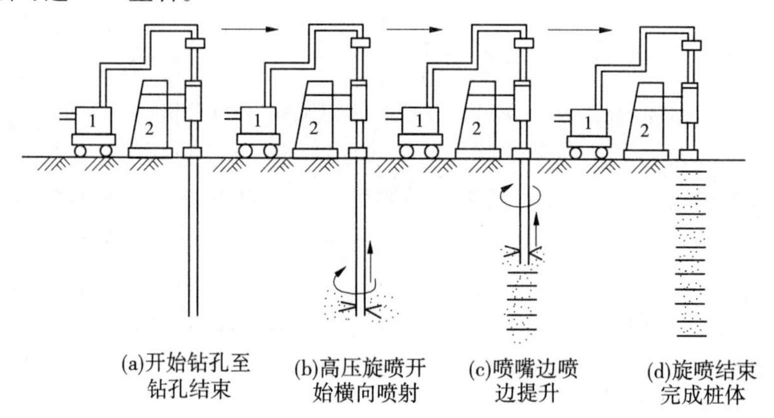


1—超高压水泥泵；2—钻机

图12-11　高压旋喷桩的施工

## 小　结

硅化加固法适用于各种砂土、黄土及一般黏性土。通常用水玻璃($Na_2O \cdot nSiO_2$)及氯化钙($CaCl_2$)先后用下部具有细孔的钢管压入土中。两种溶液在土中相遇后起化学反应,形成硅酸凝胶填充在土孔隙中,并胶结土粒状如砂岩。把一定浓度的高温碱液灌入土中,就能与土中的 $SiO_2$ 就地生成部分硅酸钠,与此同时,NaOH 还与土中的 $Al_2O_3$ 产生铝酸盐胶膜,生成的硅酸钠及铝酸盐($Na_2O \cdot mAl_2O_3$)胶膜均起到加固土粒的作用。高压旋喷法是用钻机钻至设计处理深度后用高压泵通过钻杆下端侧面的喷嘴向四周土体喷射化学药品或水泥浆液加固地基。高压旋喷法克服了静压灌浆的缺点,除砾石、卵石外,适用于标准贯入击数 $N<10$ 的砂土和 $N<5$ 的黏性土以及不含瓦砾的回填土。超过上述规定或地下水流速较大时,会影响成桩直径。

## 思考题与习题

1. 目前工程上常采用的化学加固方法有哪些?其工作原理与使用条件是什么?
2. 什么是单液硅化法?什么是碱液法?
3. 碱液加固黄土的主要原理是什么?
4. 高压喷浆法克服了静压灌浆加固法的哪些缺点?
5. 电动硅化法的原理是什么?施工过程中除硅化胶结土粒外,还产生哪些辅助加固作用?
6. 简要说明碱液加固黄土的施工步骤。

# 项目十三　加筋土技术

【知识目标】　掌握加筋土技术加固处理软弱地基的基本概念、施工要求和质量检验。了解加筋土技术加固处理软弱地基的基本原理和设计计算基本要求。

【技能目标】　能够完成加筋土挡墙的设计及施工。

## 任务一　概　述

在一定级配及压实条件下,土体具有较大的剪切强度,但其抗拉强度很低,无黏性土甚至不能承受拉力。与钢筋混凝土的概念相类似,人们在填土中加入金属或土工合成材料等筋衬,并依靠筋衬和土之间的摩擦力来加强土体,这就引入了加筋土的概念。简言之,加筋土就是在土中加入抗拉材料,以改善土的工程性质。

事实上,加筋土的概念并不新鲜。动物利用树枝、稻草、芦苇和泥建成栖息的巢穴,就本能地演示了加筋土的基本原理。此外,人们在土坯中加入草筋提高强度,将柴排铺在泥沼地带修筑道路等,均是自发地利用带筋或纤维加筋加固的典型例子。例如,在陕西半坡村发现的仰韶遗址中,有许多简单房屋,其墙壁和屋顶是利用草泥修筑而成的。据估计,这些建筑距今已有五六千年的历史。在玉门一带,还保留有用砂、砾石和红柳或芦苇压叠而成的汉长城遗址。国外也有类似的利用天然植物做加筋材料的记载。约在1822年,Colonel Plasley采用帆布代替天然植物,将加筋土技术引进英国军队。

1963年,法国工程师亨利·维多尔(Henry Vidal)根据三轴剪切试验结果提出了加筋土的概念及加筋土的设计理论,成为加筋土发展历史上的一个重要里程碑,标志着现代加筋土技术的兴起。自1965年法国在普拉格尔斯(Prageres)成功地修建了一座公路加筋土挡土墙以来,加筋土的研究和应用迅猛发展,加筋材料也从天然植物、帆布、金属发展到预制钢筋混凝土和土工合成材料,工程应用从经验性到具有较为系统的理论指导,加筋土的发展经历了几千年的漫长历程。加筋土技术被誉为"继钢筋混凝土和预应力钢筋混凝土之后又一造福人类的重要复合材料",是加固土体的三大法宝之一。

在我国,自1979年由云南煤矿设计院在田坝修建第一座加筋土挡土墙以来,加筋土技术方兴未艾。现在除西藏和青海以外,其他各省市修建的加筋土工程已逾千项,砌墙面积超过70万$m^2$。在大量工程实践的基础上,随着经验的积累,创造了符合我国国情的加筋土技术,在某些方面还达到了国际先进水平。例如,位于陕西洛川201国道上的加筋土挡墙，其主体墙全部设在曲线上，墙高 50.13 m，其高度位居世界第二。

# 任务二　土工合成材料

## 一、概述

土工合成材料是岩土工程中应用的合成材料的总称，其原料主要是人工合成的高分子聚合物，如塑料、化纤、合成橡胶等。土工合成材料可置于岩土或其他工程结构内部、表面或各结构层之间，具有加强、保护岩土或其他结构的功能，是一种新型工程材料。

大约在 20 世纪 50 年代，土工合成材料开始应用于岩土工程中。随着新产品的不断开发和新技术的发展，土工合成材料日益显示出其优越性，并且逐步成为当今的主要加筋材料。正像有人指出的那样，"应用土工合成材料对于岩土工程将是一场革命"。早在 1958 年，美国首先使用聚氯乙烯单丝编织物代替传统的级配砂砾料用于护岸工程；1970 年，法国开创了土石坝工程中使用土工合成材料的先例。最近三四十年土工合成材料发展迅速，尤以北美、西欧和日本发展最快。土工合成材料被誉为继砖石、木材、钢铁、水泥之后的第五大工程建筑材料，广泛应用于铁路、公路、水利、港口、城建、国防等领域。随着应用范围的不断扩大，土工合成材料的生产和应用技术也在迅速地提高，使其逐渐成为一门新的边缘性科学，有关学术活动也在不断地扩大和深入。

## 二、土工合成材料的类型及特性

### （一）土工合成材料的类型

在我国，许多专家依据产品功能和制造工艺的不同，建议把土工合成材料划分为四大类：土工织物、土工膜、土工特种材料和土工复合材料（见图 13-1）。

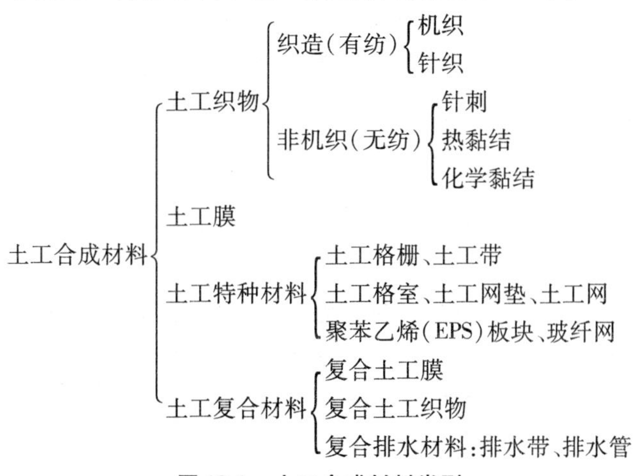


**图 13-1　土工合成材料类型**

### （二）土工合成材料的特性

土工合成材料的优点是：质地柔软而重量轻，整体连接性好，施工方便，抗拉强度高，耐腐蚀性和抗微生物侵蚀性好，无纺型的当量直径小且反滤性好。其缺点是：同其原材料

一样,未经特殊处理则抗紫外线能力低,但若在其上覆盖黏性土或砂石等物,其强度降低不大。另外,合成材料中以聚酯纤维和聚丙烯腈纤维耐紫外线辐射能力和耐自然老化性能为最好,所以目前世界各国的土工合成材料使用这两种原材料居多。表征土工合成材料产品性能的指标包括:

(1)产品形态。材质及制造方法、宽度、每卷的直径及重量。

(2)物理性质。单位面积的质量、厚度、开孔尺寸及均匀性等。

(3)力学性质。抗拉强度、断裂时的延伸率、撕裂强度、顶破强度、蠕变性与土体间的摩擦系数等。

(4)水理性质。垂直向和水平向透水性。

(5)抗老化和耐腐蚀性。对紫外线和温度的敏感性,抗化学和生物腐蚀性等。

以上有关产品性能的指标,必须通过产品检测,并提供作为材料性能规格说明的资料。目前土工合成材料的试验方法和标准尚不统一。土与土工合成材料相互作用的性质试验则多数处于研究探索之中。土工合成材料产品因制造方法和用途不一,宽度和重量的规格变化甚大。土工合成材料的宽度为1~18 m,重量≥1 N/m$^2$;开孔尺寸(等效孔径):无纺型土工纤维为0.05~0.5 mm,编织型土工纤维为0.1~1 mm,土工垫为5~10 mm;土工网及土工格栅为5~100 mm;导水性不论垂直向或水平向,其渗透系数$k \geq 10^{-2}$ cm/s(相当于中细砂的渗透系数);抗拉强度:无纺型土工纤维10~30 kN/m(高强度的30~100 kN/m),编织型土工纤维20~50 kN/m(高强度的50~100 kN/m),土工格栅30~200 kN/m(高强度的200~400 kN/m)。不同类型的土工合成材料的拉应力和拉应变关系变化差别很大。

### 三、土工合成材料的主要功能、作用原理及其应用

土工合成材料的主要功能可概括为以下六种,即加筋、反滤、排水、隔离、防渗、防护。

#### (一)加筋作用

土中加入抗拉材料,可改变土中的应力分布,约束土体的侧向变形,从而提高结构的稳定性。加筋作用可用于:①支挡结构(如挡土墙、桥台);②防护结构(制止滑坡等);③地基加固补强(加筋垫层等);④水工结构(如堤、坝);⑤地下结构。用于加筋的材料要求具有较高的抗拉强度和一定的刚度,并且与填土之间咬合力强,对于永久性建筑物还要求蠕变小,耐久性好。目前,常用的加筋材料有土工格栅、土工带、机织土工织物。

#### (二)反滤作用

在渗流情况下,土工合成材料(主要是无纺土工织物)铺设在渗流出口区。一方面,可以有效地阻止土颗粒通过,从而防止土颗粒的过量流失而造成土体的破坏;另一方面,允许土中的水或气体穿过土工织物自由排出,以免由于孔隙水压力的上升而造成土体失稳。由于它既容许水流畅通而又能阻止土粒运动,可代替传统的砂砾反滤层,防止发生流土和堵塞,提高被保护土的抗渗强度。

#### (三)排水作用

具有一定厚度的无纺土工织物和复合排水材料具有较高的导水率。利用这一特性除可做透水反滤外,还可以在土体中形成排水通道,使水经过土工合成材料的平面迅速汇

集、排走。它可与其他排水材料(如排水管、粗粒料、塑料排水板等)共同构成排水系统或深层排水井。土工合成材料作为排水层的效果,取决于其在相应的受力条件下导水性的大小(导水性等于水平向渗透系数 $k_n$ 与厚度 $t$ 的乘积)及其所需排水量和所接触土层的土质条件。

**(四)隔离作用**

利用土工合成材料把两种不同粒径的土、砂、石料(如道渣与路基土)或把土、砂、石料与其他结构物隔离开来,以免相互混杂,造成土料污染、流失或其他不良效果。用于受力结构,有助于保证结构的状态和设计功能;用于材料存储、堆放,可避免材料损失或劣化,对于废料还可防止环境污染。作为隔离用的土工合成材料,其渗透性应大于所隔离土的渗透性;在承受动荷载作用时,土工合成材料还应有足够的耐磨性,当被隔离材料或土层间无水流作用时,也可用不透水土工膜。常用的隔离材料包括土工膜、复合土工膜、土工织物。

**(五)防渗作用**

土工膜和复合土工膜都可以有效地防止液体的渗漏或气体的挥发。

**(六)防护功能**

防护功能是指土工合成材料及由土工合成材料为主体构成的结构或构件对土体起到的防护作用。例如,把拼成大片的土工织物或者是用土工合成材料做成土工模袋、土枕、石笼或各种排体铺设在需要保护的岸坡、堤脚及其他需要保护的地方,用以抵抗水流及波浪的冲刷和侵蚀;将土工织物置于两种材料之间,当一种材料受力时,它可使另一种材料免遭破坏。

## 任务三　加筋土的作用机制

### 一、加筋土的基本原理

20 世纪 60 年代 Herri Vidal 用三轴剪切试验证明,在砂土中加入少量纤维后,土体的抗剪强度可提高 4 倍多。他认为,在土样试件上施加竖向压力时,一定会产生侧向膨胀,若将不能产生侧向膨胀(与土相比)的拉筋埋入试件中,由于拉筋与土之间摩擦,就会阻止试件产生侧向膨胀,犹如在试件上施加一个水平作用力。当垂直压力增加时,水平约束力也成比例增加,只有当土与拉筋间失去摩擦或拉筋断裂时,试件才产生破坏。

加筋土土体的基本应力状态可由图 13-2 来表示。图 13-2(a)为未加筋的土单元体,在竖向荷载 $\sigma_v$ 作用下,土单元体产生竖向压缩和侧向变形,随着竖向荷载逐渐增大,在压缩变形增大的同时,侧向变形也越来越大,直至破坏,其相应的摩尔圆为图 13-2(c)中的 $A$ 圆。假如土单元体中设置了水平向拉筋,如图 13-2(b)所示,通过拉筋与土颗粒间的摩擦作用,将引起侧向变形的拉力传递给拉筋,使土体的侧向变形受到约束。在相同额定竖向应力作用下,侧向变形 $\delta_h \approx 0$。加筋后的土体就好像在单元土体的侧向加了一个约束力,其加筋的约束力相当于在侧向施加了一个静止土压力,其相应的摩尔圆为 $B$ 圆。若要使加筋土体在相同的 $\sigma_v$ 作用下达到破坏,则需减小侧压力,$C$ 圆为加筋土单元减小侧压力

所达到破坏的应力圆。试验证明,其内摩擦角 $\varphi$ 与未加筋土体相似,所不同的是增加了 $\Delta c$ 值,即加筋土的作用相当于土体强度增加了黏聚力$\Delta c$。

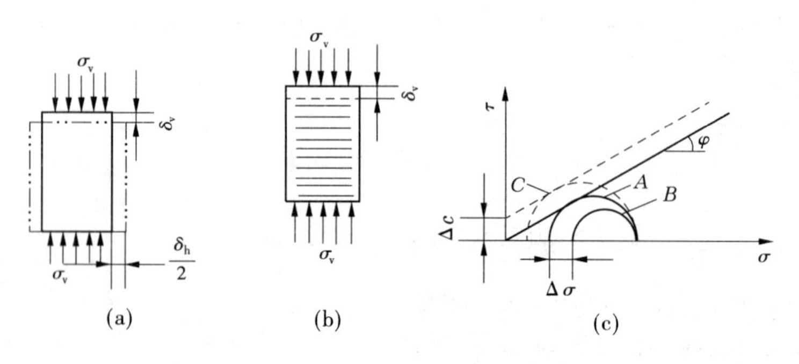


图 13-2 加筋土单元体分析

在三轴剪切试验中,加筋土单元与未加筋土体的应力—应变关系如图 13-3 所示。当应变较小($\varepsilon_v$ 小于 10%)时,拉筋对土的应力—应变关系基本上无影响。当应变达到某一界限($\varepsilon_v$ 大于 10%)时,拉筋对土的应力—应变关系的影响逐渐显著,强度随土的应变增大而增大。说明土的加筋只有当应变达到某一程度时,加筋才起作用,抗剪强度才得以发挥。随着应变的增大,加筋土内摩擦角 $\varphi$ 基本不变,但黏聚力 $\Delta c$ 则随应变的增大而增大。

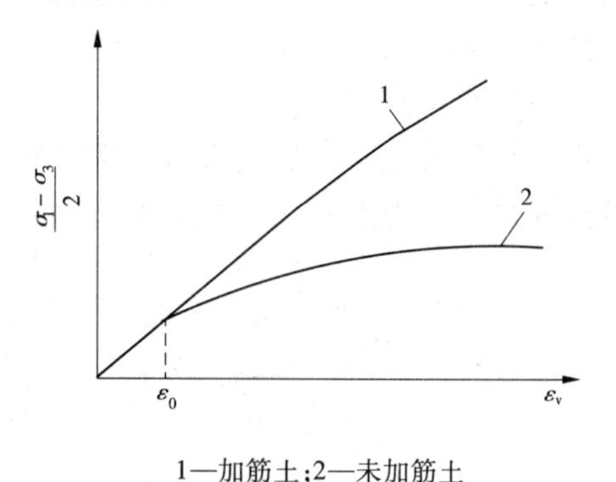


1—加筋土;2—未加筋土

图 13-3 加筋土应力—应变关系

## 二、加筋土挡墙破坏机制

加筋土挡墙的稳定性取决于加筋土挡墙的内部和外部的稳定性。图 13-4 和图 13-5 为加筋土挡墙的内部和外部可能产生的几种破坏形式。

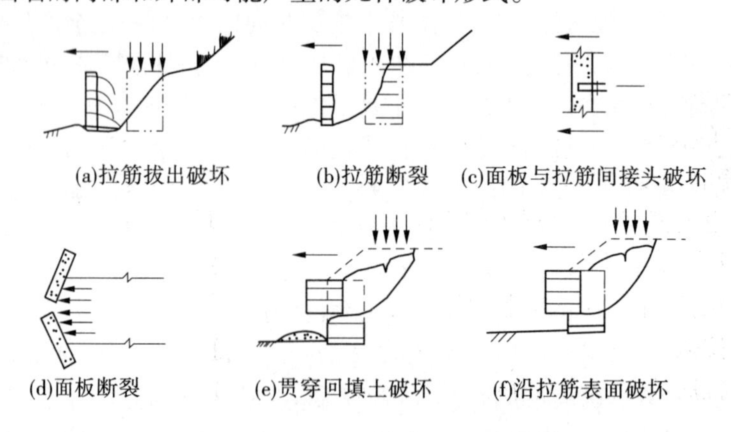

(a)拉筋拔出破坏 (b)拉筋断裂 (c)面板与拉筋间接头破坏

(d)面板断裂 (e)贯穿回填土破坏 (f)沿拉筋表面破坏

图 13-4 加筋土挡墙内部可能产生的破坏形式

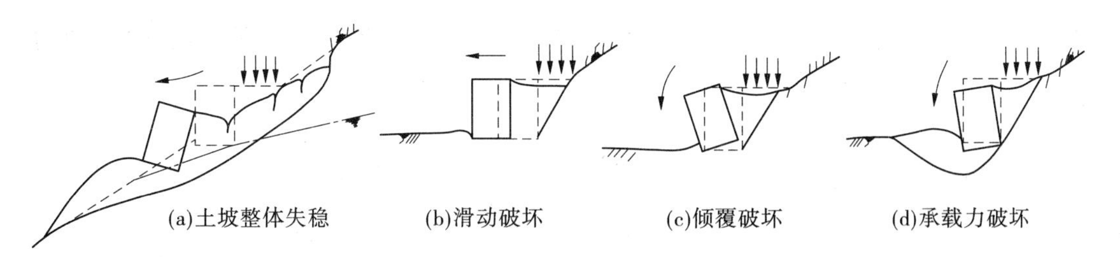


**图 13-5　加筋土挡墙外部可能产生的破坏形式**

从加筋土挡墙内部结构分析(见图 13-6(a))可知,由于土压力的作用,土体中产生一个破裂面,破裂面的滑动棱体达到极限状态。在土中埋设拉筋后,趋于滑动的棱体,通过土与拉筋间的摩擦作用有将拉筋拔出的倾向。因此,这部分的水平分力 $\tau$ 的方向指向墙外。滑动棱体后面的土体则由于拉筋和土体间的摩擦作用把拉筋锚固在土中,从而阻止拉筋被拔出,这一部分的水平力是指向土体。两个水平方向分力的交点就是拉筋的最大应力点。将每根拉筋的最大应力点连接成一曲线,该曲线就把加筋土挡墙分成两个区域,将各拉筋最大应力点连线以左的土体称为主动区,以右的土体称为被动区或锚固区。

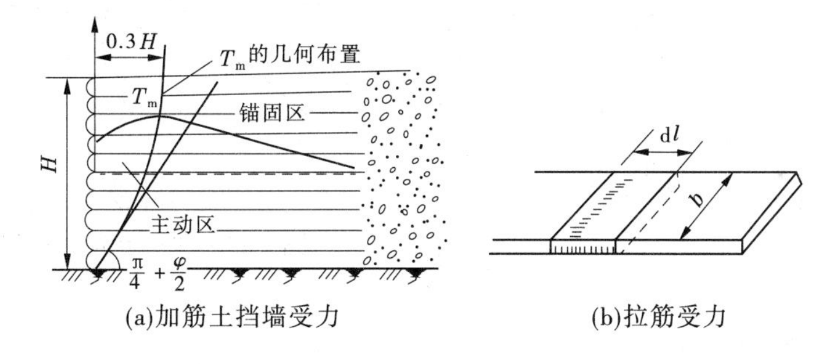


**图 13-6　加筋土挡墙内部结构受力分析**

图 13-6(b)中每根拉筋水平方向的分力为

$$\tau = \frac{dT}{dl} \cdot \frac{1}{2b} \tag{13-1}$$

式中　$T$——拉筋的拉力;

$l$——拉筋的长度;

$b$——拉筋的宽度。

通过大量的室内模型试验和野外实测资料分析,两个区域的分界线离开墙面的最大距离为 $0.3H$。当然,加筋土两个区域的分界线的形式,还要受到以下几个因素的影响:①结构的几何形状;②作用在结构上的外力;③地基的变形;④土与加筋间的摩擦力。

当拉筋的抗拉强度足以承受通过土与拉筋间的摩擦传递给拉筋的拉力,并且在锚固区内能足以抵抗拉筋被拔出的抗力时,加筋土体才能保持稳定。

## 任务四　设计计算

### 一、加筋土挡墙的形式

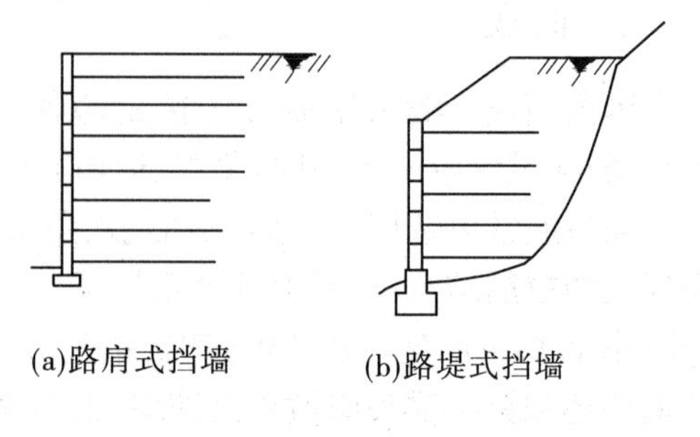

(a)路肩式挡墙　　(b)路堤式挡墙

**图 13-7　单面加筋土挡墙**

加筋土挡墙一般修建在填方地段,如在挖方地段使用则需增大土方数量。它可应用于道路工程中路肩式和路堤式挡墙(见图 13-7)。

根据拉筋不同配置的方法,可分单面加筋土挡墙(见图 13-7)、双面分离式加筋土挡墙(见图 13-8)以及台阶式加筋土挡墙(见图 13-9)。

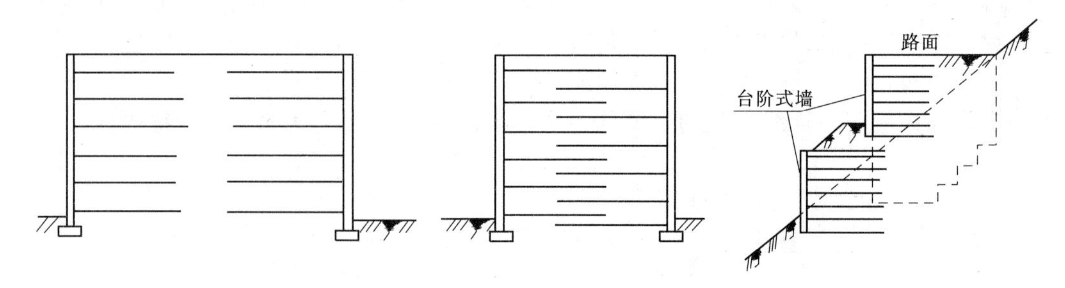


**图 13-8　双面分离式加筋土挡墙**　　**图 13-9　台阶式加筋土挡墙**

### 二、加筋土挡墙的荷载

加筋土挡墙设计的荷载类型应按表 13-1 选用。

**表 13-1　加筋土挡墙荷载类型**

| 荷载类型 | 编号 | 荷载名称 | 荷载类型 | 编号 | 荷载名称 |
|---|---|---|---|---|---|
| 永久荷载 | 1 | 加筋体重力 | 基本可变荷载 | 5 | 汽车 |
| | 2 | 加筋体上填土重力 | | 6 | 平板挂车或履带车 |
| | 3 | 加筋体外土的侧压力 | | 7 | 车辆荷载引起的侧压力 |
| | 4 | 水的浮力 | | 8 | 地震力 |

结构计算时,应根据可能同时出现的作用荷载选择荷载组合。加筋土挡墙可选择下列荷载组合。

组合Ⅰ:基本可变荷载(平板挂车或履带车除外)的一种或几种与永久荷载的一种或几种相组合。

组合Ⅱ:平板挂车或履带车与结构重力、土的重力及侧土压力中的一种或几种相组合。

组合Ⅲ:在进行施工阶段验算时,根据可能出现的施工荷载(如结构重力、脚手架、材料机具、人群)进行组合。构件吊装时,构件重力应乘以动力系数 1.2 或 0.85,并可视构件具体情况做适当增减。

组合Ⅳ:结构重力、土的重力及土侧压力的一种或几种与地震力相组合。

## 三、面板

国内面板一般采用混凝土预制构件,其强度等级不应低于 C18,厚度不应小于 80 mm。面板设计应满足坚固、美观、运输方便和易于安装等要求。

面板通常可选用十字形、槽形、六角形、L 形、矩形和 Z 字形等,一般尺寸见表 13-2。面板上的拉筋结点,可采取预埋钢拉环、钢板锚头或预留穿筋孔等形式。钢拉环应采用直径不小于 10 mm 的Ⅰ级钢筋,钢板锚头应采用厚度不小于 3 mm 的钢板,露于混凝土外部的钢拉环和钢板锚头应做防锈处理,土工聚合物与钢拉环的接触面应做隔离处理。

**表 13-2 面板类型及尺寸** (单位:cm)

| 类型 | 简图 | 高度 | 宽度 | 厚度 |
|---|---|---|---|---|
| 十字形 | | 50 ~ 150 | 50 ~ 150 | 8 ~ 25 |
| 槽形 | A A A—A | 30 ~ 75 | 100 ~ 200 | 14 ~ 20 |
| 六角形 | | 60 ~ 120 | 70 ~ 180 | 8 ~ 25 |
| L 形 | | 30 ~ 50 | 100 ~ 200 | 8 ~ 12 |
| 矩形 | | 50 ~ 100 | 100 ~ 200 | 8 ~ 25 |
| Z 字形 | | 30 ~ 75 | 100 ~ 200 | 8 ~ 25 |

注:1. L 形面板下缘宽度一般采用 20 ~ 25 cm。
2. 槽形面板的底板和翼缘厚度不小于 5 cm。

面板四周应设企口和相互连接装置。当采用插销连接装置时,插销直径不应小于 10 mm。

混凝土面板要求耐腐蚀,且本身是刚性的,但在各个砌块间具有充分的空隙,也有在接缝间安装树脂软木,或在施工时采用临时模块,墙体完工后,抽掉模块留下空隙,以适应必要的变形。面板一般情况下应排列成错接式。由于各面板间的空隙都能排水,故排水性能良好。但内侧必须设置反滤层,以防填土的流失。反滤层可使用砂夹砾石或土工聚合物。

## 四、拉筋

拉筋应采用抗拉强度高、延伸率小、耐腐蚀和有柔韧性的材料,同时要求加工、接长和面板的连接简单。例如,镀锌扁钢带(厚度≥3 mm,宽度≥30 mm)、钢筋混凝土带(宽100~250 mm,厚60~100 mm,强度不小于C18,钢筋直径不小于8 mm)、聚丙烯土工聚合物(宽度大于18 mm,厚度大于0.8 mm)等。高速公路和一级公路上的加筋土工程应采用钢带或钢筋混凝土带。

钢带和钢筋混凝土带的接长以及与面板的连接,可采用焊接或螺栓结合,节点应做防锈处理。

加筋土挡墙内拉筋一般应水平布设并垂直于面板,当一个结点有两条以上拉筋时,应扇状分开。当相邻墙面的内夹角小于90°时,宜将不能垂直布设的拉筋逐渐斜放,必要时在角隅处增设加强拉筋。

## 五、填土

加筋土挡墙内填土一般应易压实、能与拉筋产生足够的摩擦力、满足化学和电化学标准以及水稳性好等要求。国外有关资料指出:一般要求填土的塑性指数小于6,内摩擦角大于34°,小于159 μm的细颗粒重量少于15%。为此,应优先采用有一定级配的砾类土或砂类土,也可采用碎石土、黄土、中低液限黏性土及满足要求的工业废渣;高液限黏性土及其他特殊土应在采取可靠技术措施后采用;而对于腐殖质土、冻结土、白垩土及硅藻土等应禁止使用。

加筋土挡墙内填土压实度应满足表13-3所规定的值。

**表13-3 加筋土挡墙内填土压实度要求**

| 填土范围 | 路槽底面以下深度(cm) | 压实度(%) | |
|---|---|---|---|
| | | 高速、一级公路 | 二、三、四级公路 |
| 距面板1.0 m以外 | 0~80 | ≥95 | ≥93 |
| | >80 | >90 | >90 |
| 距面板1.0 m以内 | 全部墙高 | ≥90 | ≥90 |

注:1. 表列压实度的确定系按交通部现行《公路土工试验规程》(JTG E40—2007)重型击实试验标准。对于三、四级公路允许采用轻型击实试验。
2. 特殊干旱或特殊潮湿地区,表内压实度值可减小2%~3%。
3. 加筋体上填土按现行的《公路路基设计规范》(JTG D30—2015)执行。

## 六、加筋土挡墙构造设计

(1)加筋土挡墙的平面线型可采用直线、折线和曲线。相邻墙面的内摩擦角不宜小于70°。

(2)加筋土挡墙的剖面形式一般应采用矩形(见图13-10(a)),受地形、地质条件限制时,也可采用图13-10(b)和图13-10(c)所示的形式。断面尺寸由计算确定。

(3)加筋土挡墙墙面板下部应设宽度不小于0.3 m、厚度不小于0.2 m的混凝土基

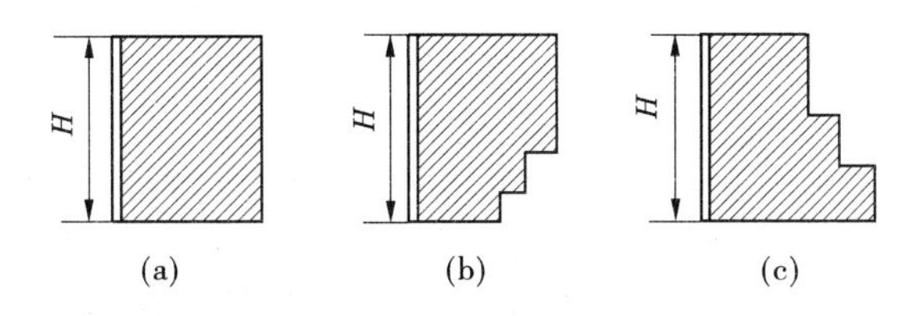


图 13-10 加筋土挡墙的剖面形式

础，单属下列情况之一者可不设：①面板筑于石砌圬工或混凝土之上；②地基为基岩。挡墙面板基础底面的埋置深度，对于一般土质地基不应小于 0.6 m。

(4)对设置在斜坡上的加筋土结构，应在墙脚设置宽度不小于 1 m 的护脚，以防止前沿土体在加筋土体水平推力作用下剪切破坏，导致加筋土结构丧失稳定性，如图 13-11 所示。

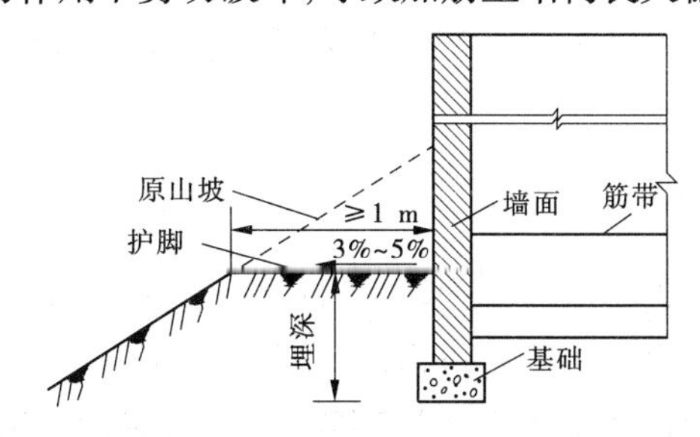


图 13-11 加筋土挡墙纵坡调平示意图

(5)加筋土挡墙应根据地形、地质、墙高等条件设置沉降缝。其间距是：土质地基为 10 ~ 30 m，岩石地基可适当增大。沉降缝宽度一般为 10 ~ 20 mm，可采用沥青板、软木板或沥青麻絮等填塞。

(6)墙顶一般均需设置帽石，可以预制也可以就地浇筑，帽石的分段应与墙体的沉降缝在同一位置处。

## 七、加筋土结构计算

加筋土挡墙设计一般从加筋土挡墙的内部稳定性和外部稳定性两方面考虑。

### (一)加筋土挡墙的内部稳定性计算

加筋土挡墙的内部稳定性是指阻止由于拉筋被拉断或由于土间摩擦力不足(在锚固区内拉筋的锚固长度不足使土体发生滑动)，以致加筋土挡墙整体结构遭到破坏。因此，在设计时必须考虑拉筋的强度和锚固长度(又称拉筋的有效长度)。但拉筋的拉力计算理论，国内外尚未取得统一，现有的计算理论多达十几种，目前比较有代表性的理论可归纳成两类：整体结构理论(复合材料)和锚固结构理论。与此相应的计算理论，前者有正应力分布法(包括均匀分布、梯形分布和梅氏分布)、弹性分布法、能量法和有限元解；后者有朗金法、斯氏法、库仑合力法、库仑力矩法和滑裂楔体法等，不同计算理论的计算结果有所差异。以下仅介绍按朗金理论分析的计算方法。

1. 土压力计算

如图 13-12 所示，土体中产生一个与平面的夹角为 $\theta = \frac{\pi}{4} + \frac{\varphi}{2}$ 的破裂面，土的自重应

力和主动土压力随土体深度的增加而增大。

土的自重应力：

$$\sigma_v = \gamma z \tag{13-2}$$

土的主动土压力：

$$\sigma_h = K_a \gamma z \tag{13-3}$$

式中 $\gamma$——加筋体填土的重度，$kN/m^3$；

$K_a$——土的主动土压力系数，$K_a = \tan^2(45° - \frac{\varphi}{2})$。

当加筋土结构上面存在超载（如车辆荷载等）时，可把超载换算成等代土层厚度 $h_e$ 进行计算。$h_e$ 的计算方法可按相应的现行规范进行。

因而土的自重引起的土侧压力为

$$E_1 = \frac{1}{2}\gamma H^2 K_a B \tag{13-4}$$

而车辆荷载等引起的土侧压力为

$$E_2 = \gamma h_e H K_a B \tag{13-5}$$

因此，总的水平土压力为

$$E = E_1 + E_2 = \frac{1}{2}\gamma H(H + 2h_e) K_a B \tag{13-6}$$

2. 拉筋所受拉力计算

当土体的主动土压力充分作用时，每根拉筋除通过摩擦阻止部分填土水平位移外，还能拉紧一定范围的面板，使得在土体中的拉筋能和主动土压力保持平衡。因此，每根拉筋所受到的拉力随深度的增加而增大，最下一根拉筋的拉力最大，如图 13-13 所示。

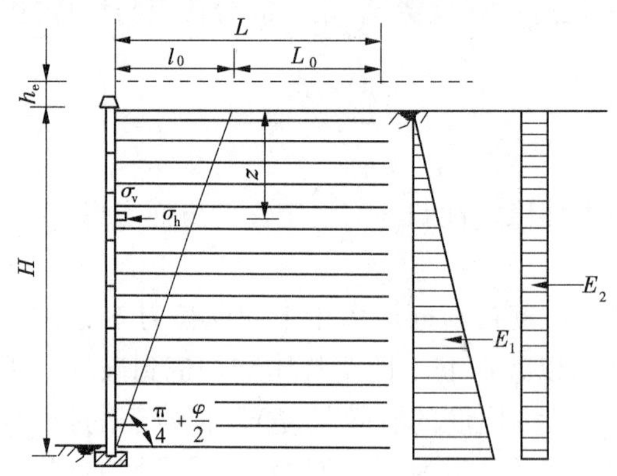


图 13-12 加筋土挡墙计算简图

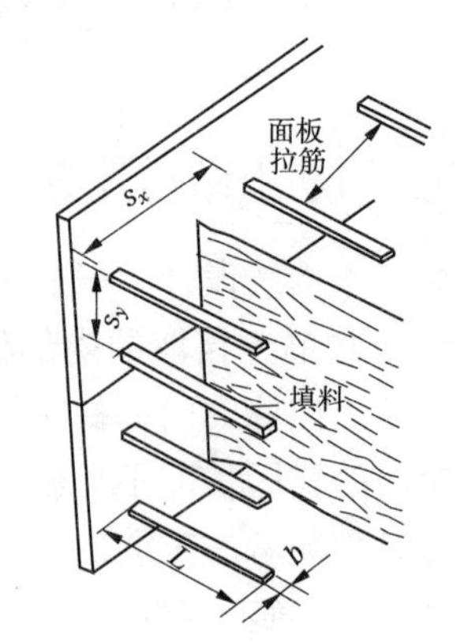


图 13-13 加筋土结构物的剖面示意图

$$T_1 = \gamma(H + h_e) K_a s_x s_y \tag{13-7}$$

式中 $T_1$——拉筋所受的最大拉力，kN；

$s_x$、$s_y$——拉筋的水平间距和垂直间距，m。

3. 拉筋的断面计算

拉筋的断面面积为

$$A = \frac{T_1 \times 10^3}{K \cdot [\sigma_L]} \tag{13-8}$$

式中 $A$——拉筋设计断面面积,$mm^2$;

$K$——拉筋容许应力提高系数,参见表 13-4;

$[\sigma_L]$——拉筋容许应力,MPa,参见表 13-5 和表 13-6。

**表 13-4 材料容许应力提高系数**

| 荷载组合 | 钢带、钢筋、混凝土 | 聚丙烯土工带 |
|---|---|---|
| 组合Ⅰ | 1.00 | 1.00 |
| 组合Ⅱ | 1.25 | 1.30 |
| 组合Ⅲ | 1.30 | 1.30 |
| 组合Ⅳ | 1.50 | 2.00 |

**表 13-5 扁钢和钢筋的容许应力**

| 材料名称 | 容许应力$[\sigma_L]$(MPa) |
|---|---|
| 扁钢(3 钢) | 135 |
| Ⅰ级钢筋 | 135 |

**表 13-6 混凝土的容许应力**

| 混凝土强度等级 | C13 | C18 | C23 | C28 |
|---|---|---|---|---|
| 轴心受压应力$[\sigma_a]$(MPa) | 5.50 | 7.00 | 9.00 | 10.50 |
| 拉应力(主拉应力)$[\sigma_L]$(MPa) | 0.35 | 0.45 | 0.55 | 0.60 |
| 弯曲拉应力$[\sigma_{wL}]$(MPa) | 0.55 | 0.70 | 0.30 | 0.90 |

拉筋断面尺寸计算时,在实际工程中还应考虑防腐蚀所需要增加的尺寸,参见表 13-7。

**表 13-7 钢带防锈蚀厚度** (单位:mm)

| 工程分类 | 无水工程 | 浸淡水工程 | 浸海水工程 |
|---|---|---|---|
| 非镀锌 | 1.5 | 2.0 | 2.5 |
| 镀锌 | 0.5 | 0.75 | |

**注**:表列数值为单面锈蚀厚度。

4. 拉筋的长度计算

每根拉筋在工作时还有被拔出的可能,因此尚需计算拉筋抵抗被拔出的锚固长度 $L_0$。

由于单位面积上覆土压力为 $\gamma(H+h_e)$,拉筋在锚固区内的摩擦面积为 $2L_0b$,故在锚固区内由于摩擦作用而拉筋产生的抵抗力 $T_b$ 为

$$T_b = 2L_0 b\gamma(H+h_e)f' \tag{13-9}$$

在同一深度处拉筋的抗拔稳定系数 $K_b$ 为

$$K_b = \frac{T_b}{T_1} = \frac{2L_0bf'}{K_a s_x s_y} \tag{13-10}$$

式中 $K_b$——拉筋抗拔稳定系数,参见表13-8;

$f'$——拉筋与填料的似摩擦系数,参见表13-9。

**表13-8 稳定系数**

| 荷载组合 | 拉筋抗拔稳定系数 $K_b$ | 稳定系数 | | |
|---|---|---|---|---|
| | | 基底滑移 $K_c$ | 倾覆 $K_0$ | 整体滑动 $K_a$ |
| 组合Ⅰ | 2.0 | 1.3 | 1.5 | 1.25 |
| 组合Ⅱ | 1.7 | 1.3 | 1.3 | 1.25 |
| 组合Ⅲ | 1.6 | 1.2 | 1.2 | 1.215 |
| 组合Ⅳ | 1.2 | 1.1 | 1.2 | 1.10 |

**表13-9 拉筋与填料的似摩擦系数**

| 填料类型 | 重度(kN/m³) | 计算内摩擦角(°) | 似摩擦系数 |
|---|---|---|---|
| 中低液限黏性土 | 18~21 | 25~40 | 0.25~0.40 |
| 砂性土 | 18~21 | 25 | 0.35~0.45 |
| 砾碎石类土 | 19~22 | 35~40 | 0.40~0.50 |

从式(13-10)中可看出,拉筋抗拔稳定系数只与锚固长度 $L_0$ 有关,而与深度无关。

可由式(13-10)得到拉筋的锚固长度为

$$L_0 = \frac{K_b K_a s_x s_y}{2bf'} \tag{13-11}$$

5. 拉筋的总长度

拉筋的总长度(指第一根拉筋位置)可按下式求得:

$$L = l_0 + L_0 = H\tan\left(45° - \frac{\varphi}{2}\right) + \frac{K_b K_a s_x s_y}{2bf'} \tag{13-12}$$

拉筋的长度一般通过以上计算确定,根据不同的结构形式,还需要满足构造的要求,如图13-14所示。

通常用于挡土墙、桥台和水坝中的拉筋长度 $L \geqslant 0.7H$;在承受反坡填土荷载的加筋土实体以及双面交错式面板加筋土结构物,其底部长度 $L \geqslant 0.6H$;用于筑在斜坡上的挡土墙中的拉筋,在确保外部稳定的条件下,基底的拉筋长度可缩短到 $L \geqslant 0.5H$,但顶部的拉筋长度仍应满足 $L \geqslant 0.7H$。

另外,拉筋长度的实际采用值通常可按以下情况决定:

(1)墙高小于3.0 m时,可设计为等长拉筋。

(2)墙高大于3.0 m时,可考虑变换拉筋长度,但一般同等长度拉筋变换的高度不应小于2.0 m,如图13-15所示。

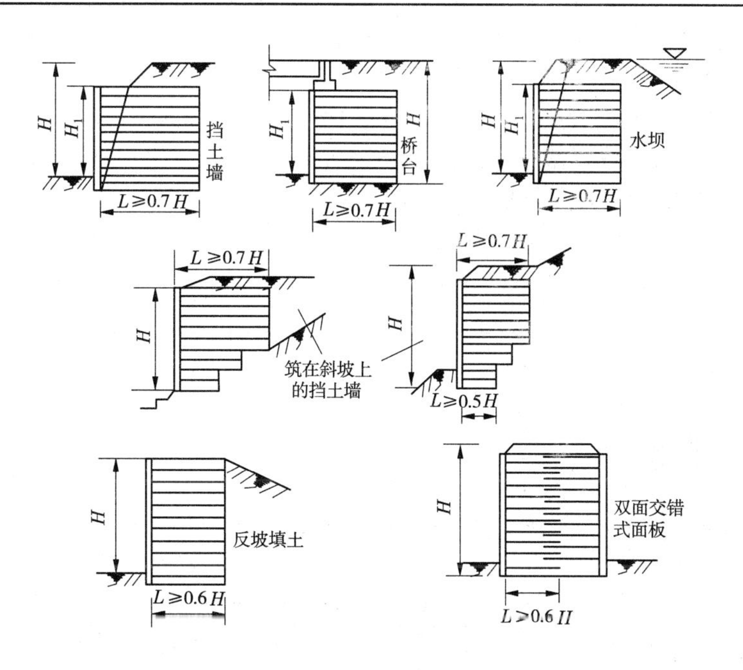


图 13-14 拉筋的构造长度

(3)相邻拉筋的变换长度不得小于 0.5 m。

**(二)加筋土挡墙的外部稳定性计算**

加筋土挡墙的外部稳定性是指包括考虑挡墙地基承载力、基底抗滑稳定性、抗倾覆稳定性和整体抗滑稳定性等的验算。验算时,可将拉筋末端的连线与墙面板间视为整体结构,其他与一般重力式挡土墙的计算方法相同。

将加筋土结构物(见图 13-16)视作为一个整体,再将其后面作用的主动土压力用以验算加筋土结构物底部的抗滑稳定性,基底摩擦系数 $\mu$ 可按表 13-10 取值,稳定系数参见表 13-8。由于加筋土结构是柔性结构,它能承受很大的沉降而不致对加筋土结构产生危害。

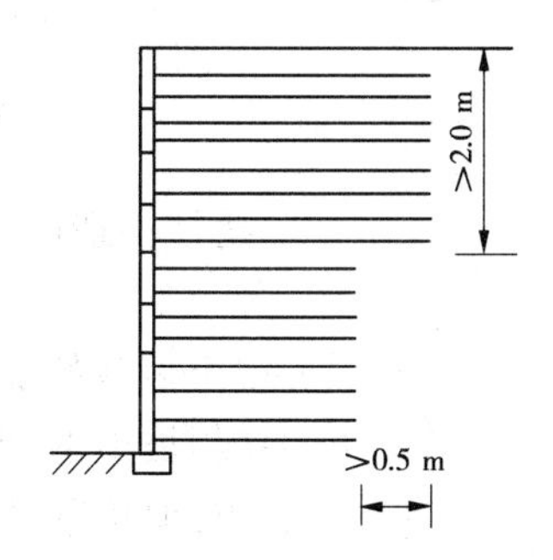


图 13-15 拉筋不等长度布置时构造示意图

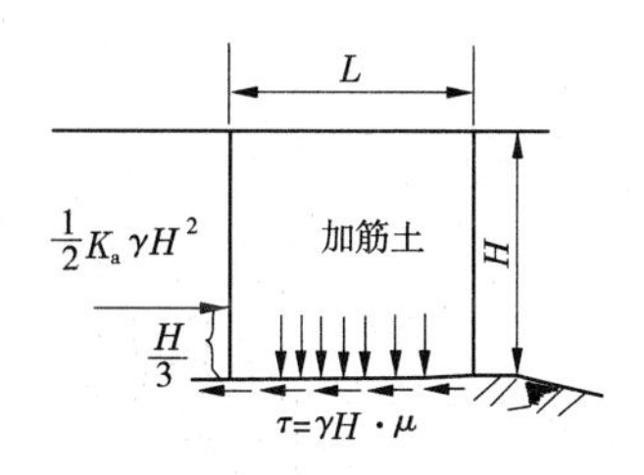


图 13-16 加筋土挡墙底部的滑动稳定性验算

表13-10 基底摩擦系数$\mu$

| 地基土分类 | 基底摩擦系数$\mu$值 |
|---|---|
| 软塑黏土 | 0.25 |
| 硬塑黏土 | 0.30 |
| 黏质粉土、粉质黏土、半干硬的黏土 | 0.30~0.40 |
| 砂类土、碎石类土、软质岩石、硬质岩石 | 0.40 |

## 任务五 施工技术

### 一、基础施工

进行基础开挖时,基槽(坑)底面尺寸一般大于基础外缘0.3 m。对未风化的岩石应将岩面凿成水平台阶,台阶宽度不宜小于0.5 m,台阶长度除满足面板安装需要外,高宽比不宜大于1∶2。基槽(坑)底土质为碎石土、砂性土或黏性土等时,均应整平夯实。对风化岩石和特殊土地基,应按有关规定处理。在地基上浇筑或放置预制基础,基础一定要做得平整,使得面板能够直立。

### 二、面板安装

混凝土面板可在预制厂或工地附近场地预制后,运到施工场地安装。安装时应防止插销孔破裂、变形以及角隅碰坏。面板安装可用人工或机械吊装就位,安装时单块面板倾斜度一般可内倾1/100~1/200作为填料压实时面板外倾的预留度。为防止在填土时面板向内、外倾斜,在面板外侧可用斜撑撑住,保持面板的垂直度,直到面板稳定后方可将斜撑拆除。为防止相邻面板错位,宜用夹木螺栓或斜撑固定。水平及倾斜的误差应逐层调整,不得将误差累积后再进行总调整。

### 三、拉筋铺设

安装拉筋时,应把拉筋垂直墙面平放在已经压密的填土上,如填土与拉筋间不密贴而产生空隙,应用砂垫平以防止拉筋断裂。钢筋混凝土带或钢带与面板拉环的连接,以及每节钢筋混凝土带间的钢筋连接或钢带接长,可采用焊接、扣环连接或螺栓连接;聚丙烯土工聚合物带与面板的连接,一般可将聚合物带的一端从面板预埋拉环或预留孔中穿过、折回与另一端对齐,聚合物带可采用单孔穿过、上下穿过或左右环合并穿过,并绑扎以防抽动(见图13-17),无论何种方法均应避免土工聚合物带在环(孔)上绕成死结。

### 四、填土的铺筑和压实

加筋土填料应根据拉筋竖向间距进行分层铺垫和压实,每层的填土厚度应根据上、下

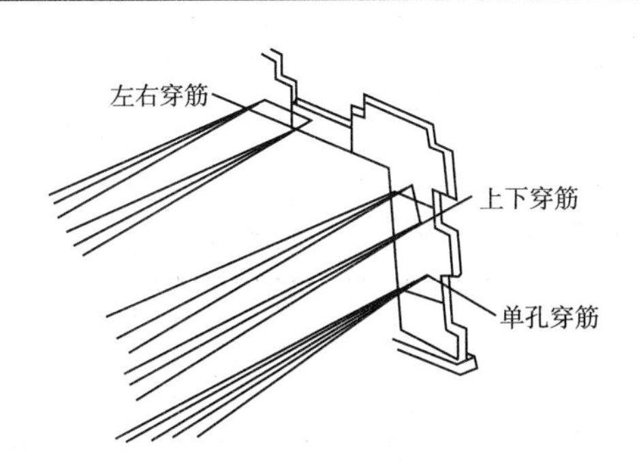


**图 13-17　聚丙烯土工聚合物带拉筋穿孔法**

两层拉筋的间距和碾压机具统筹考虑后决定。钢筋混凝土拉筋顶面以上填土，一次铺筑厚度不小于 200 mm。当用机械铺筑时，铺筑机械距面板不应小于 1.5 m，在距面板 1.5 m 范围内应用人工铺筑。铺筑填土时为了防止面板受到土压力后向外倾斜，铺筑应从远离面板的拉筋端部开始逐步向面板方向进行，机械运行方向应与拉筋垂直，并不得在未覆盖填土的拉筋上行驶或停车。

碾压前应进行压实试验，根据碾压机械和填土性质确定填土分层铺筑厚度、碾压遍数以指导施工。每层填土铺填完毕应及时碾压，碾压时一般应先轻后重，并不得使用羊足碾。压实作业应先从拉筋中部开始，并平行墙面板方向逐步驶向尾部，而后向面板方向进行碾压（严禁平行拉筋方向碾压）。用黏土作为填土时，雨季施工应采取排水和遮盖措施。加筋土填料的压实度可按表 13-3 中的规定要求进行。

## 任务六　质量检验

加筋土施工中各工序完成后，应进行分项工程中间检查验收，并提供实测记录资料。经检查合格后方可进行下一工序施工。凡不合格者必须进行补救或返工，使其达到要求。工程竣工验收时，应提交全部竣工文件。

总体外观鉴定，其墙面板光洁无破损、平顺美观、板缝均匀、线形顺延、沉降缝上下贯通顺直、附属及防水排水工程齐全、取弃土位置合理。外观实测标准见表 13-11。

加筋土工程质量的总体评价，以总分 100 分计。其中分项工程占 70 分（面板预制 7 分，面板安装 8 分，基底 5 分，基础 5 分，筋带施工 15 分，填料压实度合格率 20 分，排水 5 分，其他附属工程 5 分），竣工验收外观鉴定占 30 分。

加筋土工程质量评定时总分未达到 70 分者为不合格工程，总分达到 70 分以上者为合格工程，达到 85 分以上者为优良工程。

表 13-11　外观实测标准

<table>
<tr><th>项次</th><th colspan="2">检查项目</th><th>规定值或允许偏差值</th><th>检查方法及频度</th><th>规定分</th></tr>
<tr><td rowspan="3">1</td><td rowspan="2">墙顶</td><td>路堤式(mm)</td><td>±50</td><td>水准仪测 3 点</td><td rowspan="3">15</td></tr>
<tr><td>路肩式(mm)</td><td>±30</td><td>水准仪测 3 点</td></tr>
<tr><td>高程</td><td>桥 台(mm)</td><td>±20</td><td>每一直面不少于 2 点</td></tr>
<tr><td rowspan="3">2</td><td>墙顶</td><td>路堤式(mm)</td><td>±50,-100</td><td>丈量 3 处</td><td rowspan="3">20</td></tr>
<tr><td>平面</td><td>路肩式(mm)</td><td>±50</td><td>丈量 3 处</td></tr>
<tr><td>位置</td><td>桥 台(mm)</td><td>±50</td><td>每一直面不少于 2 点</td></tr>
<tr><td>3</td><td colspan="2">墙面垂度或坡度(mm)</td><td>+0.005$H$ 及 50<br>-0.01$H$ 及 100</td><td>垂线吊测 2 处</td><td>20</td></tr>
<tr><td>4</td><td colspan="2">面板缝宽(mm)</td><td>10</td><td>不少于 5 条竖缝</td><td>10</td></tr>
<tr><td>5</td><td colspan="2">墙面平整度(mm)</td><td>15</td><td>2 m 直尺测 3 处</td><td>20</td></tr>
<tr><td>6</td><td colspan="2">总体外观</td><td>符合有关标准的规定</td><td>目测</td><td>15</td></tr>
</table>

注:(1)桥台顶面高程指前墙不少于 2 点,翼墙各不少于 1 点。桥台平面位置为每一墙面为一检测单位。

(2)平面位置及垂度"+"为外,"-"为内。

(3)以 20 m 为检查单位,小于 20 m 仍按 20 m 计。

(4)本表第 3 项次中内外侧各有两个允许偏差值时,应取绝对值小者。

## 小　结

在一定级配及压实条件下,土体具有较大的剪切强度,但其抗拉强度很低,无黏性土甚至不能承受拉力。与钢筋混凝土的概念相类似,人们在填土中加入金属或土工合成材料等筋材,并依靠筋材和土之间的摩擦力来加强土体,这就引入了加筋土的概念。简言之,加筋土就是在土中加入抗拉材料,以改善土的工程性质。大约在 20 世纪 50 年代,土工合成材料开始应用于岩土工程中,可置于岩土或其他工程结构内部、表面或各结构层之间,具有加强、保护岩土或其他结构的功能,是一种新型工程材料。土工合成材料主要分为土工织物、土工特种材料和土工复合材料。加筋土施工中各工序完成后,应进行分项工程中间检查验收,并提供实测记录资料。工程竣工验收时,应提交全部竣工文件。

## 思考题与习题

1. 什么是土工合成材料? 有哪些种类?
2. 土工合成材料有哪些功能? 其作用原理是什么?
3. 土工织物的反滤准则有哪些?
4. 什么是透水率? 什么是导水率? 二者和渗透系数有何关系?
5. 什么是加筋土? 主要应用于哪些方面?
6. 加筋挡土墙有哪些类型? 施工要点有哪些?
7. 如何进行加筋挡土墙的设计验算?

# 项目十四 土钉墙技术

【知识目标】 掌握土钉墙加固处理软弱地基的基本概念、施工技术和质量检验。了解土钉墙技术加固处理软弱地基的基本原理和设计计算的基本要求。

【技能目标】 能够完成土钉墙地基处理方案的设计及施工。

【项目背景】 山西柳湾煤矿生产调度楼位于陡坡边缘，由于场地限制及生产工艺的要求，需要切成一个陡坡，陡坡的垂直高度 $H$ 为 10.2 m，长度近 40 m，坡角 $\alpha$ 为 80°，而且是一坡到顶。边坡的土质为黄土状粉质黏土，土质较均匀，其主要的物理力学性质指标列于表 14-1 中。

表 14-1 边坡土的主要物理力学指标

| 指标 | 含水量 $\omega$(%) | 重度 $\gamma$ ($kN/m^3$) | 孔隙比 $e$ | 塑性指数 $I_P$ | 液性指数 $I_L$ | 内摩擦角 $\varphi$(°) | 黏聚力 $c$ (kPa) |
| --- | --- | --- | --- | --- | --- | --- | --- |
| 采用值 | 15.0 | 17.6 | 1.01 | 11.7 | 0 | 23 | 15 |

## 任务一 概 述

土钉墙由被加固土体、放置在土中的土钉体和面板组成。土钉是将拉筋插入土体内部，常用钢筋做拉筋，尺寸小，全长度与土黏结，并在坡面上铺设混凝土，从而形成土体加固区带，其结构类似于重力式挡墙，用以弥补土体自身强度的不足，它不仅提高了土体整体刚度，又弥补了土体的抗拉强度和抗剪强度低的弱点，提高了整个边坡的稳定性。土钉墙技术适用于开挖支护和天然边坡加固，是一项实用的原位岩土加筋技术。

在 20 世纪 70 年代初期，德国、法国和美国都各自独立地开始了土钉墙的研究和应用，但土钉墙起源的想法有所不同。

在德国，土钉墙是基于挡土墙系统发展起来的，如图 14-1 所示。在 20 世纪 50 年代末期，通过土层锚杆的使用，在基坑开挖前，先建造起各种不同的支护桩或地下连续墙，再利用土层锚杆对其进行背拉处理，从而发展了锚杆挡墙。20 世纪 60 年代出现了锚杆构件墙和加筋土墙，加筋土墙可以代替锚固的结构物，但修建这种挡土墙必须从底部到顶部进行施工，必须进行完全的开挖。20 世纪 70 年代初，基于对加筋土挡墙结构的改进，发展了土钉墙。它使用了与加筋土墙建造顺序相反的方法，避免了完全开挖，即把天然土体用土钉就地加固，并进行喷射混凝土护面，从而形成土钉墙。它的特点是将现场天然土用作重力式挡墙本身，有时土钉墙与长锚杆结合使用。

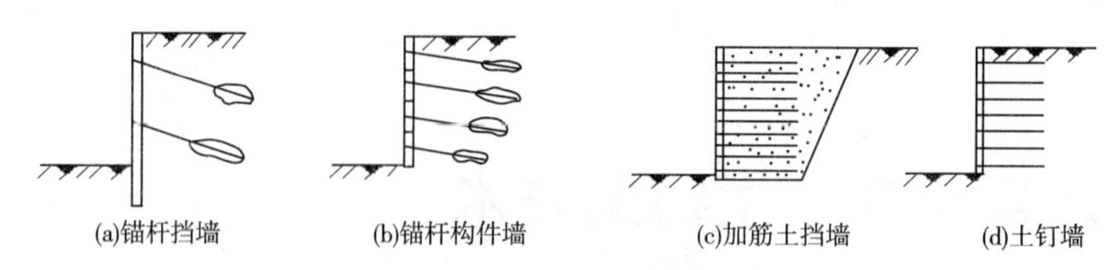


图 14-1　挡土墙系统的发展

在法国,土钉墙是基于新奥法的原理发展起来的。20 世纪 60 年代初出现的奥地利隧道施工法——新奥法,是利用喷射混凝土与全长黏结的锚杆相结合,为岩石隧道开挖提供及时有效的稳定支护,后来新奥法在土质隧道中也取得了成功,并进一步推广应用于土质边坡和软岩边坡的临时支护,这就是土钉墙的首次应用。在这以后,土钉技术用于边坡稳定和深基坑开挖支护在法国得到普遍使用。

我国从 20 世纪 80 年代开始进行土钉的试验研究和工程实践,1980 年在山西柳湾煤矿边坡稳定中首次在工程中应用了土钉技术。目前,土钉这一加筋新技术在深圳、北京、厦门、惠州、武汉和广州等地得到推广应用,土钉墙技术已从试验研究阶段走向工程的普遍应用时期。

## 任务二　土钉墙的特点与适用性

### 一、土钉墙的特点

土钉墙融合了锚杆挡墙和加筋土挡墙的长处,应用于基坑开挖支护和挖方边坡稳定,其特点是:

(1)形成的土钉墙复合体,显著提高了边坡整体稳定性和承受坡顶超载的能力。

(2)施工设备简单。由于土钉的长度一般比锚杆的长度小得多,施工时不需单独占用场地;随基坑开挖分段实施作业,不占和少占单独作业时间,施工效率高,一旦开挖完成,土钉墙也就建好。

(3)土钉墙成本费用比其他支护形式低,据西欧统计资料,开挖深度在 10 m 以内的基坑,土钉比锚杆墙方案可节约投资 10% ~30%。在美国按其土钉开挖专利报告(ENR1976)所指出的可节省投资30%左右。国内据9 项土钉工程经济分析统计,认为可节约投资 30% ~50%。

(4)土钉是用低强度钢材制作的,与永久性锚杆相比,大大地减少了防腐的麻烦。

(5)施工噪声和振动小。

(6)土钉墙本身的变形很小,对邻近建筑物和地下管线影响不大。

### 二、土钉墙的适用范围

土钉适用于地下水位低于土坡开挖段或经过降水使地下水位低于开挖层的情况。为了保证土钉的施工,土层在分段开挖时,应能保持自立稳定。为此,土钉墙适用于有一定黏性的杂填土、黏性土、粉性土、黄土类土及弱胶结的砂土边坡。此外，当采取喷射混凝土面层或坡面浅层注浆等稳定坡面措施能够保证每一切坡台阶的自立稳定时，也可采用土钉支挡体系稳定边坡的方法。

对标准贯入击数低于10或相对密度低于0.3的砂土边坡，采用土钉法一般是不经济的；对不均匀系数小于2的级配不良的砂土，土钉法不可采用；对塑性指数 $I_P$ 大于20的黏性土，必须仔细评价其徐变特性后，方可用土钉做永久性支挡结构；土钉法不适用于软土边坡，这是由于软土只能提供很低的界面摩阻力，假如采用土钉稳定软土边坡，其长度与设置密度均需提得很高，且成孔时保护孔壁的稳定也较困难，技术经济综合效益均不理想。同样，土钉法不适用于侵蚀性土（如煤渣、矿渣、炉渣、酸性矿物废料）中做永久性支挡结构；土钉法也不宜用于含水丰富的粉细砂层和砂卵石层，主要是成孔困难。

## 三、土钉墙的局限性

土钉墙技术在其应用上也有一定的局限性，主要是：

(1)土钉墙施工时一般要先开挖土层1～2 m，在喷射混凝土和安装土钉前需要在无支护的情况下稳定至少几个小时，因此土层必须有一定的天然凝聚力，否则需先处理（如进行灌浆等）来维持坡面稳定，但这样会使施工复杂和造价加大。

(2)土钉墙施工时要求坡面无水渗出。若地下水从坡面渗出，则开挖后坡面会出现局部坍塌，这样就不可能形成一层喷射混凝土面。

(3)软土开挖支护不宜采用土钉墙。因软土内摩擦力小，为获得一定的稳定性，势必土钉长、密度高。这时采用抗滑桩或锚杆地下连续墙较为适宜。

## 四、土钉墙的应用领域

土钉墙不仅用于临时构筑物，而且用于永久构筑物。当用于永久构筑物时，宜增加喷射混凝土层厚度或敷设预制板，并有必要考虑其美观。

目前，土钉墙的应用领域主要有托换基础、竖井或基坑的支护、斜坡面挡土墙、斜坡面的稳定、与锚杆相结合做斜坡面的防护（见图14-2）等。

## 五、土钉与加筋土挡墙、土层锚杆的比较

### （一）土钉与加筋土挡墙的比较

尽管土钉技术与前述加筋土挡墙技术有一定的类同之处，但仍有一些根本的差别需要重视。

1. 主要相同之处

(1)加筋体（拉筋或土钉）均处于无应力状态，只有在土体产生位移后，才能发挥其作用。

(2)加筋体抗力都是由加筋体与土之间产生的界面摩阻力提供的，加筋土内部本身处于稳定状态，它们承受着其后外部土体的推力，类似于重力式挡墙的作用。

(3)面层（加筋土挡墙面板为预制构件，土钉面层是现场喷射混凝土）都较薄，在支挡结构的整体稳定中不起主要作用。

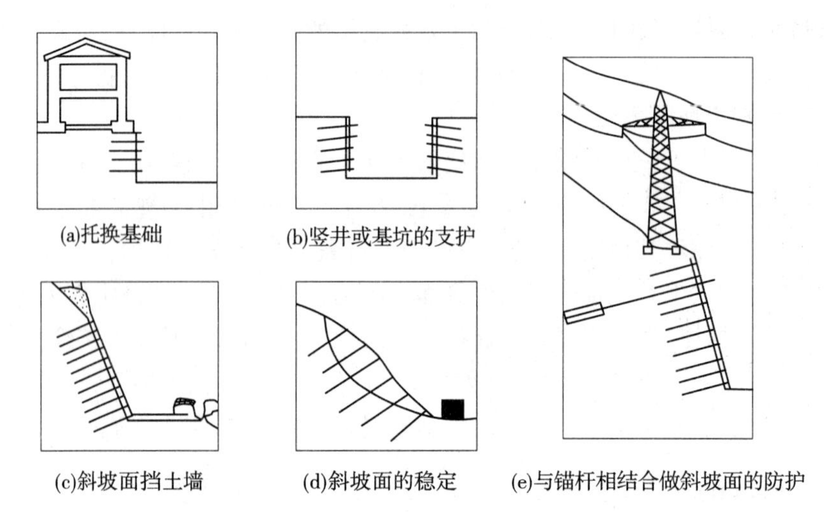


图 14-2　土钉墙的应用领域

2. 主要不同之处

(1)虽然竣工后两种结构的外观相似,但其施工程序却截然不同。土钉施工是"自上而下",分步施工;而加筋土挡墙的施工则是"自下而上"(见图 14-3)。这对筋体应力分布有重大影响,施工期间尤甚。

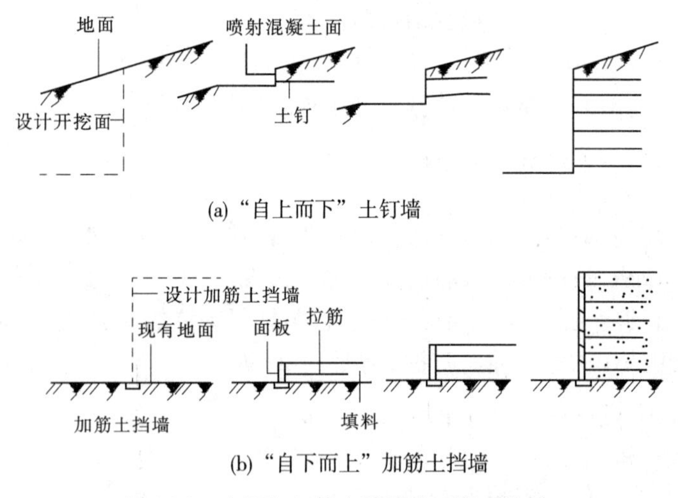


图 14-3　土钉与加筋土挡墙施工顺序比较

(2)土钉是一种原位加筋技术,是用来改良天然土层的,不像加筋土挡墙那样,能够预定和控制加筋土填土的性质。

(3)土钉技术通常包含使用灌浆技术,使筋体和其周围土层黏结起来,荷载通过浆体传递给土层。在加筋土挡墙中,摩擦力直接产生于筋条和土层间。

(4)土钉既可水平布置,也可倾斜布置,当其垂直于潜在滑裂面设置时,将会充分发挥其抗力;而加筋土挡墙内的拉筋一般为水平设置或很小角度的倾斜布置。

**(二)土钉与土层锚杆的比较**

表面上,当用于边坡加固和开挖支护时,土钉和预应力土层锚杆间有一些相似之处,

人们很想将土钉仅仅当作一种小尺寸的土层锚杆。尽管如此,两者之间仍有较多的功能差别,如:

(1)土层锚杆在安装后便于张拉,因此在运行时能理想地防止结构发生各种位移。相比之下,土钉则不予张拉,在发生少量(虽然非常小)位移后才可发生作用。

(2)土钉长度(一般为 3 ~ 10 m)的绝大部分和土层相接触,而土层锚杆则通过在锚杆末端固定的长度传递荷载。其直接后果是在支挡体内产生的应力分布不同。

(3)由于土钉安装密度很高(一般每 0.5 ~ 5.0 $m^2$ 一根),因而此单筋破坏的后果未必严重。另外,土钉的施工精度要求不高,它们是以相互作用的方式形成一个整体。

(4)因锚杆承受荷载很大,在锚杆的顶部需安装适当的承载装置,而土钉则不需要安装固定的承载装置,其顶部承担的荷载小,可由安装在喷射混凝土表面的钢垫板来承担。

(5)锚杆往往较长(一般为 15 ~ 45 m),因此需用大型设备来安装。锚杆体系常用于大型挡土结构,如地下连续墙和钻孔灌注桩挡墙,这些结构本身也需要大型施工设备。

## 任务三　土钉墙加固机制

由于土体的抗剪强度较低、抗拉强度更小,因而自然土坡只能以较小的临界高度保持直立。当土坡直立高度超过临界高度,或坡面有较大超载及环境因素等的改变,都会引起土坡的失稳。为此,过去常采用支挡结构承受侧压力并限制其变形发展,这属于常规的被动制约机制的支挡结构。土钉墙技术则是在土体内放置一定长度和分布密度的土钉体,与土牢固结合而共同工作,以弥补土体自身强度的不足,增强土坡坡体自身稳定性,它属于主动制约机制的支挡体系。国内学者通过模拟试验表明,直立土钉墙坡顶比素土边坡承载力提高 1 倍以上;土钉墙在承受荷载过程中不会发生如素土边坡那样的突发性塌滑,它不仅延迟了塑性变形的发展阶段,而且具有明显的渐进性变形和开裂破坏。即使在土体内已出现局部剪切或张拉裂缝,并随着超载集度的增加而扩展,但仍可持续很长时间不发生整体塌滑,表明其仍具有一定的强度。

土钉墙的这些性状是通过土钉与土体的相互作用实现的,它一方面体现了土钉与土界面间阻力的发挥程度;另一方面由于土钉与土体的刚度比相差很大,所以在土钉墙进入塑性变形阶段后,土钉自身作用逐渐增强,从而改善了复合土体塑性变形和破坏性状。

通过实体试验和工程实践,土钉在复合土体中的作用主要有以下几点:

(1)土钉对复合土体起着箍束骨架作用,它取决于土钉本身的刚度和强度以及它在土体内分布的空间组合方式,具有制约土体变形的作用,并使复合土体构成一个整体。

(2)土钉与土体共同承担外荷载和土体自重应力,在土体进入塑性状态后,应力逐渐向土钉转移。当土体开裂时,土钉的分担作用更为突出,此时土钉出现了弯剪、拉剪等复合应力,从而导致土钉体中浆体碎裂和钢筋屈服。所以,复合土体塑性变形的延迟、渐进性开裂变形的出现,与土钉的分担作用密切相关。

(3)土钉起着应力传递与扩散作用,土体部分的应变水平与荷载相同条件下的素土边坡相比较是降低了,从而推迟了开裂域的形成和发展。

(4)与土钉连在一起的钢筋网喷射混凝土面板也是发挥土钉有效作用的重要组成部

分,坡面膨胀变形是开挖卸荷、土体侧向位移、塑性变形和开裂发展的必然结果。限制坡面膨胀能起到削弱内部塑变、加强边界约束的作用,这对开裂变形阶段尤为重要。面板提供的约束取决于土钉表面与土的摩阻力,当复合土体开裂域扩大并连成片时,摩阻力仅由开裂域后的稳定复合土体提供。

类似加筋土挡墙内拉筋与土的相互作用,土钉与土间摩阻力的发挥,主要是由于土钉与土间相对位移而产生的。在土钉加筋的边坡内,同样存在着主动区和被动区(见图14-4)。主动区和被动区内土体与土钉间摩阻力的发挥方向正好相反,而被动区内土钉可起到锚固作用。

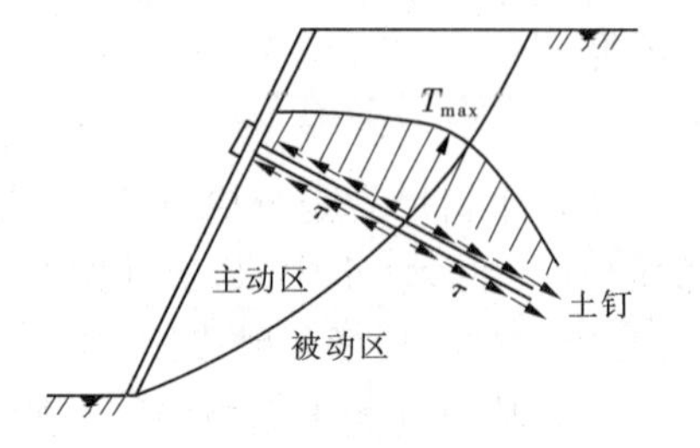


$T_{max}$—土钉承受的最大拉力

**图14-4　土与土钉间的相互作用**

# 任务四　设计计算

## 一、设计内容

土钉墙的设计包括:①土钉墙的平面和剖面尺寸及分段施工高度;②土钉的布置方式和间距;③土钉的直径、长度、倾角和在空间的方向;④土钉钢筋的类型和构造;⑤注浆配合比和注浆方式;⑥喷射混凝土面板和坡顶防护;⑦内部稳定性和整体稳定性分析;⑧现场量测和质量控制。

## 二、土钉墙设计的一般原则

(1)土钉墙目前一般用于深度(高度)$H$在15 m以下的基坑和边坡,常用深度(高度)为6~12 m,斜面坡度一般为60°~90°,在条件许可时,应尽可能降低坡面坡度。

(2)土钉长度一般不超过土坡的垂直高度,若再增大长度,则对承载能力增加不明显,另外土钉越长,施工难度越大,单位长度的费用也越高。一般注浆式土钉的长度为$(0.5\sim0.7)H$,打入式土钉的长度为$(0.5\sim0.6)H$。

(3)土钉一般均匀布置,间距为1~2 m;对打入式土钉,间距一般为0.5~1.5 m;对注浆式土钉,可按6~12倍土钉钻孔直径$D$选定土钉水平间距$s_x$和垂直间距$s_y$,且应满足:

$$s_x s_y = kDL \tag{14-1}$$

式中　$L$——土钉长度,m;

$k$——注浆工艺系数,对一次压力注浆工艺,取1.5~2.5,对钻孔注浆型土钉用于加固粒状陡坡时,取0.3~0.6,用于冰碛物和泥炭岩时,取0.15~0.20,对打入型土钉,用于加固粒状土陡坡时,取0.6~1.1。

(4)打入型土钉钢筋一般采用低碳角钢,也可采用多根钢绞线组成的钢绞索。通常为Ⅱ级以上的螺纹钢筋,直径一般为16~32 mm,常用25 mm;钻孔直径一般为70~120 mm,常用100 mm。国内学者建议土钉的钢筋直径$d_b$可按下式估算:

$$d_b = (20\sim25)\times10^{-3}\sqrt{s_x s_y} \tag{14-2}$$

但国外资料表明，对钻孔注浆型土钉，用于粒状土陡坡加固时，其布筋率 $[d_b^2/(s_x \cdot s_y)]$ 为 $(0.4 \sim 0.8) \times 10^{-3}$；用于冰碛物和泥炭岩时，其布筋率为 $(0.10 \sim 0.25) \times 10^{-3}$；对打入型土钉，用于粒状土坡时，其布筋率为 $(1.3 \sim 1.9) \times 10^{-3}$。

(5)土钉墙均是分层分段开挖，每层开挖的最大高度取决于该土体可直立而不破坏的能力。在砂性土中，每层开挖高度一般为0.5～2.0 m，在黏性土中常用1.0～1.5 m；每层开挖的纵向长度一般多用10 m。

(6)喷射混凝土面板厚度一般为80～200 mm，常用100 mm，混凝土强度等级不应低于C18。面板中常配以1～2层双向间距一般为200～300 mm的Φ6～Φ10 mm的钢筋网。

(7)为了分散土钉与喷射混凝土面板处的应力和连接成整体，在螺帽下垫以承压板，尺寸一般为150～200 mm见方，厚度为8～15 mm。

(8)注浆材料可采用纯水泥浆或水泥砂浆，42.5级普通硅酸盐水泥，水灰比为0.45，水泥砂浆采用1:2至1:3的配合比，注浆压力保持在0.4～0.6 MPa。

(9)外部稳定性分析包括：抗滑稳定性验算；抗倾覆稳定性验算；底部地基承载力验算。内部稳定性分析包括：施工阶段不同开挖阶段的最危险滑动面验算；使用阶段不同位置的最危险滑动面验算；土钉本身的强度验算；土钉的拔出破坏验算；喷射混凝土面板强度验算。

## 三、土钉墙内部稳定性计算

土钉墙结构内部稳定性分析，国内外有几种不同的设计计算方法，国外主要有：美国的Davis法和运动学法、英国的Bridle法、德国的Stocker法、法国的Schiosser法，以及通用极限平衡法及有限元法等。国内有冶建总院法、太原煤炭设计研究院法、北京工业大学法、清华大学法和总参科研三所法等。以下只介绍冶建总院法——矩极限平衡法。

### (一)基本假定

(1)破裂面为圆弧形，破坏是由圆形破裂面确定的准刚性区整体滑动产生的。

(2)破坏时，土钉的最大拉力和剪力在破裂面处。

(3)土体抗剪强度(按库仑破坏准则定义)沿着破裂面全部发挥。

(4)假定小土条两边的水平力相等。

(5)土强度参数取加权平均值。

### (二)土钉拉力计算

土钉的实际受力状态非常复杂，一般情况下，土钉中产生拉应力、剪应力和弯矩。试验证明，土钉的剪力作用是次要的，仅考虑抗拉作用的设计虽保守但很方便。

简化后的破裂面与土钉相交处土钉承受的拉力 $T$ 可计算如下。

(1)由土钉与土体界面的抗剪强度计算：

$$T_{x1} = \pi D L_B \tau_f \tag{14-3}$$

式中 $D$——钻孔直径，m；

$L_B$——土钉伸入破裂面外约束区内长度，m；

$\tau_f$——土钉砂浆与土体间的抗剪强度标准值，$kN/m^2$，一般由现场试验确定，当无

试验资料时,可由该处土体抗剪强度换算。

(2)由土钉钢筋强度计算:

$$T_{x2} = f_y A_s \tag{14-4}$$

式中 $f_y$——钢筋抗拉强度标准值,kN/mm$^2$;

$A_s$——钢筋截面面积,mm$^2$。

(3)由钢筋与砂浆间的黏结强度计算:

$$T_{x3} = \pi d_b L_B \tau_g \tag{14-5}$$

式中 $d_b$——钢筋直径,m;

$\tau_g$——钢筋与砂浆界面的黏结强度标准值,kN/m$^2$。

在以上计算中,取用小值作为土钉的抗拉能力标准值。通常由式(14-5)确定。

**(三)最危险破裂面的选择**

(1)确定可能圆心点位置。根据 G. Gadehus 对土坡稳定性分析的研究结果,有一个确定可能圆心点位置的经验公式:

$$x = H[(40 - \varphi)/70 - (\beta - 40)/50]$$

$$y = H[0.8 + (40 - \varphi/100)]$$

即它与土强度参数 $\varphi$、边坡坡角 $\beta$ 和边坡高度 $H$ 有关,将此圆心位置作为土钉墙稳定性分析圆心搜索区域的中心。

(2)确定圆心搜索区范围。以上面确定的圆心位置为中心,在四个方向各扩大 $0.35H_i$,形成一个 $0.7H_i \times 0.7H_i$ 的矩形区域作为计算滑裂面圆心的搜索范围。此处 $H_i = H + H_0$($H$为每次计算的坡高,$H_0$ 为坡顶超载换算高度)。

(3)确定最危险破裂面。在滑裂面圆心搜索范围内按一定规律确定 $m \times n$ 个圆心,以圆心到计算高度底部的连线为半径作弧,从而确定了 $m \times n$ 个圆弧形破裂面,对于施工阶段不同开挖高度和使用阶段不同位置,对应于每个圆心坐标分别计算每个滑裂面上考虑与不考虑土钉作用的整体稳定安全系数,并分别从中选择最小安全系数所对应的滑动面即为最危险破裂面。一般情况下,考虑土钉作用的最小安全系数应大于1.2。

**(四)计算高度的选择**

(1)使用阶段计算高度的选择。根据以往试验研究分析结果,在土钉墙建成后,滑裂面破坏一般都通过土钉头附近位置;在最下排土钉离基坑底面较近的情况下,最危险滑动面常常通过最下排土钉头位置。因此,除计算基坑底部的滑裂面安全系数外,还需计算每排土钉头位置处的滑裂面安全系数(见图14-5)。

(2)施工阶段计算高度的选择。由于土钉墙是从上到下逐段施工而形成的,因此在基坑边坡开挖阶段的稳定性非常重要,它比建成土钉墙后使用阶段内的稳定性更处于危险状态,尤其是某一层开挖完毕,而土钉还没有安装的情况下。因此,计算时应选取每个开挖阶段的这个时候进行稳定性分析(见图14-6)。

**(五)土钉抗拔力极限状态验算**

1. 单根土钉抗拔力验算

在面层土压力的作用下,土钉墙内部在给定破裂面后的土钉有效锚固段应提供足够的抗拉能力标准值而使土钉不被拔出或拉断,应满足下式:

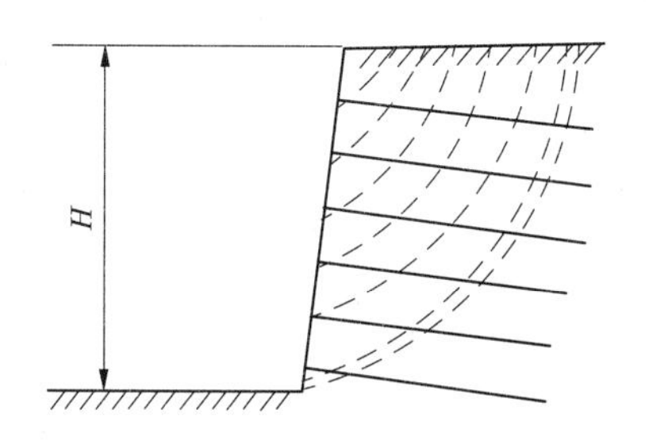


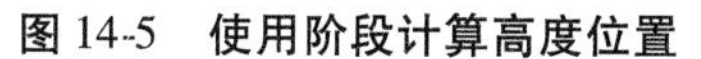
图 14-5　使用阶段计算高度位置

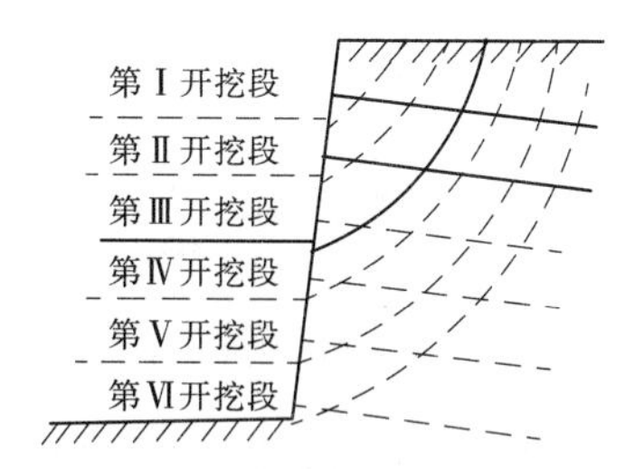


图 14-6　施工阶段计算高度位置

$$K_{Bj}=\frac{T_{xj}\cdot\cos\alpha_j}{e_{aj}\cdot s_x\cdot s_y}\tag{14-6}$$

而

$$T_{xj}=\frac{\pi\cdot D\cdot\tau_f\left[L-(H-H_j)\sin\left(\frac{\beta+\varphi}{2}\right)\right]}{\sin\beta\cdot\sin\left[\frac{\beta+\varphi}{2}+\alpha_j\right]}\tag{14-7}$$

式中　$K_{Bj}$——第 $j$ 个土钉抗拔力安全系数，对临时性土钉墙取 1.5，对永久性土钉墙取 2.0；

$T_{xj}$——第 $j$ 个土钉破裂面土体提供的有效抗拉力标准，kN，破裂面与水平面间的夹角取 $(\beta+\varphi)/2$；

$\beta$——边坡坡角，(°)；

$e_{aj}$——主动土压力强度，kPa；

$H$——土钉墙高度，m；

$H_j$——第 $j$ 个土钉距坡顶的距离，m；

$\alpha_j$——第 $j$ 个土钉与水平面之间的夹角，(°)。

2. 总抗拔力验算

由土钉墙内部给定破裂面后土钉有效抗拔力标准值，对土钉墙底部的力矩应大于主动土压力所产生的力矩，即

$$K_F=\frac{\sum T_{xj}\cdot(H-H_j)\cdot\cos\alpha_j}{E_a\cdot H_a}\tag{14-8}$$

式中　$K_F$——总体抗拔力安全系数，取 2.0～3.0，对临时性土钉墙取小值，永久性土钉墙取大值；

$E_a$——整个面层所受的主动土压力合力，kN；

$H_a$——主动土压力合力到土钉墙底面的距离，m。

## 四、土钉墙的外部稳定性分析

土钉加筋土体形成的结构可看作一个整体。为此，其外部稳定性分析可按重力式挡墙进行。

### （一）土钉墙厚度的确定

将土钉加固的土体分三部分考虑来确定土钉墙厚度（见图 14-7），即加强体的均匀压缩

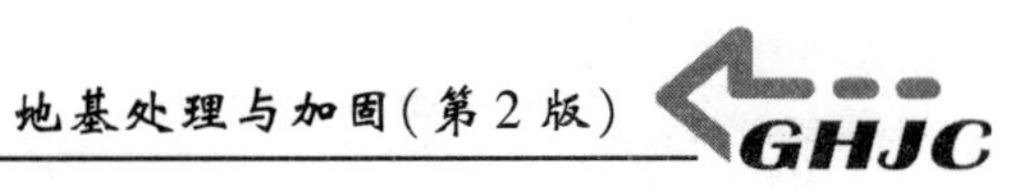


加固带,厚度为$\frac{2}{3}L$($L$ 为土中平均钉长);钢筋网喷射混凝土支护作用区,厚度为$\frac{1}{6}L$;土钉尾部非均匀压缩带,厚度为$\frac{1}{6}L$,取其$\frac{1}{2}$值为计算厚度,即$\frac{1}{12}L$。所以,土钉墙厚度为三部分之和,即为$\frac{11}{12}L$。当土钉倾斜时,土钉墙厚度为 $\frac{11}{12}L \cdot \cos\alpha$($\alpha$ 为土钉与水平面间的夹角)。

### (二)土钉墙外部稳定性计算

根据重力式挡墙的方法分别计算简化土钉墙的抗滑稳定性、抗倾稳定性和墙底部土的承载能力,如图 14-8 所示。计算时纵向取一个单元,即一个土钉的水平间距进行计算。

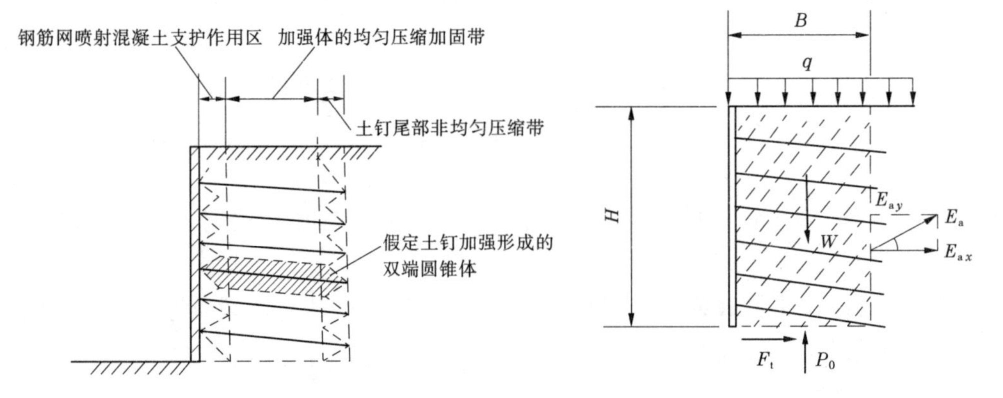


图 14-7 土钉墙计算厚度的确定简图　　图 14-8 土钉墙计算模型

(1)抗滑稳定性验算:

$$K_H = \frac{F_t}{E_{ax}} \tag{14-9}$$

式中 $K_H$——抗滑安全系数;

$F_t$——假设墙底断面上产生的抗滑合力,$F_t = (W + qB)s_x \tan\varphi + cBs_x$;

$E_{ax}$——假设土钉墙后主动土压力水平分力。

(2)抗倾覆稳定性验算:

$$K_Q = \frac{M_w}{M_e} \tag{14-10}$$

式中 $K_Q$——抗倾覆安全系数;

$M_w$——抗倾覆力矩,$M_w = (W + q \cdot B)(\frac{1}{2}B + \frac{1}{2}H/\tan\beta)$;

$M_e$——土压力产生的倾覆力矩,$M_e = \frac{1}{3}(H + H_0)E_{ax}$。

(3)墙底土的承载力验算:

$$K_e = \frac{Q_0}{P_0} \tag{14-11}$$

式中 $Q_0$——墙底处部分塑性承载力,$Q_0 = \dfrac{\pi \cdot c \cdot \cot\varphi + \frac{1}{3} \cdot \gamma \cdot B}{\cot\varphi + \varphi - \frac{\pi}{2}} + \gamma H$;

$P_0$——墙底处最大压应力，$P_0 = \frac{W + qB}{B} + 6 \times \frac{M_e - E_{ay}B}{B^2}$；

$E_{ay}$——假设土钉墙后主动土压力垂直分力。

# 任务五　施工技术

## 一、开挖和护面

基坑开挖应分步进行，分步开挖深度主要取决于暴露坡面的“直立”能力。另外，当要求变形必须很小时，可视工地情况和经济效益将分步开挖的深度降至最低。在粒状土中开挖深度一般为0.5～2.0 m；对黏性土每层开挖深度可按下式计算：

$$h = \frac{2c}{\gamma \cdot \tan\left(45° - \frac{\varphi}{2}\right)} \qquad (14\text{-}12)$$

式中　$h$——每层开挖深度，m；

$c$——土的黏聚力（直剪快剪），kPa；

$\varphi$——土的内摩擦角（直剪快剪），(°)；

$\gamma$——土的重度，$kN/m^3$。

对超固结黏性土则开挖深度可较大。

考虑到土钉施工设备，分步开挖至少要6 m宽。开挖长度则取决于交叉施工期间能保持坡面稳定的坡面面积。当要求变形必须很小时，开挖可按两段长度分先后施工，长度一般为10 m。

使用的开挖施工设备必须能挖出光滑规则的斜坡面，最大限度地减小支护土层的扰动。任何松动部分在坡面支护前必须予以清除，对松散的或干燥的无黏性土，尤其是当坡面受到外来振动时，要先进行灌浆处理，在附近爆破可能产生的影响也必须予以考虑。当采用挖土机挖土时，应辅以人工整修。

## 二、钢筋网喷射混凝土面层

一般情况下，为了防止土体松弛和崩解，必须尽快做第一层面层。根据地层的性质，可以在安设土钉之前做，也可在放置土钉之后做。对临时工程，面层一般做一层，厚度为50～150 mm；而对永久性工程则多用两层或三层，厚度为100～300 mm。两次喷射作业应留一定的时间间隔。

根据工程规模、材料和设备的性能，可进行“湿式”或“干式”喷射混凝土。通常规定最大粒径10～15 mm，并掺入适量外加剂以利加速固结。少数情况下还可降低固态混凝土的塑性。

一般水泥最小含量控制为400 $kg/m^3$，并建议每100 $m^2$ 设置一个控制“格”或“盒”，以控制现场质量，速凝喷射混凝土8 h无侧限抗压强度应达5 MPa，最好在养护24 h后再投入工作。当不允许产生裂缝时进行适当的养护尤为重要。

喷射混凝土通常在每步开挖的底部预留 300 mm,这样会有利于下步开挖后安装钢筋网和下部 45°倒角的喷射混凝土层施工浇接。

## 三、排水

施工时应提前沿坡顶挖设排水沟排除地表水,并在第一步开挖喷射混凝土期间可用混凝土做排水沟覆面。一般对支挡土体有以下三种主要排水方式:

(1)浅部排水。使用 300 ~ 400 mm 长的管子可将坡后水迅速排除。这些管子直径通常为 100 mm,其间距依地下水条件和冻胀破坏的可能性而定。

(2)深部排水。用开缝管做排水管,长度通常比土钉长,管径 50 mm,上斜 5°或 10°。其间距取决于土体和地下水条件,一般坡面每大于 3 $m^2$ 布置一个。

(3)坡面排水。在排水混凝土坡面前,贴着坡面按一定的水平间距布置竖向排水措施,其间距取决于地下水条件和冻胀力的作用,一般为 1 ~ 5 m。这些排水管在每步开挖的底部有一个接口,贯穿于整个开挖面。在最底部由泄水孔排入集水系统。排水道可用土工聚合物预制,并要保护(如采用聚乙烯材料包扎),防止喷射混凝土时渗入混凝土。坡面排水可代替前述浅部排水。

## 四、土钉设置

按施工方法,土钉可分为钻孔注浆型土钉、打入型土钉和射入型土钉三类,其施工方法、原理、特点及应用状况见表 14-2。

**表 14-2　土钉的施工方法及特点**

| 土钉类别(按施工方法) | 施工方法及原理 | 特点及应用状况 |
| --- | --- | --- |
| 钻孔注浆型土钉 | 先在土坡上钻直径为 100 ~ 200 mm 的一定深度的横孔,然后插入钢筋、钢杆或钢绞索等小直径杆件,再用压力注浆充实孔穴,形成与周围土体密实黏合的土钉,最后在土坡坡面设置与土钉端部联结的联系构件,并用喷射混凝土组成土钉面层结构,从而构成一个具有支撑能力且能够支挡其后来加固体的加筋域 | 土钉中应用最多的形式,可用于永久性或临时性的支挡工程 |
| 打入型土钉 | 将钢杆件直接打入土中。欧洲多用等翼角钢(∟50 × 50 × 5 ~ ∟60 × 60 × 5)作为钉杆,采用专门施工机械,如气动土钉机,能够快速、准确地将土钉打入土中。长度一般不超过 6 m,用气动土钉机每小时可施工 15 根。其提供的摩阻力较低,因此要求的钉杆表面积和设置密度均大于钻孔注浆型土钉 | 长期的防腐工作难以保证,目前多用于临时性支挡工程 |
| 射入型土钉 | 由采用压缩空气的射钉机依任意选定的角度直径为 25 ~ 38 mm、长 3 ~ 6 m 的光直钢杆或空心钢管射入土中。土钉可采用镀锌或环氧防腐套。土钉头通常配有螺纹,以附设面板。射钉机可置于一标准轮式或履带式车辆上,带有一专门的伸臂 | 施工快速、经济,适用于多种土层,目前应用尚不广,但有很大的发展潜力 |

在多数情况下，土钉施工可按土层锚杆技术规范和条例进行。钻孔工艺和方法与土层条件、装备和施工单位的手段与经验有关。

(1)成孔。当前国内都采用多节螺纹钻头干法成孔。钻机采用 YTN－87 型土锚钻机。这种钻机成孔直径为 100～500 mm，钻孔深度最大可达 60 m，可在水平与垂直方向间任意钻进，在黏土、粉质黏土夹粉砂层的条件下平均钻进速度为 0.5 m/min。

依据土层锚杆的经验，孔壁“抹光”会降低浆土的黏结作用，建议不要采用膨润土或其他悬浮泥浆做钻井护壁。

显然，在用打入法土钉设置时，不需进行预先钻孔，在条件适宜时，安装速度是很快的。直接打入土钉的办法对含块石黏土或很密的胶结的土不适宜。在松散的弱胶结的粒状土中应用时要小心，以免引起土钉周围土体局部结构破坏而降低土钉与土间的黏结应力。

(2)清孔。采用 0.5～0.8 MPa 的压力空气将孔内残留及松动的废土清除干净。当孔内土层的湿度较低时，需用润孔花管由孔底向孔口方向逐步湿润孔壁，润孔花管内喷出的水压力不宜超过 0.15 MPa。

(3)置筋。放置钢杆件，一般多用Ⅱ级螺纹钢筋或Ⅳ级精轧螺纹钢筋，尾部设置弯钩。为确保钢筋放置居中，在钢筋上每隔 3 m 焊置一个托架。

(4)注浆。注浆是保证土钉与周围土紧密黏合的关键步骤。在孔口处设置止浆塞(见图 14-9)并旋紧，使其与孔壁紧密贴合。在止浆塞上将注浆管插入注浆口，深入至孔底 0.5～1.0 m 处。注浆管连接注浆泵，边注浆边向孔口方向拔管，直至注满。保证水泥砂浆的水灰比在 0.4～0.5 范围内，注浆压力保持在 0.4～0.6 MPa，当压力不足时，从补压管口补充压力。

为防止水泥砂浆(细石混凝土)在硬化过程中产生干缩裂缝，提高其防腐性能，保证浆体与周围土壁的紧密结合，可掺入一定量的膨胀剂。具体掺入量由试验确定，以满足补偿收缩为准。

另外，为提高水泥砂浆(细石混凝土)的早期强度，加速硬化，可掺入速凝剂，常用的有红星一号速凝剂(711 型速凝剂)，掺入量为 2.5% 左右。

当前，国外报道了具有高速度的土钉施工专利方法——喷栓系统(见图 14-10)。它利用高达 20 MPa 的高压力，通过钉尖的小孔进行喷射，将土钉安装或打入土中，喷出的浆液如同润滑剂一样有利于土钉的贯入，在其凝固后还可提供较高的钉土黏结力。曾报道过在松砂或软土中用于处理钉间土，但定量并不具体。据称，喷栓系统除法国南部外，其他地区还未获得广泛应用。

## 五、土钉防腐

在标准环境里，对于临时支护工程，一般仅由灌浆做锈蚀防护层，有时在钢筋表面加一环氧涂层；对于永久性工程，在筋外加一层至少 5 mm 厚的环状塑料护层，以提高锈蚀防护的能力。

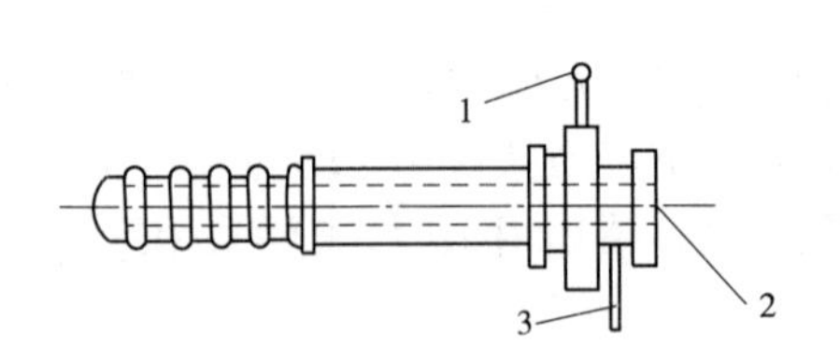

1—压力表;2—注浆孔;3—补压管
图 14-9　止浆塞示意图

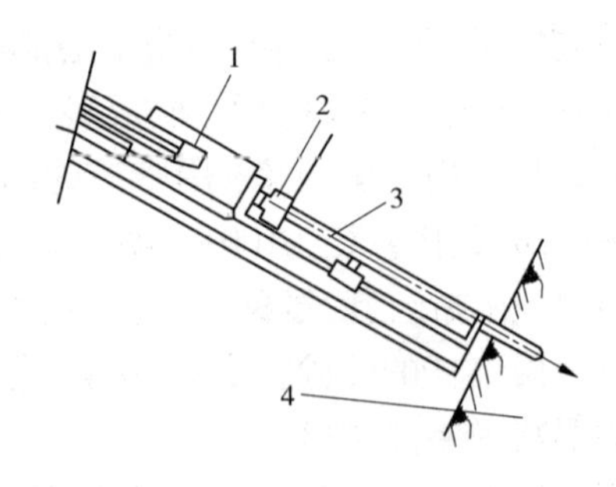

1—高频锤;2—高压水泥浆泵;3—土钉;4—预加固的土层
图 14-10　国外土钉施工专利方法——喷栓系统

## 任务六　质量检验

与土层锚杆不同,对土钉不必逐一检查。这表明土钉的整体效能是主要的。在每步开挖阶段,对每种地层均应分别进行拉拔试验,为土钉墙设计提供依据和用以证明设计中所使用的黏结力是否合适。

用应力计可以测量单钉应力分布及变化规律,这对设计者是一个必不可少的信息反馈。土钉顶部埋设压力盒也可获得有益的数据。

对支护系统整体效能最主要的观测是对墙体或斜坡在施工期间和竣工后的变形观测。最为直观或最为重要的监测是土钉墙顶面的水平位移和垂直位移;对土体内部变形的监测,可在坡面后不同距离的位置布置测斜管进行观测。

**【案例分析】** 根据项目背景中提及的相关内容进行方案设计。

天然土坡的稳定性验算得出的土坡稳定安全系数为 0.9,不能满足工程要求,因而决定采用土钉支挡体系。

土钉采用钻孔注浆型,间距为 1.2 m,土钉的杆长为 9 m。采用Φ 25 的螺纹钢筋做土钉。

采用原位抗拔试验测定土钉的极限界面摩阻力,试验结果见表 14-3。

表 14-3　实践土钉的极限界面摩阻力

| 垂直压力 | 土钉参数 | | 极限抗拔力 | 摩阻力 $\tau$ |
|---|---|---|---|---|
| (kPa) | 直径(mm) | 长度(m) | (kN) | (kPa) |
| 55 | 12 | 3 | 58 | 52.1 |
| 63 | 12 | 3 | 61 | 53.9 |
| 83 | 12 | 3 | 62 | 54.8 |
| 83 | 12 | 7 | 142 | 52.0 |
| 85 | 20 | 7.1 | 237 | 53.2 |
| 85 | 20 | 4.28 | 146 | 54.3 |
| 88 | 20 | 10 | 340 | 54.1 |
| 95 | 10 | 9 | 150 | 53.1 |
| 124 | 20 | 9 | 302 | 53.4 |
| 128 | 20 | 9 | 306 | 54.1 |

注:采用一次压力注浆施工工艺。

同时,对该工程进行变形监测工作,其结果列于表 14-4 和表 14-5 中。

表 14-4 坡顶面垂直变形

| 测点编号 | $N_0$ | $N_1$ | $N_2$ | $N_3$ | $N_4$ |
|---|---|---|---|---|---|
| 测点间距(m) | | 1 | 1 | 1 | 1 |
| 垂直变形(mm) | 2.54 | 2.50 | 1.80 | 0.00 | 0.00 |

表 14-5 坡面水平变形

| 测点编号 | 测点间距(m) | 水平位移 $\delta$(mm) | $\frac{\delta}{H}\times10^{-3}$ |
|---|---|---|---|
| $N_0$ | | 6.90 | 0.7 |
| $N_5$ | 2 | 8.00 | 0.8 |
| $N_6$ | 2 | 2.00 | 0.2 |
| $N_7$ | 2 | 1.00 | 0.1 |
| $N_8$ | 2 | 0.00 | 0 |

注:$H$ 为坡高。

土钉的极限界面摩阻力离散型很小,表明施工质量良好。

该土钉墙已经使用了 10 多年,性能良好。

## 小　结

土钉墙由被加固土体、放置在土中的土钉体和面板组成。土钉是将拉筋插入土体内部,常用钢筋做拉筋,尺寸小,全长度与土黏结,并在坡面上铺设混凝土,从而形成土体加固区带,其结构类似于重力式挡墙,用以弥补土体自身强度的不足,它不仅提高了土体的整体刚度,又弥补了土体的抗拉强度和抗剪强度低的弱点,提高了整个边坡的稳定性。土钉墙技术适用于开挖支护和天然边坡加固,是一项实用的原位岩土加筋技术。土钉适用于有一定黏性的杂填土、黏性土、粉性土、黄土类土及弱胶结的砂土边坡。此外,当采取喷射混凝土面层或坡面浅层注浆等稳定坡面措施能够保证每一切坡台阶的自立稳定时,也可采用土钉支挡体系稳定边坡的方法。目前,土钉这一加筋新技术在全国各地得到推广应用,土钉墙技术已从试验研究阶段走向工程的普遍应用时期。

## 思考题与习题

1. 什么是土钉墙? 适用于哪些范围?
2. 土钉墙处理地基有何特点? 有何局限性?
3. 土钉、加筋土和锚杆在受力机制上有何异同点?
4. 土钉墙处理地基的设计包括哪些内容?
5. 土钉按施工方法分为哪几种类型? 分别适用于什么情况?
6. 软土边坡中使用土钉技术有什么不良后果?

# 项目十五　托换与纠偏加固技术

【知识目标】　掌握几种托换技术和建筑物纠偏加固技术的概念、施工要求及适用范围，了解托换与纠偏加固技术处理软弱地基的加固机制。

【技能目标】　能够完成坑式托换和桩式托换技术的施工。

## 任务一　概　述

凡解决对既有建筑物的地基土因不满足地基承载力和变形要求，而需进行地基处理和基础加固者，称为补救性托换。凡解决对既有建筑物基础下需要修建地下工程，其中包括地下铁道要穿越既有建筑物，或解决因邻近需要建造新建工程而影响到既有建筑物的安全时而需进行托换者，称为预防性托换。如托换方式采用平行于既有建筑物而修建比较深的墙体者，称为侧向托换。凡在新建的建筑物基础上预先设计好可设置顶升的措施，以适应事后不容许出现的地基差异沉降值而需进行托换者，称为维持性托换。托换技术是以上三种托换的总称。

凡进行托换技术的工程称为托换工程。虽然托换技术的历史起源于补救性托换，但预防性托换却是目前国外托换技术中最为常用的托换类型。古代许多大型建筑物虽然地基基础存在着问题，但由于当时缺乏对托换技术的一般知识，因而许多建造在中世纪的著名大教堂，如英国的 Ely 和法国的 Bauvais 大教堂等因此而倒塌。最早的大型托换技术的工程之一是英国的 Winchcster 大教堂，在托换加固之前已继续下沉了 900 年之久，在 20 世纪初由一位潜水工在水下挖坑，穿过泥炭和粉土到达砾石层，并用混凝土包填实而进行托换，该教堂至今还有纪念他业绩的纪念碑。

托换技术是一种建筑技术难度较大、费用较贵、工期较长和责任性较强的特殊施工方法。值得注意的是，由于大型建筑物的托换工程规模较大，施工人员一般都比较认真细致。相反，对小型托换工程可能存在草率从事的疏忽，而在托换工程的失败事例中，大多正是这个原因引起的。一个优秀的结构工程师虽然具有很好的专业知识和实践经历，但未必能提供对建筑物托换加固的保证。同样，即使是一个著名的岩土工程师，如果不谙熟结构设计，面对危险建筑物也将束手无策。没有"结构工程"和"岩土工程"两者知识密切的结合，就不能胜任这种特殊的托换技术；而施工工程师在托换工程中占据十分重要的地位，多数情况下，他也是一个设计者。鉴于托换工程是一项高度综合性技术，因此最好由同时具备丰富的勘察、设计、施工和科研方面经验的一体化专业单位来承担这一项业务，这样可积累经验和发展提高，而国外多数由托换工程的专业公司来承包。托换工程必须精心设计和施工，疏忽大意就会导致灾难性后果，甚至会危及生命和财产，因而收取设计和施工的工程费用高于一般收费标准是理所当然的。

“建筑物的整体迁移”是将建筑物从旧基础转移到一个可移动的结构支承系统上，然后把它拖迁到别处新的永久性基础上。国外亦将“建筑物的整体迁移”列入托换技术的范畴。因限于篇幅，本项目将不予列入。托换技术需要应用各种地基处理技术，因而国内外都将托换技术列入“地基处理”的内容范畴。同时，一个优秀的托换工程也是一个善于巧妙和灵活地综合选用各种地基处理方法的工程。我国托换技术的数量和规模，随着建设的发展在不断地增长，如锚桩加压纠偏、锚杆静压桩、基础减压和加强刚度法、碱液加固、浸水纠偏、掏土纠偏、千斤顶整体顶升等多种托换方法都有很大的创新和特色。我国的托换技术虽然起步较晚，但随着大规模建设事业的发展，托换技术正处于方兴未艾和蓬勃发展的时期。

## 一、托换技术的分类

托换技术可根据托换的原理、方法、性质和时间进行分类。按托换原理分类，可分为补救性托换、预防性托换和维持性托换；按托换性质分类，可分为既有建筑物地基设计不符合要求、既有建筑物加层或纠偏、建筑物整体迁移、邻近深基坑开挖或地下铁道穿越；按托换的时间分类，可分为临时性托换和永久性托换。

本项目按托换方法进行分类编写以下各任务，如基础加宽和加深托换、桩式托换（静压桩、预试桩、打入桩或灌注桩、灰土井墩、树根桩）、灌浆托换（水泥灌浆、高压喷射灌浆）、热加固托换、基础减压和加强刚度托换、纠偏托换（加压纠偏、掏土纠偏、降水掏土纠偏、压桩掏土纠偏、浸水纠偏、顶升纠偏）等。托换途径除处理地基和加固基础外，尚可考虑改变荷载分布和传递以及加强上部结构刚度等措施，以改变和调整基底压力分布，减小建筑物差异沉降量。

## 二、托换前调查研究

在制订托换工程方案前的调查研究时应收集以下四方面资料：

(1)现场的工程地质和水文地质状况。

查清持力层、下卧层和基岩的性状及埋深、掌握暗浜、古河道、古墓和古井或局部软弱夹层、地基土的物理力学性质、地下水位的变化和补给。如原有地质资料不能满足要求，还需对地基进行复查和补勘。

(2)被托换建筑物的结构、构造和受力特性。

了解被托换建筑物的荷载分布、上部结构的刚度和整体性、基础形式和受力状况及其计算与构造、建筑物各部分的沉降量大小及其沉降速率、结构物的破损情况和原因分析等。

(3)托换施工期内影响。

调查施工期间挖土、排水、季节性变化而引起的湿度和雨雪影响。

(4)使用期间和周围环境的实际情况。

查明使用期间荷载增减的实际情况，托换施工中和竣工后的周围环境变化，其中包括地下水位的升降、地面排水条件变迁、气温变化、环境绿化、邻近建筑物修建、相邻深基坑开挖，以及邻近打桩振动等情况的影响。

## 三、特殊土地基上常见的建筑物危害

特殊土是指软土、湿陷性黄土、膨胀土、人工填土和红黏土等,它的分布具有明显的区域性。当建筑物位于这类地基土上时产生的地基事故,远较一般黏性土和砂土地基的发生频率多。因限于篇幅,以下只对几种常见的特殊土地基上建筑物事故做重点介绍,以便制订托换方案时可有的放矢。

### (一)软土地基

软土地基的变形问题是房屋地基设计中的一个主要问题。其变形问题主要反映在以下三个方面。

1. 沉降和差异沉降大

根据工程实测资料,对砖墙承重的混合结构,如以楼层数表示地基受荷大小,则三层房屋天然地基沉降量一般为150~200 mm;四层变化较大,一般为200~500 mm;五、六层则可能是700 mm。对于设有不同等级工作制吊车的单层工业厂房,其沉降量一般为200~400 mm;对于大型构筑物,如水塔、料仓、储气柜、油罐等,其沉降量一般为500 mm,有的甚至超过1 m。显然,在相同条件下软土地基的变形量比一般黏性土天然地基变形量大若干倍。因此,即使在同一荷重及简单平面形式下,其差异沉降也有可能达到50%以上。

例如,某一个由一层、三层和五层部分组成的砖混结构建筑物,地质剖面为:上部老填土厚1.4~4.9 m,差异变形量 $a_{1-2}=0.47$ m/Pa;第2层粉质黏土厚0.65~2.10 m,$a_{1-2}=0.53$ m/Pa;以下为淤泥质粉质黏土及黏土,$a_{1-2}=0.98\sim1.50$ m/Pa。建成后五年内累计沉降量如图15-1所示。五层部分沉降较均匀,而一层、三层与五层相连部分产生较大差异沉降,促使砌体开裂。

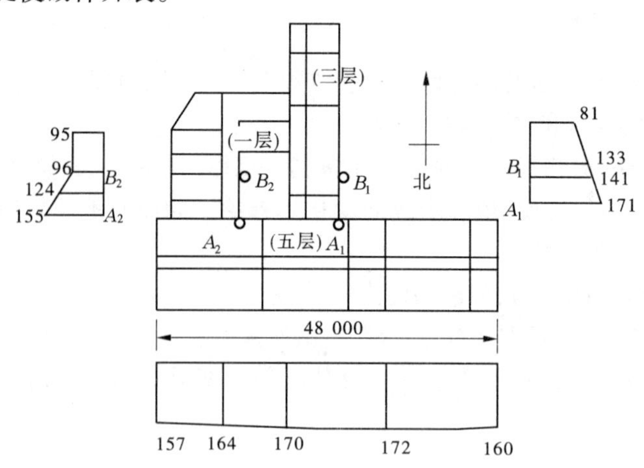


图15-1 房屋因高度差别大造成不均匀沉降的实例 (单位:mm)

2. 沉降速率大

建筑物沉降速率是衡量地基变形发展程度与状况的一个重要标志。软土地基沉降速率一般均较大,特别是在加荷终止时沉降速率最大(见图15-2)。沉降速率也随基础面积

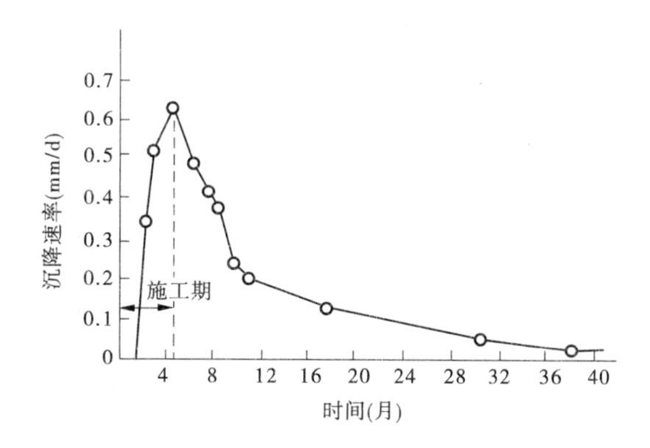


图 15-2 某建筑物沉降随时间衰减曲线

和荷载性质的变化而有所不同。一般工业与民用建筑荷载较小者，竣工时沉降速率一般为0.5～1.5 mm/d；对活荷载较大的构筑物，其竣工时沉降速率可达45 mm/d。随着时间的发展，沉降速率逐渐衰减。在半年到一年时间内建筑物差异沉降发展到最快时期，也是建筑物最容易出现裂缝的时期。在正常情况下，如沉降速率衰减到0.05 mm/d以下时能出现等速沉降，但长时间的等速沉降就有导致地基丧失稳定的危险。

3. 沉降稳定时间长

由于软土渗透性弱，孔隙水不易排除，所以建筑物沉降稳定历时较长，有些建筑物建成后几年甚至几十年沉降都未完全稳定。例如，上海展览馆的中央大厅为箱形基础。基础面积为46.5 m×46.5 m半地下室，基底压力为130 kPa，附加压力为120 kPa，1954年建成，30年累计沉降量已超过1.8 m，沉降影响范围超过30 m，使相邻两侧展览厅墙体严重开裂，直到目前沉降才稳定。在软土地基上建造建筑物，由于使用上的要求，建筑物的平面形状往往具有L字形、Ⅱ字形、工字形（见图15-3）、山字形（见图15-4）等，而在立面上经常高低起伏，参差不齐。平面形状复杂或过长（即使是一字形）、立面上各部分高差较大的建筑物，由于地基中应力不均，使建筑物的某些部位形成一个或数个沉降中心，这时不均匀沉降都很大，且易造成建筑物开裂或损坏。因此，根据地基不均匀变形的分布规律，在建筑、结构和施工上应采取以下必要的措施：

（1）应用沉降缝将其分隔成若干个独立单元。有时根据具体情况，将差别较大的两部分的基础隔开一定距离，再在其间设置独立的连接结构，使每个单元有调整不均匀变形的能力。

通常在建筑物的下列部位宜设置沉降缝：①建筑物平面的转折部位；②高度或荷载差异处；③长高比过大的砌体承重结构或钢筋混凝土框架结构的适当部位；④建筑结构或基础类型不同处；⑤分期建造房屋的交界处。基础的几种沉降缝见图15-5，沉降缝的宽度见表15-1。沉降缝可结合伸缩缝设置，在抗震地区还应符合防震缝要求。

基础沉降缝的做法一般有如图15-5所示的三种。

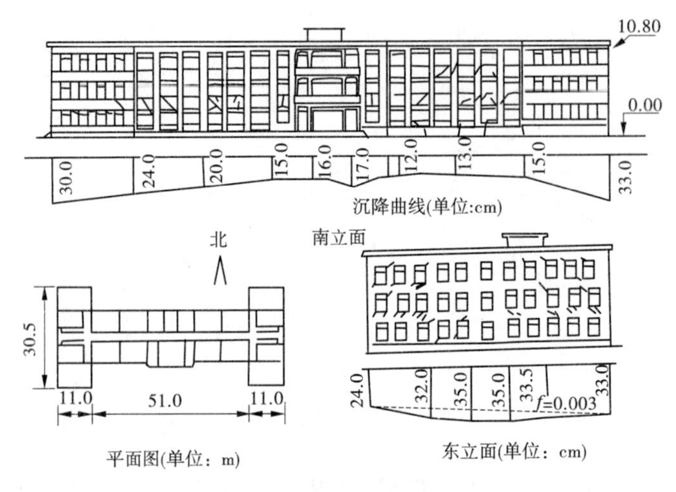


图 15-3　工字形建筑墙身裂缝实例

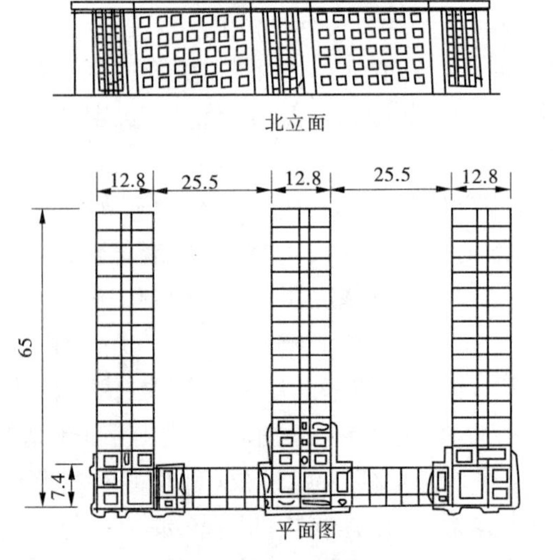


图 15-4　山字形建筑墙身裂缝实例　(单位:mm)

表 15-1　建筑物沉降缝的宽度

| 建筑物层数 | 沉降缝宽度(mm) |
|---|---|
| 2 ~ 3 | 50 ~ 80 |
| 4 ~ 5 | 80 ~ 120 |
| >5 | >120 |

(2)对砖石承重结构的整体刚度,主要取决于长高比,通常 $L/H_f$ 宜小于2.5;当 $2.5 < L/H_f \leqslant 3.0$ 时,宜做到纵墙不转折或少转折,其内横墙间隔距离不宜过大。必要时可适当增强基础刚度和强度。当房屋的预估最大沉降量小于或等于 120 mm 时,其长高比可不受限制。

(3)在墙体内设置圈梁,可增强建筑物的整体性,提高砖石砌体的抗剪强度和抗拉强

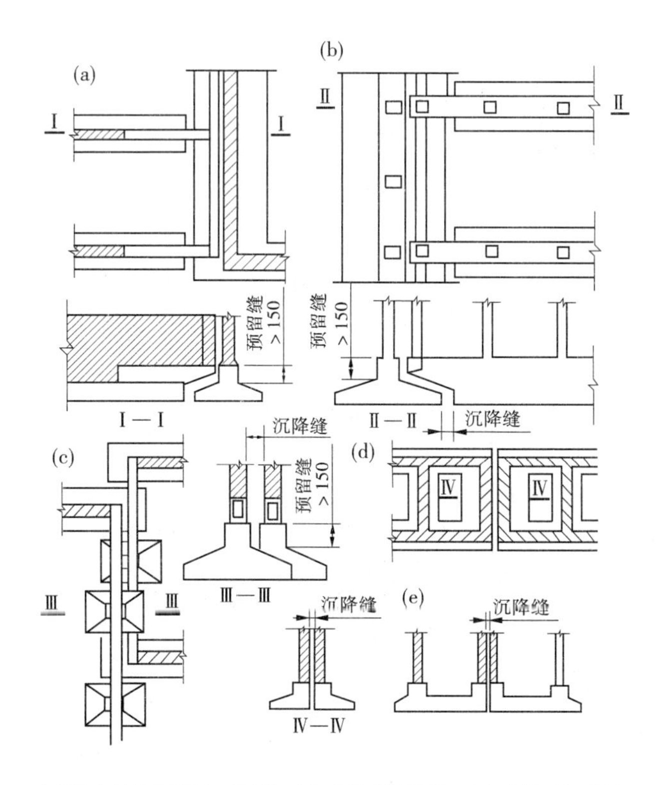


(a)混合结构沉降缝；(b)柱下条形基础沉降缝；(c)跨越式沉降缝；
(d)偏心基础沉降缝；(e)整片基础沉降缝

**图 15-5　基础沉降缝**

度，防止和减少裂缝的出现，即使出现裂缝，也能阻止其进一步发展。通常在多层房屋的基础和顶层处宜各设置一圈，其他各层可隔层设置，必要时也可层层设置。单层工业厂房、仓库，可结合基础梁、联系梁、过梁等酌情设置。圈梁应设置在外墙、内纵墙和主要内横墙上，并宜在平面内联成封闭系统。

(4)建筑物各组成部分的标高应根据预估沉降量予以提高；建筑物与设备间应留有足够的净空；当建筑物有管道穿过时，应留足够尺寸的空洞或采用柔性的管道接头等措施。

(5)施工时应合理安排施工顺序，通常待重的、高的建筑部分已有一定沉降后，再施工轻的、低的部分；先施工主体建筑，再施工附属建筑，这样均能减少一部分沉降差，当条件许可时应尽可能增大两者施工的间隔时间。由于软土的渗透系数甚小，排水固结时间很长，因此合理安排施工顺序，仅能减小差异沉降，但不能消除差异沉降。

(6)对活荷载较大的构筑物或构筑物群，竣工交付使用期间应根据沉降情况控制加载速率，掌握加载间隔时间，或调整活荷载分布，要求分批、对称、均匀地加载，以避免过大倾斜。

(7)施工时要避免基坑土的扰动，保护土的原状结构；基坑开挖后应立即浇筑基础，切忌长期敞坑和泡水，以免影响持力层强度和增加沉降量。

值得注意的是，对所有的软弱土和特殊土地基上建造的建筑物，一般都需考虑以上建

筑、结构和施工等措施,其中也包括以上各项目中地基处理后建造的建筑物,应同样考虑这些措施,只是根椐具体情况有所不同而已。

**(二)湿陷性黄土地基**

处理湿陷性黄土地基事故时,首先要抓的主要矛盾是湿陷,而黄土地基的承载力和压缩性是第二位的,这与软土地基考虑的重点是不同的。对浸水后地基的湿陷性应重新进行评价,要求查清事故后地基土的湿陷类型与湿陷等级有无变化,自重湿陷系数与湿陷系数沿土层深度的变化,确定地基主要受力层范围内各黄土层的承载力值。补勘深度一般应力求穿透全部湿陷性土层。

对湿陷性黄土地基来说,湿陷变形与压缩变形的性质是完全不同的。通常压缩变形在荷载施加后立即产生,随着时间的增长而逐渐趋向稳定。对于大多数湿陷性黄土地基(新近堆积黄土与饱和黄土除外),压缩变形在施工时间就能完成一大部分,在竣工后3~6个月即可基本趋于稳定,而且总的变形量常不超过50~100 mm。但湿陷变形的特点是只出现在受水浸湿部位,其变形量常超过正常压缩变形几倍甚至十几倍;变形发展快,受水浸湿后1~3 h就开始湿陷,往往1~2 d可能产生200~300 mm变形量。这种变形量大、速率高而又不均匀的湿陷,往往使建筑物发生严重变形甚至破坏。

当湿陷事故严重时,一般都应进行加固。加固又可分为地基加固和上部结构与基础同时加固两种。当湿陷性土层不太厚,湿陷变形又已基本完成,或估计再次浸水湿陷量不致有较大增长时,可不加固地基,而仅加固上部结构。但上部结构加固一定要在地基下沉达到稳定后进行。对自重湿陷性黄土地基以及浸水后剩余湿陷量仍较大的非自重湿陷性黄土地基,一般应考虑加固地基。对地基加固深度的确定应从建筑物的重要性及地基土的湿陷性综合考虑。对生产用水量大,建筑物又较重要、地基自重湿陷敏感性强的,应考虑消除全部土层的湿陷性。当消除全部土层湿陷或采用桩基有困难时,可采取浅层加固,但需同时采取严格防水措施。对于自重湿陷不敏感的以及非自重湿陷黄土场地,一般均可采取浅层加固原则,即将加固深度控制在外荷湿陷影响深度范围内。在地震区,有的建筑物地基遭受水浸后湿陷变形虽已大部分完成,但为了提高地基抗震性能,在对上部结构进行抗震加固时,也可考虑同时加固地基。

根据工程实践经验,湿陷性黄土地基上湿陷事故的处理方法有:石灰桩、灰土桩、石灰砂桩、硅化加固法、碱液加固法、水泥硅化法(以上为浅层加固法,可消除部分土层湿陷性),灰土井墩托换、灌注桩托换、墩式托换、树根桩托换(以上为深层加固方法,穿透全部湿陷性土层),浸水纠偏法、加压纠偏法、浸水和加压纠偏法、掏土纠偏法(以上用于高耸构筑物的纠偏)等。此外,热加固法在我国使用也获成功,有关这些加固方法的加固原理及施工工艺将在以下有关各任务中进行介绍。

**(三)膨胀土地基**

膨胀土是一种吸水膨胀、失水收缩,胀缩性很强的高塑性黏性土。天然含水量接近塑限,液限大于40%,黏粒含量较高,塑性指数大于17,液性指数<0,呈硬塑或坚硬状态,土呈黄、红、灰白等色。土的强度较高而压缩性较低,容易被误认为是良好的天然地基。但由于有胀缩的特性,如在设计和施工时未采取措施,就会对建筑物造成危害。引起胀缩的主要因素是膨胀土的黏粒成分中含有大量亲水性强的蒙脱石或伊利石矿物,其次是季节

性气候变化，雨季与长期干旱使土中水分发生剧烈变化而引起土的胀缩。在膨胀土地区，由于这种土的反复胀缩使地基产生裂隙和房屋产生裂缝（见图15-6）。

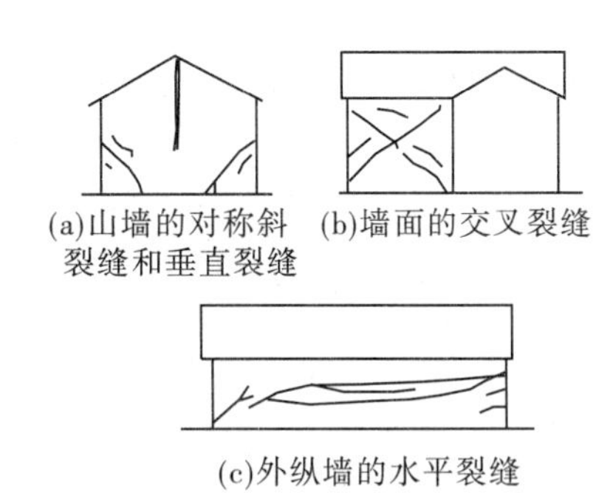
(a)山墙的对称斜裂缝和垂直裂缝　(b)墙面的交叉裂缝

(c)外纵墙的水平裂缝

**图15-6　墙面裂缝**

房屋开裂破坏以低层混合结构多，因其重量轻和基础浅，最易受胀缩影响，其变形特征如下。

1. 山墙裂缝

由于墙角部分两面与大气接触，其蒸发量大于中部，使墙角沉降大于山墙中部沉降而开裂，形成一侧或两侧的倒八字裂缝，有时也形成垂直裂缝（见图15-6(a)）。

2. 内横墙裂缝

室外温度高于室内，使外墙地基失水收缩下沉，内横墙呈倒八字缝开裂。

3. 外纵墙裂缝

由于地基不均匀胀缩变形而导致外纵墙在门窗洞口的上下部位出现斜裂缝和水平裂缝（见图15-6(c)）。这是外侧地基收缩较大、条形基础转动所造成的。

## 四、建筑物损坏程度的判断

国外根据裂缝宽度的大小和其在建筑物上损坏的位置，来判断建筑物损坏程度（见表15-2和表15-3）。

**表15-2　建筑物损坏程度判断（一）**

| 损坏程度 | 损坏特征描述 | 裂缝宽度(mm) |
|---|---|---|
| 非常轻微 | 宽度小于0.1 mm的发丝裂缝可不予考虑 | <0.1 |
| | 一般装修时容易解决的细小裂缝<br>建筑物上产生个别细小裂缝<br>外砖墙在近距离才能见到的细小裂缝 | <1.0 |
| 轻微 | 建筑物裂缝容易填充或需要再装修<br>在建筑物内部有一些细小裂缝<br>在建筑物外部有裂缝或需要勾缝，以防风雨或门窗轻微倾斜而关不严 | <5.0 |
| 中等 | 需要将裂缝凿开，用砖块修补<br>经常发生裂缝可用墙面涂料修补<br>外砖墙需要勾缝和少量砖块需要更换<br>门窗卡住，水管煤气管断裂，墙面透风雨 | 5~15，或有很多宽度大于3 mm的裂缝 |

续表 15-2

| 损坏程度 | 损坏特征描述 | 裂缝宽度(mm) |
|---|---|---|
| 严重 | 需拆除和更换部分墙段,尤其是门窗的上部<br>门窗外框扭曲,楼板明显倾斜,墙体倾斜和明显鼓胀,梁端承压面有些减小,水管煤气管断裂 | 15 ~ 25,但亦取决于裂缝的多少 |
| 非常严重 | 需要部分修补或全部修建工作<br>梁端承压面积减小<br>墙体严重倾斜需要支撑,窗因扭曲而断裂<br>建筑物面临失稳危险 | |

表 15-3　建筑物损坏程度判断(二)

| 裂缝宽度(mm) | 损坏程度 | | | 对结构物和建筑物使用影响 |
|---|---|---|---|---|
| | 住宅 | 商业及公共设施 | 工业建筑 | |
| <0.1 | 不考虑 | 不考虑 | 不考虑 | 没有影响 |
| 0.1 ~ 0.2 | 非常轻微 | 非常轻微 | 不考虑 | |
| 0.3 ~ 1.0 | 轻微 | 轻微 | 非常轻微 | 影响美观,加速墙面风化 |
| 1.0 ~ 2.0 | 轻微—中等 | 轻微—中等 | 非常轻微 | |
| 2.0 ~ 5.0 | 中等 | 中等 | 轻微 | 结构物危险性增加 |
| 5.0 ~ 15.0 | 中等—严重 | 中等—严重 | 中等 | |
| 15.0 ~ 25.0 | 严重—非常严重 | 中等—严重 | 中等—严重 | |
| >25.0 | 非常严重—危险 | 严重—危险 | 严重—危险 | |

## 五、托换技术施工要点和工程监测

### (一)托换技术施工要点

(1)根据工程实际需要,对建筑物进行加固,或对建筑物基础全部或部分支托住,或对建筑物地基或基础进行加固。

(2)当建筑物基础下有新建地下工程时,应将荷载传递到新建的地下工程。

(3)不论何种情况,托换工程都是在一部分被托换后,才可开始另一部分的托换工作;否则,就难以保证质量。所以,托换范围往往由小到大逐步扩大。

(4)托换施工前,先要对被托换建筑物的安全予以论证。要求对被托换的建筑物所产生的沉降、水平位移、倾斜、沉降速率、裂缝大小和扩展情况,以及建筑物的破损程度,用图表和照片正确记录下来,藉以判定建筑物的安全状态。另外,如果裂缝扩展和延续不止并产生错位,则要引起重视并及时采取补救措施。

### (二)托换施工监测

在整个托换施工过程中必须进行监测,进行信息化施工,以便确保安全和质量。对被托换或被穿越的建筑物及其邻近建筑物都要进行沉降监测。沉降观测点的布置应根据建筑物的外形、内部结构和工程地质条件等因素综合考虑，并要求沉降观测点便于监测和不易遭到损坏。监测过程中要做好以下四方面的工作：

（1）确定托换或穿越的每个施工步骤对沉降所产生的影响。

（2）对托换或穿越过程所引起的各个监测点的运动情况，整理出沉降（或其他观测量）与时间的关系曲线，并应用外推法预测最终沉降量。

（3）根据沉降曲线预估被托换建筑物的安全度及针对现状采取相应的措施，如增加安全支护或改变施工方法。

（4）监测期限和测量频度的要求取决于施工过程，特别是在荷载转移阶段每天都要求观测，危险程度越大，则观测应越频繁。当直接的托换或穿越过程完成后，监测过程尚需持续到沉降稳定为止。沉降稳定标准可以半年沉降量不超过 2 mm 为依据。

## 任务二　坑式托换

坑式托换是直接在被托换建筑物的基础下挖坑后浇筑混凝土的托换加固方法，也称墩式托换。其施工步骤（见图 15-7）如下。

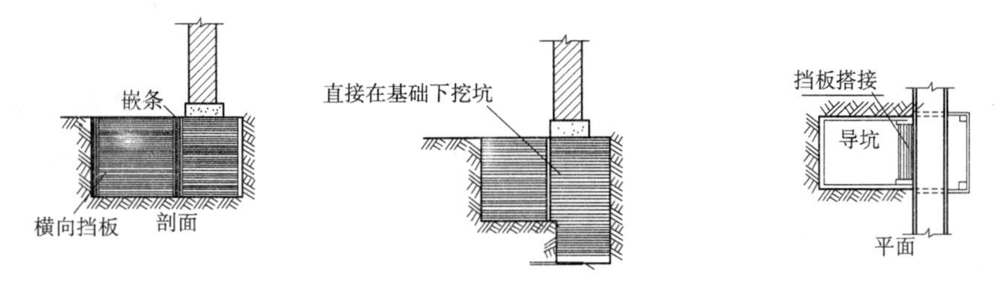


(a)开挖导坑，边挖坑边建立支撑　(b)继续开挖和建立支撑　(c)现浇混凝土建筑已开挖的导坑

**图 15-7　坑式托换**

（1）在贴近被托换的基础前面，开挖一个 1.2 m×0.9 m 的导坑，挖到比原有基础底面下再深 1.5 m 处。

（2）再将导坑横向扩展到直接的基础下面，并继续在基础下面开挖到要求的持力层标高。

（3）采用现浇混凝土浇筑已被开挖出来的基础下的挖坑体积内。但在离原有基础底面 8 cm 处停止浇筑，养护一天后，再将 1∶1水泥砂浆放在 8 cm 的空隙内，并用铁锤锤击短木，使砂浆在填塞位置充分捣实，成为密实的填充层。由于该层厚度较小，实际上可视为不收缩层（亦称干填），因而建筑物不会因此而产生附加沉降，如采用早强水泥，则就可加快施工进度。

（4）同样，再分段分批地挖坑和修筑墩子，直到全部托换基础的工作完成为止。

对于许多大型建筑物进行托换基础时，由于墙身内应力的重新分布，有可能在要求托换的基础下直接开挖小坑，而不需在原有基础下加临时支撑，亦即在局部基础下短时间内没有支撑可认为是容许的。混凝土墩可以是间断的或连续的，主要是取决于被托换加固建筑物的荷载和墩下地基土的承载力。坑式托换适用于地下水位较低的情况,不然施工时会发生邻近土的流失。当地下水位较高时,应改用其他的托换方法。

# 任务三　桩式托换

桩式托换是指包括所有采用桩基形式进行的托换,主要有预试桩托换、压入桩托换、打入桩或灌注桩托换、树根桩托换、锚杆静压桩托换等。

## 一、预试桩托换

预试桩托换是由美国 Lazarus White 和 Ednund A. prentis 在纽约市修建威廉街地下铁道时所发明。其施工步骤是:

(1)在柱基或墙基下仔细开挖和支护导坑的坑壁。

(2)使用直径为 30～45 cm 的开口钢管,用设置在基础底面下的液压千斤顶,将钢管压进土层中去,钢管可截成约 1.2 m 长的若干段,在钢管间连接处设特制的套筒接头,当桩很长或土中有障碍物时,这些接头才需焊接。

(3)当钢管顶入土中时,每隔一定时间可根据土质的不同,用合适的取土仪器将土取出,或用射水和吸泥的办法来挖除桩管中的土,但不应在低于管端处射水,以免使坑周的土软化和流失。如遇漂石,必须用锤破碎或用冲击冲头钻除,而决不应进行爆破。

(4)当桩已达到要求的深度,如管中无水,便可在管中直接灌注混凝土;如管中有水,则管底先用混凝土湿封,待结硬后再将管中的水抽干,并把钢管接长到离基础底面以下的钢板不到 60 cm 处才灌注混凝土。

(5)待混凝土结硬后,一般用两个平排设置的液压千斤顶放在基础底和钢管顶之间(见图 15-8),两个千斤顶间要有足够的空位,以便将来安放楔紧的工字钢柱。液压千斤顶可由小液压泵或手摇驱动,荷载应施加到桩的设计荷载的 150% 为止。稳定后再将一段工字钢竖放在两个千斤顶之间,再将铁锤打紧钢楔。

经验证明,只要转移 10%～15% 的荷载,就可有效地对桩进行预试,阻止了桩的回弹。最后将桩顶和工字钢用混凝土包起来,此时施工才告结束。在预试桩托换中,一般不采用闭口的或实体的桩,因为顶进钢管时的压力过高,或因桩端下遇到障碍时,则钢管就无法顶进了。

## 二、压入桩托换

压入桩托换与预试桩托换的基本施工方法相同,而前者只是在撤出千斤顶前没有放进楔紧的工字钢,所以在撤出千斤顶后在桩顶仍有回弹的缺点,因而今后仍会有一定的沉降量。但这个沉降量一般是比较小的,施工方法也较简单,因而对一般建筑物的托换应该是可被认为能满足要求的。我国内蒙古建筑设计研究院在呼和浩特和包头地区采用压入桩托换方法,加固了办公楼和锅炉房等多座建筑物,取得了良好的经济效果。

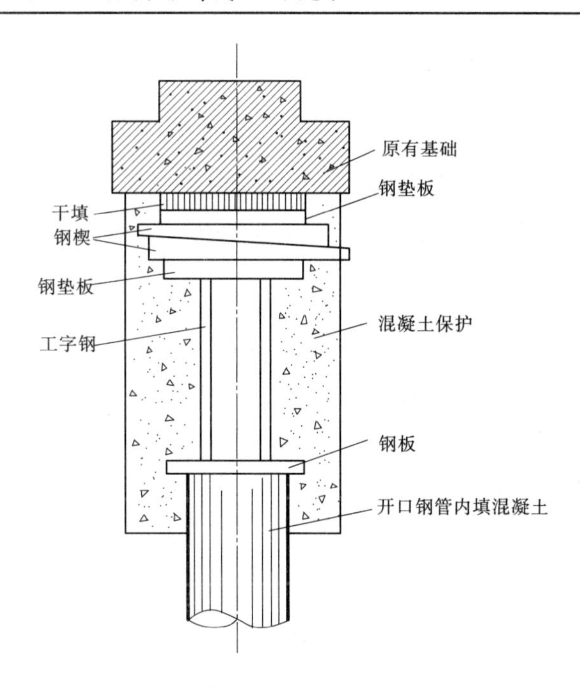


图 15-8　预试桩托换

## 三、打入桩或灌注桩托换

预试桩和压入桩的托换，在适用范围上有一定局限性，特别是桩管必须穿过存在障碍物的地层时；或当被托换的建筑物较轻或上部结构条件较差，而不能提供合适的千斤顶反力时；或当桩必须设置得较深，而费用又很贵时，应考虑采用打入桩或灌注桩托换。打入桩或灌注桩托换常用于隔墙或机器不多的建筑物，且沉桩时虽有一定的振动，但对上部结构和邻近建筑物无多大危害时才采用。另外，建筑物尚需能提供为专门打桩设备所需的净空条件。施工时可采用截成短段的开口钢管，然后采用沉桩、取土清孔、接桩等反复循环施工，直到最后在管内浇筑混凝土等施工工序。当桩如数完成后，就可用搁置在桩上的托梁或承台系统来支承被托换的柱或墙（见图 15-9），其荷载的传递有时是靠楔或千斤顶来转移的。我国常采用灌注桩托换，因为施工时振动很小，对被托换的建筑物及其邻近建筑物都无重大影响，且可根据实际需要变动桩径和桩长。

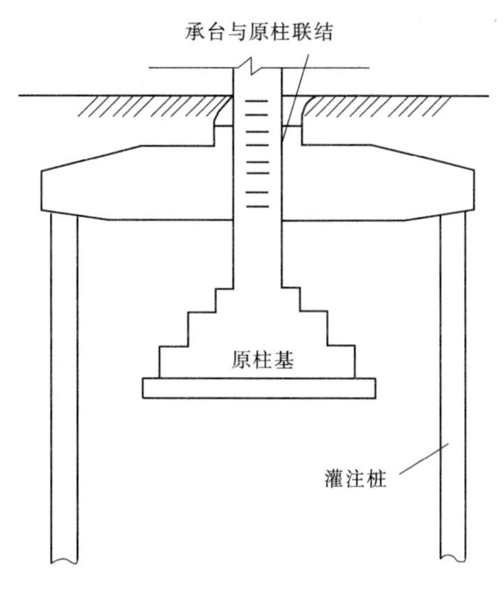


图 15-9　灌注桩托换

## 四、树根桩托换

树根桩实际上是一种小直径的就地灌注

桩,在20世纪30年代由意大利 F. lizzi 所发明,图15-10为树根桩托换的典型设计。

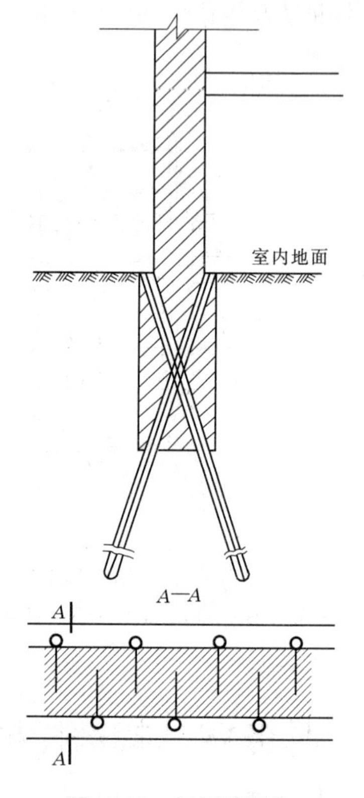

图15-10 树根桩托换

**(一)树根桩的施工步骤**

(1)在钢套管的导向下用旋转法钻进,钻孔直径一般为7.5~25 cm,穿过原有建筑物进入到下面地基土中去。

(2)钻进到设计标高,清孔后下放钢筋,钢筋数量从一根到数根,视桩孔直径而定。

(3)再用压力灌注水泥砂浆或细石混凝土,应边灌、边振、边拔管,最后成桩。制桩时可竖可斜,因其成桩后的形状如同“树根”而得名。

**(二)树根桩托换的优点**

(1)所需施工场地较小,一般平面尺寸为0.6 m×1.8 m,净空高度为2.1~2.7 m即可施工。

(2)施工时噪声和振动小,施工也较方便。

(3)压力灌浆使树根桩与地基土紧密结合,桩和墙身联结成一体。

(4)施工时桩孔很小,因而对墙身和地基土几乎都不产生任何应力。

(5)可在各种类型的土中制作。

当前国外广泛采用的是网状结构树根桩,这是一个修筑在土体中的三维结构。在纪念性的古塔和钟楼的古建筑中,塔的力系传递一般是非常脆弱的,通常还要担心在进行上部结构和基础托换加固时可能从它的不可靠的稳定性发展到灾难性的倒塌。而要设置预防性的临时支撑是不容易的,它会使邻近塔身的地基土的应力增加,可能因此而导致失去平衡。

图15-11为建于12世纪的罗马 S. Andrea delle Fratte 教堂的树根桩加固,并采用了钢筋插入墙体,交错搭接,用低压力灌浆来保证墙体的连续性。

## 五、锚杆静压桩托换

锚杆静压桩托换由冶金部建筑研究总院于1982年开始研究,并先后在马鞍山、芜湖、南京和南昌等多项工程中广泛应用,取得了良好的技术经济效果。锚杆静压桩的工作原理,就是利用建筑物的自重,先在基础上埋设锚杆(见图15-12),借锚杆反力,通过反力架用手动或电动千斤顶将预制好的桩逐节压入在基础中开凿出来的桩孔内。桩断面一般为20 cm×20 cm,桩长一般为1.5~2.0 m,接桩一般用硫黄砂浆锚固连接。当压桩力达到$1.5P_a$($P_a$为桩的设计荷载)时,便可认为满足桩的设计要求,在不卸载条件下,应立即将桩与基础锚固,即在桩头顶面和侧面以及原有基础桩孔的孔壁加以凿毛和清洗干净后,将桩与基础在桩位孔内用早强微膨胀混凝土浇灌在一起。当混凝土达到强度后,该桩便能立即承受上部荷载,及时阻止建筑物的不均匀沉降,迅速起到基础托换的效果。事实上静压锚桩法是由锚杆和静压桩技术两者结合的一种新颖托换方法。

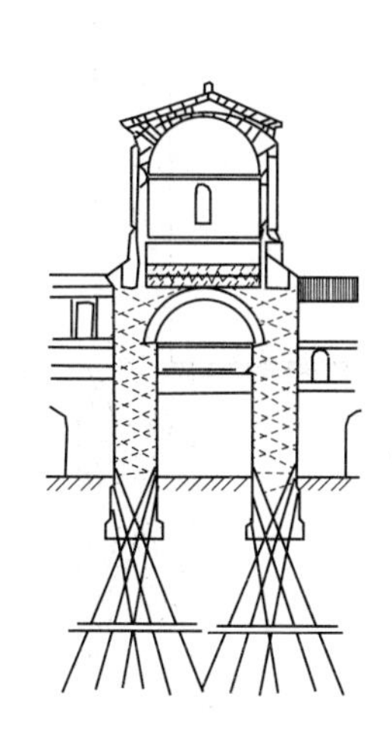

图 15-11　意大利罗马
S. Andrea delle Fratte 教堂

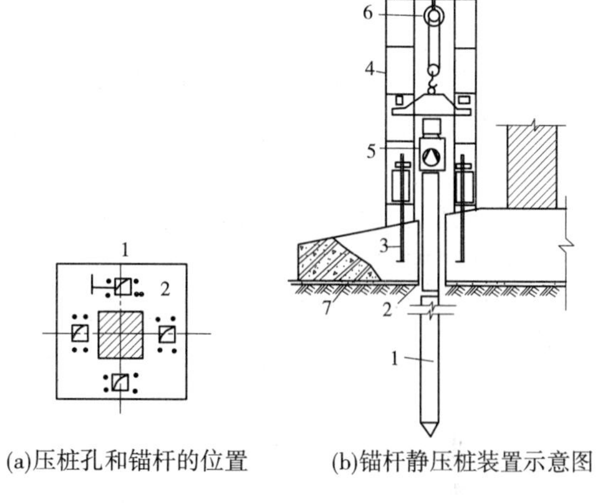


(a)压桩孔和锚杆的位置　(b)锚杆静压桩装置示意图

1—桩;2—压桩孔;3—锚杆;4—反力架;
5—千斤顶;6—电动葫芦;7—基础

图 15-12　锚杆静压桩托换

## 任务四　特殊托换

特殊托换的方法是指除坑式托换和桩式托换两大类的托换方法之外的其他托换方法。

### 一、化学加固法

化学加固法是指应用化学浆液注入地基中使土硬化。图 15-13 表示国外在原有建筑物基础下设置混凝土墩而进行的化学加固。其施工方法是:在建筑物下将带孔的管子,以某一倾斜角度沉入到地基土中去,管子的布置要求能够包括建筑物基础托换时需要加固的整个地基土的范围;再在管子内先后压注入硅酸钠和氯化钙而形成一种凝胶,凝胶硬化与土粒结合成与砂岩相类似的整体。注浆浆液名目繁多,但总的要求经化学加固后在加固范围内形成一个均匀土体,如达不到这一要求,则托换加固将无效。我国目前尚有采用旋喷法对原有建筑物基础进行托换加固的工程实例,如浙江大学第六教学楼及哈尔滨民益街住宅楼基础加固等工程。化学加固法中最为简单的是使用水泥灌浆的方法。但是如果所加固的土质条件不适合时则无效果,如意大利的比萨斜塔于 1932 年曾企图用水泥浆灌注入塔基下的地基土中,以制止塔的沉降。当时灌注入土中的水泥浆达 1 000 t,但因浆液并不渗入细颗粒土而在土中呈多层分布,这使问题更为恶化,并导致后来托换加固的困难,经加固后的塔仍在继续下沉。相反,我国苏州虎丘塔采用水泥灌浆加固塔基却取得良好效果。

## 二、基础加压纠偏法

基础加压纠偏法是 1983 年由武汉地基处理中心所首创。该法是采取人为地改变荷载条件,迫使地基土产生不均匀变形,从而调整基础不均匀沉降。图 15-14 为在被托换基础变形小的一侧修筑一个与原基础联结的悬臂钢筋混凝土梁,利用锚桩和加荷机具,根据工程需要可一次或多次加荷,直到纠偏或超纠偏达到预期目的为止。所以,基础加压的过程就是地基应力重新分布与地基变形的过程,也是基础纠偏的过程。对不均匀沉降敏感,且要求严格控制倾斜的建(构)筑物,则可在设计与施工中预先设置纠偏装置,以后可根据实际情况随时进行调整。武汉钢铁公司碎铁厂新建第一原料场露天栈桥是采用此法纠偏的第一个工程,处理后生产使用一直保持正常。这是一种治理和防止建(构)筑物倾斜的治本方法。与其他地基处理方法比较,既可减少土体原有结构的破坏,又可达到改善地基土性能的目的。

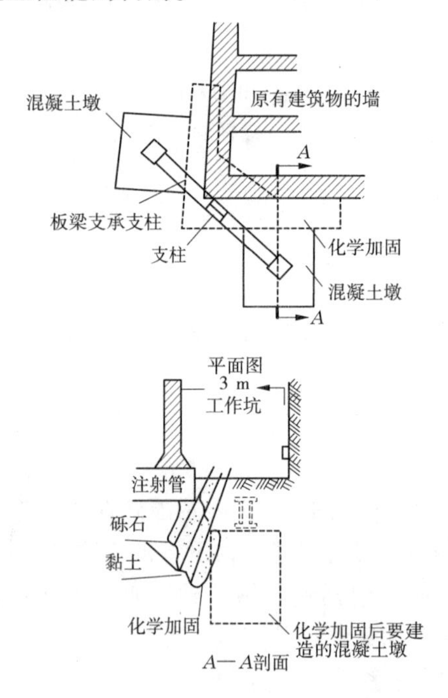


图 15-13　化学加固法进行托换

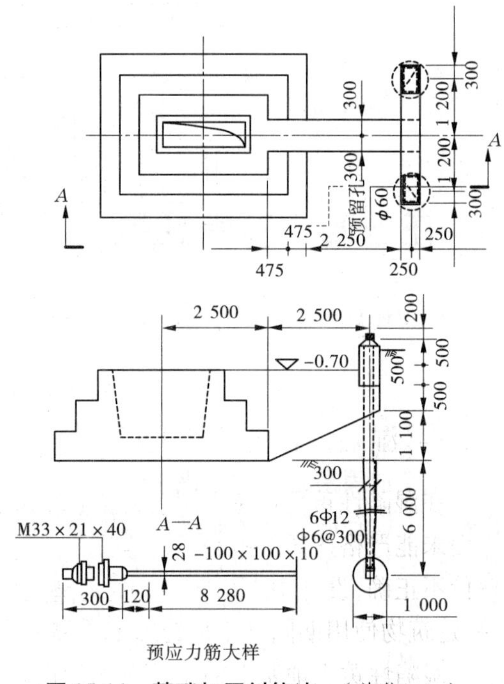


图 15-14　基础加压纠偏法　(单位:mm)

## 三、基础减压和加强刚度法

在软弱地基上建造建(构)筑物时,必须考虑建筑、结构和施工措施。结构措施的主要内容可归纳为以下几个方面:选择适宜的结构和基础形式;加强结构的整体性和空间刚度;增加建筑构件的强度;减少结构自重和预留适应变形的净空。基础的刚度是建筑物整体刚度的一个重要组成部分。在设计时选择基础方案,必须考虑到基础的刚度应与上部结构的刚度相适应。当建(构)筑物建造后,由于地基的强度和变形不满足要求,使上部结构出现开裂或破损而影响结构安全时,在某些特定条件下,同样可采取以上的措施对基础进行托换和加固。现以上海电化厂 2 号盐仓的工程实例进行阐明采用基础减压和加强刚度法的托换效果。该盐仓位于上海黄浦江畔，兴建在深厚的软黏土地基上。建筑物总高度为33 m，由5个直径为8 m、高度为25 m、容量为800 t的筒仓所组成，原基础采用钢筋混凝土片筏基础，基底压力为129 kN/m$^2$。1971年底建成，1972年6月正式投产后，至1984年测出沉降已达110 cm左右，纵向沉降差达0.015 m，横向沉降差达0.044 8 m，都超出了地基规范的容许值，另外说明沉降尚未稳定，导致结构严重开裂和柱子倾斜，势将面临停产之虞。同济大学接受该盐仓的基础托换加固任务后，决定卸去室内外回填土，降低基底压力，并增加纵横基础梁空间刚度，做成箱形基础（见图15-15）来减少地基不均匀沉降，达到地基稳定的要求。基础托换加固工程竣工后，经加载试压证明，基础结构可靠，沉降已趋稳定，确已达到加固设计的预期目的。

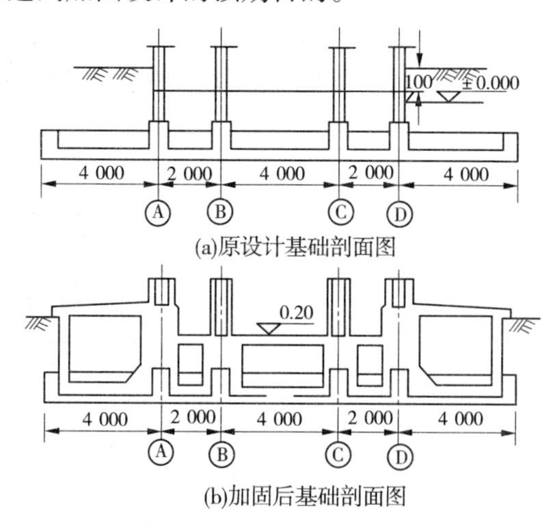


**图15-15 基础减压和加强刚度法** （单位：mm）

## 四、湿陷性黄土地基上托换

在湿陷性黄土地基上出现的工程事故，主要是由于在勘察、设计、施工和维护管理等方面未能严格按照规范有关规定执行。这大多是由于勘察时对场地湿陷类型、湿陷等级评价不正确，设计中未采取相应的地基处理措施、防水措施和结构措施，施工中工程质量差，建筑物使用期间又维护管理不当等因素造成的。

湿陷性黄土地基上的设计可采用的地基处理方法很多，有重锤夯实、强夯法、土（灰土、二灰）垫层、挤密土（灰土、二灰）桩、预浸水、化学加固、灰土井和灌注桩基础等方法。但对湿陷性黄土地基上出现的湿陷事故后托换的方法，一般常用的有以下几种。

### （一）石灰桩与石灰砂桩

利用生石灰吸水后成为熟石灰时体积发生膨胀，从而降低含水量，挤密桩周土体，减小孔隙比，加速稳定，减少湿陷量和提高黄土的承载力。石灰桩施工时可用洛阳铲成孔，如用钢管成孔，则桩周土可得到进一步的挤密。孔位应紧靠基础边缘，孔径10 cm，孔距30 cm。一般在基础两侧或四周布孔1～2排。成孔后应及时向孔内填入2～4 cm粒径的生石灰块；也可在生石灰块中掺入10%～15%的砂，以填塞块间孔隙，每填入20 cm左右就需用夯锤夯实。一般孔深应达到土的含水量低于20%处，生石灰块直填至基底附近，

再在其上回填三七灰土或素土,石灰砂桩的外径一般为16~20 cm。将带有透气活动桩尖的钢管用落锤打入土中,使周围土挤密,在拔出桩管形成的桩孔内用生石灰块分层夯实,经2~4 d后,生石灰吸湿膨胀,再在原孔位重新打入外径为10~12 cm的钢管,周围土得到二次挤密,钢管拔出后在孔中填入细砂和小石子的混合料,并分层夯实,形成石灰砂桩。当桩孔间距较小时,加固土体在基础两侧将起帷幕作用,可限制地基湿陷时的侧向挤出变形。石灰桩与石灰砂桩都只适用于基础宽度不太大的情况,当基础较宽时效果就不很明显。

**(二)碱液加固法**

应用氢氧化钠溶液(简称碱液)加固湿陷性黄土地基是我国于1965年首先试验成功的。它具有设备简单、施工操作容易、费用较硅化法低等优点。西安冶金建筑学院19号三层宿舍楼湿陷地基经碱液加固后,房屋附加下沉较小,稳定较快,湿陷停止,保证了建筑物的安全。

**(三)硅化法加固**

硅化法根据溶液的注入方式,可分为压力单液硅化、压力双液硅化和电动双液硅化。压力(单液和双液)硅化一般由水泵或空气压缩机将溶液压入土中。电动硅化则由电渗和电泳的作用使土脱水后将溶液扩散到土中。我国在黄土地区采用硅化法处理地基湿陷事故工程实例较多,如陕西省焦化厂在处理洗氨、洗萘、洗苯塔群基础的湿陷事故时,采用单液硅化法,制止了不均匀沉陷的继续发展,使生产恢复正常运行。

**(四)浸水矫正法**

在湿陷性黄土地基上建造建筑物时,有用“预浸水法”进行地基加固的。在高耸构筑物的倾斜矫正中,同样可利用湿陷性黄土遇水产生湿陷的特性,化不利为有利,采用浸水方法使构筑物恢复垂直位置。当黄土地基含水量较高时,还可以采用加压或浸水加压的方法,也能达到矫正的效果。我国当前浸水矫正法不但应用于高耸构筑物的倾斜矫正,也已用于刚度较大的建筑物的整体倾斜矫正。由于施工简单,不需要复杂的设备和材料,因此成本较低且矫正效果较好。

**(五)灌注桩和灰土井托换**

当湿陷性黄土不太厚(3~8 m),其下部又为较密实的非湿陷性土层时,可考虑采用灌注桩或灰土井托换。一般都在桩顶或井顶上浇筑钢筋混凝土地梁以托住原基础。设计灌注桩或灰土井时,一定要使桩或井穿过全部湿陷性黄土层;否则,受水浸湿后仍会有再次产生湿陷的可能。

## 任务五　建筑物纠偏

建筑物纠偏是指既有建筑物偏离垂直位置发生倾斜而影响正常使用时所采取的托换措施。纠偏中采用的思路和手段与其他托换加固方法类同,故纠偏是托换技术中的一个重要分支。

造成建筑物倾斜的原因大致有如下几方面:①软土地层不均匀,填土层厚薄和松密不一,局部地区遇有暗浜、暗塘等;②设计方案不合理,如地基基础的设计及基础选型不当,建筑物的平面(包括体形)布置、荷载重心位置及沉降缝的布置欠妥;③施工工艺不当。如施工计划中主楼和裙房同时建造,邻近建筑物开挖深基坑或降水,建筑材料单边堆放等。

造成建筑物整体倾斜的主要因素是地基的不均匀沉降,而纠偏是利用地基的新不均匀沉降来调整建筑物已存在的不均匀沉降,用以达到新的平衡和矫正建筑物的倾斜。纠编方法的分类如下:①迫降纠偏,包括掏(排)土纠偏、浸水纠偏和降水纠偏、堆载加压纠偏、锚桩加压纠偏、锚杆静压桩加压纠偏;②顶升纠偏,包括在基础下加千斤顶的顶升纠偏,在地面上切断墙柱体后再加千斤顶的顶升纠偏,在新建工程设计中预留千斤顶的位置以便以后顶升的顶升纠偏;③综合纠偏,用以上两种纠偏方法进行组合,如顶桩掏土纠偏、浸水加压纠偏等。

除从以上三种方法纠偏入手外,有时必须辅以地基加固,用以调整沉降尚未稳定的建筑物。值得注意的是,纠偏工作切忌矫枉过正,一定要遵循由浅到深、由小到大、由稀到密的原则,须经沉降—稳定—再沉降—再稳定的反复工作过程,才能达到纠偏的目的。因为在软弱地基上建造的建筑物沉降往往需要经过一段时间才能达到最终稳定,所以纠偏决不能急于求成,不然反而适得其反。由于纠偏过大,造成原建筑物沉降小的一侧又倾斜的工程实例也有所见。

## 一、堆载加压纠偏

在软弱地基上建造的某些活荷载较大的构筑物(如料仓、油罐、储气柜等)对倾斜要求严格,因而在设计和使用时,必须充分考虑由于荷载施加速率过快而造成倾斜的可能性。由于地基得不到充分固结,当外荷载超过地基的临塑荷载时,地基中开始出现塑性区,部分土体将沿基底向外侧挤出,引起构造物的大量沉降,甚至出现严重倾斜。堆载加压纠偏是指在建筑物沉降小的一侧施加临时荷载,适当增加这个侧边的沉降,用以减小不均匀沉降差和减少倾斜。

## 二、锚桩加压纠偏

锚桩加压纠偏是指在被托换基础沉降小的一侧修筑一个与原基础连接的悬臂钢筋混凝土梁,利用锚桩和加荷机具,根据工程需要进行一次或多次加荷,直至纠偏或超纠偏达到预期纠偏目的的纠偏方法。

根据土力学的基本原理,地基的变形不仅取决于土质条件,还取决于基础及荷载条件。而锚桩加压纠偏是采取人为地改变荷载条件,迫使地基土产生不均匀变形,调整基础不均匀沉降。所以,加压过程就是地基应力重新分布和地基变形的过程;也是基础纠偏的过程。锚桩加压纠偏的工艺(见图 15-16)是:首先开动油压泵,以压力表控制油压大小,继而经加荷机具按计算要求施加第一级荷载,并以百分表测定各部位的变形值,待变形稳定后,再施加下一级荷载,当调整不均匀沉降已达到预期目的时,停止纠偏工作。这可有效和简便地对既有建筑物柱基进行纠偏处理。

对不均匀沉降很敏感且要求严格控制倾斜的建(构)筑物,则可在一开始的设计和施工中设置纠偏装置,以后根据具体情况随时予以调整,这是一种处理与防止建(构)筑物

倾斜的治本方法,与其他托换方法比较,可减小场地原有土体结构的破坏。

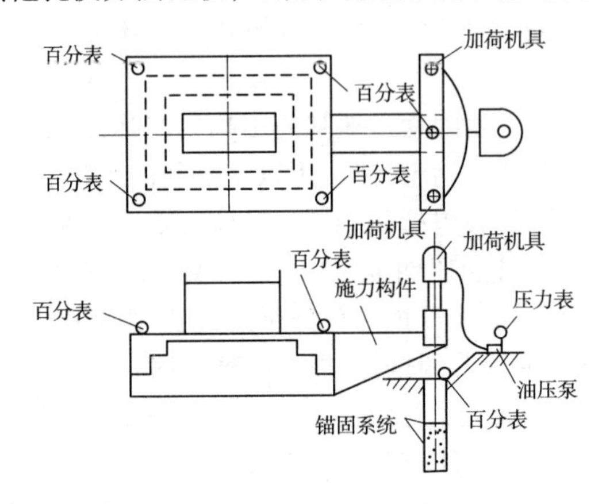


**图 15-16　锚桩加压纠偏装置示意图**

## 三、掏(排)土纠偏

掏(排)土纠偏是指在倾斜建筑物基础沉降小的部位采取掏(排)土的迫降措施,形成基底下土体部分临空,使这部分基础的接触面积减小,接触应力增大,产生一定侧向挤出变形,迫使基础下沉,使不均匀沉降得到调整和达到纠偏的目的。掏(排)土纠偏时要求满足以下要求,即:

$$\Delta p/p_a = \beta \tag{15-1}$$

$$\Delta s/v = t \tag{15-2}$$

式中　$\Delta p$——基底压力增量,kPa,根据原地基土的极限承载力及不同倾斜速率确定;

$p_a$——原基底压力,kPa;

$\beta$——基底压力增长率,一般为 25% ~40% ;

$\Delta s$——角点沉降差,相对于纠倾相对值,mm;

$t$——所需纠偏时间,d;

$v$——纠倾沉降速率,根据结构物的类型确定,一般为 5 ~12 mm/d。

掏土纠偏是掏(排)土(砂)、穿孔掏土、钻孔取土、沉井深层冲孔排土等纠偏方法的技术总称。早在 20 世纪 60 年代初,福建省民间歌舞团排演厅就采用掏(排)土纠偏的迫降方法。此后,在杭州、福州、武汉、南京、南昌和上海等地曾多次采用过,用以对建(构)筑物的整体或局部纠偏,获得很好的纠偏效果,应用历史已有 40 多年之久。

### (一)抽砂纠偏法

抽砂纠偏法(见图 15-17)是在建筑物设计时,在基底预先做一层 0.7 ~1.0 m 厚的砂垫层,砂垫层材料可用中粗砂,除需满足一般砂垫层的施工技术要求外,其最大粒径小于 3 ~4 mm。在可能发生沉降量较小的部位,按平面交叉布置每隔一定距离(约 1 m)预留抽砂孔一个,抽砂孔可由预埋斜放的 $\phi$200 mm 瓦管做成。当建筑物出现不均匀沉降时,可在沉降较小的部位用铁管在抽砂孔中分阶段掏砂;当抽砂孔四周的砂体不能在自重作用下挤入孔洞时,应在砂孔中冲水,促使孔周围的砂体下陷,从而使建筑物强迫下沉,以达到沉降均匀的目的。

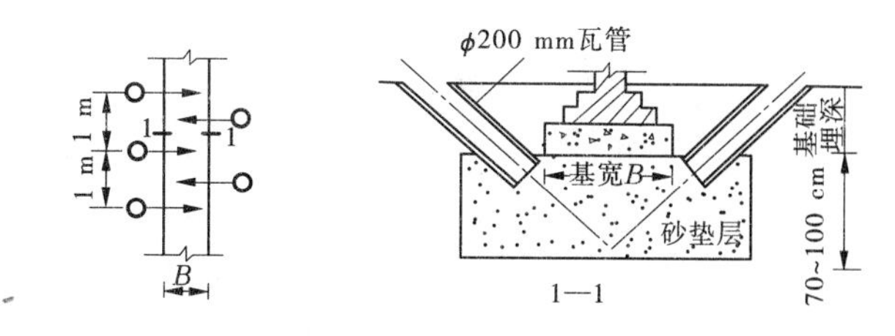


图 15-17　抽砂纠偏法抽砂孔平面布置

施工时应注意下列事项：

(1)要求严格控制抽砂的体积和抽砂孔的位置，力求抽砂均匀。

(2)有时向抽砂孔内冲水是迫降基础下沉的关键，可单排也可并排进行，每孔的冲水量不宜过多，水压不宜过大，一般以抽砂孔能自行闭合为限。

(3)抽砂的深度不宜过大，至少应小于垫层厚 100 mm，以免扰动垫层下面的软黏土地基。

(4)为谨慎计，抽砂可分阶段进行，每阶段沉降可定 20 mm，待下沉稳定后再进行下阶段的抽砂。

**(二)穿孔掏土纠偏法**

对基础底面下含有瓦砾的人工杂填土(房渣土)，经较长时间压密后，如果只削弱少量基底支承面积，瞬时塑性变形是难以出现的，而短期浸水也不能使其“软化”。因此，必须适量地削弱原有支承面积，急剧地增大其所受的附加应力，才足以使局部区域产生塑性变形。穿孔掏土纠偏就是采取在基底下穿孔掏土和冲水扩孔的施工措施对建筑物进行纠偏的。

**(三)钻孔掏土纠偏**

软黏土的特征是强度低而变化大，如果控制加荷速率，则可提高地基承载力和减小地基变形；如果加荷速率过大，有可能使地基进入不排水的剪切状态，从而产生较大的塑性流动使基底软土侧向挤出，这不但增大了地基变形，有时甚至还会导致地基剪切破坏。而钻孔掏土纠偏法就是利用基底软土侧向挤出的原理，用以调整变形和倾斜的。

**(四)沉井冲水掏土纠偏**

沉井冲水掏土纠偏是指在基础沉降小的建筑物一侧，设置若干个沉井，沉井内预留 4 ~6个呈扇形的冲孔，当沉井到达预计的设计标高后，通过井壁预留孔，用高压水枪伸入基础下进行深层冲水，泥浆水流通过沉井排出，而泥流排出的过程是对建筑物进行纠偏的过程。

## 小　结

凡进行托换技术的工程称为托换工程，托换技术的分类繁多，本项目按托换方法进行分类，坑式托换是直接在被托换建筑物的基础下挖坑后浇筑混凝土的托换加固方法，也称墩式托换。坑式托换适用于地下水位较低的情况，不然施工时会发生邻近土的流失。当

地下水位较高时,应改用其他的托换方法。桩式托换是指包括所有采用桩基形式进行的托换,主要有预试桩托换、压入桩托换、打入桩或灌注桩托换、树根桩托换、锚杆静压桩托换。特殊托换的方法是指除坑式托换和桩式托换两大类的托换方法之外的其他托换方法,包括化学加固法、基础加压纠偏法、基础减压和加强刚度法、湿陷性黄土地基上托换。建筑物纠偏是指既有建筑物偏离垂直位置发生倾斜而影响正常使用时所采取的托换措施。纠偏是利用地基的新不均匀沉降来调整建筑物已存在的不均匀沉降,用以达到新的平衡和矫正建筑物的倾斜,包括堆载加压纠偏、锚桩加压纠偏、掏土纠偏等。

## 思考题与习题

1. 简述托换技术的概念及分类。
2. 托换技术的施工要点有哪些?在托换技术的施工监测中要做好哪些工作?
3. 什么是坑式托换?施工步骤有哪些?
4. 桩式托换包括哪些类型?
5. 什么是建筑物纠偏技术?包括哪些类型?

# 项目十六　微型桩加固技术

【知识目标】　掌握树根桩、预制桩和注浆钢管桩的适用条件及规范规定。
【技能目标】　能根据工程的具体情况合理选择桩型，能根据规范规定正确进行施工。

## 任务一　概　述

### 一、概述

微型桩或迷你桩是小直径的桩，桩体主要由压力灌注的水泥浆、水泥砂浆或细石混凝土与加筋材料组成，依据其受力要求加筋材料可分为钢筋、钢棒、钢管或型钢等。微型桩可以是竖向或倾斜，或排或交叉网状配置。交叉网状配置的微型桩由于其桩群形如树根状，故亦被称为树根桩或网状树根桩。

《建筑地基处理技术规范》（JGJ 79—2012）纳入了目前我国工程界应用较多的树根桩、小直径预制混凝土方桩与预应力混凝土管桩、注浆钢管桩以及加筋水泥土桩等，用于狭窄场地的地基处理工程。

微型桩加固适用于既有建筑地基加固或新建建筑的地基处理。微型桩按桩型、施工工艺，可分为树根桩法、预制桩法、注浆钢管桩法等。

### 二、适用土层

树根桩法适用于淤泥、淤泥质土、黏性土、粉土、砂土、碎石土及人工填土等地基处理。

预制桩法适用于淤泥、淤泥质土、黏性土、粉土、砂土和人工填土等地基处理。

注浆钢管桩法适用于淤泥质土、黏性土、粉土、砂土和人工填土等地基处理。

（1）钢化管注浆加筋水泥土桩锚适用于软土厚度不大于 2 m 或混合地层，不宜在深厚淤泥中采用。长度不宜大于 10 m，桩锚间距不宜大于 1.2 m×1.2 m。

（2）注浆搅拌加筋水泥土桩锚支护适用于较厚的软弱淤泥层、松散粉细砂或砾石层。长度应按计算确定，桩墙嵌固长度进入隔水层 1～2 m，桩锚长度不宜小于1.0～1.2倍基坑深度，间距不宜大于 1.5 m×1.5 m，直径宜为 0.2～0.8 m，按梅花形布置。

（3）高压旋喷搅拌加筋水泥土桩锚适用于软弱的淤泥层、松散的砂砾层及各类黏土层。桩墙长度应按计算确定，桩墙嵌固长度宜进入隔水层 1～2 m，桩锚长度不宜小于1.0～1.5倍基坑深度，间距不宜大于 1.5 m×1.5 m，直径宜为 0.3～1.0 m，按梅花形布置。

### 三、设计规定

(1)微型桩加固后的地基，当桩与承台整体连接时，可按桩基础设计；桩与基础不整体连接时，可按复合地基设计。按桩基设计时，桩顶与基础的连接应符合《建筑桩基技术规范》(JGJ 94—2008)的有关规定；按复合地基设计时，应符合《建筑地基处理技术规范》(JGJ 79—2012)的有关规定，褥垫层厚度宜为 100 ~ 150 mm。

(2)既有建筑地基基础采用微型桩加固补强，应符合现行行业标准《既有建筑地基基础加固技术规范》(JGJ 123—2012)的有关规定。

(3)根据环境的腐蚀性、微型桩的类型、荷载类型(受拉或受压)、钢材的品种及设计使用年限，微型桩中钢构件或钢筋的防腐构造应符合耐久性设计的要求。钢构件或钢筋保护层厚度不应小于 25 mm，砂浆保护层厚度不应小于 35 mm，混凝土保护层厚度不应小于 50 mm。

(4)软土地基条件下微型桩的设计施工应符合下列规定：

①应选择较好的土层作为桩端持力层，进入持力层深度不宜小于 5 倍的桩径或边长。

②对不排水抗剪强度小于 10 kPa 的土层，应进行试验性施工；并应采用护筒或永久套管包裹水泥浆、砂浆或混凝土。

③应采取间隔施工、控制注浆压力和速度等措施，减小微型桩施工期间的地基附加变形，控制基础不均匀沉降及总沉降量。

④在成孔、注浆或压桩施工过程中，应监测相邻建筑和边坡的变形。

## 任务二　树根桩法

### 一、树根桩加固设计应符合的规定

(1)树根桩的直径宜为 150 ~ 300 mm，桩长不宜超过 30 m，新建建筑工程桩的布置宜采用直桩形或斜桩网状布置。

(2)树根桩的单桩竖向承载力可通过单桩静载荷试验确定。当无试验资料时，可按相关规范中有关公式估算。当采用水泥浆二次注浆工艺时，桩侧阻力宜乘 1.2 ~ 1.4 的系数。

(3)桩身材料混凝土强度应不小于 C25，灌注材料可用水泥浆、水泥砂浆、细石混凝土或其他灌浆料，也可用碎石或细石充填再灌注水泥浆、水泥砂浆。

(4)树根桩主筋不应少于 3 根，钢筋直径不应小于 12 mm，且宜通长配筋。

(5)对高渗透性土体或存在地下洞室可能导致的胶凝材料流失，以及施工和使用过程中可能出现桩孔变形与移位，造成微型桩的失稳与扭曲时，应采取土层加固等技术措施。

### 二、树根桩施工应符合的规定

(1)桩位平面允许偏差宜为 ±20 mm，桩身垂直度允许偏差应为 ±1%。

(2)土层中采用钻机成孔,可采用天然泥浆护壁,遇粉细砂层易塌孔时应加套管。

(3)树根桩用钢筋笼宜整根吊放。分节吊放时,钢筋搭接焊缝长度双面焊不得小于5倍钢筋直径;单面焊不得小于10倍钢筋直径。施工时,应缩短吊放和焊接时间;钢筋笼应采用悬挂或支撑的方法,确保灌浆或浇筑混凝土时的位置和高度。在斜桩中组装钢筋笼时,应采用可靠的支撑和定位方法。

(4)灌注施工时,应采取间隔施工、间歇施工或增加速凝剂掺量等措施,以防止相邻桩孔移位和窜孔。

(5)当地下水流速较大,可能导致水泥浆、砂浆或混凝土影响灌注质量时,应采取永久套管、护筒或其他保护措施。

(6)在风化或有裂隙发育的岩层中灌注水泥浆时,为避免水泥浆向周围岩体的大量流失,应进行桩孔测试和预灌浆。

(7)当通过水下浇筑管或带孔钻杆或管状承重构件进行浇筑混凝土或水泥砂浆时,水下浇筑管或带孔钻管的末端应埋入泥浆中。浇筑过程应连续进行,直至顶端溢出浆体的黏稠度与注入浆体一致。

(8)通过临时套管灌注水泥浆时,钢筋的放置应在临时套管拔出之前完成,套管拔出过程中应每隔2 m施加灌浆压力。采用管材作为承重构件时,可通过其底部进行灌浆。

(9)当采用碎石或细石充填再注浆工艺时,填料应清洗,投入量不应小于计算桩孔体积的90%,填灌时应同时用注浆管注水清孔。一次注浆时,注浆压力宜为0.3~1.0 MPa,由孔底使浆液逐渐上升,直至浆液泛出孔口再停止注浆。第一次注浆浆液初凝时,方可进行二次及多次注浆,二次注浆的水泥浆压力宜为2~4 MPa。灌浆过程结束后,灌浆管中应充满水泥浆并维持灌浆压力一定时间。拔除注浆后应立即在桩顶填充碎石,并在1~2 m范围内补充注浆。

### 三、树根桩采用的灌注材料应符合的规定

(1)具有较好的和易性、可塑性、黏聚性、流动性、自密实性。

(2)当采用管送或泵送混凝土或砂浆时,应选用圆形骨料;骨料的最大粒径不应大于纵向钢筋净距的1/4,且不应大于15 mm。

(3)对于水下浇筑混凝土配合比,水泥含量应不小于375 kg/m$^3$,水灰比宜小于0.6。

(4)水泥浆的配制,应符合《建筑地基处理技术规范》(JGJ 79—2012)的规定,水泥宜采用普通硅酸盐水泥,水灰比不宜大于0.55。

## 任务三　预制桩法

(1)预制桩法适用于淤泥、淤泥质土、黏性土、粉土、砂土和人工填土等地基处理。

(2)预制桩桩体可采用边长为150~300 mm的预制混凝土方桩,直径300 mm的预应力混凝土管桩,断面尺寸为100~300 mm的钢管桩、型钢等,施工除应满足《建筑桩基技术规范》(JGJ 94—2008)的规定外,尚应符合下列规定:

①对型钢微型桩应保证压桩规程中计算桩体材料最大应力不超过材料屈服强度值

(抗压强度标准值)的90%。

②对预制混凝土方桩或预应力混凝土管桩,所用材料及预制过程(包括连接件)、压桩力、接桩、截桩等,应符合《建筑桩基技术规范》(JGJ 94—2008)的有关规定。

③除用于减小桩身阻力的涂层外,桩身材料及连接件的耐久性应符合《工业建筑防腐蚀设计规范》(GB 50046—2008)的有关规定。

(3)预制桩的单桩竖向承载力或复合地基承载力应通过单桩静载荷试验确定;无试验资料时,初步设计可按《建筑地基处理技术规范》(JGJ 79—2012)估算。

## 任务四　注浆钢管桩法

(1)注浆钢管桩法适用于淤泥质土、黏性土、粉土、砂土和人工填土等地基处理。

(2)注浆钢管桩单桩承载力的设计计算,应符合《建筑桩基技术规范》(JGJ 94—2008)的有关规定;当采用二次注浆工艺时,桩侧摩阻力特征值取值可乘以1.3的系数。

(3)钢管桩可采用静压、植入等方法施工。

(4)水泥浆的制备应符合下列规定:

①水泥浆的配合比应采用经认证的计量装置计量,材料掺量符合设计要求。

②选用的搅拌机应能够保证搅拌水泥浆的均匀性;在搅拌槽和注浆泵之间应设置存储池,并应进行搅拌以防止浆液离析和凝固。

(5)水泥浆灌注应符合下列规定:

①应缩短桩孔成孔和灌注水泥浆之间的时间间隔。

②注浆时,应采取措施保证桩长范围内完全灌满水泥浆。

③灌注方法应根据注浆泵和注浆系统合理选用,注浆泵与注浆孔口距离不宜大于30 m。

④当采用桩身钢管进行注浆时,可通过底部一次或多次灌浆;也可将桩身钢管加工成花管进行多次灌浆。

⑤采用花管灌浆时,可通过花管进行全长段多次灌浆,也可通过花管及阀门进行分段灌浆,或通过互相交错的后注浆管进行分步灌浆。

(6)注浆钢管桩钢管的连接应采用套管焊接,焊接强度与质量应满足相关规范的要求。

## 小　结

目前,我国工程界应用较多的微型桩有树根桩、小直径预制混凝土方桩与预应力混凝土管桩、注浆钢管桩以及加筋水泥土桩等,用于狭窄场地的地基处理工程。它具体包括树根桩法、预制桩法、注浆钢管桩法等。本项目详细介绍了树根桩加固设计、施工和灌注材料应符合的规定,以及预制桩和注浆钢管桩的相关规范规定。

## 思考题与习题

1. 什么是微型桩？微型桩按桩型、施工工艺可分为哪几种类型？分别适用于什么土层？

2. 树根桩加固设计应符合什么规定？

3. 简述树根桩施工应符合哪些规定。

4. 预制桩施工应符合哪些规定？

# 参考文献

[1] 地基处理手册编写委员会.地基处理手册[M].2版.北京:中国建筑工业出版社,2000.
[2] 中国土木工程学会,土力学及基础工程学会.土力学及基础工程名词(汉英及英汉对照)[M].2版.北京:中国建筑工业出版社,1991.
[3] 林宗元.岩土工程治理手册[M].北京:中国建筑工业出版社,2005.
[4] 叶书麟,韩杰,叶观宝.地基处理与托换技术[M].2版.北京:中国建筑工业出版社,1994.
[5] 王星华.地基处理与加固[M].长沙:中南大学出版社,2002.
[6] 叶观宝,叶书麟.地基加固新技术[M].2版.北京:机械工业出版社,2004.
[7] 龚晓南.地基处理新技术[M].西安:陕西科学技术出版社,1997.
[8] 中华人民共和国交通运输部.公路路基施工技术规范:JTG F10—2006[S].北京:人民交通出版社,2006.
[9] 中华人民共和国建设部.湿陷性黄土地区建筑规范:GB 50025—2004[S].北京:中国建筑工业出版社,2004.
[10] 铁道部第四勘测设计院科研所.加筋土挡墙[M].北京:人民交通出版社,1985.
[11] 杨太生.地基与基础工程施工[M].北京:中国建筑工业出版社,2005.
[12] 南京水利科学研究院.土工合成材料测试手册[M].北京:水利电力出版社,1991.
[13] 朱诗鳌.土工织物应用与计算[M].北京:中国地质大学出版社,1989.
[14] 中华人民共和国住房和城乡建设部.建筑地基处理技术规范:JGJ 79—2012[S].北京:中国建筑工业出版社,2013.
[15] 中华人民共和国住房和城乡建设部.建筑地基基础设计规范:GB 50007—2011[S].北京:中国计划出版社,2012.
[16] 叶书麟,叶观宝.地基处理[M].2版.北京:中国建筑工业出版社,2004.
[17] 王铁行.岩土力学与地基基础题库及题解[M].北京:中国水利水电出版社,2004.
[18] 李念国,蒋红.地基与基础[M].北京:中国水利水电出版社,2007.
[19] 刘福臣,李纪彩,宋业政.地基基础处理技术与实例[M].2版.北京:化学工业出版社,2013.
[20] 黄梅.地基处理实用技术与应用[M].北京:化学工业出版社,2015.
[21] 徐至钧,汪国烈,曹名葆,等.地基处理新技术与工程应用精选[M].北京:中国水利水电出版社,2013.
[22] 李彰明.地基处理工程技术疑难问题解析[M].北京:中国电力出版社,2016.
[23] 璩继立.地基处理技术与案例实例[M].北京:中国电力出版社,2016.
[24] 杨绍平,闫胜.地基处理技术[M].北京:中国水利水电出版社,2015.